液压与气动 识图

第三版

张应龙　主编

U0389910

YEYA
YU
QIDONG
SHITU

化学工业出版社
·北京·

本书按照"元件—回路—系统"的体系分上、下两篇进行论述。上篇介绍了常见的液压动力元件、执行元件、液压控制阀、液压辅助元件的工作原理和结构，介绍了由上述液压元件组成的各种液压基本回路和典型液压系统；下篇介绍了常见的气源装置及辅件、气动执行元件、气动控制元件的工作原理和结构，介绍了各种气动基本回路和典型的气动系统。并比较系统地摘录了 2009 版液压、气动传动国家标准中的流体传动系统及常用元件图形符号，在作了大量的融合后作为附录集中附于书后，以方便广大读者学习和工作查询之用。为满足机械类不同行业的需要，书中穿插介绍了较多典型的液压、气动系统。

本书主要面向初级液压和气动工程技术人员、高级技术工人，也可作为高职院校、技工学校机械制造专业的培训教材和工矿企业液、气压传动与控制技术相关人员的参考用书。

图书在版编目（CIP）数据

液压与气动识图/张应龙主编 . —3 版. —北京：化学工业出版社，2017.5

ISBN 978-7-122-29187-5

Ⅰ.①液⋯　Ⅱ.①张⋯　Ⅲ.①液压传动-识图②气压传动-识图　Ⅳ.①TH137②TH138

中国版本图书馆 CIP 数据核字（2017）第 040891 号

责任编辑：张兴辉	文字编辑：陈　喆	
责任校对：边　涛	装帧设计：王晓宇	

出版发行：化学工业出版社（北京市东城区青年湖南街 13 号　邮政编码 100011）

印　　装：北京七彩京通数码快印有限公司

787mm×1092mm　1/16　印张 19½　字数 519 千字　2017 年 6 月北京第 3 版第 1 次印刷

购书咨询：010-64518888　　　　　　售后服务：010-64518899

网　　址：http://www.cip.com.cn

凡购买本书，如有缺损质量问题，本社销售中心负责调换。

定　　价：98.00 元　　　　　　　　　　　　　　版权所有　违者必究

第三版前言

为了满足越来越多企事业单位和读者对液压和气动传动识图的需求,《液压与气动识图》(第三版)增加了气动传动识图方面的内容。与第二版相比,《液压与气动识图》(第三版)主要有以下三点变化:

① 增加了气压传动识图方面的内容,并在介绍气动元件的原理结构时,插入了大量的立体外形图,以方便广大初学者学习识别之用。

② 本书分成上、下两篇,分别介绍液压系统和气压系统的知识,并采用最新的液压传动和气压传动相关国家标准。

③ 比较系统地摘录了 2009 版液压、气动传动国家标准中的流体传动系统及常用元件图形符号,并作了大量的融合,作为附录集中附于书后,以方便广大读者学习和工作查询之用。

本书在体系上仍按照"元件—回路—系统"的顺序进行论述。

上篇共 8 章,分别介绍了常见的液压动力元件、执行元件、控制元件、辅助元件的工作原理和结构,介绍了各种常用的液压基本回路;在此基础上介绍了液压系统图的识读方法,介绍了不同机械行业典型的由开关阀、电液比例阀、插装阀等常用液压元件组成的液压传动和控制系统。

下篇共 6 章,分别介绍了常见的气源装置及辅件、气动执行元件、气动控制元件的工作原理和结构,介绍了各种常用的气动基本回路,在此基础上介绍了典型的气动系统。

本书由张应龙担任主编和统稿工作,顾佩兰高级工程师、汪光远高级工程师、张松生高级技师、杨宁川高级技师、冯伟玲高级技师参加了有关章节的编写工作。在编写过程中,参阅了有关教材、资料和文献,并特别参阅、引用了国家标准 GB/T 786—2009/ISO 1219-1:2006《流体传动系统及元件图形符号和回路图 第 1 部分:用于常规用途和数据处理的图形符号》。在此对有关专家、学者和作者表示衷心感谢。

在本书第三版的编写过程中,江苏大学陆一心教授、李金伴教授、葛福才高级工程师、王维新高级工程师给予了精心的指导和热情的帮助,提出了许多宝贵的意见,全书由江苏大学陆一心教授担任主审,在此谨向他们表示衷心感谢。

由于编者水平所限,编写时间比较仓促,书中不足之处在所难免,恳请读者批评指正。

编　者

目录

上篇 液压系统

第 5 章　液压辅助元件及液压油

第 6 章　液压基本回路

第 7 章 识读液压系统图

第 8 章 典型液压系统

下篇　气动系统

第 9 章　气压传动基础知识

第 10 章　气源装置及辅件

第 11 章 气动执行元件

第 12 章 气动控制元件

第 13 章 气动基本回路

第 14 章 典型气动系统

附录　流体传动系统及常用元件图形符号

参考文献

上 篇
液压系统

第1章

液压识图的基础知识

1.1　认识液压系统图

　　液压系统是利用液压泵将原动机的机械能转换为液体的压力能，通过液体压力能的变化来传递能量，经过各种控制阀和管路的传递，借助于液压执行元件（缸或马达）把液体压力能转换为机械能，从而驱动工作机构，实现直线往复运动或回转运动。液压系统一般用液压系统图来表示。

　　在液压传动和控制技术中，一般用标准图形符号或半结构式符号将各个液压元件及它们之间的连接与控制方式画在图纸上，这就是液压系统图。

　　图 1-1 所示的液压系统图是一种半结构式机床工作台液压系统的工作原理图。图 1-2

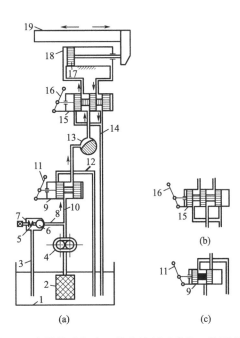

图 1-1　半结构式机床工作台液压系统的工作原理图

1—油箱；2—过滤器；3,12,14—回油管；4—液压泵；5—弹簧；
6—钢球；7—溢流阀；8—压力支管；9—开停阀；10—压力管；
11—开停手柄；13—节流阀；15—换向阀；16—换向手柄；
17—活塞；18—液压缸；19—工作台

所示为同一个液压系统用液压图形符号绘制成的工作原理图。

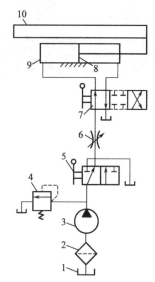

图 1-2　机床工作台液压系统的图形符号

1—油箱；2—过滤器；3—液压泵；4—溢流阀；5—开停阀；6—节流阀；7—换向阀；8—活塞；9—液压缸；10—工作台

1.2　液压系统图的种类和画法

液压系统及其组成的元件可采用装配结构图、结构原理示意图和职能符号图三种图示方法。

1.2.1　装配结构图

这种表示方法能准确地表达出系统和元件的结构形状、几何尺寸和装配关系。但是，绘制复杂，不能直观地表示出各元件在传动系统中的功能作用。它主要用于施工设计、制造、安装和拆卸及维修等场合，而在分析系统性能时不宜采用。

1.2.2　结构原理示意图

这种表示方法近似实物的剖面图，如图 1-1 所示。该种表示方法可以直观地表示出各液压元件的工作原理。但绘制仍然比较复杂，尤其是在负载动作要求多而复杂的情况下，绘制系统原理示意图比较困难。该种表示方法不能直接地反映各元件的职能作用，对于系统性能的分析也过于复杂。

1.2.3　职能符号图

这种表示方法将系统中各液压元件都用职能符号来表示，如图 1-2 所示（该图为结构原理示意图 1-1 的职能符号图）。职能符号图能直观地反映出各液压元件的功能作用，绘制相当方便。对于了解和掌握液压系统工作原理和分析判断系统性能和故障，职能符号图起到重要作用。但是，这种表示方法反映不出各元件的结构和参数，也反映不出系统管路和元件的具体位置。我国制定常用的液压系统图图形符号见附录。

我国制定的液压系统图图形符号中规定，职能符号都以静止位置或零位置表示，另有说明除外。

1.3　液压系统的工作原理及组成特点

按工作特征和控制方式的不同，液压系统可划分为液压传动系统和液压控制系统两大类。

1.3.1　液压传动系统的工作原理

以液压千斤顶为例来说明液压传动的工作原理。

如图 1-3 所示，手柄 1 带动活塞上提，泵缸 2 容积扩大形成真空，排油单向阀 3 关闭，
油箱 5 中的液体在大气压力作用下，经管 6、吸油单向阀 4 进入泵缸 2 内；手柄 1 带动活塞下压，吸油单向阀 4 关闭，泵缸 2 中的液体推开排油单向阀 3、经管 9、10 进入液压缸 11，迫使活塞克服重物 12 的重力 G 上升而做功；当需液压缸 11 的活塞停止时，使手柄 1 停止运动，液压缸 11 中的液压力使排油单向阀 3 关闭，液压缸 11 的活塞就自锁不动；工作时截止阀 8 关闭，当需要液压缸 11 的活塞放下时，打开此阀，液体在重力 G 作用下经此阀排往油箱 5。

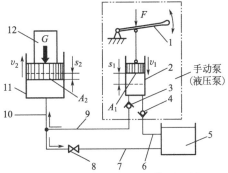

图 1-3　液压千斤顶的工作原理图
1—手柄；2—泵缸；3—排油单向阀；4—吸油单向阀；5—油箱；6,7,9,10—管；8—截止阀；11—液压缸；12—重物

上述内容为液压千斤顶的工作原理。液压千斤顶作为简单又较完整的液压传动装置由以下几部分组成。

① 液压泵　是把机械能转换成液体压力能的元件。泵缸 2、吸油单向阀 4 和排油单向阀 3 组成一个阀式配流的液压泵。

② 执行元件　是把液体压力能转换成机械能的元件，如液压缸 11（当输出不是直线运动而是旋转运动时，则为液压马达）。

③ 控制元件　是通过对液体的压力、流量、方向的控制，来实现对执行元件的运动速度、方向、作用力等的控制的元件，用以实现过载保护、程序控制等。如截止阀 8 即属控制元件。

④ 辅助元件　除上述三个组成部分以外的其他元件，如管道、管接头、油箱、过滤器等为辅助元件。

1.3.2　液压传动系统的组成

分析液压千斤顶的原理图，可以看出液压传动系统是由以下五部分组成的。

① 动力元件　把机械能转换成液压能的装置，由泵和泵的其他附件组成。最常见的动力元件是液压泵，它给液压系统提供压力油。

② 执行元件　把液压能转换成机械能带动工作机构做功的装置。它可以是做直线运动的液压缸，也可以是做回转运动的液压马达。

③ 控制元件　对液压系统中油液压力、流量、运动方向进行控制的装置，主要是指各种阀。

④ 辅助元件　由各种液压附件组成，如油箱、油管、过滤器、压力表等。

⑤ 工作介质　液压系统中用量最大的工作介质是液压油，通常指矿物油。

1.3.3 液压控制系统的工作原理

图 1-4 所示为简单的液压伺服系统原理图，系统的能源为液压泵 1，以恒定的压力（由溢流阀 2 设定）向系统供油。液压驱动装置由四通控制滑阀 3 和液压缸 4（杆固定）组成。滑阀 3 是一个转换放大元件，它将输入的机械信号转换成液压信号（流量、压力）输出，并加以功率放大。液压缸为执行器，输入是压力油的流量，输出是运动速度或位移。此系统中阀体与液压缸体连成一体，从而构成反馈控制。其反馈控制过程是：当滑阀处于中间位置（零位，即没有信号输入，$x_i=0$）时，阀的四个窗口均关闭，阀没有流量输出，液压缸体不动，系统的输出量 $x_p=0$，系统处于静止平衡状态。给滑阀一个输入位移，如阀芯向右移动一个距离 x_i，则节流窗口 a、b 便有一个相应的开口量

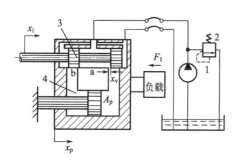

图 1-4 液压伺服控制系统的原理图
1—液压泵；2—溢流阀；3—四通
控制滑阀；4—液压缸

$x_v=x_i$，压力油经窗口 a 进入液压缸无杆腔，推动缸体右移 x_p，左腔油液经窗口 b 回油。因为阀体与缸体为一体，所以阀体也右移 x_p，使阀的开口量减小，即 $x_v=x_i-x_p$），直到 $x_p=x_i$（即 $x_v=0$）时，阀的输出流量等于 0，缸体停止运动，处在一个新的平衡位置上，从而完成了液压缸输出位移对滑阀输入位移的跟随运动。如果滑阀反向运动，液压缸也反向跟随运动。

1.3.4 液压控制系统的组成

实际的液压控制系统不论如何复杂，都是由一些基本元件构成的，并可用图 1-5 所示的方块图表示。这些基本元件包括检测反馈元件、比较元件及转换放大装置（含能源）、执行器和控制对象等部分。

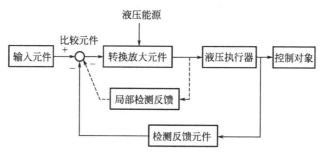

图 1-5 液压伺服系统的构成

① 输入元件 输入元件也称指令元件，它给出输入信号（也称指令信号），加于系统的输入端。机械模板、电位器、信号发生器或程序控制器都是常见的输入元件。输入信号可以手动设定或由程序设定。

② 检测反馈元件 检测反馈元件用于检测系统的输出量并转换成反馈信号，加于系统的输入端与输入信号进行比较，从而构成反馈控制。各类传感器为常见的检测反馈元件。

③ 比较元件 比较元件将反馈信号与输入信号进行比较，产生偏差信号加于放大装置。比较元件经常不单独存在，而是与输入元件、检测反馈元件或放大装置一起，共同完成比

较、反馈或放大功能。

　　④ 转换放大元件　它的功用是将偏差信号的能量形式进行转换并加以放大,输入到执行机构。各类液压控制放大器、伺服阀、比例阀、数字阀等都是常用的转换放大装置。

　　⑤ 执行器　执行器的功用是驱动控制对象动作,实现调节任务。它可以是液压缸或液压马达及摆动液压马达。

　　⑥ 控制对象　控制对象是指被控制的主机设备或其中一个机构、装置。

　　⑦ 液压能源　即液压泵站或液压源,它为系统提供驱动负载所需的具有压力的液流。

第2章

液压动力元件

2.1　液压泵工作原理及分类

液压泵在原动机带动下旋转，吸进低压液体，将具有一定压力和流量的高压液体送给液压传动系统。它将驱动电动机的机械能转换为液体压力能，为系统提供压力油液。因此，液压泵是一种能量转换装置，是液压传动系统中的动力元件。

2.1.1　液压泵的基本工作原理

液压泵靠密封的容积变化来进行工作，其结构原理如图 2-1 所示。图 2-1 为手动单柱塞泵的结构原理示意图，该泵由把手 1、柱塞 2、缸筒 3、单向阀 4、单向阀 6 和油箱 5 等部件组成。进油口上的单向阀 4 只允许油液单向进入工作腔；排油口上的单向阀 6 只允许油液从工作腔排出。缸筒 3 与柱塞 2 形成一个密封工作容积 V。

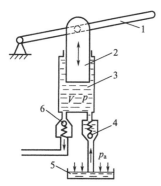

图 2-1　手动单柱塞泵
的结构原理示意图
1—把手；2—柱塞；3—缸筒；
4,6—单向阀；5—油箱

（1）吸液过程

当上提把手 1 时，柱塞 2 在把手 1 带动下向上运动，密封容积 V 的体积随之增大，从而使密封容积 V 中的液体压力下降，出现真空现象（密封容积 V 的压力 p＜油箱中液体表面压力 p_a），此时单向阀 6 在弹簧和系统压力油作用下关闭；而油箱中的液体在压力差（$\Delta p = p_a - p > 0$）作用下，顶开单向阀 4 而被压入到密封容积 V 中。这个过程称为液压泵的吸液过程。当柱塞 2 上升到极限位置时，吸液结束，缸筒 3 内充满了液体。

（2）排液过程

当下压把手 1 时，柱塞 2 在把手 1 带动下向下运动，密封容积 V 的体积减小，因油液被压缩使密封容积 V 的液体压力 p 升高。当压力 p 高于系统压力时，顶开单向阀 6，油液进入系统中，这就是排液过程。在此过程中，单向阀 4 关闭。

这样，柱塞 2 在把手 1 带动下，连续往复运动，即可将油箱中的液体连续地吸入，并不断地为系统提供具有一定压力和流量的工作液体。这就是单柱塞泵不断地把把手上的机械能转变为工作液体的液压能的过程，即单柱塞泵的基本工作原理。

单柱塞泵基本工作原理的分析方法完全适合于其他结构形式的液压泵，只是结构形式不同的液压泵，其密封容积的变化形式不同而已。

　　液压泵是基于工作腔的容积变化吸油和排油的。实际上，为了输出连续而平稳的液体，液压泵通常是由连续旋转的机械运动（如电动机驱动液压泵工作）而不是单个柱塞的往复运动，来产生工作腔的容积变化，从而不断地吸油和排油。图 2-2 所示是液压泵、电动机-液压泵装置的外形图。

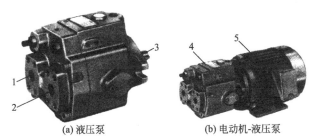

(a) 液压泵　　　　　　　　(b) 电动机-液压泵

图 2-2　液压泵、电动机-液压泵装置的外形图

1—排油口；2—吸油口；3—驱动轴；4—液压泵；5—电动机

2.1.2　液压泵的分类

　　液压泵按内部主要运动构件的形状和运动方式的不同，可分为齿轮泵、叶片泵和柱塞泵。若按液压泵的吸、排油方向能否改变，可分为单向泵和双向泵。单向泵是指吸、排油方向不能改变的泵，而双向泵是指吸、排油方向可以改变的泵。

　　若按泵的排量是否能够调整，又可分为定量泵和变量泵。

　　排量是指液压泵在没有泄漏的情况下，泵轴每旋转一周所能排出液体的体积，排量的大小仅与泵的几何尺寸的大小有关。排量的常用单位是 m^3/r 和 mL/r。

　　所谓定量泵是指排量不能调整的泵，而变量泵是指排量能调整的泵。

　　图 2-3 所示为常见几种液压泵的 1993 旧标准图形符号。图 2-4 所示为常见几种液压泵的 2009 新标准图形符号。

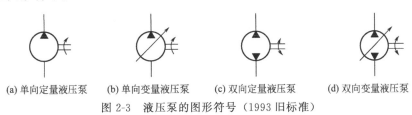

(a) 单向定量液压泵　　(b) 单向变量液压泵　　(c) 双向定量液压泵　　(d) 双向变量液压泵

图 2-3　液压泵的图形符号（1993 旧标准）

(a) 单向旋转的定量泵或马达　(b) 变量泵　　(c) 双向流动，带外泄油　(d) 双向变量泵或马达单元，双向
　　　　　　　　　　　　　　　　　　　　　　　路单向旋转的变量泵　　流动，带外泄油路，双向旋转

图 2-4　液压泵的图形符号（2009 新标准）

2.2　齿轮泵

　　齿轮泵是液压泵中结构最简单的一种。齿轮泵自吸能力好，对油液的污染不敏感，工作可靠，制造容易，体积小，价格便宜，广泛应用在各种液压机械上。齿轮泵的主要缺点是不

能变量，齿轮所承受的径向液压力不易平衡，容积效率较低，因此使用范围受到一定的限制。一般齿轮泵的工作压力为 2.5～17.5MPa，流量为 2.5～200L/min。

齿轮泵按齿轮的啮合形式可分为外啮合式和内啮合式两种。

2.2.1　外啮合式齿轮泵

图 2-5(a) 为外啮合式齿轮泵的工作原理图，图 2-5(b) 为外啮合式齿轮泵的外形图。在泵的壳体内装有一对齿数和模数完全相同的外啮合齿轮，齿轮两侧有端盖盖住。由于齿轮的齿顶和壳体内表面及齿轮侧面与端盖之间隙很小，故两个齿轮轮齿的接触线就将图中的左、右两个腔隔开，形成两个密封容积。当齿轮按图示方向转动时，右侧密封容积因相互啮合的轮齿逐渐脱开而逐渐增大，形成部分真空，油箱中的液压油被吸进到右侧密封容积中，并将齿间充满油液，随着齿轮的转动，齿间的油液被带到左侧密封容积。左侧容积因轮齿逐渐进入啮合而不断减少，油液被挤压出去进入系统。随着齿轮连续转动，齿轮泵则连续不断地吸油和排油。

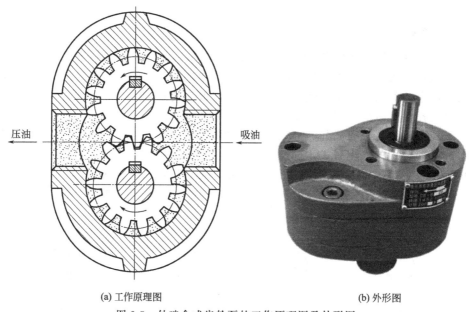

压油　　　吸油

(a) 工作原理图　　　　　　(b) 外形图

图 2-5　外啮合式齿轮泵的工作原理图及外形图

2.2.2　内啮合式齿轮泵

内啮合式齿轮泵有渐开线齿形的齿轮泵和摆线齿轮泵（又称转子泵）两种，如图 2-6 所示。内啮合式齿轮泵的工作原理和主要特点与外啮合式齿轮泵完全相同。

如图 2-6(a) 所示，在渐开线齿形的内啮合齿轮泵中，小齿轮和内齿轮之间要装一块隔板 3，以便把吸油腔 1 和排油腔 2 隔开。这种泵与外啮合齿轮泵相比，其流量和压力脉动系数小，工作压力高，效率高，噪声低。如图 2-6(b) 所示，在摆线齿形的内啮合式齿轮泵（又称摆线泵或转子泵）中，小齿轮和内齿轮只相差一个齿，因而不需设置隔板。其工作原理与渐开线齿形的内啮合齿轮泵相同。摆线泵与外啮合式齿轮泵相比，结构简单且紧凑，流量脉动小，噪声低，自吸性能好；由于啮合重叠系数大，传动平稳。

图 2-7 所示为内啮合式齿轮泵的外形图。

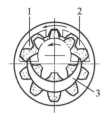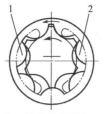

(a) 渐开线齿形的内啮合式齿轮泵   (b) 摆线转子泵

图 2-6　内啮合式齿轮泵的工作原理示意图

1—吸油腔；2—排油腔；3—隔板

图 2-7　内啮合齿轮泵的外形图

2.3　叶片泵

　　叶片泵具有结构紧凑、体积小、流量均匀、运动平稳、噪声小、使用寿命较长、容积效率较高等优点。一般叶片泵的工作压力为 7MPa，流量为 4～200L/min。叶片泵广泛应用于完成各种中等负荷的工作。由于叶片泵流量脉动小，故在金属切削机床液压传动中（尤其是在各种需调速的系统中），更有其优越性。

　　叶片泵按每转吸、排油次数不同，分为单作用式和双作用式两类。单作用叶片泵转子转一转，完成吸、排油一次；双作用叶片泵转子转一转，完成两次吸、排油。单作用式叶片泵可做成各种变量型，又称为可调节叶片泵或变量泵，但主要零件在工作时要受径向不平衡力的作用，工作条件较差。双作用式叶片泵不能变量，又称为不可调节叶片泵或定量叶片泵，但径向力是平衡的，工作情况较好，应用较广。

2.3.1　单作用叶片泵

　　单作用叶片泵工作原理如图 2-8 所示，它由定子 2、转子 1、叶片 3、配流盘 4 及传动轴和端盘等主要零件组成。定子 2 为空心圆柱体，两侧加工有进、出油孔。转子 1 为圆柱体，在圆周上均匀分布有转子槽，在槽中装有叶片 3，叶片可在槽中滑动。带有叶片的转子装在定子圆柱孔内。转子和定子的两侧装有配流盘 4，配流盘 4 上分别加工有吸、排油窗口。转子 1 与定子 2 的中心不重合，即存在偏心距 e。在转子转动时，在离心力以及通入叶片根部压力油的作用下，叶片顶部紧贴在定子内表面上，于是定子内表面、转子外表面、叶片及配流盘之间就形成了密封容积。

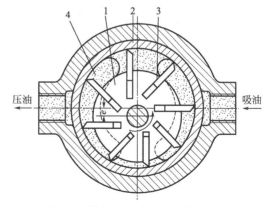

图 2-8　单作用叶片泵的工作原理图

1—转子；2—定子；3—叶片；4—配流盘

　　当转子 1 按图示逆时针方向转动时，在离心力作用下，图中右半部的叶片逐渐向外伸出并紧贴定子内表面沿逆时针方向滑动，于是右侧的密封容积逐渐增大，产生真空，这样油液通过吸油孔和配流盘上窗口进入右侧的密封容积，这就是单作用叶片泵的吸油过程。而在图中左半部分的叶片，被定子内表面作用而逐渐缩进转子槽内，使左侧的密封容积逐渐缩小，密封区中高压液体通过配流盘另一窗口和排油口被压出而进入系统，这是单作用叶片泵的排油过程。

单作用叶片泵的外形图如图 2-9 所示,其中 2-9(a) 为底座安装结构,图 2-9(b) 为法兰安装结构。

(a)底座安装   (b)法兰安装

图 2-9   单作用叶片泵的外形图

2.3.2   双作用叶片泵

双作用叶片泵的工作原理如图 2-10 所示。双作用叶片泵与单作用叶片泵相似,也由转子 3、叶片 5、定子 4、配流盘 1、传动轴 2 及壳体等主要零件组成,所不同的是双作用叶片泵的转子和定子中心重合。定子 4 的内表面为近似椭圆,它是由两段半径为 r 的圆弧和两段半径为 R 的圆弧及四段过渡曲线所组成的。配流盘上有四个配流窗口而形成的四个密封容积。当转子 3 在传动轴 2 带动下沿图示的逆时针方向旋转时,处于一、三象限的叶片从小半径 r 处向大半径 R 处伸出并紧贴定子内表面滑动,使一、三象限密封容积逐渐增大,形成真空而吸油;相反处于二、四象限叶片从大半径 R 处向小半径 r 处缩回并紧贴定子内表面滑动,使二、四象限密封容积逐渐减小而排油。转子每转一转,密封容积由小变大和由大变小各两次,即完成两次吸、排油。

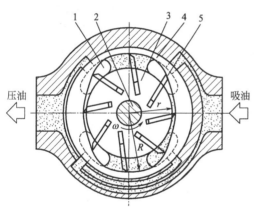

图 2-10   双作用叶片泵的工作原理图
1—配流盘;2—传动轴;3—转子;4—定子;5—叶片

若叶片沿转子径向安装,改变转子旋转方向,可改变油泵吸、排油方向,故可作双向泵使用。由于定子与转子同心安装,偏心距为零且不能调节,故双作用叶片泵不能变量,只能作定量泵使用。因为双作用叶片泵的两个吸油区和两个排油区均为对称布置,又加上叶片数取偶数,所以作用在转子上的径向液压力是平衡的,属于卸荷式叶片泵。也正因为如此,双作用叶片泵比单作用叶片泵的工作压力高。

图 2-11 所示为双作用叶片泵的外形图,其中 2-11(a) 为单联泵,图 2-11(b)

(a)单联泵   (b)双联泵

图 2-11   双作用叶片泵的外形图

为双联泵。双联叶片泵是两个双作用叶片泵的主体装在同一泵体内，同轴驱动，共用一个吸油口，但各自有出油口。双联叶片泵结构紧凑，分开使用时，如两个独立的叶片泵；合并使用时，可增大流量。在轻载快速时，双泵同时供油；重载慢速时，小泵供油，大泵卸荷。

2.4　柱塞泵

柱塞泵是靠柱塞的往复运动，改变柱塞腔内的容积来实现吸、压油的。柱塞泵内部主要零件柱塞和缸体均为圆柱形，加工方便，配合精度高，密封性能好，工作压力高，因而得到广泛的应用。

柱塞泵的种类繁多。柱塞泵的工作机构——柱塞相对于中心线的位置决定了是径向泵还是轴向泵的基本形式：前者柱塞垂直于缸体轴线，沿径向运动；后者柱塞平行于缸体轴线，沿轴向运动。柱塞泵的传动机构是否驱动缸体转动又决定了泵的配流方式：缸体不动——阀配流；缸体转动的径向泵——轴配流；缸体转动的轴向泵——端面配流。泵的配流方式又决定了泵的变量方式，轴配流和端面配流易于实现无级变量，阀配流则难以实现无级变量。无级变量泵有利于液压系统实现功率调节和无级变速，并节省功率消耗，因此获得广泛应用。

2.4.1　轴向柱塞泵

轴向柱塞泵分为直轴式和斜轴式两种。

（1）直轴式轴向柱塞泵

直轴式轴向柱塞泵是缸体直接安装在传动轴上，缸体轴线与传动轴的轴线重合，并依靠斜盘和弹簧使柱塞相对缸体往复运动而工作的轴向柱塞泵，亦称斜盘式轴向柱塞泵。

图 2-12 是直轴式轴向柱塞泵的工作原理图。它由斜盘 1、柱塞 2、缸体 3、配流盘 4 和传动轴 5 等主要零件组成。柱塞 2 轴向均布在缸体 3 上，并能在其中自由滑动，斜盘 1 和配流盘 4 固定不动，传动轴 5 带动缸体 3 和柱塞 2 旋转。柱塞 2 靠机械装置或在低压油作用下始终紧靠在斜盘 1 上。当缸体 3 按顺时针方向旋转时，柱塞 2 在自下向上回转的半周内逐渐向外伸出，使缸体孔内密封工作容积不断增大

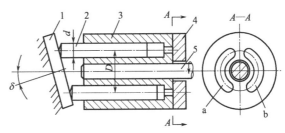

图 2-12　直轴式轴向柱塞泵的工作原理图
1—斜盘；2—柱塞；3—缸体；4—配流盘；5—传动轴

而产生真空，油液便从配流口 a 吸入；柱塞在自上而下回转的半周内又逐渐往里推入，将油液经配流口 b 逐渐向外压出。缸体 3 每转一转，柱塞 2 往复运动一次，完成一次吸油和压油动作。改变斜盘倾角 δ，就可改变柱塞 2 的往复运动行程大小，从而改变了泵的排量。

图 2-13 为 SCY14-1B 型直轴斜盘式轴向柱塞泵的结构图。它由泵主体和变量机构两部分组成。泵的主体部分主要有斜盘 2、缸体 6、柱塞 5、滑履 4、压盘 3、配流盘 7、传动轴 8 及中心弹簧等。柱塞左端的球头装在滑履 4 内，两者之间可作任意方向摆动。中心弹簧的作用是：一方面通过钢球和压盘 3，使与柱塞左端球头铰接在一起的滑履 4 紧靠在斜盘 2 上（允许滑履 4 与斜盘 2 之间相对滑动），这样就保证了柱塞 5 相对于缸孔的伸出运动；另一方面是使柱塞缸体 6 向右紧靠在配流盘 7 的表面上，从而保证了吸、排油腔的密封。柱塞底部密封容积中的部分压力油经柱塞轴向中心孔和滑履中心孔进入滑履与斜盘接触面间缝隙而形成了一层很薄的油膜，起到静压支撑作用，以减小滑履与斜盘间磨损。柱塞缸体 6 通过一个大型滚柱轴承，来平衡斜盘通过柱塞对缸体产生的径向分力和翻转力矩。传动轴 8 的左端与

缸体 6 花键配合。柱塞底部的密封容积通过配流盘 7 的配流孔与进、出油口相连通。该泵的变量控制机构为手动式，通过转动手轮 1 来改变斜盘倾角 δ 的大小。

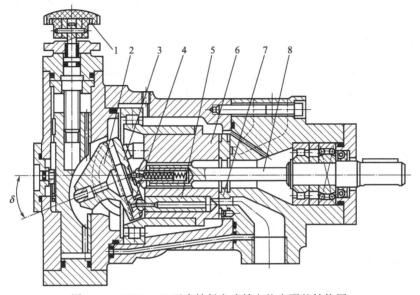

图 2-13　SCY14-1B 型直轴斜盘式轴向柱塞泵的结构图

1—调节手轮；2—斜盘；3—压盘；4—滑履；5—柱塞；6—缸体；7—配流盘；8—传动轴

直轴斜盘式轴向柱塞泵结构简单，体积小，容积效率高（可达 95% 左右），额定压力可达 32MPa，最大压力为 40MPa，排量为 $10\sim250cm^3/r$（多种规格），转速为 $1500\sim2000r/min$。这种泵的主要缺点是滑履与斜盘的滑动面易磨损，对油液的清洁度要求较高。

图 2-14 所示为直轴斜盘式轴向柱塞泵的外形图。

（2）斜轴式轴向柱塞泵

图 2-15 所示为用连杆传动的斜轴式轴向柱塞泵的工作原理图。图中缸体 3 与传动轴 1 通过中心连杆 6 连接起来，且缸体轴线与传动轴线的夹角为 γ。这样，当传动轴转动时，通过中心连杆 6 带动缸体旋转，迫使连杆 2 带动柱塞 4 在柱塞腔里做往复直线运动，完成吸、压油过程。改变缸体轴线与传动轴线的夹角 γ，就可改变柱塞往复行程大小，从而改变了泵的排量。另外，它可采用平面配流盘 5a 配流，也可采用球面配流盘 5b 配流。

图 2-14　直轴斜盘式轴向柱塞泵的外形图

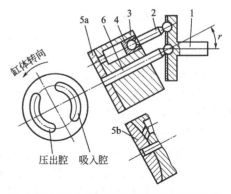

图 2-15　斜轴式轴向柱塞泵的工作原理图

1—传动轴；2—连杆；3—缸体；4—柱塞；5a—平面配流盘；5b—球面配流盘；6—中心连杆

图 2-16 所示为 A7V 型恒功率轴向柱塞变量泵的结构图。在 A7V 型变量泵中，更换不同的变量机构，可以得到不同的变量方式。该泵有恒功率、恒压、电液比例、手动四种变量形式。图 2-17 为 A7V 型恒功率轴向柱塞变量泵的外形图。

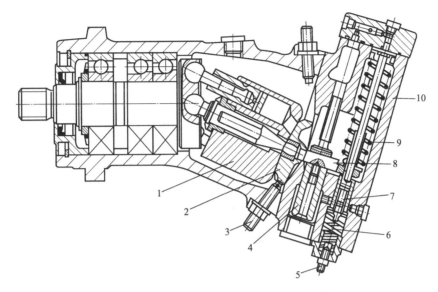

图 2-16　A7V 型恒功率轴向柱塞变量泵结构

1—缸体；2—配流盘；3—限位螺钉；4—变量活塞；5—调整螺钉；
6—变量弹簧；7—控制阀芯；8—拨销；9—反馈弹簧；10—变量壳体

（3）双端面配流轴向柱塞泵

这种泵是双端面进油、单端面排油、靠吸油自冷却的新型轴向柱塞泵。该泵的工作原理如图 2-18（a）所示，其工作原理和主要结构基本与直轴式轴向柱塞泵相同。主要不同之处是其斜盘上对应于配流盘上吸油窗口的位置有一条同样的吸油窗口，且每一柱塞与滑履的中心通孔较大。吸油时，柱塞外伸使孔内容积增大，油液可同时从配流盘和斜盘上的吸油窗口双向进入吸油区的柱塞孔内，因此降低了吸油流速，减小了吸油阻力，提高了自吸能力；压油时，由于对应于压油区的斜盘上无配流窗口，使得处于压油区的柱塞与滑履中心孔被斜盘封住，柱塞孔内的容积因柱塞向内压缩而减小，于是柱塞孔内的油液受挤压后便从压油窗口排出。

图 2-17　A7V 型恒功率轴向
柱塞变量泵的外形图

图 2-18（b）所示为这种泵的自冷却原理，吸入的油液进入泵体后，除经两吸油窗口进入吸油区的缸孔内外，还从泵体内各有关间隙全方位进入缸孔内，形成全流量自循环强制冷却。同时，可按各摩擦副的发热量大小分配自冷却流量，降低了泵内温度，使整泵的温升均衡。由于采用双端面进油，因而省去了泄漏回油管，提高了效率和延长了使用寿命，转速范围也相应提高。但由于斜盘结构不对称，因而这种泵不具有双向变量泵的功能，也不能作液压马达使用。

2.4.2　径向柱塞泵

图 2-19 为径向柱塞泵的工作原理图。它由定子 4、转子 2、配流轴 5、衬套 3 和柱塞 1

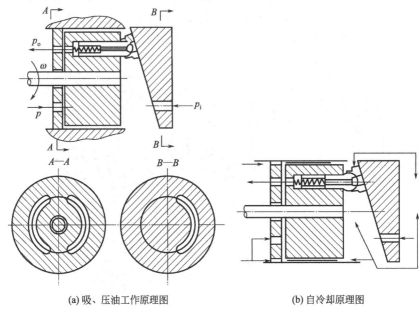

(a) 吸、压油工作原理图   (b) 自冷却原理图

图 2-18　双端面配流轴向柱塞泵的工作原理图

等主要零件组成。衬套 3 和转子 2 压配成一体；转子 2 与定子 4 中心不重合，存在偏心距 e；配流轴 5 与转子 2 同心，但不转动。配流轴上的隔挡正好位于转子和定子的连心线上，将其吸、排油腔隔开。转子 2 的径向均布有若干个柱塞孔，每个孔中装有柱塞 1。

　　当转子沿图示方向（顺时针）转动时，柱塞在上半周范围内，柱塞随转子做圆周运动同时在离心力的作用下逐渐伸出，柱塞底部的密封容积逐渐增大，形成局部真空，通过配流轴的吸油孔吸油；当柱塞转至下半周范围内，柱塞随转子做圆周运动同时在定子迫使下逐渐收缩，柱塞底部密封容积的油液受挤压，通过配流轴的排油孔排油。当柱塞处于定子与转子连心线位置时，由于柱塞底腔被配流轴隔挡封住，故既不吸油也不排油。

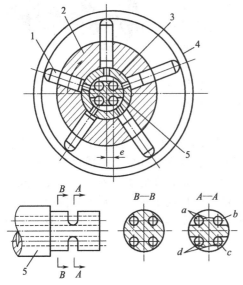

图 2-19　径向柱塞泵的工作原理图

1—柱塞；2—转子；3—衬套；4—定子；5—配流轴

图 2-20　径向柱塞泵的外形图

由此可见，转子每转一转，每个柱塞均吸油一次、排油一次。若转子连续转动，泵就可实现连续吸、排油。

这种泵在结构尺寸确定后，其排量取决于定子与转子的偏心距大小，即改变偏心距 e，就可改变泵的排量。若改变定子与转子的偏心方向或转子转向，即可改变泵的吸、排油方向。

图 2-20 所示为径向柱塞泵的外形图。

2.5 螺杆泵

螺杆泵与其他液压泵相比，具有结构紧凑、工作平稳、噪声小、输出流量均匀等优点，目前较多地应用于对压力和流量稳定要求较高的精密机床的液压系统中，但螺杆的齿形复杂，制造较困难。

螺杆泵按螺杆根数来分，有单螺杆泵、双螺杆泵和三螺杆泵；按螺杆的横截面齿形来分，有摆线齿形螺杆泵、摆线-渐开线齿形螺杆泵和圆形齿形螺杆泵。

图 2-21 所示为三螺杆泵的结构图。由图可见，三个相互啮合的双头螺杆安装在壳体内，中间为主动螺杆（凸螺杆）3，两侧为从动螺杆（凹螺杆）4，三个螺杆的外圆与壳体的对应弧面保持着良好的配合。在横截面内，螺杆的啮合线把主动螺杆和从动螺杆的螺旋槽分割成多个相互隔离的密封工作腔，当传动轴（与中间的凸螺杆为一体）按图示方向旋转时，这些密封工作腔在左端逐渐形成，不断从左往右移动（主动螺杆每转一转，每个密封工作腔移动一个螺旋导程）并在右端消失。密封工作腔逐渐形成时，容积增大，进行吸油；密封工作腔逐渐消失时，容积减小，进行压油。螺杆直径越大，螺杆槽越深，泵的排量就越大；螺杆的级数（即螺杆上的导程个数）越多，泵的额定压力越高（每一级工作压差为 2～2.5MPa）。

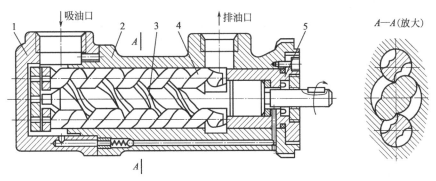

图 2-21 三螺杆泵的结构图
1—后盖；2—壳体；3—主动螺杆（凸螺杆）；4—从动螺杆（凹螺杆）；5—前盖

图 2-22 所示为 3G 型三螺杆泵的外形图。三螺杆泵主要用来输送温度≤150℃、黏度 3～760cSt、不含固体颗粒、无腐蚀性、具有润滑性能的介质；适用压力范围为 0.6～2.5MPa，适用流量范围为 0.6～123m³/h；主要应用于燃油输送、液压工程、船舶工程、石化及其他工业。

图 2-22 3G 型三螺杆泵的外形图

第3章

液压系统的执行元件

液压系统的执行元件包括液压马达与液压缸（见图 3-1），它们的职能是将液压能转换成机械能。

液压马达输入的是液体的流量和压力，输出的是转矩和角速度。它输出的角位移是无限的。

液压缸的输入量是液体的流量和压力，输出量是直线速度和力。液压缸的活塞能完成直线往复运动，输出的直线位移是有限的。

(a) 液压马达   (b) 液压缸

图 3-1 液压执行元件的外形图

3.1 液压马达

液压马达是做旋转运动的执行元件。在液压系统中，液压马达把液压能转变为马达轴上的转矩和转速运动输出，即把液流的压力能转变为马达轴上的转矩输出，把输入液压马达的液流流量转变为马达轴的转速运动。

3.1.1 液压马达的分类及图形符号

按角速度分类，液压马达有高速和低速两类。一般认为，额定转速高于 500r/min 的属于高速液压马达，额定转速低于 500r/min 的属于低速液压马达。

若按排量是否可变，液压马达还可分为定量马达和变量马达两类图 3-2 所示为 1993 版液压马达图形符号，图 3-3 所示为 2009 版液压马达的图形符号（注意：2009 版中没有专门的液压马达图形符号）。

(a) 单向定量液压马达　(b) 单向变量液压马达　(c) 双向定量液压马达 (d) 双向变量液压马达

图 3-2　1993 版液压马达的图形符号

(a) 单向旋转的定量泵或马达　　　(b) 双向变量泵或马达

图 3-3　2009 版液压马达的图形符号

3.1.2　高速液压马达

高速液压马达主要有齿轮马达、叶片马达和轴向柱塞马达三种。高速液压马达的特点是转速高，惯量小，便于启动、换向和制动。通常高速液压马达的输出转矩仅几十牛［顿］米，因此也称为高速小转矩液压马达。

（1）齿轮马达

齿轮马达的工作原理（即液压马达产生输出转矩的原理）如图 3-4(a) 所示。若上腔为进液腔，其压力为 p；下腔为回液腔，其压力为 $p'=0$。c 为两齿轮的啮合点，c 点至两齿轮齿根的距离分别为 a 和 b，全齿高为 h。由于 a 和 b 都小于 h，所以压力油作用在齿面上时，在两个齿轮上各有一个使它们产生转矩的作用力，分别为 F_1 和 F_2（在图中液压力平衡的部分未画出或未画箭头表示）。液压力 F_1 和 F_2 分别为

$$F_1=pB(h-b)$$
$$F_2=pB(h-a)$$

式中　B——齿宽。

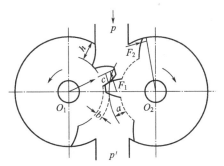

图 3-4　齿轮马达的工作原理图

齿轮 O_1 在合力 F_1 所产生的转矩作用下，沿逆时针方向旋转，并将工作液体带到回液腔排出。齿轮 O_2 在合力 F_2 所产生的转矩作用下，沿顺时针方向旋转，并将工作液体带到回液腔排出。

齿轮 O_2 所受的顺时针转矩是通过啮合点 c 传递给齿轮 O_1 的，与齿轮 O_1 所受的逆时针转矩合成在一起，输出给工作机构。

图 3-5 所示为国产 CM-F 型齿轮马达的结构图。与齿轮泵相比，两者在结构上的主要区别如下：

a. 为保证齿轮马达正、反两个方向旋转时工作性能不变，在结构上是对称的（如卸荷槽结构对称，进、出液口直径相等）。而齿轮泵为减小不平衡的径向液压力，通常将排液口直径做得比吸液口直径小，于是这种泵就成为单方向旋转的单向泵。

b. 由于齿轮马达回油一般具有背压，故内部的泄漏不能像齿轮泵那样直接引到低压腔，而设置有单独的泄漏口 e，将齿轮马达的泄漏液体单独引回油箱。

c. 为了减小齿轮马达的启动摩擦损失转矩，以提高启动机械效率，一般都采用了滚针轴承和固定间隙侧板。

d. 为减小齿轮马达的转矩脉动系数，齿轮马达的齿数通常都稍多于同类型齿轮泵的齿数。

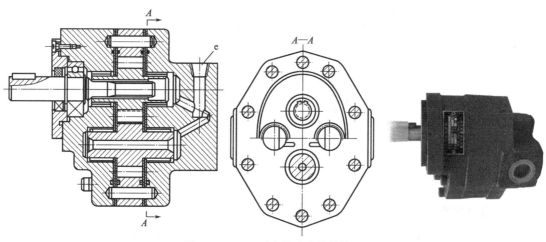

图 3-5　CM-F 型齿轮马达的结构图

（2）叶片马达

叶片马达通常是双作用的。如图 3-6(a) 所示，当压力为 p 的工作液体从进液口进入叶片马达两个工作腔后，工作腔中的叶片 2、6 的两边所受总液压力平衡，对转子不产生转矩；而位于密封区的叶片 1、3、5、7 两边所受的液压力不平衡，使转子受到图示方向的转矩，叶片马达因此而转动。当改变液体输入方向时，则叶片马达反向旋转。双作用叶片的外形如图 3-6(b) 所示。

双作用叶片马达具有体积小、转动惯量小、输出转矩均匀等优点。因此，双作用叶片马达动作灵敏，适用于高频、快速的换向传动系统；但由于容积效率较低，不适用于低速大转矩的工作要求。

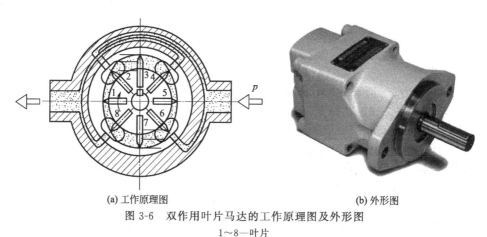

(a) 工作原理图　　　　　　　　　　　　(b) 外形图
图 3-6　双作用叶片马达的工作原理图及外形图
1～8—叶片

（3）轴向柱塞马达

轴向柱塞马达也有斜盘式和斜轴式两种类型，其基本结构与同类型柱塞泵一样。但由于轴向柱塞马达常采用定量结构，即固定斜盘或固定倾斜缸体，所以其结构比同类型变量泵简单得多。

图 3-7 为斜盘式轴向柱塞马达的工作原理图。现通过高压腔中一个柱塞的受力分析说明其工作原理。工作液体经配流盘 1 把处在高压腔位置的柱塞 2 推出，压在斜盘 3 上。假定斜盘给予柱塞的反作用力为 N，则 N 可分解为两个为轴向分力 F_a 和径向分力 F_t。径向分力 F_t 对旋转中心产生转矩，使缸体带动主轴旋转，并输出转矩。

斜轴式轴向柱塞马达的工作原理与此相似。图 3-8 所示为斜盘式轴向柱塞马达的外形图。

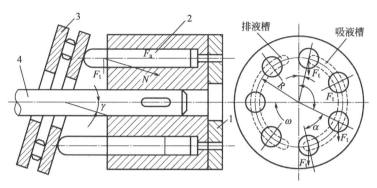

图 3-7　斜盘式轴向柱塞马达的工作原理图
1—配流盘；2—柱塞；3—斜盘；4—驱动轴

图 3-8　斜盘式轴向柱塞马达的外形图

3.1.3　低速液压马达

低速液压马达的基本形式是径向柱塞式，主要有曲轴连杆马达、内曲线马达和静力平衡马达等。低速液压马达的特点是排量大，低速稳定性好，可直接与工作机构相连接，简化了传动机构，因而广泛应用于起重运输、工程机械、船舶和冶金矿山机械等工业领域。

（1）曲轴连杆马达

曲轴连杆马达的工作原理如图 3-9 所示。压力油输入到柱塞缸中，在柱塞上产生的液压力经连杆作用到偏心轮上。作用于偏心轮上的力 N 可分解为法向力 F 和切向力 T。切向力 T 对曲轴的旋转中心 O 产生转矩，使曲轴绕中心 O 旋转。曲轴旋转时，压力油通过配流轴依次输入相应的柱塞缸中，使马达连续不断地旋转；同时，随曲轴的旋转，其余柱塞缸内的油液在柱塞推动下通过配流轴的排油窗口排出。马达进、排油口互换，液压马达则反转。

曲轴每转一周，每个柱塞缸进、排油各一次。通常曲轴连杆马达的输出转矩可达几千牛〔顿〕米至几万牛〔顿〕米，是一种单作用低速大转矩液压马达。曲轴连杆马达结构简单，但转速、转矩脉动大，低速稳定性差。图 3-10 所示为曲轴连杆马达的外形图。

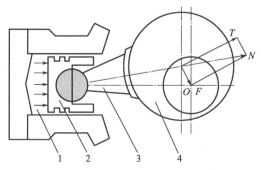

图 3-9　曲轴连杆马达的工作原理图
1—压力油；2—柱塞；3—连杆；4—偏心轮

图 3-10　曲轴连杆马达的外形图

图 3-11 是 JMD 型曲轴连杆马达的结构图。它由配流轴 1、阀体 2、缸体 3、曲轴 4、活塞 5、连杆 6 和十字接头 7 等主要零件组成。活塞通常是五个或七个，沿缸体径向均匀布置。图中 a、b 为液压马达进、出油孔，分别与高压油管及低压油管相连接。高、低压力油在断面 $A—A$ 处通过壳体中的五条铸造流道分别与相对应的柱塞缸孔相通。配流轴支撑在两个滚针轴承上，并通过十字接头 7 与曲轴 4 浮动连接。这种浮动连接，既能保证配流轴与曲轴同步旋转，也可避免因加工与装配误差带来的不同心而产生的卡死现象。活塞 5 与连杆 6 以球铰相连，连杆球头端用卡环和挡圈卡在活塞中的球窝内；连杆另一端的鞍形内表面紧贴在曲轴 4 的偏心圆柱表面上，两侧用挡圈卡住，使它不脱离偏心圆柱表面。

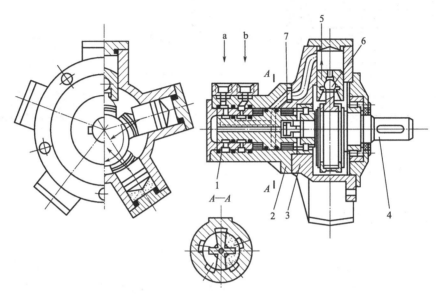

图 3-11　JMD 型曲轴连杆马达的结构图

1—配流轴；2—阀体；3—缸体；4—曲轴；5—活塞；6—连杆；7—十字接头

（2）静力平衡马达

静力平衡马达是在曲轴连杆马达的基础上改进发展而来的。它的主要特点是取消了连杆，改由装在偏心轮上能自由转动的五星轮传力；去掉了配流轴，改由偏心轴实现配流。此外，柱塞、压力环和五星轮均利用液体静压力大致做到静压平衡状态，故称之为静力平衡马达。国外这类典型的马达称为"罗斯通"（Roston）马达。

常见的静力平衡马达的基本结构和工作原理如图 3-12 所示。它主要由缸体（壳体）1、五星轮 2、偏心轴 3、压力环 4 和空心柱塞 5 等零件组成。缸体（壳体）1 的径向缸孔配置有五个空心柱塞 5。偏心轴 3 既是输出轴，又是配流轴。五星轮 2 滑套在偏心轴的凸轮上，在它的五个平面中各嵌装一个压力环 4，压力环的上平面与空心柱塞 5 的底面接触。空心柱塞内装有弹簧（图上未画出），以防液压马达启动或空载运转时柱塞表面与压力环脱开。压力环相对于五星轮可微量浮动，以消除零件制造误差影响，并保证柱塞与压力环之间的良好密封性能。五星轮 2 凹槽中心的径向孔与偏心轴 3 中的配流孔相通。偏心轴的几何中心（也是五星轮的几何中心）为 O_1，回转中心为 O（偏心距为 e）。液压马达缸体的几何中心为 O，它与偏心轴回转中心是一致的。

高压油经配流轴上的轴向孔进入配流槽，再经五星轮上的径向孔、压力环、柱塞底孔而进入柱塞腔内。低压油则通过柱塞底孔、五星轮径向孔、压力环、配流轴的低压槽，再经配流轴的轴向孔回油（图中位置有两个柱塞处于进油状态，两个柱塞处于回油状态，一个柱塞处于既不进油又不回油状态）。

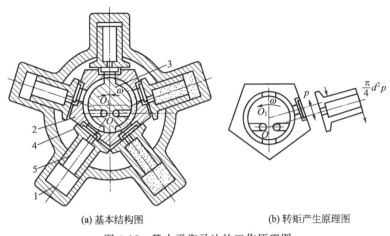

(a) 基本结构图　　　　(b) 转矩产生原理图

图 3-12　静力平衡马达的工作原理图

1—缸体；2—五星轮；3—偏心轴；4—压力环；5—空心柱塞

如图 3-12(b) 所示，静力平衡马达依靠高压油对柱塞产生的液压力通过五星轮作用到偏心轴的侧面上，其合力的作用线通过偏心轴的几何中心 O_1，从而对偏心轴的回转中心 O 产生转矩。偏心轴在高压油推动下沿逆时针方向转动，而五星轮因受柱塞底面的限制，只能做平面平行运动。偏心轴转过一周，各柱塞往复运动一次。随着偏心轴位置的不同，有时三个柱塞进油（两个柱塞回油），有时两个柱塞进油（三个柱塞回油）。

（3）内曲线径向柱塞马达

内曲线径向柱塞马达是一种多作用式低速大转矩马达。它具有结构紧凑、体积小、径向受力平衡、输出转矩大，转矩脉动较小和低速稳定性好等优点，因此得到了广泛应用。

如图 3-13 所示，内曲线径向柱塞马达由定子 1、转子 2、柱塞组件 3（包括柱塞、横梁和滚轮）和配流轴 4 等主要部件组成。

定子 1 的内表面由 X 段（图中 $X=6$）均布的形状完全相同的曲面组成。每段曲面又分为对称的两部分，一部分允许柱塞组件伸出，称为进油区段（工作区段）；另一部分迫使柱塞组件收缩，称为回油区段（非工作区段）。定子内表面的最外、最里端分别为上、下死点。

在转子 2 径向均匀分布有 Z 个（图中 $Z=8$）柱塞缸孔，每个缸孔底部有一配流窗孔可与配流轴 4 的配流口相通。

转子每个缸孔中都装有柱塞组件 3，它可在缸孔中往复运动。

配流轴 4 与定子 1 固定在一起，上面圆周上均布有 $2X$ 个配流口，其中有 X 个配流口分别与定子曲面的进油区段相对应，并与马达进油相通；有 X 个配流口分别与定子曲面回油区段相对应，并与马达回油相通。

当高压油经配流轴进油窗口进入处于进油区段的各柱塞缸孔时，相应的柱塞组件在液压力作用下外伸而紧压在定子曲面上。在接触处定子曲面对柱塞组件产生一反力 N，此法向力 N 可分解为沿柱塞轴线方向的分力 P_H 和垂直于柱塞轴线方向的分力 T。其中力 P_H 与作用在柱塞底部的液压力相平衡（忽略柱塞的惯性力及摩擦力），而力 T 则克服负载转矩对转子产生顺时针方向转矩，推动转子 2 旋转。此时，柱塞组件的运动为复合运动，即随转子做圆周运动的同时在转子径向缸孔中做直线往复运动。处于定子曲面回油区段的柱塞组件在定子曲面迫使下收缩并通过配流轴回油口回油。位于定子曲面上、下死点的柱塞组件处于既不进油也不回油的封闭状态。内曲线径向柱塞马达全部柱塞组件就这样有规律地依次进、回油，带动转子连续运转。

若改变马达的进、回油方向，马达转向也随之改变。

转子转一周，每个柱塞组件在转子中往复伸出和缩回 X 次，称 X 为马达的作用次数。由于 $X>1$，所以该马达称为多作用式马达。

图 3-14 所示为 MS 系列内曲线径向柱塞马达的外形图。

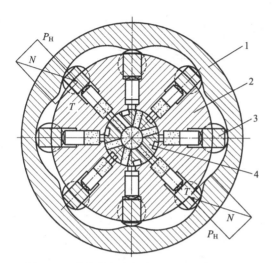 

图 3-13　内曲线径向柱塞马达的工作原理图
1—定子；2—转子；3—柱塞组；4—配流轴

图 3-14　MS 系列内曲线径向柱塞马达的外形图

3.2　液压缸

按作用方式不同液压缸可分为单作用式和双作用式两大类。单作用液压缸是利用液压力推动活塞向着一个方向运动，而反向运动则依靠重力或弹簧力等实现。双作用液压缸正、反两个方向的运动都依靠液压力来实现。

按不同的使用压力，液压缸又可分为中低压液压缸、中高压液压缸和高压液压缸。对于机床类机械一般采用中低压液压缸，其额定压力为 2.5～6.3MPa；对于要求体积小、重量轻、输出力大的建筑车辆和飞机多数采用中高压液压缸，其额定压力为 10～16MPa；对于油压机类机械，大多数采用高压液压缸，其额定压力为 25～31.5MPa。

按结构形式的不同，液压缸可分为活塞式、柱塞式、摆动式、伸缩式等形式。

3.2.1　单作用液压缸

单作用液压缸有柱塞式、活塞式和伸缩式三种结构形式。

柱塞式和活塞式单作用液压缸的工作原理如图 3-15 所示。当压力为 Q 的工作液体由液压缸进液口 A 以流量 Q 进入柱塞或活塞底腔后，液体压力均匀作用在柱塞或活塞底面上，柱塞或活塞杆在该液体压力的作用下，产生推力 F，并以速度 v 向外伸出。若柱塞或活塞底腔卸压，则柱塞或活塞杆在自重（垂直安装时）

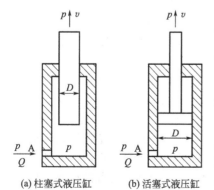

(a) 柱塞式液压缸　(b) 活塞式液压缸
图 3-15　柱塞式液压缸和活塞式液压缸的工作原理图

或弹簧力等外力作用下缩回。由于液压力只能推动柱塞或活塞杆朝一个方向运动，因此这两种液压缸属于单作用液压缸。图 3-16 所示为 1993 版标准柱塞式液压和活塞式液压缸的图形符号，图 3-17 所示为 2009 版标准柱塞式液压缸和活塞式液压缸的图形符号。

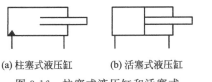 

(a) 柱塞式液压缸　(b) 活塞式液压缸

图 3-16　柱塞式液压缸和活塞式
液压缸的图形符号（1993 版）

(a) 柱塞式液压缸　(b) 活塞式液压缸

图 3-17　柱塞式液压缸和活塞式
液压缸的图形符号（2009 版）

图 3-18 所示为单作用柱塞式液压缸的典型结构图。它由缸筒 1、柱塞 2、导向套 3、密封圈 4 和缸盖 5 等组成。该液压缸的特点是柱塞较粗，受力条件好，而且柱塞在缸筒内与缸壁不接触，两者无配合要求，因而只需对柱塞表面进行精加工即可；缸筒内孔不必进行精加工，而且表面粗糙度要求也不高。可见柱塞式液压缸的制造工艺性较好，故行程较长的单作用液压缸多采用柱塞式结构。

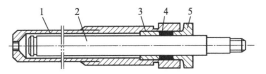

图 3-18　单作用柱塞式液压缸的典型结构图
1—缸筒；2—柱塞；3—导向套；4—密封圈；5—缸盖

另外，为了减轻重量，柱塞往往做成空心的。行程特别长的柱塞缸，还可以在缸体内设置辅助支承，以增强刚性。图 3-19 所示为单作用柱塞式液压缸的外形图。

 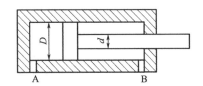

图 3-19　单作用柱塞式液压缸的外形图

图 3-20　单活塞杆式双作用液压缸的原理图

3.2.2　双作用液压缸

双作用液压缸的伸出、缩回都是利用液压油的操作来实现的。按活塞杆形式的不同，双作用液压缸可分为单活塞杆式、双活塞杆式和伸缩式三种形式。

（1）单活塞杆式双作用液压缸

单活塞杆式双作用液压缸的工作原理如图 3-20 所示，其外形如图 3-21 所示。该液压缸

图 3-21　单活塞杆式双作用液压缸的外形图

进、出液口的布置视安装方式而定。工作时可以缸筒固定，活塞杆驱动负载；也可以活塞杆固定，缸筒驱动负载。在缸筒固定情况下，当 A 口进液、B 口回液时，活塞杆伸出；当 B 口进液、A 口回液时，活塞杆缩回。由于液压力能推动活塞杆做正反两个方向的运动，因此这种液压缸属于双作用液压缸。

根据流量连续性定理，进入液压缸的液流流量等于液流截面面积和流速的乘积。因此，

对液压缸来说,液流截面面积即是液压缸工作腔的有效面积,液流的平均流速即是活塞的运动速度。

图 3-22 所示为工程机械中通用的一种双作用单活塞杆式液压缸的典型结构图。它由缸底 2、缸筒 11、缸盖 15、活塞 8 和活塞杆 12 等组成。缸筒一端与缸底焊接成一体,另一端则与缸盖通过螺纹连接,便于拆装和检修。缸筒两端设有液口 A 和 B。活塞 8 利用卡键 5、卡键帽 4 和挡圈 3 与活塞杆固定。活塞上套有聚四氟乙烯或尼龙等耐磨材料制成的支撑环 9,以支撑活塞。缸内两腔间的密封靠活塞内孔与活塞杆配合处的 O 形密封圈 10,以及反方向安装在活塞外缘上的两个 Y_x 形密封圈 6 和挡圈 7 来保证。为防止油液外泄,导向套 13 的外缘有 O 形密封圈 14 进行密封,内孔有 Y 形密封圈 16 及挡圈 17 进行密封。防尘圈 18 的作用是刮除黏附在活塞杆外露部分的尘土。在缸底和活塞杆顶端的连接耳环 20 上,有供安装用或与工作机械连接用的销轴孔,销轴孔必须保证液压缸中心受压。销轴孔由油嘴 1 供给润滑油。此外,为了减轻活塞在行程终了时对缸底或缸盖的冲击,两端设有缝隙节流缓冲装置。当活塞快速运行临近缸底时(图示位置),活塞杆端部的缓冲柱塞将回液口堵柱,迫使剩余液体只能从柱塞周围的缝隙挤出,形成液压阻力,使液压缸速度迅速减慢实现缓冲;反向行程亦根据同样原理获得缓冲。

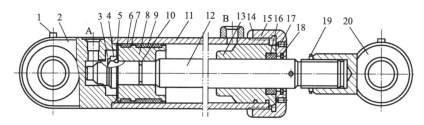

图 3-22　单活塞杆式双作用液压缸的结构图

1—油嘴;2—缸底;3—挡圈;4—卡键帽;5—卡键;6—Y_x 形密封圈;7—挡圈;8—活塞;
9—支撑环;10—O 形密封圈;11—缸筒;12—活塞杆;13—导向套;14—O 形密封圈;
15—缸盖;16—Y 形密封圈;17—挡圈;18—防尘圈;19—紧固螺母;20—耳环

(2) 双活塞杆式双作用液压缸

如图 3-23 所示,这种液压缸有两个直径相同的活塞杆,分别从缸筒的两端伸出,且常

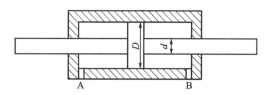

图 3-23　双活塞杆式双作用液压缸的原理图

使两活塞杆固定,而将缸筒作为活动件。当分别从 A 口进液、B 口回液和 B 口进液、A 口回液时,即可实现缸筒的往复运动,并牵引负载进行工作。由图示可知,双活塞杆式双作用液压缸往复运动的牵引力和速度都是相等的。

图 3-24 所示为机床中所用的一种双活塞杆式双作用液压缸的典型结构图。它由缸筒 10、活塞杆 1 和 15、导向套 6 和 19、缸盖 18 和 24 等组成。由图可见,液压缸的左右两腔是通过液口 b 和 d 经活塞杆 1 和 15 的中心孔与左右径向孔 a 和 c 相通。由于活塞杆固定在床身上,缸筒 10 固定在工作台上,当径向孔 c 进液、径向孔 a 回液时,工作台向右移动;反之则向左移动。缸盖 18 和 24 通过螺钉(图中未画出)与压板 11 和 20 相连,并经钢丝环 12 和 21 固定在缸筒 10 上。考虑到液压缸工作中要发热伸长,液压缸只以右缸盖 18 与工作台固定相连,左缸盖 24 空套在托架 3 孔内,可以自由伸缩。空心活塞杆的一端用堵头 2 堵死,并通过锥销 9 和 22 与活塞 8 相连。缸筒相对于活塞的运动由左右两个导向套 6 和 19 导向。活塞与缸筒之间、缸盖与活塞杆之间以及缸盖与缸筒之间分别用 O 形密封圈 7、Y 形密

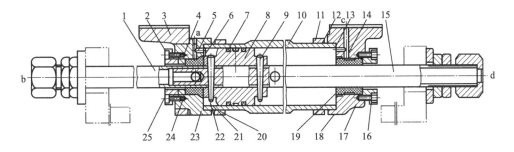

图 3-24　双活塞杆式双作用液压缸的结构图

1,15—活塞杆；2—堵头；3—托架；4,7,17—密封圈；5,14—排气孔；6,19—导向套；8—活塞；9,22—锥销；
10—缸筒；11,20—压板；12,21—钢丝环；13,23—纸垫；16—压盖；18,24—缸盖；25—压盖

封圈 4 和 17 及纸垫 13 和 23 进行密封，以防止液体的内、外泄漏。缸筒在接近行程的左右终端时，径向孔 a 和 c 的开口逐渐减小，对移动部件起制动缓冲作用。为了排除液压缸中剩留的空气，缸盖上设置有排气孔 5 和 14，经导向套环槽的侧面孔道（图中未画出）引出与排气阀相连。

图 3-25 所示为双活塞杆式双作用液压缸的外形图。

图 3-25　双活塞杆式双作用液压缸的外形图

（3）伸缩式双作用液压缸

伸缩式双作用液压缸是一种多级液压缸，其特点是行程大而缩回后的长度短，适用于安装空间受到限制但行程要求很大的设备中。

图 3-26 所示为伸缩式双作用液压缸的工作原理图。它由一级缸筒 1、一级活塞杆 2（二级缸筒又称外柱）、二级活塞杆 3（又称内柱）等组成。当压力液体从 A 口进入一级缸筒下腔后，推动一级活塞杆（二级缸筒）带着二级活塞杆一起伸出，一级缸筒上腔经 B_1 口回液。此时单向阀 4 处于关闭状态，压力液体不能进入二级缸筒，二级活塞杆不能从二级缸筒里伸出。当二级缸筒达到最大行程而不能再伸出时，一级缸筒下腔的液体压力开始升高，当压力升高到能克服弹簧力而打开单向阀后，压力液体进入二级缸筒下腔，二级活塞杆伸出，二级缸筒上腔经二级活塞杆中心孔从 B_2 口回液。液压缸缩回时，B_1、B_2 口同时进压力液体，A 口回液。开始时由于单向阀关闭，二级活塞杆不能缩回，但从 B_1 口进入的压力液体可迫使二级缸筒带着二级活塞杆一起缩回。当二级缸筒接近完全缩回时，顶杆 5 被一级缸筒的缸底顶起，从而打开单向阀，二级缸筒下腔经单向阀、A 口回液，二级活塞杆在 B_2 口进入的压力液体作用下缩回。由于这种液压缸具有一级缸筒与一级活塞杆（二级缸筒）、二级缸筒与二级活塞杆间的两种相对伸缩关系，因此常将其称之为双伸缩（或双级）液压缸。

图 3-27 为伸缩式双作用液压缸的外形图。

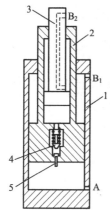

图 3-26　伸缩式双作用液压缸的工作原理图
1——一级缸筒；2——一级活塞杆；3—二级
活塞杆；4—单向阀；5—顶杆

图 3-27　伸缩式双作用液压缸的外形图

3.2.3　组合式液压缸

在生产中除了利用以上各种液压缸直接驱动工作机构外，还常将几个液压缸或将液压缸和机械传动部件联合组成组合式液压缸，以满足某种特殊需要。组合式液压缸常见的有串联式、增压式和齿条活塞式等类型。

（1）串联式液压缸

如图 3-28 所示，串联式液压缸是在一个缸筒内安装两个串联活塞而构成的液压缸。当A 口进液、B 口回液时，活塞杆伸出；反之，则活塞杆缩回。

同单活塞杆式双作用液压缸相比，串联式液压缸的推拉力几乎增加一倍，活塞杆的伸缩速度几乎减小一半。这种液压缸适用于要求推拉力大、伸缩速度慢但长度不受限制的场合。

（2）增压式液压缸

图 3-29 所示为增压式液压缸的工作原理图，它将活塞缸和柱塞缸（或活塞缸）串联在一起，且无输出杆。当 A 口进液、B 口回液时，则可在 C 口输出比 A 口进液压力高若干倍的压力液体。这种液压缸常用在高压细射流技术上。

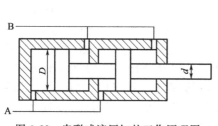

图 3-28　串联式液压缸的工作原理图

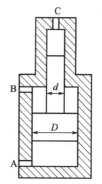

图 3-29　增压式液压缸的工作原理图

（3）齿条活塞式液压缸

图 3-30 所示为齿条活塞式液压缸的工作原理图。它是齿条机械传动与液压缸液压传动

相结合的液压缸。当 A 口进液、B 口回液时,压力
液体推动齿条活塞向右运动,从而带动齿轮和轴逆
时针回转;当 B 口进液、A 口回液时,齿轮和轴顺
时针回转,从而将活塞的直线运动转化成齿轮的周
期性回转运动和步进运动。这种液压缸多用于组合
机床和磨床的进给装置上。

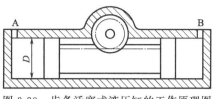

图 3-30 齿条活塞式液压缸的工作原理图

图 3-31 所示为齿条活塞式液压缸的典型结构
图。它由壳体 1、齿条活塞 2、齿轮 3、转轴 4、左右端盖 7 和 6、小活塞 8 和调节手柄 9 等
组成。当压力液体从进液孔 5 进入左腔时,推动齿条活塞向右运动,从而带动齿轮和轴逆时
针回转,其回转角度的大小取决于齿条活塞的行程的大小,而齿条活塞的行程是由调节手柄
通过小活塞调节的。

图 3-32 所示为齿条活塞式液压缸的外形图。

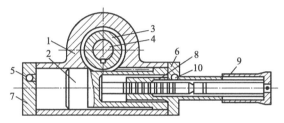

图 3-31 齿条活塞式液压缸的结构图

1—壳体;2—齿条活塞;3—齿轮;4—转轴;5—进液孔;6—右端盖;
7—左端盖;8—小活塞;9—调节手柄;10—回液孔

图 3-32 齿条活塞式液压缸的外形图

3.2.4 液压缸的安装方式

液压缸的安装方式取决于负载、液压缸的运动状态和空间位置,根据工作机构的要求而
定。液压缸几种常见的安装方式见表 3-1。

图 3-1 液压缸的几种安装方式

序号	安装形式	图 示	序号	安装形式	图 示
1	前端法兰安装	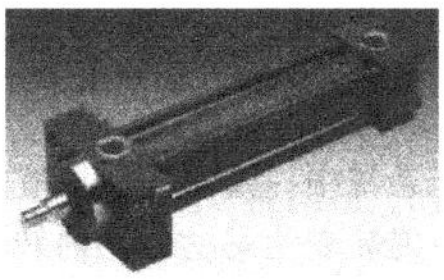	4	后端法兰安装	
2	圆形法兰安装		5	中间铰轴安装	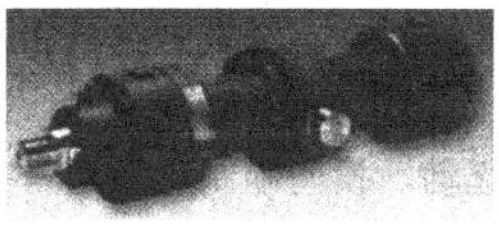
3	耳轴安装		6	底座安装	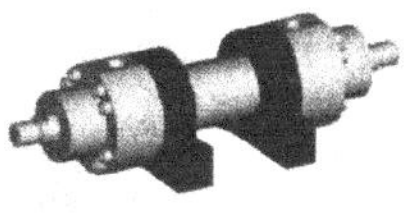

第**4**章

液压控制阀

在液压系统中，用于控制和调节工作液体的压力高低、流量大小以及改变流量方向的元件，统称为液压控制阀。液压控制阀通过对工作液体的压力、流量及液流方向的控制与调节，从而可以控制液压执行元件的开启、停止和换向，调节其运动速度和输出转矩（或力），并对液压系统或液压元件进行安全保护等。因此，采用各种不同的阀，经过不同形式的组合，可以满足各种液压系统的要求。常用的液压控制阀有很多种，通常从以下几个方面进行归纳和分类。

4.1 液压控制阀的分类

（1）按功能分类

液压控制阀按功能分类可分为以下几种。

① 压力控制阀 用于控制或调节液压系统或回路压力的阀，如溢流阀、减压阀、顺序阀、压力继电器等。

② 方向控制阀 用于控制液压系统中液流的方向及其通、断，从而控制执行元件的运动方向及其启动、停止的阀，如单向阀、换向阀等。

③ 流量控制阀 用于控制液压系统中工作液体流量大小的阀，如节流阀、调速阀、分集流阀等。

（2）按控制方式分类

液压控制阀按控制方式可分为以下几种。

① 开关（或定值）控制阀 借助于通断型电磁铁及手动、机动、液动等方式，将阀芯位置或阀芯上的弹簧设定在某一工作状态，使液流的压力、流量或流向保持不变的阀。这类阀属于常见的普通液压阀。

② 比例控制阀 采用比例电磁铁（或力矩马达）将输入电信号转换成力或阀的机械位移，使阀的输出量（压力、流量）按照其输入量连续、成比例地进行控制的阀。比例控制阀一般多采用开环液压控制系统。

③ 伺服控制阀 其输入信号（电量、机械量）多为偏差信号（输入信号与反馈信号的差值），阀的输出量（压力、流量）也可按照其输入量连续、成比例地进行控制的阀。这类阀的工作性能类似于比例控制阀，但具有较高动态瞬时响应和静态性能，多用于要求精度高、响应快的闭环液压控制系统。

④ 数字控制阀 用数字信息直接控制的阀类。

（3）按结构形式分类

液压控制阀按结构形式分类有滑阀（或转阀）、锥阀、球阀等。

（4）按连接方式分类

液压控制阀按连接方式可分为以下几种。

① 螺纹连接阀　通过阀体上的螺纹孔直接与管接头、管路相连接的阀。这种阀不需要过渡的连接安装板，因此结构简单，但只适用于较小流量的阀类；其缺点是元件布置分散，系统不够紧凑。

② 法兰连接阀　通过法兰盘与管子、管路连接的阀。法兰连接适用于大流量的阀，其结构尺寸和质量都大。

③ 板式连接阀　采用专用的过渡连接板连接阀与管路的阀。板式连接阀只需用螺钉固定在连接板上，再把管路与连接板相连。这种连接方式在装卸时不影响管路，并且有可能将阀集中布置，结构紧凑。

④ 集成连接阀　集成连接是由标准元件或以标准参数制造的元件按典型动作要求组成基本回路，然后将基本回路集成在一起组成液压系统的连接形式。它包括将若干功能不同的阀类及底板块叠合在一起的叠加阀；借助六面体的集成块，通过其内部通道将标准的板式阀连接在一起，构成各种基本回路的集成阀；将几个阀的阀芯合并在一个阀体内的嵌入阀；以及由插装元件插入插装块体所组成的插装阀等。

4.2　方向控制阀

方向控制阀（简称方向阀），用来控制液压系统的油流方向，接通或断开油路，从而控制执行机构的启动、停止或改变运动方向。

方向控制阀有单向阀和换向阀两大类。

4.2.1　单向阀

（1）普通单向阀

普通单向阀又称逆止阀。它控制油液只能沿一个方向流动，不能反向流动。图 4-1（a）所示为机床上常用的管式连接单向阀，它由阀体 1、阀芯 2 和弹簧 3 等零件构成。阀芯 2 分锥阀式和钢球式两种，图 4-1（a）为锥阀式连接单向阀（又称管式连接单向阀）。钢球式阀芯结构简单，但密封性不如锥阀式。当压力油从进油口 P_1 输入时，克服弹簧 3 的作用力，顶开阀芯 2，经阀芯 2 上四个径向孔 a 及内孔 b，从出油口 P_2 输出。当液流反向流动时，在弹簧和压力油的作用下，阀芯锥面紧压在阀体 1 的阀座上，油液不能通过。图 4-1（b）是板式连接单向阀，其进出油口开在底平面上，用螺钉将阀体固定在连接板上，其工作原理和管式连接单向阀相同。图 4-1（c）为单向阀的图形符号，2009 版和 1993 版一样，没有变化。

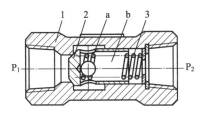

| (a) 管式连接单向阀 | (b) 板式连接单向阀 | (c) 图形符号 |

图 4-1　单向阀的结构图及图形符号

1—阀体；2—阀芯；3—弹簧

图 4-2 所示为单向阀的外形图。

(a) 管式连接单向阀　　　　　　(b) 板式连接单向阀

图 4-2　单向阀的外形图

　　普通单向阀中的弹簧主要用来克服阀芯运动时的摩擦力和惯性力。为了使单向阀工作灵敏可靠，弹簧力应较小，以免液流产生过大的压力降。一般单向阀的开启压力在 0.035～0.05MPa，额定流量通过时的压力损失不超过 0.1～0.3MPa。当利用单向阀作背压阀时，应换上较硬的弹簧，使回油保持一定的背压力。各种背压阀的背压力一般在 0.2～0.6MPa。

　　对单向阀总的要求是：当油液从单向阀正向通过时，阻力要小；而反向不能通过，无泄漏，阀芯动作灵敏，工作时无撞击和噪声。

　　(2) 液控单向阀

　　液控单向阀的结构如图 4-3(a) 所示，它与普通单向阀相比，增加了一个控制油口 X，控制活塞 1 通过顶杆 2，打开单向阀的阀芯 3。当控制油口 X 处无压力油通入时，液控单向阀起普通单向阀的作用，主油路上的压力油经 P_1 口输入，从 P_2 口输出，不能反向流动。当控制油口 X 通入压力油时，活塞 1 的左侧受压力油的作用，右侧 a 腔与泄油口相通。于是活塞 1 向右移动，通过顶杆 2 将阀芯 3 打开。使进、出油口接通，油液可以反向流动，不起单向阀的作用。控制油口 X 处的油液与进、出油口不通。通入控制油口 X 的油液压力最小不

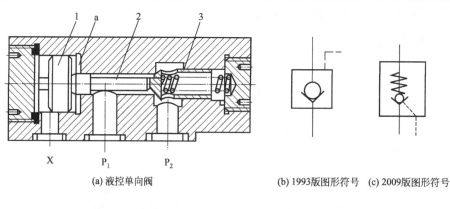

(a) 液控单向阀　　　　　　(b) 1993版图形符号　(c) 2009版图形符号

(d) 板式液控单向阀　　　　　　(e) 叠加式液控单向阀

图 4-3　液控单向阀的结构图、图形符号及外形图

1—活塞；2—顶杆；3—阀芯

应低于主油路压力的 30%～50%。液控单向阀的外形如图 4-3(d)、(e) 所示。

液控单向阀具有良好的密封性能，常用于保压和锁紧回路。使用液控单向阀时应注意以下几点：

a. 必须保证有足够的控制压力，否则不能打开液控单向阀。

b. 液控单向阀阀芯复位时，控制活塞的控制油腔中油液必须流回油箱。

c. 防止空气侵入到液控单向阀控制油路。

d. 作充油阀使用时，应保证开启压力低、流量大。

e. 在回路和配管设计时，采用内泄式液控单向阀，必须保证逆流出口侧不能产生影响控制活塞动作的高压，否则控制活塞容易反向误动作。如果不能避免这种高压，则应采用外泄式液控单向阀。

（3）单向阀的应用

普通单向阀常与某些阀组合成一体，成为组合阀或称复合阀，如单向顺序阀（平衡阀）、可调单向节流阀、单向调速阀等。为防止系统液压力冲击液压泵，常在泵的出口处安置有普通单向阀，以保护泵。为提高液压缸的运动平稳性，在液压缸的回油路上设有普通单向阀，作背压阀使用，使回油产生背压，以减小液压缸的前冲和爬行现象。

液控单向阀未通控制油时具有良好的反向密封性能，常用于保压、锁紧和平衡回路，作立式液压缸的支撑阀。

4.2.2　换向阀

换向阀利用改变阀芯与阀体的相对位置，切断或变换油流方向，从而实现对执行元件方向的控制。换向阀芯的结构形式有滑阀式、转阀式和锥阀式等，其中以滑阀式应用最多。一般所说的换向阀是指滑阀式换向阀。

（1）换向阀的结构特点和工作原理

滑阀式换向阀是靠阀芯在阀体内沿轴向做往复滑动而实现换向作用的，因此这种阀芯又称滑阀。滑阀是一个有多段环形槽的圆柱体，如图 4-4 中直径大的部分称为凸肩。有的滑阀还在轴的中心处加工出回油通路孔。阀体内孔与阀体凸肩相配合，阀体上加工出若干段环形槽。阀体上有若干个与外部相通的通路孔，它们分别与相应的环形槽相通。

以三位四通阀为例说明换向阀是如何实现换向的。如图 4-5 所示，三位四通换向阀有三个工作位置和四个通路口。三个工作位置就是滑阀在中间以及滑阀移到左、右两端时的位置，四个通路口即压

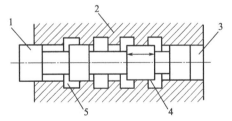

图 4-4　滑阀的结构图
1—滑阀；2—阀体；3—阀孔；4—凸肩；5—环形槽

力油口 P、回油口 O 和通往执行元件两端的油口 A 和 B。由于滑阀相对阀体做轴向移动，改变了位置，所以各油口的连接关系就改变了，这就是滑阀式换向阀的换向原理。

（2）换向阀的图形符号和滑阀机能

换向阀按阀芯的可变位置数目可分为二位和三位，通常用一个方框符号代表一个位置。按主油路进、出油口的数目又可分为二通、三通、四通、五通等，表达方法是在相应位置的方框内表示油口的数目及通道的方向，如图 4-6 所示。

其中箭头表示通路，一般情况下表示液流方向，"⊥" 和 "⊤" 与方框的交点表示通路被阀芯堵死。

根据改变阀芯位置的操纵方式不同，换向阀可以分为手动换向阀、机动换向阀、电磁换

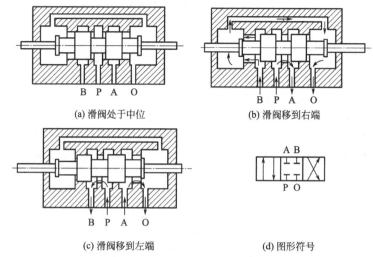

(a) 滑阀处于中位   (b) 滑阀移到右端

(c) 滑阀移到左端   (d) 图形符号

图 4-5   滑阀式换向阀的换向原理图

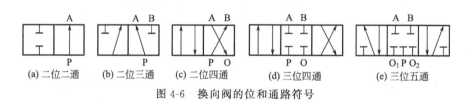

(a) 二位二通   (b) 二位三通   (c) 二位四通   (d) 三位四通   (e) 三位五通

图 4-6   换向阀的位和通路符号

向阀、液动换向阀和电液动换向阀，其符号如图 4-7 所示。

(a) 手动   (b) 机动   (c) 电磁   (d) 液动   (e) 电液动   (f) 弹簧

图 4-7   换向阀操纵方式符号

  三位换向阀的阀芯在阀体中有左、中、右三个位置。阀芯在左、右位置使执行元件产生不同的运动方向；而阀芯在中间位置时，利用不同形状及尺寸的阀芯结构，可以得到多种油口连接方式。除了使执行元件停止运动外，还可以具有其他一些不同的功能。因此，三位阀在中位时的油口连接关系又称为滑阀机能。常用的滑阀机能见表 4-1。

表 4-1   滑阀机能

序号	结构形式	名称	结构简图	符号	中间位置时的性能特点
1	O	中间密封			油口全闭，油液不流动。液压缸锁紧，液压泵不卸荷，并联的其他执行元件运动不受影响
2	H	中间开启			油口全开，液压泵卸荷，活塞在缸中浮动。由于油口互通，故换向较 "O" 型平稳，但冲击量较大

续表

序号	结构形式	名称	结构简图	符号	中间位置时的性能特点
3	Y	ABO 连接			油口关闭,活塞在缸中浮动,液压泵不卸荷。换向过程的性能处于"O"型与"H"型之间
4	P	PAB 连接			回油口关闭,泵口和两液压缸口连通,液压泵不卸荷。换向过程中缸两腔均通压力油,换向时最平稳。可作差动连接
5	M	PO 连接			液压缸锁紧,液压泵卸荷。换向时,与"O"型性能相同。可用于立式或锁紧的系统中

注:除表中所示以外,还有 C、D、J、K、N、U、X 等滑阀机能,可参见有关资料。

在识读换向阀时,要注意以弹簧复位的二位四通电磁换向阀,一般控制源(如电磁铁)在阀的通路机能同侧,复位弹簧或定位机构等在阀的另一侧,如图 4-8 所示。

(a) 电磁铁失电时   (b) 电磁铁通电时

图 4-8　二位四通换向阀的油路连通方式

换向阀有多个工作位置,油路的连通方式因位置不同而异,换向阀的实际工作位置应根据液压系统的实际工作状态进行判别。一般将阀两端的操纵驱动元件的驱动电磁铁复位弹簧动力视为推力。若电磁铁没有通电,称阀处于右位[见图 4-8(a)],此时 P、T、A、B 各油口互不相通。同理,若电磁铁通电,则阀芯在电磁铁的作用下向右移动,称阀处于左位[见图 4-8(b)],此时 P 口与 A 口相通,B 口与 T 口相通。之所以称阀位于"左位"、"右位"是相对于图形符号而言,并不是指阀芯的实际位置。

(3) **手动换向阀**

手动换向阀是依靠手动杠杆的作用力驱动阀芯运动来实现油路通断或切换的换向阀。如图 4-9 所示,三位四通手动换向阀有弹簧复位式和钢球定位式两种,操纵手柄即可使滑阀轴向移动实现换向。对于弹簧复位式,其阀芯松开手柄后,靠右端弹簧恢复到中间位置。对于钢球定位式,其阀芯靠右端的钢球和弹簧定位,可以分别定在左、中、右三个位置。图 4-9 (c)、(d) 所示为手动换向阀的图形符号,2009 版和 1993 版的图形符号一样,没有变化。图 4-10 所示为手动换向阀的外形图。

手动换向阀操作简便,工作可靠,又能使用在没有电力供应的场合,但操纵力较小,在复杂的系统中,尤其在各执行元件的动作需要联动、互锁或工作节拍需要严格控制的场合,不宜采用手动换向阀。

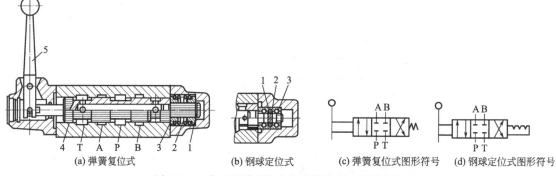

(a) 弹簧复位式   (b) 钢球定位式   (c) 弹簧复位式图形符号   (d) 钢球定位式图形符号

图 4-9   三位四通手动换向阀的结构图、图形符号

1,3—定位套；2—弹簧；4—阀芯；5—手柄

图 4-10   手动换向阀的外形图

（4）机动换向阀

机动换向阀又称行程换向阀，它是依靠安装在执行元件上的行程挡块（或凸轮）推动阀芯实现换向的。机动换向阀通常是二位的，有二通、三通、四通、五通几种。二位二通机动换向阀分为常闭式和常通式两种。

图 4-11(a) 是二位二通常闭式机动换向阀的结构图。当挡铁压下滚轮 1 使阀芯 2 移至下端位置时，油口 P 和 A 逐渐相通；当挡铁移开滚轮时，阀芯靠其底部弹簧 4 进行复位，油口 P 和 A 逐渐关闭。改变挡铁斜面的斜角 α 或凸轮外廓的形状，可改变阀移动的速度，因而可以调节换向

过程的时间，故换向性能较好。但这种阀不能安装在液压泵站上，必须安装在执行元件附近，因此连接管路较长，并使整个液压装置不够紧凑。图 4-12 所示为机动换向阀的外形图。

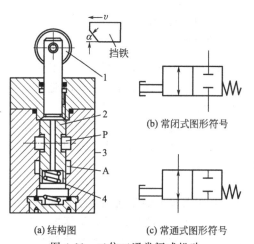

(a) 结构图   (c) 常通式图形符号

(b) 常闭式图形符号

图 4-11   二位二通常闭式机动
换向阀的结构图及图形符号

1—滚轮；2—阀芯；3—阀体；4—弹簧

图 4-12   机动换向阀的外形图

（5）电磁换向阀

电磁换向阀是利用电磁铁的推力来实现阀芯换位的换向阀。由于电磁换向阀自动化程度高，操作轻便，易实现远距离自动控制，因而应用非常广泛。

　　电磁换向阀按电磁铁所用电源的不同可分为交流（D 型）和直流（E 型）两种。交流电磁铁使用电源方便，换向时间短，动力大，但换向冲击大，噪声大，换向频率较低，且启动电流大，在阀芯被卡住时会使电磁铁线圈烧毁。相比之下，直流电磁铁工作比较可靠，换向冲击小，噪声小，换向频率较高，且在阀芯被卡住时电流不会增大以致烧毁电磁铁线圈，但它需要直流电源或整流装置，不很方便。

　　图 4-13(a)、(b) 所示分别为二位三通电磁换向阀的结构图和外形图。图 4-13(c)、(d) 所示为二位三通电磁换向阀的图形符号，2009 版和 1993 版的图形符号一样，没有变化。图 4-13(a) 所示为断电位置，阀芯 3 被弹簧 2 推至左端位置，油口 P 和 A 相通；当电磁铁通电时，衔铁通过推杆 4 将阀芯推至右端位置，油口 P 和 A 的通道被封闭，使油口 P 和 B 接通时实现液流换向。另一种二位三通电磁换向阀有一个进油口 P、一个工作油口 A 和一个回油口 T，如图 4-13(d) 所示。二位二通电磁换向阀常用于单作用液压缸的换向和速度换接回路中。

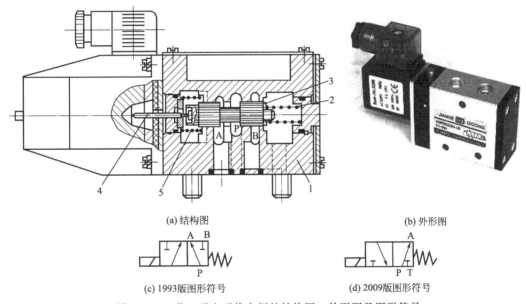

(a) 结构图　　　　　　　　　　　　　　　　　　　　(b) 外形图

(c) 1993版图形符号　　　　　　　　　　　　(d) 2009版图形符号

图 4-13　二位三通电磁换向阀的结构图、外形图及图形符号

1—阀体；2,5—弹簧；3—阀芯；4—推杆

　　(6) 液动换向阀

　　液动换向阀是利用压力油推动阀芯换位，实现油路的通断或切换的换向阀。液压操纵对阀芯的推力大，因此适用于高压、大流量、阀芯行程长的场合。图 4-14(a) 所示为三位四通弹簧对中式液动换向阀的结构图。当两个控制油口 X 和 Y 都不通压力油时，阀芯 2 在两端弹簧 4 的作用下处于中位。当控制压力油从 X 流入阀芯左端油腔时，阀芯被推至右端，油口 P 和 B 相通，油口 A 和 T 相通；当控制压力油从 Y 流入阀芯右端油腔时，阀芯被推至左端，油口 P 和 A 相通，油口 B 和 T 相通，实现液流反向。图 4-14(b) 为液动换向阀的外形图。

　　(7) 电液换向阀

　　电液操纵式换向阀简称电液换向阀，它由普通电磁换向阀和液动换向阀组合而成。普通电磁换向阀用于改变控制油液流向；液动换向阀是主阀，在控制油液的作用下改变阀芯的位置，使油路换向。由于控制油液的流量不必很大，因而可实现以小容量的电磁阀来控制大通径的液动换向阀。

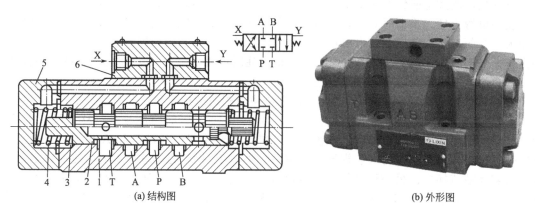

(a) 结构图　　　　　　　　　　　　　　　(b) 外形图

图 4-14　三位四通弹簧对中式液动换向阀的结构图及外形图

1—阀体；2—阀芯；3—垫圈；4—弹簧；5—阀盖；6—上盖

图 4-15(a) 为三位四通电液换向阀的结构图。当右边电磁铁通电时，控制油路的压力油由通道 b、c 经单向阀 4 和孔 f 进入主滑阀 2 的右腔，将主滑阀的阀芯推向左端，这时主滑阀左端的油液经节流口 d、通道 e 和 a 以及电磁换向阀流回油箱。主滑阀左移的速度受节流口 d 的控制。这时进油口 P 和油口 A 连通，油口 B 通过阀芯中心孔和回油口 O 连通。当左边的电磁铁通电时，控制油路的压力油就将主滑阀的阀芯推向右端，使主油路换向。两个电磁铁都断电时，弹簧 1 和 3 使主滑阀的阀芯处于中间位置。由于主滑阀左、右移动速度分别由两端的节流阀 5 来调节，这样就调节了液压缸换向的停留时间，并可使换向平稳而无冲击，所以电液换向阀的换向性能较好。

图 4-16 为三位四通电液换向阀的外形图。

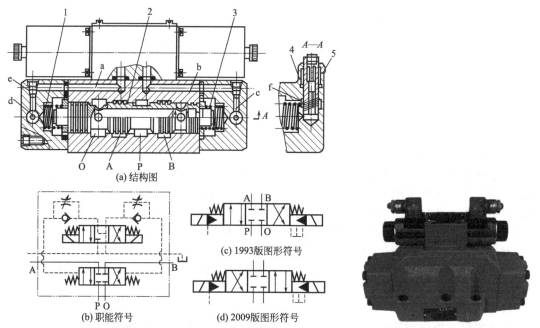

(a) 结构图

(c) 1993版图形符号

(b) 职能符号

(d) 2009版图形符号

图 4-15　三位四通电液动换向阀的结构图、职能符号及图形符号　　图 4-16　三位四通电液换向阀的外形图

1,3—定子弹簧；2—主滑阀；4—单向阀；5—节流阀

4.3　压力控制阀

压力控制阀简称压力阀，是用来控制液压系统压力的。按功能可分为溢流阀、减压阀、顺序阀以及压力继电器。

4.3.1　溢流阀

溢流阀通过阀口的溢流，调定系统工作压力或限定系统最大工作压力，防止系统过载。对溢流阀的主要要求是静、动态特性好。前者即是压力-流量特性好；后者即是突加外界干扰后，工作稳定、压力超调量小以及响应快。

（1）直动式溢流阀

图 4-17(a) 为低压直动式溢流阀的工作原理图。当作用在阀芯 3 上的液压力大于弹簧 7 的作用力时，阀口打开，泵出口的部分油液经阀的 P 口及 T 口溢流回油箱。通过溢流阀的流量变化时，阀口开度要变化，故阀芯位置也要变化。但由于阀芯移动量极小，加之弹簧刚度很小。故作用在阀芯上的弹簧力变化很小。因此可以认为，当阀口打开，部分油液经溢流阀溢流回油箱时，溢流阀进口 P 处的压力基本上是恒定的，此压力随阀口溢流量的变化而恒定的程度，即是衡量溢流阀静特性的重要指标。经调压螺钉 5、调节弹簧 7 的预紧力，便可调定溢流阀进口 P 处的压力。图 4-17(b) 为直动式溢流阀的 1993 版图形符号，图 4-17(c) 为直动式溢流阀的 2009 版图形符号，开启压力由弹簧调节。

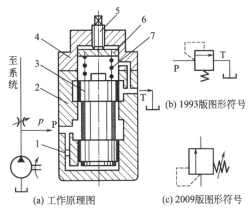

(a) 工作原理图　　(c) 2009版图形符号

图 4-17　低压直动式溢流阀的工作原理图和图形符号
1—阻尼孔；2—阀体；3—阀芯；4—阀盖；
5—调压螺钉；6—弹簧座；7—弹簧

图 4-18 为 DBD 型高压直动式溢流阀的结构图。图中锥阀 6 下部为起阻尼作用的减振活塞。图 4-19 为 DBD 型高压直动式溢流阀的外形图。

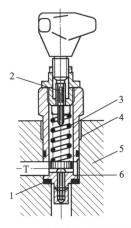

图 4-18　DBD 型高压直动式溢流阀的结构图
1—阀座；2—调节杆；3—弹簧；4—套管；
5—阀体；6—锥阀

图 4-19　DBD 型高压直动式溢流阀的外形图

直动式溢流阀的结构简单，动作灵敏，但进口压力受阀口溢流量的影响大，不适合在大流量下工作。

（2）先导式溢流阀

DB 型和 DBW 型溢流阀是常用的两种先导式溢流阀。

图 4-20(a)、(b) 及 (c) 分别为 DB 型先导式溢流阀的结构图、职能符号及 1993 版图形符号，图 4-21 为先导式溢流阀的 2009 版图形符号。它由先导阀和主阀组成。溢流阀进口 P 处的压力作用于主阀芯 3 及先导阀 9 阀芯上。当先导阀未打开时，阀腔中油液没有流动，作用在主阀芯上、下端的液压力平衡，主阀芯被弹簧 5 紧压在阀座 2 上，主阀口关闭。当 P 口压力增大到使先导阀打开时，液流经阻尼孔 a 后分成两股：一股经阻尼孔 c、先导阀口流回油箱，另一股经阻尼孔 b 流入主阀芯的上端。由于阻尼孔的节流作用，使主阀芯 3 下端的压力大于上端的压力，主阀芯在压差的作用下克服弹簧力向上跳起，打开主阀口，实现溢流作用。调节先导阀的调压弹簧 10，便可实现 P 口压力调节。DB 型溢流阀主要用作溢流阀、安全阀、远程调压阀等。

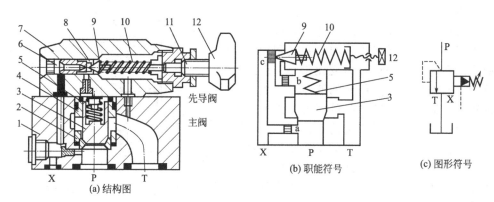

图 4-20 DB 型先导式溢流阀的结构图、职能符号及图形符号

1—阀体；2—主阀芯座；3—主阀阀芯；4—阀套；5—主阀弹簧；6—防震套；7—阀盖；
8—阀锥座；9—阀锥（先导阀）；10—调压弹簧；11—调压螺钉；12—调压手轮

图 4-22 所示为 DB 型先导式溢流阀的外形图。

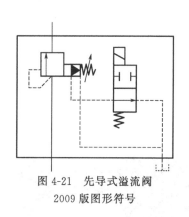

图 4-21 先导式溢流阀
2009 版图形符号

图 4-22 DB 型先导式溢流阀的外形图

DBW 型先导式溢流阀主要由 5 通径二位三通电磁阀、先导阀和主阀组成。DBW 型先导式溢流阀的工作原理与 DB 型基本相同，不同之处在于它可以通过电磁阀使系统在任意时刻卸荷。DB/DBW 型先导式溢流阀均设有控制油外部供油口和外排。这样根据需要可以选择不同的组合形式：内供内排、内供外排、内供内排和外供外排。图 4-23 所示为 DBW 型先导

式溢流阀的外形图。

　　DB/DBW 型先导式溢流阀采用铸造内流道，流通能力强、流量大，具有结构简单、噪声小、启闭特性好、性能稳定等特点。DB/DBW 型先导式溢流阀广泛应用在轻工、机床、冶金、矿山、航天等各领域中，是替代进口的液压元件。

图 4-23　DBW 型先导
式溢流阀的外形图

4.3.2　减压阀

　　减压阀是将出口液体压力（又称二次回路压力）调节到低于进口液体压力（又称一次回路压力）的压力控制阀。根据调节规律不同，减压阀分为定压减压阀、定差减压阀和定比减压阀三类。定压减压阀的出口压力为稳定的调定值，且不随外部干扰而改变（这种阀应用最广泛，通常就称为减压阀）；定差减压阀的进口压力与出口压力之差为稳定的调定值；定比减压阀的进口压力与出口压力之比为稳定的调定值（定比减压阀一般应用较少）。

　　（1）定压减压阀

　　定压减压阀的出口压力恒定，且不随外部干扰而改变，因此定压减压阀应用最广泛。定压减压阀有直动式和先导式两种结构形式，常用的是先导式定压减压阀。

　　直动式定压减压阀的结构原理和图形符号如图 4-24 所示。压力为 p_1 的高压液体进入阀中后，经由阀芯与阀体间的节流口 A 减压，使压力降为 p_2 后输出。减压阀出口压力油通过孔道与阀芯下端相连，使阀芯上作用一向上的液压力，并靠调压弹簧与之平衡。当出口压力未达到阀的设定压力时，弹簧力大于阀芯端部的液压力，阀芯下移，使减压口增大，从而减小液阻，进而使出口压力增大，直到达到其设定值为止；相反，当出口压力因某种外部干扰而大于设定值时，阀芯端部的液压力大于弹簧力而使阀芯上升，使减压口减小，从而增大液阻，进而使出口压力减小，直到达到其设定值为止。由此可看出，减压阀就是靠阀芯端部的液压力和弹簧力的平衡来维持出口压力恒定的。

　　调整弹簧的预压缩力，即可调整出口压力。图 4-24 中 L 为泄油口，一般单独接回油箱，称为外部泄漏。图 4-25 所示为直动式定压减压阀的外形图。

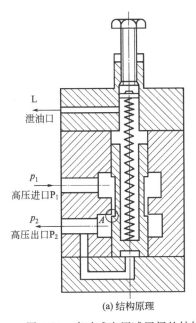

(a) 结构原理

(b) 1993版图形符号

(c) 2009版图形符号

图 4-24　直动式定压减压阀的结构原理图和图形符号

图 4-25　直动式定压减压阀的外形图

直动式定压减压阀的弹簧刚度较大，因而阀的出口压力随阀芯的位移略有变化。为了减小出口压力的波动，常采用先导式定压减压阀。

如图 4-26 所示，先导式定压减压阀由先导阀调压、主阀减压。进口压力 p_1 经减压口（节流口）减压后压力变为 p_2（即出口压力），出口压力油通过主阀阀体 6 下部和端盖 8 上的通道进入主阀阀芯 7 下腔，再经主阀上的阻尼孔 9 进入主阀上腔和先导阀前腔，然后通过先导阀阀座 4 中的阻尼孔后，作用在先导阀阀芯 3 上。当出口压力低于调定压力时，先导阀阀口关闭，阻尼孔 9 中没有液体流动，主阀上、下两端的油压力相等（主阀在弹簧力作用下处于最下端位置，减压口全开，不起减压作用），即 $p_1 \approx p_2$。当出口压力超过调定压力时，出油口部分液体经阻尼孔 9、先导阀阀口、先导阀阀盖 5 上的泄油口 L 流回油箱。阻尼孔 9 有液体通过，使主阀上、下腔产生压差（$p_2 > p_3$）。当此压差所产生的作用力大于主阀弹簧力时，主阀上移，使减压口关小，减压作用增强，直至出口压力 p_2 稳定在先导阀所调定的压力值。

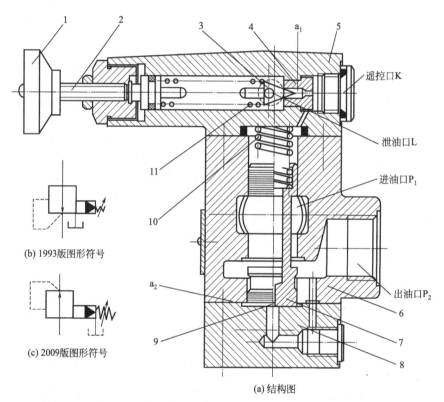

(b) 1993版图形符号

(c) 2009版图形符号

(a) 结构图

图 4-26　先导式定压减压阀的结构图及图形符号

1—调压手轮；2—调节螺钉；3—先导阀阀芯；4—先导阀阀座；5—先导阀阀盖；6—主阀阀体；
7—主阀阀芯；8—端盖；9—阻尼孔；10—主阀弹簧；11—调压弹簧

如果外来干扰使 p_1 升高，则 p_2 也升高，使主阀上移，减压口减小，p_2 又降低，在新的位置上处于平衡，而出口压力 p_2 基本维持不变；反之亦然。

图 4-27 所示为 DR5 型先导式减压阀的外形图。

（2）定差减压阀

定差减压阀的进口压力与出口压力之差恒定。图 4-28 为定差减压阀的工作原理图。图中阀芯 2 的位置不仅受调压弹簧 3 和二次压力 p_2 的控制，还受一次压力 p_1 的控制。若弹簧刚度为 K，弹簧初压缩量为 x_0，阀体 1 和阀芯 2 间的开度为 x，阀芯工作面积为 A，忽略

阀芯自重和摩擦力，则阀芯受力平衡方程式为

$$p_1 A = K(x_0 + x) + p_2 A$$

由此得进、出口压力差为

$$p_1 - p_2 = \Delta p = K(x_0 + x)/A$$

由于式中 x_0 比 x 大得多，所以可以把压力差 Δp 看作恒定值。

图 4-27　DR5 型先导式定压减压阀的外形图

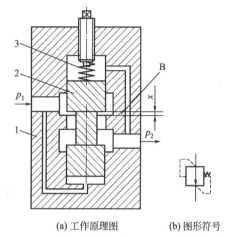

(a) 工作原理图　　(b) 图形符号

图 4-28　定差减压阀的工作原理图及图形符号

1—阀体；2—阀芯；3—调压弹簧

若一次压力 p_1 增大，使阀芯上移，即阀口缝隙 B 加大，节流效果减弱，则二次压力 p_2 随之增大，直到保持原来调定的压力差值。若一次压力 p_1 减小，可得到同样的结果。若由于出口端负荷增加而使 p_2 增加时，阀芯在 p_2 作用下下移，使开口量减小，缝隙 B 的节流效果加大，p_1 随之增加，直至保持调定的压力差值。出口负荷减小时的定差过程分析同上。

图 4-29 所示为德国费斯托 LR 系列定差减压阀的外形图。

（3）定比减压阀

定比减压阀的作用是使进、出油口压力的比值保持恒定，如图 4-30 所示。该阀的弹簧主要用于复位。如果忽略刚度很小的弹簧力，无论 p_1 或 p_2 发生变化时或通过流量发生变化时，通过定比减压阀可变节流口的调节作用，其减压比基本不变，即 $p_1/p_2 = D^2/d^2$。只要适当选择柱塞的直径比，即可得到所需的进、出油口压力比。

(a) LRLL-1/4-QS-6　　(b) LRL-1/8-QS-6　　(c) LR-1/4-QS-6

图 4-29　德国费斯托 LR 系列定差减压阀的外形图

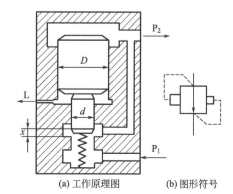

(a) 工作原理图　　(b) 图形符号

图 4-30　定比减压阀的工作原理图及图形符号

4.3.3 顺序阀

顺序阀的基本功用是以压力为信号，控制多个执行元件顺序动作。

根据控制压力来源的不同，顺序阀有内控式和外控式之分。根据结构形式的不同，顺序阀也有直动式和先导式之分。

（1）直动式顺序阀

图 4-31 为直动式顺序阀的基本结构和装配形式。图 4-31（a）为内控式直动顺序阀。当进液口的压力 p_1 低于其调定压力时，阀芯在弹簧力作用下处于下部位置，将出液口封闭，切断一次回路与二次回路。当进液口压力 p_1 达到或超过其调定压力时，阀芯克服弹簧力上移，使阀口打开，接通进、出液口，使二次回路中的执行元件工作。

将图 4-31（a）中的下盖转过 90°后安装，并将盖上螺钉打开作为外控口〔见图 4-31（b）〕，即为外控式顺序阀。这时，内部控制油路被切断，便于利用外控压力 p_K 来操纵阀的开、关。由于顺序阀的一次回路和二次回路均为压力回路，故必须设置泄漏口 L，使内部泄漏的液体流回油箱。

如果令外控式顺序阀的出液口接油箱，它就成为一个卸荷阀〔见图 4-31（c）〕。这时可取消单独的泄漏油管，使泄漏口在阀内与回油口接通。

内控式顺序阀与溢流阀的不同之处在于它的出油口 P_2 不接油箱，而通向某一压力油路。

综上所述，顺序阀实质上是一个控制压力可调的二位二通液动阀。为了减小阀口的压力损失，顺序阀的调压弹簧刚度要尽量小，因此采用了小的控制柱塞。

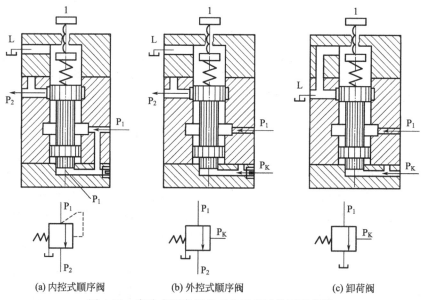

(a) 内控式顺序阀   (b) 外控式顺序阀   (c) 卸荷阀

图 4-31　直动式顺序阀的工作原理图及图形符号

（2）先导式顺序阀

图 4-32 所示的 DZ 型先导式顺序阀，主阀为单向阀式，先导阀为滑阀式。主阀芯在原始位置将进、出油口切断，进油口的压力油通过两条油路，一路经阻尼孔进入主阀上腔并到达先导阀中部环形腔，另一路直接作用在先导滑阀左端。当进口压力低于先导阀弹簧调定压力时，先导阀在弹簧力作用下处于图示位置。当进口压力大于先导阀弹簧调定压力时，先导阀在左端液压力作用下右移，将先导阀中部环形腔与顺序阀出口油路沟通。于是顺序阀进口油液经阻尼孔、主阀上腔、先导阀流往出口。由于阻尼存在，主阀上腔压力低于下端（即进口）压力，主

阀芯开启，顺序阀进、出油口沟通。由于经主阀芯上阻尼孔的泄漏不流向泄油口 L，而是流向出油口 P_2；又因主阀上腔油压与先导阀所调压力无关，仅仅通过刚度很弱的主阀弹簧与主阀芯下端液压力保持主阀芯的受力平衡，故出口压力近似等于进口压力，其压力损失小。

图 4-33 所示的 DZ 型 5X 系列先导式顺序阀的外形图。

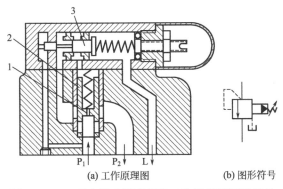

| (a) 工作原理图 | (b) 图形符号 |

图 4-32　DZ 型先导式顺序阀的工作原理及图形符号 　　　图 4-33　DZ 型 5X 系列先导式顺序阀的外形图
1—阻尼孔；2—阀芯；3—导阀阀芯

4.3.4　压力继电器

压力继电器是利用工作液体的压力来启、闭电气触点的液电信号转换元件。当系统达到压力继电器调定压力时，压力继电器发出电信号，控制电气元件（如电动机、电磁铁、继电器等）的动作，实现液压泵的卸荷或加载控制、执行元件的顺序动作以及系统的安全保护和联锁等。

压力继电器按压力-位移转换部件的结构形式分为柱塞式、弹簧管式、膜片式及波纹管式 4 种。

图 4-34 为 HED1 型柱塞式压力继电器的结构图及图形符号。P 口进来的高压油作用于柱塞 1 上，靠弹簧与之平衡；调节螺钉 2 用来调节调定压力。当系统压力达到其调定压力

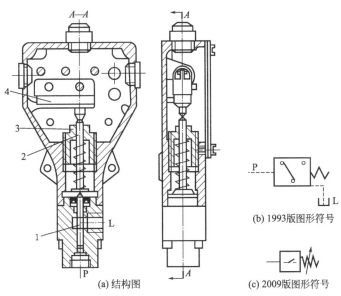

| (b) 1993版图形符号 |
| (a) 结构图 | (c) 2009版图形符号 |

图 4-34　HED1 型柱塞式压力继电器的结构图及图形符号
1—柱塞；2—调节螺钉；3—顶杆；4—微动开关

时，作用于柱塞上的液压力克服弹簧力，促使顶杆 3 上移，使微动开关 4 的触点闭合，发出电信号。

图 4-35 为 HED1 型柱塞式压力继电器的外形图。

图 4-35   HED1 型柱塞式压力继电器的外形图

4.4   流量控制阀

流量控制阀简称流量阀，是液压系统中控制流量的液压阀。通过调节流量阀通流面积，来控制流经阀的流量，从而实现对执行元件运动速度的调节或改变分支流量。

任何一个流量阀都有一个起节流作用的阀口，通常简称为节流口，其结构形式和几何参数对流量阀的工作性能起着决定性作用。节流口的结构形式很多，见表 4-2。

表 4-2   常用节流口的结构图

序号	阀口结构	结构简图	特点
1	圆柱滑阀阀口		阀口的通流截面面积 A 与阀芯轴向位移 x 成正比，是比较理想的薄壁小孔；面积梯度大，灵敏度高。但流量的稳定性较差，不适于微调。一般应用较少
2	锥阀阀口		阀口的通流截面面积 A 与阀芯的轴向位移 x 近似成正比。阀口的距离较长，水力半径较小，在小流量时阀口易堵塞。但其阀芯所受径向液压力平衡，适用于高压节流阀
3	轴向三角形阀口		阀口的横断面一般为三角形或矩形，通常在阀芯上切两条对称斜槽，使其径向液压力平衡。这种阀口加工方便，水力半径较大，小流量时阀口不易堵塞，故应用较广
4	圆周三角槽阀口		阀口的加工工艺性较好，但径向液压力不平衡，故不适用于高压节流阀

续表

序号	阀口结构	结构简图	特点
5	圆周缝隙阀口		加工工艺性较差,但可设计成接近薄壁小孔的结构,因而可以获得较小的最小稳定流量值。但其阀芯的径向液压力不能完全平衡,所以只适用于中低压节流阀
6	轴向缝隙阀口		阀口开在套筒上,可以设计成很接近薄壁小孔的结构,阀口的流量受温度变化的影响较小,而且不易堵塞。它的缺点是结构比较复杂,缝隙在高压下易发生变形。它主要应用于对流量稳定性要求较高的中低压节流阀中

流量阀包括节流阀、调速阀和分流集流阀等。

4.4.1　节流阀

节流阀的基本功能就是在一定的阀口压差作用下,通过改变阀口的通流面积来调节通过流量,因而可对液压执行元件进行调速。另外,节流阀实质上还是一个局部的可变液阻,因而还可利用它对系统进行加载。对节流阀的性能要求主要是:要有足够宽的流量调节范围,微量调节性能要好;流量要稳定,受温度变化的影响要小;要有足够的刚度;抗堵塞性好;节流损失要小。

图 4-36(a)、(c) 是节流阀的结构图及图形符号 (2009 版节流阀的图形符号与 1993 版一样,没有变化)。该阀采用轴向三角槽式的节流口形式 [见图 4-36(b)],主要由阀体 1、阀芯 2、推杆 3、调节手柄 4 和弹簧 5 等零件组成。油液从进油口 P_1 流入,经孔道 a、节流阀阀口、孔道 b,从出油口 P_2 流出。调节手柄 4 借助推杆 3 可使阀芯 2 做轴向移动,改变节流口通流面积的大小,从而达到调节流量的目的。阀芯 2 在弹簧 5 的推力作用下,始终紧靠在推杆 3 上。

图 4-37 是 DR/DRV 型节流阀的外形图。

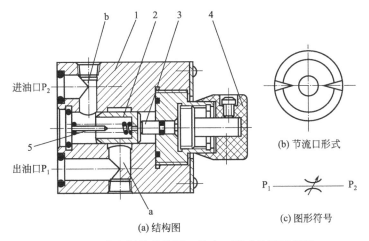

(a) 结构图

(b) 节流口形式

(c) 图形符号

图 4-36　节流阀的结构图、节流口形式及图形符号
1—阀体;2—阀芯;3—推杆;4—调节手柄;5—弹簧

图 4-37　DR/DRV 型节流阀的外形图

4.4.2　调速阀

图 4-38(a) 为调速阀的工作原理图。调速阀是由减压阀和普通节流阀串联而成的组合阀。其工作原理是利用前面减压阀保证后面节流阀的前后压差不随负载而变化，进而来保持速度稳定的。当压力为 p_1 的油液流入时，经减压阀阀口 h 后压力降为 p_2，并又分别经孔道 b 和 f 进入油腔 c 和 e。减压阀出口即 d 腔，同时也是节流阀 2 的入口。油液经节流阀后，压力由 p_2 降为 p_3，压力为 p_3 的油液一部分经调速阀的出口进入执行元件（液压缸），另一部分经孔道 g 进入减压阀阀芯 1 的上腔 a。调速阀稳定工作时，其减压阀阀芯 1 在 a 腔的弹簧力、压力为 p_3 的油压力和 c、e 腔的压力为 p_2 的油压力（不计液动力、摩擦力和重力）的作用下，处在某个平衡位置上。当负载 F_L 增加时，p_3 增加，a 腔的液压力也增加，阀芯下移至一个新的平衡位置，阀口 h 增大，其减压能力降低，使压力为 p_1 的入口油压减小一些，故 p_2 值相对增加。所以，当 p_3 增加时，p_2 也增加，因而差值 p_2-p_3 基本保持不变；反之亦然。于是通过调速阀的流量不变，液压缸的速度稳定，不受负载变化的影响。

图 4-39 为调速阀的外形图。

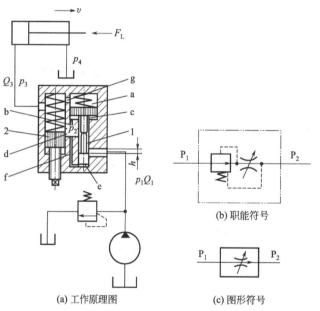

(a) 工作原理图　　　　(c) 图形符号

图 4-38　调速阀的工作原理图、职能符号及图形符号
1—阀芯；2—节流阀；b,f,g—孔道；a,c,d,e—油腔；h—阀口

图 4-39　调速阀的外形图

4.4.3　溢流节流阀

图 4-40 是溢流节流阀的结构图、职能符号及图形符号。该阀由压差式溢流阀和节流阀并联而成，它也能保证通过阀的流量基本上不受负载变化的影响。来自液压泵压力为 p_1 的油液进入阀后，一部分经节流阀 2（压力降为 p_2）进入执行元件（液压缸），另一部分经溢流阀阀芯 1 的溢油口流回油箱。溢流阀阀芯上腔 a 和节流阀出口相通，压力为 p_2；溢流阀阀芯大台肩下面的油腔 b、c 和节流阀入口的油液相通，压力为 p_1。当负载 F_L 增大时，出口压力 p_2 增大，因而溢流阀阀芯上腔 a 的压力增大，阀芯下移，关小溢流口，使节流阀入口压力 p_1 增大，因而节流阀前后压差（p_1-p_2）基本保持不变；反之亦然。

溢流节流阀上设有安全阀 3。当出口压力 p_2 增大到等于安全阀的调整压力时，安全阀打开，使 p_2（因而也使 p_1）不再升高，防止系统过载。

图 4-41 是溢流节流阀的外形图。

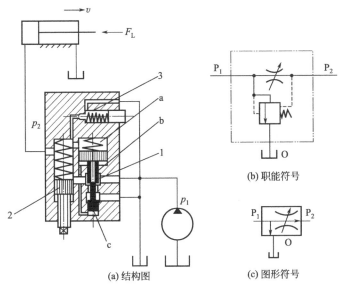

(a) 结构图

(b) 职能符号

(c) 图形符号

图 4-40　溢流节流阀的结构图、职能符号及图形符号

1—阀芯；2—节流阀；3—安全阀；a～c—油腔

图 4-41　溢流节流阀的外形图

4.4.4　分流集流阀

分流集流阀是分流阀、集流阀和分流集流阀的总称。

分流阀的作用是使液压系统中由同一个能源向两个执行元件供应相同的流量（等量分流），或按一定比例向两个执行元件供应流量（比例分流），以实现两个执行元件的速度保持同步或定比关系。集流阀的作用则是从两个执行元件收集等流量或按比例的回油量，以实现其间的速度同步或定比关系。分流集流阀则兼有分流阀和集流阀的功能。图 4-42 所示为 1993 版分流集流阀的图形符号，图 4-43 所示为 2009 版分流集流阀的图形符号。

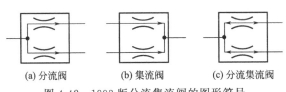

(a) 分流阀　　　　(b) 集流阀　　　　(c) 分流集流阀

图 4-42　1993 版分流集流阀的图形符号

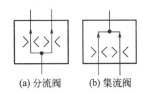

(a) 分流阀　　(b) 集流阀

图 4-43　2009 版分流集流阀的图形符号

（1）分流阀的工作原理

图 4-44 所示为等量分流阀的工作原理图。设进口油液压力为 p_0，流量为 Q_0，进入阀后分两路分别通过两个面积相等的固定节流口 1、2，分别进入油室 a、b，然后由可变节流口 3、4 经出油口 Ⅰ 和 Ⅱ 通往两个执行元件。如果两执行元件的负载相等，则分流阀的出口压力 $p_3 = p_4$。因为阀中两支流道的尺寸完全对称，所以输出流量也对称，即 $Q_1 = Q_2 = Q_0/2$，且 $p_1 = p_2$。当由于负载不对称而出现 $p_3 \neq p_4$，且设 $p_3 > p_4$ 时，阀芯来不及运动而处于中间位置。由于两支流道上的总阻力相同，必定使 $Q_1 < Q_2$，进而 $(p_0 - p_1) < (p_0 - p_2)$，则使 $p_1 > p_2$。此时阀芯在不对称液压力的作用下左移，使可变节流口 3 增大、可变

节流口 4 减小，从而使 Q_1 增大、Q_2 减小，直到 $Q_1 \approx Q_2$ 且 $p_1 \approx p_2$ 为止，阀芯才在一个新的平衡位置上稳定下来，即输往两个执行元件的流量相等，当两执行元件尺寸完全相同时，运动速度将同步。

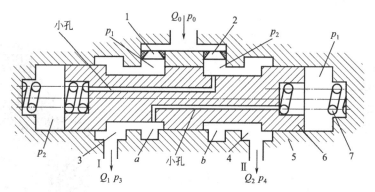

图 4-44　等量分流阀的工作原理图

1,2—固定节流口；3,4—可变节流口；5—阀体；6—阀芯；7—弹簧；I、II—出油口

（2）分流集流阀的工作原理

图 4-45（a）为分流集流阀的结构图。阀芯 5、6 在各弹簧力作用下处于中间位置的平衡状态。

分流工况时，由于 p_0 大于 p_1 和 p_2，所以阀芯 5 和 6 处于相离状态，互相勾住。设负载压力 $p_4 > p_3$，如果阀芯仍留在中间位置，必然使 $p_2 > p_1$。这时连成一体的阀芯将左移，可变节流口 3 减小［见图 4-45（b）］，使 p_1 上升，直至 $p_1 = p_2$，阀芯停止运动。由于两个固定节流口 1 和 2 的面积相等，所以通过两个固定节流口的流量 $Q_1 \approx Q_2$，而不受出口压力 p_3 及 p_4 变化的影响。

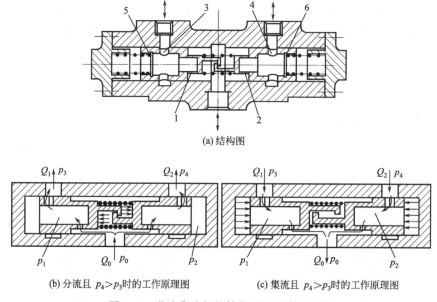

(a) 结构图

(b) 分流且 $p_4 > p_3$ 时的工作原理图　　　　(c) 集流且 $p_4 > p_3$ 时的工作原理图

图 4-45　分流集流阀的结构图及工作原理图

1,2—固定节流口；3,4—可变节流口；5,6—阀芯

集流工况时，由于 p_0 小于 p_1 和 p_2，故两阀芯处于相互压紧状态。设负载压力 $p_4 > p_3$，若阀芯仍留在中间位置，必然使 $p_2 > p_1$。这时压紧成一体的阀芯左移，可变节流口 4 减小 [见图 4-45(c)]，使 p_2 下降，直至 $p_2 \approx p_1$，阀芯停止运动，故 $Q_1 \approx Q_2$，而不受进口压力 p_3 及 p_4 变化的影响。

图 4-46 为分流集流阀的外形图。

图 4-46 分流集流阀的外形图

4.5 插装阀

方向、压力和流量三类普通液压控制阀，一般功能单一，其通径最大不超过 32mm，而且结构尺寸大，不适应小体积、集成化的发展方向和大流量液压系统的应用要求。

插装阀具有通流能力大、密封性能好、抗污染、集成度高和组合形式灵活多样等特点，特别适应大流量液压系统的应用要求。它把作为主控元件的锥阀插装在油路块中，故得名插装阀。

4.5.1 插装阀的工作原理

插装阀由插装组件、控制盖板和先导阀等组成，如图 4-47 所示。插装组件（见图 4-48）又称主阀组件，它由阀芯、阀套、弹簧和密封件等组成。插装组件有两个主油路口 A 和 B 和一个控制油口 X，插装组件装在油路块中。

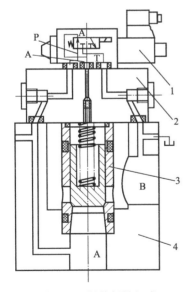

图 4-47 插装阀的组成
1—先导控制阀；2—盖板；
3—插装组件；4—阀块体

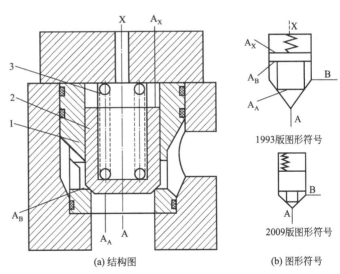

(a) 结构图　　(b) 图形符号

图 4-48 插装组件结构图及图形符号
1—阀芯；2—阀套；3—弹簧

插装组件的主要功能是控制主油路的流量、压力和液流的通断。控制盖板用来密封插装组件，安装先导阀和其他元件，沟通先导阀和插装组件控制腔的油路。先导阀是对插装组件的动作进行控制的小通径标准液压阀。

4.5.2 插装方向控制阀

插装方向控制阀是根据控制腔 X 的通油方式来控制主阀芯的启闭。若 X 腔通油箱，则主阀阀口开启；若 X 腔与主阀进油路相通，则主阀阀口关闭。

（1）插装单向阀

如图 4-49 所示，将插装组件的控制腔 X 与油口 A 或 B 连通，即成为普通单向阀。其导通方向随控制腔的连接方式而异。在控制盖板上接一个二位三通液控换向阀（作先导阀），来控制 X 腔的连接方式，即成为液控单向阀。

图 4-50 为插装单向阀的外形图。

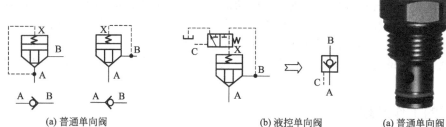

| (a) 普通单向阀 | (b) 液控单向阀 | (a) 普通单向阀 | (b) 液控单向阀 |

图 4-49　插装单向阀　　　　图 4-50　插装单向阀的外形图

（2）二位二通插装换向阀

如图 4-51(a) 所示，由二位三通先导电磁阀控制主阀阀芯 X 腔的压力。当电磁阀断电时，X 腔与 B 腔相通，B 腔的油使主阀阀芯关闭，而 A 腔的油可使主阀阀芯开启，从 A 到 B 单向流通。当电磁阀通电时，X 腔通油箱，A、B 油路的压力油均可使主阀阀芯开启，A 与 B 双向相通。图 4-51(b) 所示为在控制油路中增加一个梭阀，当电磁阀断电时，梭阀可保证 A 或 B 油路中压力较高者经梭阀和先导阀进入 X 腔，使主阀可靠关闭，实现液流的双向切断。

图 4-52 为二位二通插装换向阀的外形图。

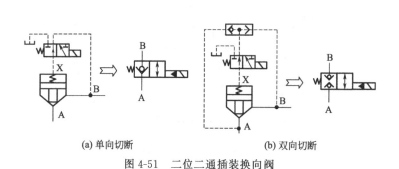

| (a) 单向切断 | (b) 双向切断 |

图 4-51　二位二通插装换向阀　　　　图 4-52　二位二通插装
换向阀的外形图

（3）二位三通插装换向阀

如图 4-53 所示，二位三通插装换向阀由两个插装组件和一个二位四通电磁换向阀组成。当电磁铁断电时，电磁换向阀处于右端位置，插装组件 1 的控制腔通压力油，主阀阀口关闭，即 P 封闭；而插装组件 2 的控制腔通油箱，主阀阀口开启，A 与 T 相通。当电磁铁通

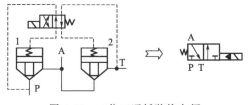

图 4-53 二位三通插装换向阀
1,2—插装组件

电时，电磁换向阀处于左端位置，插装组件 1 的控制腔通油箱，主阀阀口开启，即 P 与 A 相通；而插装组件 2 的控制腔通压力油，主阀阀口关闭，T 封闭。二位三通插装换向阀相当于一个二位三通电液换向阀。

（4）二位四通插装换向阀

如图 4-54 所示，二位四通插装换向阀由四个插装组件和一个二位四通电磁换向阀组成。当电磁铁断电时，P 与 B 相通，A 与 T 相通；当电磁铁通电时，P 与 A 相通，B 与 T 相通。二位四通插装换向阀相当于一个二位四通电液换向阀。

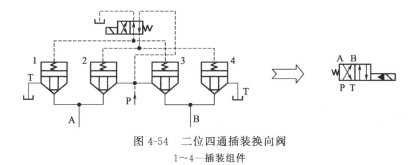

图 4-54 二位四通插装换向阀
1～4—插装组件

（5）三位四通插装换向阀

如图 4-55 所示，三位四通插装换向阀由四个插装组件组合，采用 P 型三位四通电磁换向阀作先导阀。当电磁阀处于中位时，四个插装组件的控制腔均通压力油，则油口 P、A、B、T 封闭。当电磁阀处于左端位置时，插装组件 1 和 4 的控制腔通压力油，而插装组件 2 和 3 的控制腔通油箱，则插装组件 1 和 4 的阀口开启，插装组件 2 和 3 的阀口关闭，即 P 与 A 相通，B 与 T 相通。同理，当电磁阀处于右端位置时，插装组件 2 和 3 的控制腔通压力油，而插装组件 1 和 4 的控制腔通油箱，即 P 与 B 相通，A 与 T 相通。三位四通插装换向阀相当于一个 O 型三位四通电液换向阀。

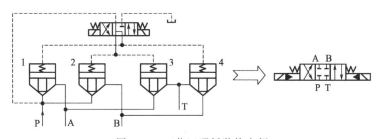

图 4-55 三位四通插装换向阀
1～4—插装组件

4.5.3 插装压力控制阀

由直动式调压阀作为先导阀对插装组件控制腔 X 进行压力控制，即构成插装压力控制阀。

（1）插装溢流阀

图 4-56（a）所示为溢流阀的工作原理图，B 口通油箱，A 口的压力油经节流小孔（此节

流小孔也可直接放在锥阀阀芯内部）进入控制腔 X，并与先导压力阀相通。

（2）插装顺序阀

当图 4-56(a) 中的 B 口不接油箱而接负载时，即为插装顺序阀。

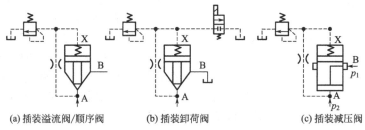

(a)插装溢流阀/顺序阀　　　(b)插装卸荷阀　　　(c)插装减压阀

图 4-56　插装压力控制阀

（3）插装卸荷阀

如图 4-56(b) 所示，在插装溢流阀的控制腔 X 再接一个二位二通电磁换向阀。当电磁铁断电时，具有溢流阀功能；当电磁铁通电时，即成为卸荷阀。

图 4-57　插装压力控制阀的外形图

（4）插装减压阀

如图 4-56(c) 所示，减压阀中的插装组件为常开式滑阀结构，B 为一次压力 p_1 进口，A 为出口，A 腔的压力油经节流小孔与控制腔 X 相通，并与先导阀进口相通。由于控制油取自 A 口，因而能得到恒定的二次压力 p_2。相当于定压输出减压阀。

图 4-57 为插装压力控制阀的外形图。

4.5.4　插装流量控制阀

（1）插装节流阀

如图 4-58 所示，锥阀单元尾部带节流窗口（也有不带节流窗口的），锥阀的开启高度由行程调节器（如调节螺杆）来控制，从而达到控制流量的目的。

（2）插装调速阀

如图 4-59 所示，定差减压阀阀芯两端分别与节流阀进、出口相通，从而保证节流阀进、出口压差不随负载变化，成为调速阀。

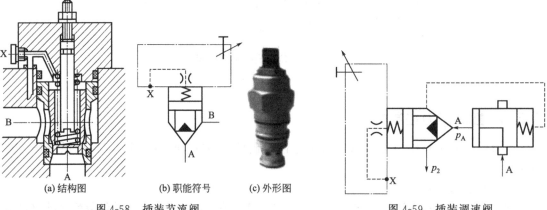

(a)结构图　　　(b)职能符号　　　(c)外形图

图 4-58　插装节流阀　　　　　　　图 4-59　插装调速阀

4.6　叠加阀

以叠加的方式连接的液压阀称为叠加阀。它是在板式连接液压阀集成化的基础上发展起来的新型液压元件。叠加阀在系统配置形式上有其独到之处。它安装在换向阀和底板块之间,由相关的起压力、流量和方向控制作用的叠加阀组成控制回路。每个叠加阀不仅具有控制功能,还起着油路通道的作用。这样,由叠加阀组成的液压系统,阀与阀之间由自身作通道体,按一定次序叠加后,由螺栓将其串联在换向阀与底板块之间,即可组成各种典型液压系统。一般来说,同一通径系列叠加阀的油口和螺栓孔的位置、大小及数量都与相匹配的标准换向阀相同。

由叠加阀组成的液压系统结构紧凑,配置灵活,占地面积小,系统设计、制造周期短,标准化、通用化和集成化程度较高。

叠加阀现有 $\phi 6mm$、$\phi 10mm$、$\phi 16mm$、$\phi 20mm$、$\phi 32mm$ 五个通径系列,额定工作压力为 20MPa,额定流量为 10～200L/min。

叠加阀的分类与一般液压阀相同,可分为压力控制阀、流量控制阀和方向控制阀三类。其中方向控制阀仅有单向阀类,换向阀不属于叠加阀。

4.6.1　叠加式溢流阀

图 4-60 所示叠加式溢流阀是由主阀和先导阀两部分组成的。主阀阀芯为二级同心式结构,先导阀为锥阀式结构,其工作原理与一般先导式溢流阀相同。图中油口 P 和 T 除分别与溢流阀的进油口和回油口相连通以外,还与上、下元件相对应的油口相通。油口 A、B、T_1 则是为了沟通上、下元件相对应的油口而设置的。图 4-61 所示叠加式溢流阀的外形图。

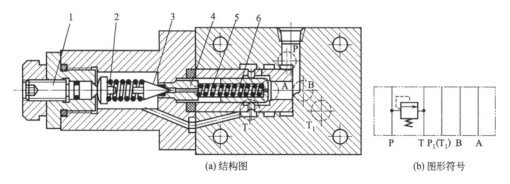

(a) 结构图　　　　　　　　　(b) 图形符号

图 4-60　叠加式溢流阀结构图及图形符号

1—推杆;2—弹簧;3—锥阀;4—阀座;5—弹簧;6—主阀阀芯

4.6.2　叠加式调速阀

图 4-62 所示为叠加式单向调速阀。图中单向阀插装在叠加阀阀体中,叠加阀右端安装了板式连接调速阀。其工作原理与一般单向调速阀工作原理基本相同。

图 4-63 所示为叠加式调速阀的外形图。

图 4-61　叠加式溢流阀的外形图

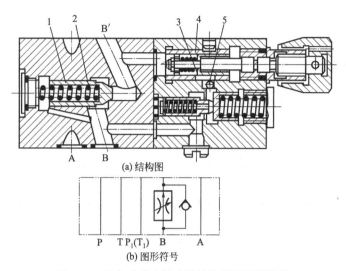

(a) 结构图

(b) 图形符号

图 4-62　叠加式单向调速阀结构图及图形符号
1—单向阀；2,4—弹簧；3—节流阀；5—减压阀

图 4-63　叠加式调速阀的外形图

4.6.3　带叠加阀的插装阀方向控制组件

叠加阀用作插装阀的先导阀，是叠加阀的一种重要应用方式。图 4-64 所示是将同一规格的 φ6mm 或 φ10mm 等小规格的电磁换向阀、叠加式单向节流阀与控制盖板叠加在一起，

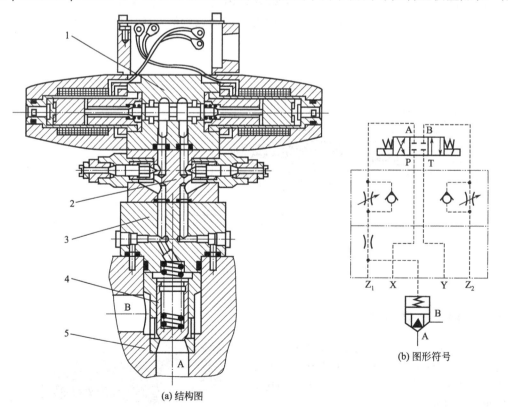

(a) 结构图

(b) 图形符号

图 4-64　带叠加阀的插装阀方向控制组件结构图及图形符号
1—电磁换向阀；2—叠加式单向节流阀；3—插装阀控制盖板；4—插装阀插入元件；5—集成块体

作为插装阀的先导控制阀，便可以很容易地调整插装阀主阀阀芯的开关速度。也可用电磁球阀替代电磁换向阀进行叠加控制，以便提高整个组件开关的响应速度。

4.6.4 叠加阀液压系统

叠加阀在系统配置形式上有其独到之处。如图 4-65 和图 4-66 所示，叠加阀系统最下面一般为底板，其上有进、回油口及与执行元件的接口。一个叠加阀组一般控制一个执行元件。如系统中有几个执行元件需要集中控制，可将几个叠加阀组竖立并排安装在多联底板上。

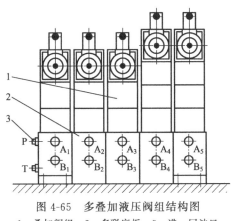

图 4-65 多叠加液压阀组结构图
1—叠加阀组；2—多联底板；3—进、回油口

图 4-66 多叠加液压阀组外形图

4.7 电液比例阀

电液比例阀（简称比例阀）。是按给定的输入电气信号连续地、按比例地对液流的压力、流量和方向进行远距离控制的液压控制阀。

电液比例阀是在普通液压控制阀结构的基础上，以电-机械比例转换器（比例电磁铁、动圈式力马达、力矩马达、伺服电动机、步进电动机等）代替手调机构或普通开关电磁铁而发展起来的。

由于电液比例阀能连续、按比例地对压力、流量和方向进行控制，避免了压力和流量有级切换时的冲击。采用电信号可进行远距离控制，既可开环控制，也可闭环控制。一个电液比例阀可兼有几个普通液压阀的功能，可简化回路，减少阀的数量，提高其可靠性。

4.7.1 电液比例阀的工作原理

图 4-67 所示为电液比例阀工作原理框图。指令信号经比例放大器进行功率放大，并按比例输出电流给电液比例阀的比例电磁铁，电液比例电磁铁输出力并按比例移动阀芯的位置，即可按比例控制液流的流量和改变液流的方向，从而实现对执行机构的位置或速度控

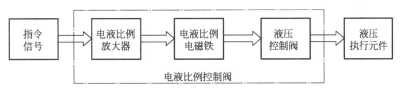

图 4-67 电液比例阀的工作原理框图

制。在某些对位置或速度精度要求较高的应用场合，还可通过对执行机构的位移或速度检测，构成闭环控制系统。

4.7.2 电液比例电磁铁

（1）电液比例电磁铁的技术要求

电液比例电磁铁作为电液比例控制元件的电-机械转换器件，其功能是将比例控制放大器输出的电信号转换成力或位移。电液比例电磁铁推力大，结构简单，对油液清洁度要求不高，维护方便，成本低，衔铁腔可做成耐高压结构。电液比例电磁铁的特性及工作可靠性，对电液比例控制系统和元件的性能具有十分重要的影响，是电液比例控制系统的关键部件之一。

电液对比例电磁铁的要求主要有：

a. 水平的位移-力特性，即在电液比例电磁铁有效工作行程内，当输入电流一定时，其输出力保持恒定，基本与位移无关。

b. 稳态电流-力特性具有良好的线性度，死区及滞环小。

c. 响应快，频带足够宽。

（2）电液比例电磁铁的工作原理

电液比例阀实现连续控制的核心是采用了电液比例电磁铁，电液比例电磁铁的工作原理如图4-68所示。当线圈2通电后，磁轭1和衔铁3中都产生磁通，产生电磁吸力，将衔铁吸向轭铁。衔铁上受的电磁力和阀上的（或电磁铁上的）弹簧力平衡，电磁铁输出位移。当衔铁3运动时，气隙δ保持恒值并无变化，所以电液比例电磁铁的吸力F和δ无关。一般说来电液比例电磁铁的有效工作行程小于开关型电磁铁的有效工作行程，为1.5mm左右。电液比例电磁铁的吸力在有效行程内和线圈中的电流成正比。

电液比例电磁铁种类繁多，但工作原理基本相同，它们都是根据电液比例阀的控制需要开发出来的。根据参数的调节方式和它们与所驱动阀芯的连接形式不同，电液比例电磁铁可分为力控制型、行程控制型和位置调节型三种。

图4-69所示为电液比例电磁铁的外形图。

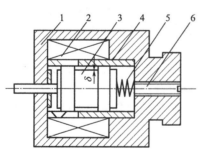

图4-68　电液比例电磁铁工作原理图

1—磁轭；2—线圈；3—衔铁；4—导磁套；

5—调整弹簧；6—调整螺钉

图4-69　电液比例电磁铁外形图

4.7.3 电液比例压力阀

（1）电液比例溢流阀

电液比例溢流阀具有比普通溢流阀更强大的功能。这些功能包括：

a. 构成液压系统的恒压源。电液比例溢流阀作为定压元件，当控制信号一定时，可获得稳定的系统压力；改变控制信号，可无级调节系统压力，且压力变化过程平稳，对系统的冲击小。此外，采用电液比例溢流阀作为定压元件的系统可根据工况要求改变系统压力。这可提高液压系统的节能效果，是电液比例技术的优势之一。

b. 将控制信号置为零，即可获得卸荷功能。此时，液压系统不需要压力油，油液通过主阀阀口低压流回油箱。

c. 电液比例溢流阀可方便地构成压力负反馈系统，或与其他控制元件构成复合控制系统。

d. 合理调节控制信号的幅值可获得液压系统的过载保护功能。普通溢流阀只能通过并联一个安全阀来获得过载保护功能；而适当提高电液比例压力阀的给定信号，就可使电液比例压力阀的阀口常闭，电液比例压力阀处于安全阀工况。

① 直动式比例溢流阀 图 4-70(a) 所示为带位置调节型比例电磁铁的直动式电液比例溢流阀的结构图，其中位移传感器为干式结构。与带力控制型比例电磁铁的直动式电液比例溢流阀不同的是，这种阀采用位置调节型比例电磁铁，衔铁的位移由电感式位移传感器检测并反馈至放大器，与给定信号比较，构成衔铁位移闭环控制系统，实现衔铁位移的精确调节，即与输入信号成正比的是衔铁位移，力的大小在最大吸力之内由负载需要决定。

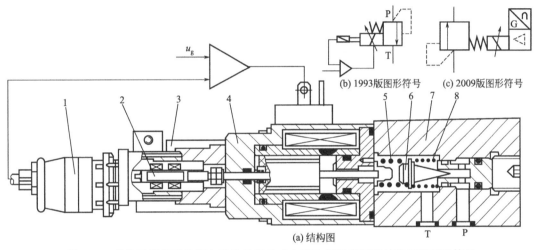

图 4-70 带位置调节型比例电磁铁的直动式电液比例溢流阀的结构图及图形符号
1—位移传感器插头；2—位移传感器铁芯；3—夹紧螺母；4—比例电磁铁壳体；
5—传力弹簧；6—锥阀阀芯；7—阀体；8—弹簧（防撞击）

图中，衔铁推杆通过弹簧座压缩弹簧 5，产生的弹簧力作用在锥阀阀芯 6 上。弹簧 5 称为指令力弹簧，其作用与手调直动式溢流阀的调压弹簧相同，用于产生指令力，与作用在锥阀上的液压力相平衡。这是直动式比例压力阀最常用的结构。弹簧座的位置（即电磁铁衔铁的实际位置）由电感式位移传感器检测，且与输入信号之间有良好的线性关系，保证了弹簧获得非常精确的压缩量，从而得到精确的调定压力。锥阀阀芯与阀座间的弹簧用于防止阀芯与阀座的撞击。

由于输入电压信号经放大器产生与设定值成比例的电磁铁衔铁位移，故该阀消除了衔铁的摩擦力和磁滞对阀特性的影响，阀的抗干扰能力强。在对重复精度、滞环等指标有较高要求时（如先导式电液比例溢流阀的先导阀），优先选用这种带电反馈的电液比例压力阀。

图 4-71 所示为带位置调节型比例电磁铁的直动式电液比例溢流阀的外形图。

图 4-71 带位置调节型比例电磁铁的直动式电液比例溢流阀的外形图

②　先导式电液比例溢流阀　图 4-72(a) 所示为带力控制型比例电磁铁的先导式电液比例溢流阀。这种形式的电液比例溢流阀是在两级同心式手调溢流阀结构的基础上，将手调直动式溢流阀更换为带力控制型比例电磁铁的直动式电液比例溢流阀得到的。显然，除先导级采用电液比例压力阀之外，其余与两级同心式普通溢流阀的结构相同，属于压力间接检测型先导式电液比例溢流阀。

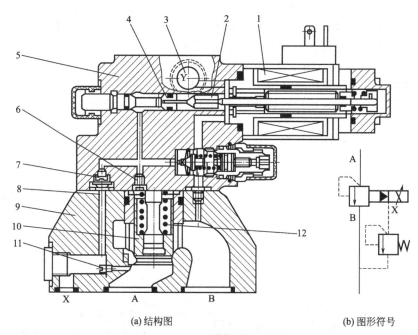

(a) 结构图　　　　　　　　　　　　　　(b) 图形符号

图 4-72　带力控制型比例电磁铁的先导式电液比例溢流阀的结构图及图形符号

1—线圈；2—锥阀；3—泄油口；4—先导阀阀座；5—先导阀体；6—控制腔阻尼孔；7—固定节流孔；
8—控制通道；9—主阀阀体；10—主阀阀芯；11—堵头；12—主阀阀芯复位弹簧

这种先导式电液比例溢流阀的主阀采用了两级同心式锥阀结构，先导阀的回油必须通过泄油口 3 (Y 口) 单独直接引回油箱，以确保先导阀回油背压为零。否则，如果先导阀的回油压力不为零（如与主回油口接在一起），该回油压力就会与比例电磁铁产生的指令力叠加在一起，主回油压力的波动就会引起主阀压力的波动。

主阀进口的油压力作用于主阀阀芯 10 的底部，同时也通过控制通道 8（含节流器 11、7、6）作用于主阀阀芯 10 的顶部。当液压力达到比例电磁铁的推力时，先导锥阀 2 打开，先导油通过 Y 口流回油箱，并在节流器 6 和 7 处产生压降，主阀阀芯因此克服弹簧力 12 上升，接通 A 口及 B 口的油路，系统多余流量通过主阀阀口流回油箱，压力因此不会继续升高。

这种电液比例溢流阀配置了手调限压安全阀，当电气系统或液压系统发生故障（如出现过大的电流，或液压系统出现过高的压力）时，安全阀起作用，限制系统压力的上升。手调安全阀的设定压力通常比比例溢流阀调定的最大工作压力高 10% 以上。

图 4-73 所示为先导式电液比例溢流阀的外形图。

(2) 电液比例减压阀

电液比例减压阀（定值控制）的功能是降压和稳压，并提供压力随输入电信号变化的恒压源。

当采用单个油源向多个执行元件供油，其中部分执行元件需要高压，其余执行元件需要低压时，可通过减压阀的减压作用得到低于油源压力的恒压源；当系统压力波动较大，其中的某一负载又需要恒定压力时，则可在该负载入口串接一减压阀，以稳定其工作压力，如作为两级阀或多路阀的先导控制级。

溢流阀和减压阀虽然同属压力控制阀，但是电液比例溢流阀与恒流源并联，构成恒压源。减压阀串接在恒压源与负载之间，向负载提供大小可调的恒定工作压力。

① 直动式电液比例减压阀　三通直动式电液比例减压阀（含直动式和先导式）是利用减压阀增大的出油口压力来控制出油口与回油口的沟通，达到精确控制出口压力并保护执行元件的目的。三通直动式电液比例减压阀多用作先导级。

图 4-74 所示为螺纹插装式结构的直动式三通电液比例减压阀（由于只配有一个比例电磁铁，故称为单作用）。图中，P 口接恒压源，A 口接负载，T 口通油箱。A→T 与 P→A 之间可以是正遮盖，也可以是负遮盖。

图 4-73　先导式电液比例溢流阀的外形图

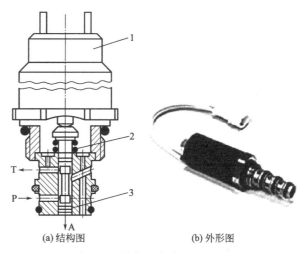

(a) 结构图　　　　　　　(b) 外形图

图 4-74　单作用直动式三通电液
比例减压阀的结构图及外形图

1—比例电磁铁；2—传力弹簧；3—阀芯

三通电液比例减压阀正向流通（P→A）时为减压阀功能，反向流通（A→T）时为溢流阀功能。三通电液比例减压阀的输出压力作用在反馈面积上与输入指令力进行比较，自动启闭 P→A 口或 A→T 口，维持输出压力稳定。

② 先导式比例减压阀　图 4-75（a）所示为先导式二通单向电液比例减压阀的结构图。该阀的特点如下：

a. 先导油引自主阀的进口。

b. 配置先导流量稳定器。

c. 消除反向瞬间压力峰值，保护系统安全。

d. 带单向阀，允许反向自由流通。

在减压阀出口所连接的负载突然停止运动的情况下，常常会在出口段管路引起瞬时的超高压力，严重时将使系统破坏而酿成事故。这种阀可消除反向瞬间压力峰值，其机理是在负载即将停止运动时，先给比例减压阀一个接近于零的低输入信号；停止运动时，主阀阀芯底部在高压作用下快速上移，受压液体产生的瞬时高压油通过主阀弹簧腔向先导阀回油口卸荷（单向阀在产生瞬间高压时来不及打开之故）。

图 4-76 所示为先导式二通单向电液比例减压阀的外形图。

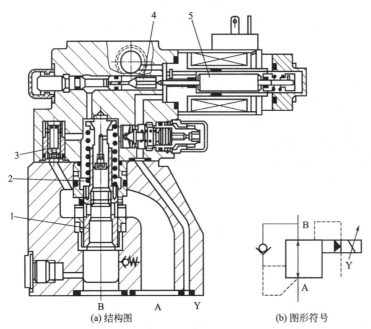

图 4-75　先导式二通单向电液比例减压阀的结构图及图形符号

1—主阀阀芯；2—复位弹簧；3—流量稳定器；4—先导阀阀芯；5—衔铁

图 4-76　先导式二通单向
电液比例减压阀的外形图

4.7.4　电液比例流量阀

（1）电液比例节流阀

① 直动式电液比例节流阀　图 4-77（a）所示为直动式电液比例节流阀的结构图。这是小通径（6 或 10 通径）的电液比例节流阀，与输入信号成比例的是阀芯的轴向位移。由于没有阀口进、出口压差或其他形式的检测补偿，控制流量受阀进、出口压差变化的影响。这种阀采用方向阀阀体的结构形式，配置 1 个比例电磁铁得到 2 个工位，配置 2 个比例电磁铁得到 3 个工位，有多种中位机能。

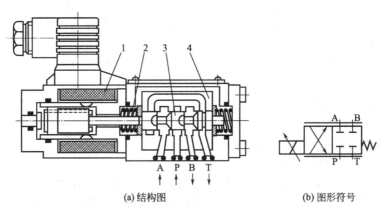

图 4-77　单级电液比例节流阀的结构图及图形符号

1—比例电磁铁；2—对中弹簧；3—节流阀阀芯（滑阀）；4—阀体

图 4-78 所示为直动式电液比例节流阀的外形图。

② 先导式电液比例节流阀　图 4-79 为位移电反馈型先导式电液比例节流阀。它由带位

移传感器 5 的插装式主阀与三通先导比例减压阀 2
组成。先导阀 2 插装在主阀的控制盖板 6 上。先导
油口 X 与进油口 A 连接，先导泄油口 Y 引回油箱。
外部电信号 u_i 输入比例放大器 4 与位移传感器的反
馈信号 u_f 比较得出差值。此差值驱动先导阀阀芯运
动，控制主阀阀芯 8 上部弹簧腔的压力，从而改变
主阀阀芯的轴向位置（即阀口开度）。与主阀阀芯相
连的位移传感器 5 的检测杆 1 将检测到的阀芯位置
反馈到比例放大器 4，以使阀的开度保持在指定的

图 4-78　直动式电液比例节流阀的外形图

开度上。这种位移电反馈构成的闭环回路，可以抑制负载以外的各种干扰力。

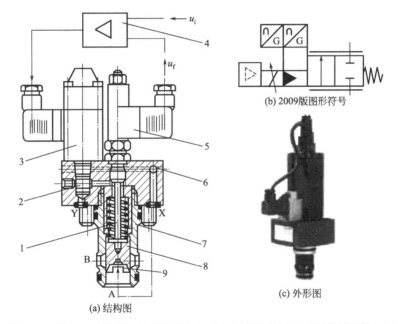

(a) 结构图

(b) 2009版图形符号

(c) 外形图

图 4-79　位移电反馈型先导式电液比例节流阀的结构图、图形符号及外形图
1—位移检测杆；2—三通先导比例减压阀；3—比例电磁铁；4—比例放大器；
5—位移传感器；6—控制盖板；7—阀套；8—主阀阀芯；9—主阀节流口

（2）电液比例调速阀

电液比例调速阀由电液比例节流阀派生而来。将节流型流量控制阀转变为调速型流量控
制阀，可采用压差补偿、压力适应、流量反馈三种途径。

图 4-80 为节流阀芯带位置电反馈的电液比例调速阀，属于带压差补偿器的电液比例二
通流量控制阀，输出流量与给定电信号成比例，且与压力和温度基本无关。

压力补偿器 4 保持节流器 3 进、出口（即 A、B 口）之间的压差为常数，在稳态条件下
流量与进口压力或出口压力无关。

节流器 3 只有很小的温度漂移。比例电磁铁给定信号为 0 时，节流器 3 关闭。在比例放
大器上设置斜坡上升信号和下降信号可消除开启过程和关闭过程中的流量超调。

当液流从 B→A 流动时，单向阀 5 开启，比例流量阀不起控制作用。在比例流量阀下面
安装整流叠加板，可控制两个方向的流量。

由于节流器 3 的位置由位移传感器 2 测得，阀口开度与给定的控制信号成比例，故这种
比例调速阀与不带阀芯位置电反馈的比例调速阀相比，其稳态、动态特性都得到明显改善。

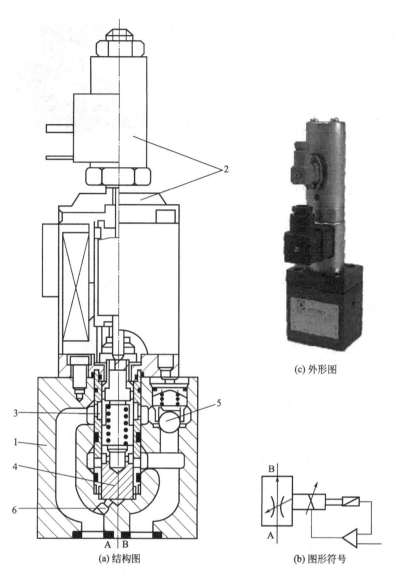

(c) 外形图

(a) 结构图　　　　　　　　　　(b) 图形符号

图4-80　压差补偿型二通电液比例调速阀的结构图、图形符号及外形图

1—壳体；2—比例电磁铁和电感式位移传感器；3—节流器；4—压力补偿器；

5—单向阀（可选）；6—进口压力通道（测压用）

4.7.5　电液比例方向阀

在电液比例方向控制阀中，与输入电信号成比例的输出量是阀芯的位移或输出流量，并且该输出量随着输入电信号的正负变化而改变运动方向。因此，电液比例方向控制阀本质上属于方向流量控制阀。

（1）直动式电液比例方向阀

直动式电液比例方向阀也称为单级电液比例方向阀。

图4-81(a)是最普通的单级电液比例方向阀的典型结构图。该阀采用四边滑阀结构，按节流原理控制流量，比例电磁铁线阀可单独拆卸更换，可通过外部放大器或内置放大器控制，工作过程中只有一个比例电磁铁得电。

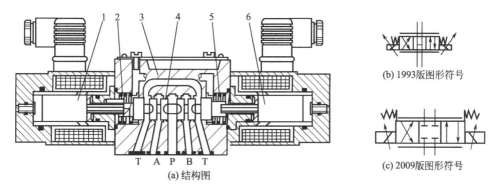

(b) 1993版图形符号

(c) 2009版图形符号

(a) 结构图

图 4-81　直动式电液比例方向阀的结构图和图形符号

1,6—比例电磁铁；2,5—对中弹簧；3—阀体；4—阀芯

它主要由两个比例电磁铁 1 和 6、阀体 3、阀芯 4、对中弹簧 2 和 5 组成。当比例电磁铁 1 通电时，阀芯右移，油口 P 与 B 通，油口 A 与 T 通，而阀口的开度与比例电磁铁 1 的输入电流成比例；当比例电磁铁 6 通电时，阀芯向左移，油口 P 与 A 通，油口 B 与 T 通，而阀口开度与比例电磁铁 6 的输入电流成比例。

与伺服阀不同的是，这种阀的四个控制边有较大的遮盖量，端弹簧具有一定的安装预压缩量。阀的稳态控制特性有较大的中位死区。另外，由于受摩擦力及阀口液动力等干扰的影响，这种直动式电液比例方向节流阀的阀芯定位精度不高，尤其是在高压大流量工况下，稳态液动力的影响更加突出。

图 4-82 是直动式电液比例方向阀的外形图。

图 4-82　直动式电液比例方向阀的外形图

（2）先导式电液比例方向阀

当用电液比例方向阀控制高压大流量液流时，阀芯直径加大，作用在阀芯上的运动阻力（主要成分是稳态液动力）进一步增加，而比例电磁铁提供的电磁驱动力有限。为获得足够的阀芯驱动力和降低过流阻力，可采用二级或多级结构（亦称先导式）的比例方向阀。第一级（先导级）采用普通的单级电液比例方向阀的结构，用于向第二级（主级或功率级）提供足够的驱动力（液压力）。

图 4-83(a) 是先导阀采用减压阀的开环控制二级电液比例方向阀的结构图。这种阀的先导级和功率级之间没有反馈联系，也不存在对主阀阀芯位移及输出参数的检测和反馈，整个阀是一个位置开环控制系统。先导级输出压力（或压差）驱动主阀阀芯，与主阀阀芯上的弹簧力相比较，主阀阀芯上的弹簧是一个力-位移转换元件，主阀阀芯位移（对应阀口开度）与先导级输出的压力成比例。为实现先导级输出压力与输入电信号成比例，先导级可采用电液比例减压阀或电液比例溢流阀，从而最终实现功率级阀口开度与输入的电信号之间的比例关系。

对这种电液比例方向阀的工作原理分析如下：

a. 当比例电磁铁 2 和 3 的电流为零时，先导减压阀阀芯 5 处于中位，弹簧 7 将主阀阀芯 6 也推到中位。

b. 主阀阀芯 6 的动作由先导阀 4 来控制，比例电磁铁 2 和 3 由比例放大器 1 控制分别得电。

当电磁铁 2 得电时，输出作用在先导阀阀芯上的指令力。该指令力将减压阀阀芯 5 推向

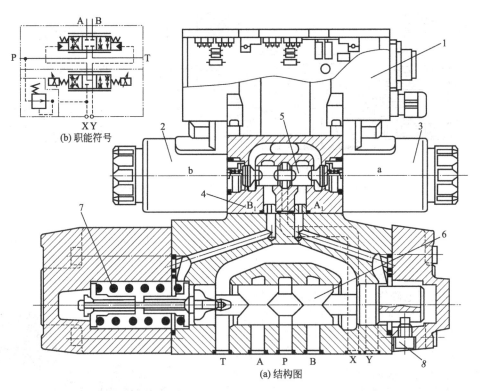

图 4-83　不带内部反馈闭环的先导减压型二级电液比例方向阀的结构图及职能符号
1—集成式比例放大器；2,3—比例电磁铁；4—减压型先导阀；5—先导减压
阀阀芯；6—主阀阀芯；7—对中弹簧；8—主阀阀芯防转螺钉

右侧，并在先导阀 4 的出口 A_1 处产生与电信号成比例的控制压力 p_{A1}。此控制压力作用在主阀阀芯 6 的右端面上，克服弹簧力推动主阀阀芯移动。这时，P 口与 A 口及 B 口与 T 口接通。当 p_{A1} 与主阀阀芯上的弹簧力达到平衡时，主阀阀芯即处于确定的位置。主阀阀芯位移的大小（对应主阀阀口轴向开度的大小）取决于作用在主阀阀芯端面上的先导控制液压力的高低。由于先导阀采用比例压力阀，故实现了主阀阀口轴向开度与输入电信号之间的比例关系。

当给电磁铁 3 输入电信号时，在主阀阀芯左端腔体内产生与输入信号相对应的液压力 p_{B1}。这个液压力通过固定在阀芯上的连杆，克服弹簧 7 的弹簧力使主阀阀芯 6 向右移动，实现主阀阀芯轴向位移与输入信号的比例关系。

主阀阀芯装配时弹簧 7 有一定的预压缩量，以保证输入信号相同时，主阀阀芯在左右两个方向的移动量相等。弹簧座采用悬置方式，有利于减小滞环。采用单弹簧结构，有利于主阀阀芯另一侧配置位移传感器。由于整个阀内部采用开环方案，故这种阀的控制精度不高，首级抗干扰（液动力、摩擦力）能力较差，但它的结构简单，制造和装配无特殊要求，通用性好，调整方便。

图 4-84 是先导阀采用减压阀的开环控制二级电液比例方向阀的外形图。

图 4-84　先导电液比例方向阀的外形图

4.8　电液伺服阀

　　电液伺服阀是一种自动控制阀,它既是电液转换元件,又是功率放大元件。电液伺服阀的功用是将小功率的电信号输入转换为大功率液压能(压力和流量)输出,从而实现对液压执行器位移(或转速)、速度(或角速度)、加速度(或角加速度)和力(或转矩)的控制。

4.8.1　电液伺服阀的组成和分类

　　电液伺服阀通常由电气-机械转换器(力马达或力矩马达)、液压放大器(先导级阀和功率级主阀)和检测反馈机构组成,如图 4-85 所示。若是单级阀,则无先导级阀;否则为多级阀。电气-机械转换器用于将输入电信号转换为力或力矩,以产生驱动先导级阀运动的位移或转角;先导级阀又称前置级(可以是滑阀、锥阀、喷嘴挡板阀或插装阀),用于接收小功率的电气-机械转换器输入的位移或转角信号,将机械量转换为液压力驱动主阀;主阀(滑阀或插装阀)将先导级阀的液压力转换为流量或压力输出;设在阀内部的检测反馈机构(可以是液压或机械或电气反馈等)将先导阀或主阀控制口的压力、流量或阀芯的位移反馈到先导级阀的输入端或比例放大器的输入端,实现输入输出的比较,从而提高阀的控制性能。

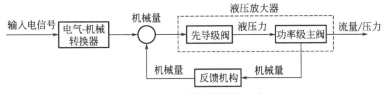

图 4-85　电液伺服阀的组成

　　电液伺服阀的主要优点是:输入信号功率很小,通常仅有几十毫瓦,功率放大因数高;能够对输出流量和压力进行连续双向控制;直线性好、死区小、灵敏度高、动态响应速度快、控制精度高、体积小、结构紧凑,所以广泛用于快速高精度的各类机械设备的液压闭环控制中。电液伺服阀的类型、结构繁多,其详细分类如下:

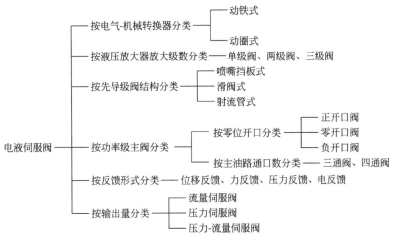

4.8.2　液压放大器

　　液压放大器的结构形式有滑阀、射流管阀和喷嘴挡板阀三种。

（1）滑阀

根据滑阀上控制边数（起控制作用的阀口数）的不同，有单边控制式滑阀、双边控制式滑阀和四边控制式滑阀三种结构类型，如图 4-86 所示。

图 4-86(a) 所示为单边控制式滑阀。它有一个控制边 a（可变节流口），有负载口和回油口两个通道，故又称为二通伺服阀。x 为滑阀控制边的开口量，控制着液压缸右腔的压力和流量，从而控制液压缸运动的速度和方向。压力油进入液压缸的有杆腔，通过活塞上的阻尼小孔 e 进入无杆腔，并通过滑阀上的节流边流回油箱。当阀芯向左或向右移动时，阀口的开口量增大或减小，这样就控制了液压缸无杆腔中油液的压力和流量，从而改变液压缸运动的速度和方向。

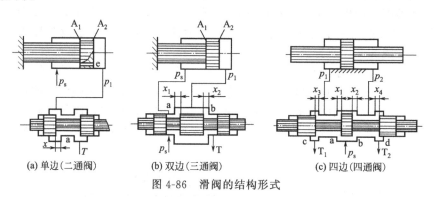

(a) 单边（二通阀）　　　(b) 双边（三通阀）　　　(c) 四边（四通阀）

图 4-86　滑阀的结构形式

图 4-86(b) 所示为双边控制式滑阀。它有两个控制边 a、b（可变节流口）。有负载口、供油口和回油口三个通道，故又称为三通伺服阀。压力油一路直接进入液压缸有杆腔，另一路经阀口进入液压缸无杆腔并经阀口流回油箱。当阀芯向右或向左移动时，x_1 增大、x_2 减小或 x_1 减小、x_2 增大，这样就控制了液压缸无杆腔中油液的压力和流量，从而改变液压缸运动的速度和方向。

以上两种形式只用于控制单杆的液压缸。

图 4-86(c) 所示为四边控制式滑阀。它有四个控制边 a、b、c、d（可变节流口）。有两个负载口、供油口和回油口四个通道，故又称为四通伺服阀。其中 a 和 b 是控制压力油进入液压缸左右油腔的，c 和 d 是控制液压缸左右油腔回油的。当阀芯向左移动时，x_1、x_4 减小，x_2、x_3 增大，使 p_1 迅速减小，p_2 迅速增大，活塞快速左移。反之亦然。这样就控制了液压缸运动的速度和方向。这种滑阀的结构形式既可用来控制双杆的液压缸，也可用来控制单杆的液压缸。

由以上分析可知，三种结构形式滑阀的控制作用是相同的。四边滑阀的控制性能最好，双边滑阀居中，单边滑阀最差。但是单边滑阀容易加工、成本低，双边滑阀居中，四边滑阀工艺性差，加工困难，成本高。一般四边滑阀用于精度和稳定性要求较高的系统，单边滑阀和双边滑阀用于一般精度的系统。

图 4-87 所示为滑阀在零位时的几种开口形式：负开口（正遮盖）、零开口（零遮盖）、

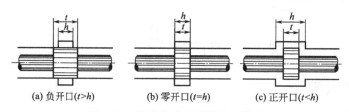

(a) 负开口($t>h$)　　　(b) 零开口($t=h$)　　　(c) 正开口($t<h$)

图 4-87　滑阀在零位时的开口形式

正开口（负遮盖）。

（2）射流管阀

如图 4-88 所示，射流管阀由射流管 3、接收器 2 和液压缸 1 组成。射流管 3 由垂直于图面的轴 c 支撑并可绕轴左右摆动一个不大的角度。接收器上的两个小孔 a 和 b 分别和液压缸 1 的两腔相通。当射流管 3 处于两个接收孔道 a、b 的中间位置时，两个接收孔道 a、b 内油液的压力相等，液压缸 1 不动；如有输入信号使射流管 3 向左偏转一个很小的角度，两个接收孔道 a、b 内的压力不相等，液压缸 1 左腔的压力大于右腔的压力，液压缸 1 向右移动；反之亦然。在这种伺服元件中，液压缸运动的方向取决于输入信号的方向，运动速度取决于输入信号的大小。

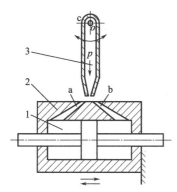

图 4-88　射流管阀的工作原理
1—液压缸；2—接收器；3—射流管

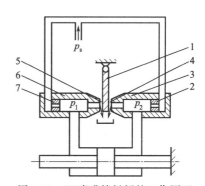

图 4-89　双喷嘴挡板阀的工作原理
1—挡板；2,7—固定节流小孔；3,6—喷嘴；4,5—节流缝隙

射流管阀的优点是结构简单、加工精度低、抗污染能力强，其缺点是惯性大、响应速度低、功率损耗大。因此这种阀只适用于低压及功率较小的伺服系统。

（3）喷嘴挡板阀

喷嘴挡板阀因结构不同分单喷嘴和双喷嘴两种形式，两者的工作原理相似。图 4-89 所示为双喷嘴挡板阀的工作原理图。它主要由挡板 1、喷嘴 3 和 6、固定节流小孔 2 和 7 和液压缸等组成。压力油经过两个固定节流小孔进入中间油室再进入液压缸的两腔，并有一部分经喷嘴挡板的两间隙 4、5 流回油箱。当挡板处于中间位置时，液压缸两腔压力相等，液压缸不动；当输入信号使挡板向左移动时，节流缝隙 5 关小、4 开大，液压缸向左移动。因负反馈的作用，喷嘴跟随缸体移动直到挡板处于两喷嘴的中间位置时，液压缸停止运动，建立起一种新的平衡。

喷嘴挡板阀的优点是结构简单、加工方便，运动部件惯性小、反应快，精度和灵敏度较高，其缺点是无功损耗大、抗污染能力较差，常用于多级放大式伺服元件中的前置级。

4.8.3　电液伺服阀的典型结构与工作原理

（1）动圈式电液伺服阀

动圈式电液伺服阀主要有位置直接反馈式和电反馈式两种。图 4-90 所示为动圈位置直接反馈式电液伺服阀的结构图。它由左部电磁元件和右部液压元件组成。电磁元件为动圈式力马达，由永久磁铁 3、导磁体 4、左右复位弹簧 7、调零螺钉 1 和带有线圈绕组的动圈 6 组成。动圈与一级阀芯 8 固连，并由其支撑在两导磁体形成的气隙 5 之中。当有电流通过线圈绕组时，视电流的方向不同，动圈会带动一级阀芯向左或右移动。液压元件是带有四条节流

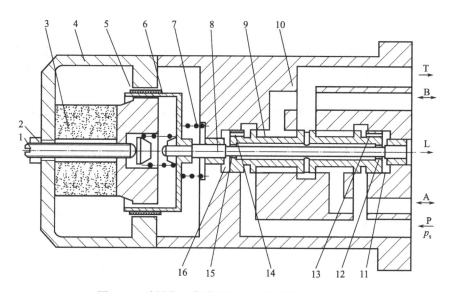

图 4-90　动圈位置直接反馈式电液伺服阀的结构图

1—调零螺钉；2—锁紧螺母；3—永久磁铁；4—导磁体；5—气隙；6—动圈；7—复位弹簧；
8—一级阀芯；9—二级阀芯；10—阀体；11—右控制腔；12—右可变节流口；
13—右固定节流口；14—左固定节流口；15—左可变节流口；16—左控制腔

工作边的滑阀式液压伺服阀（即四通液压伺服阀）。液压伺服阀阀芯 9（二级阀芯）是中空的，中间装有可随动圈左右移动的一级阀芯。

当电液伺服阀无控制信号输入（动圈绕组无电流通过）时，在两复位弹簧作用下，动圈和一级阀芯处于某一特定位置。与此同时，液压源输入的液压油经二级阀芯上的左右两固定节流孔 13、14 进入二级阀芯左右端面处的控制腔 11、16 内，又穿过由一级阀芯的左右凸台和二级阀芯左右端面构成的可变节流口 12、15 进入一、二级阀芯之间形成的环形空间，经二级阀芯的径向孔流回油箱。由于二级阀芯处于浮动状态，在端面处的液压力作用下，一定会处于某一平衡位置，使得两可变节流口的开口相同，两端面控制腔内的液体压力相等。此时，二级阀芯的四条工作节流边应该正好将电液伺服阀的四个工作油口堵死，输出流量为零。否则，需调节调零螺钉达到该要求。该调节过程称作电液伺服阀的"调零"。

当电液伺服阀有控制信号输入（动圈绕组有电流通过）时，动圈受磁场力的作用而移动（假设向左），一级阀芯被动圈拖动也左移，使左、右节流口开口分别增大和减小，左、右控制腔内的压力分别下降和上升，二级阀芯在压力差的作用下也跟随一级阀芯向左移动，直到左、右节流口的开口相等为止，又处于新的平衡位置。此时，P→B，A→T，伺服阀有液压油输出。若输入电流增大，阀口开启度增大，输出流量增大。若改变输入电流的方向，则会出现与上相反的过程。

该阀的特点是：结构紧凑，抗污染能力强，流量和压力增益高；但力马达的动圈与一级阀芯固连，惯性大，故动态响应较低。

图 4-91 所示为动圈位置直接反馈式电液伺服阀的外形图。

图 4-91　动圈位置直接反馈式电液伺服阀的外形图

（2）喷嘴挡板式力反馈电液伺服阀

图 4-92 所示为喷嘴挡板式力反馈电液伺服阀的工作原理图。它由力矩马达、喷嘴挡板式液压前置放大级和四边滑阀功率放大级等三部分组成。衔铁 3 与挡板 5 连接在一起，由固定在阀体 10 上的弹簧管 11 支撑着。挡板 5 下端为一球头，嵌放在滑阀 9 的凹槽内，永久磁铁 1 和导磁体 2、4 形成一个固定磁场，当线圈 12 中没有电流通过时，衔铁 3、挡板 5、滑阀 9 处于中间位置。当有控制电流通入线圈 12 时，一组对角方向的气隙中的磁通增加，另一组对角方向的气隙中的磁通减小，于是衔铁 3 就在磁力作用下克服弹簧管 11 的弹性反作用力而偏转一角度，并偏转到磁力所产生的转矩与弹性反作用力所产生的反转矩平衡时为止。同时，挡板 5 因随衔铁 3 偏转而发生挠曲，改变了与两个喷嘴 6 间的间隙（一个间隙减小，另一个间隙加大）。

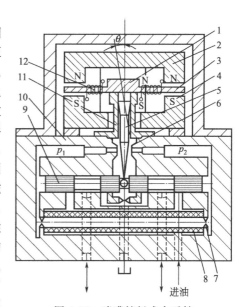

图 4-92　喷嘴挡板式力反馈
电液伺服阀的工作原理图

1—永久磁铁；2,4—导磁体；3—衔铁；5—挡板；
6—喷嘴；7—固定节流孔；8—过滤器；9—滑阀；
10—阀体；11—弹簧管；12—线圈

通入伺服阀的压力油经过滤器 8、两个对称的节流孔 7 和左右喷嘴 6 流出，通向油箱。当挡板 5 挠曲，出现上述喷嘴与挡板的两个间隙不相等情况时，两喷嘴后侧的压力就不相等，它们作用在滑阀 9 的左、右端面上，使滑阀 9 向相应方向移动一段距离，压力油就通过滑阀 9 上的一个阀口输向液压执行机构，由液压执行机构回来的油液则经滑阀 9 上的另一个阀口通向油箱。滑阀 9 移动时，挡板 5 下端球头跟着移动，在衔铁挡板组件上产生了一个转矩，使衔铁 3 向相应方向偏转，并使挡板 5 在两喷嘴 6 间的偏移量减小，这就是反馈作用。反馈作用的结果是使滑阀 9 两端的压差减小。当滑阀 9 上的液压作用力和挡板 5 下端球头因移动而产生的弹性反作用力达到平衡时，滑阀 9 便不再移动，并一直使其阀口保持在这一开度上。

通入线圈 12 的控制电流越大，使衔铁 3 偏转转矩、挡板 5 挠曲变形、滑阀 9 两端压差以及滑阀 9 偏移量就越大，伺服阀输出的流量也越大。由于滑阀 9 的位移、喷嘴 6 与挡板 5 之间的间隙、衔铁 3 的转角都依次和输入电流成正比，因此这种阀的输出流量也和电流成正比。输入电流反向时，输出流量也反向。

图 4-93 所示为喷嘴挡板式力反馈电液伺服阀的外形图。

图 4-93　喷嘴挡板式力反馈
电液伺服阀的外形图

（3）射流管式电液伺服阀

图 4-94 为射流管式电液伺服阀的工作原理图。它由上部电磁元件和下部液压元件两大部分组成。电磁元件为力矩马达，与双喷嘴挡板式电液伺服阀的力矩马达一样。液压元件为两级液压伺服阀，前置放大级为射流管式液压伺服阀，功率放大级为滑阀式液压伺服阀。射流管 2 与力矩马达的衔铁固连，它不但是供油通道，而且是衔铁的支撑弹簧管。接收器 3 的两个接收小孔分别与滑阀式液压伺服阀阀芯 5 的左右两端容腔相通。

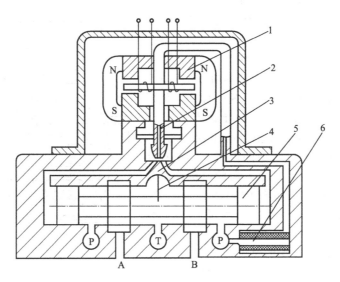

图 4-94 射流管式电液伺服阀的工作原理图
1—导磁体；2—射液管；3—接收器；4—定位弹簧板；5—阀芯；6—精过滤器

当无信号电流输入时，力矩马达无电磁力矩输出，衔铁在起弹簧管作用的射流管支撑下，处于上、下导磁体之间的正中位置，射流管的喷口处于两接收小孔的正中间，液压源提供的恒压力液压油进入电液伺服阀的供油口 P，经精过滤器 6 进入射流管，由喷口高速喷出。由于两接收小孔接收的液体动能相等，因而阀芯左右两端容腔的压力相等，阀芯在定位弹簧板 4 的作用下处于中间位置（即处于常态），电液伺服阀输出端 A、B 口无流量输出。

当力矩马达有信号电流输入时，衔铁在电磁力矩作用下偏转一微小角度（假设沿顺时针偏转），射流管也随之偏转使喷口向左偏移一微小距离。这时，左接收小孔接收的液体动能增多，右接收小孔接收的液体动能减少，阀芯左端容腔压力升高，右端容腔压力降低，在压差作用下，阀芯向右移动，并使定位弹簧板变形。当作用于阀芯的液压推力与定位弹簧板的变形弹力平衡时，阀芯处于新的平衡位置，阀口对应一相应的开启度，P→A，B→T（回油口），输出相应的流量。由于定位弹簧板的变形量（也就是阀芯的位移量）与作用于阀芯两端的压力差成比例。该压差与喷口偏移量成比例，喷口偏移量与力矩马达的电磁力矩成比例，电磁力矩又与输入信号电流成比例，因而阀芯位移量与输入信号电流成比例，也就是该电液伺服阀的输出流量与输入信号电流成比例。改变输入电流信号的大小和极性，就可以改变电液伺服阀的输出流量的大小和方向。

与喷嘴挡板式电液伺服阀相比，射流管式电液伺服阀的最大优点是抗污染能力强。据统计，在电液伺服阀出现的故障中，有 80% 是由液压油的污染引起的，因而射流管式电液伺服阀越来越得到人们的重视。图 4-95 为射流管式电液伺服阀的外形图。

图 4-95 射流管式电液伺服阀的外形图

4.9　电液数字阀

　　用数字信号直接控制阀口的开启和关闭，从而控制液流的压力、流量和方向的阀类，称为电液数字阀（简称数字阀）。电液数字阀可直接与计算机接口，不需 D/A 转换，在计算机实时控制的电液系统中，已部分取代电液伺服阀或电液比例阀。由于电液数字阀和电液比例阀的结构大体相同，且与普通液压阀相似，故制造成本比电液伺服阀低得多。电液数字阀对油液清洁度的要求比电液比例阀更低，操作维护更简单。而且电液数字阀的输出量准确、可靠地由脉冲频率或宽度调节控制，抗干扰能力强；滞环小，重复精度高，可得到较高的开环控制精度，因而得到较快发展。

4.9.1　电液数字阀的工作原理

　　电液数字阀主要有增量式电液数字阀和快速开关式电液数字阀两大类。

　　增量式电液数字阀采用由脉冲数字调制演变而成的增量控制方式，以步进电动机作为电-机械转换器，驱动液压阀工作。图 4-96 所示为增量式电液数字阀控制系统工作原理框图。微机的输出脉冲序列经驱动电源放大，作用于步进电动机。步进电动机是一个数字元件，根据增量控制方式工作。增量控制方式是由脉冲数字调制法演变而成的一种数字控制方法。是在脉冲数字信号的基础上，使每个采样周期的步数在前一采样周期的步数上增加或减少一些步数，而达到需要的幅值。步进电动机转角与输入的脉冲数成比例，步进电动机每得到一个脉冲信号，便沿着控制信号给定的方向转动一个固定的步距角。步进电动机转角通过凸轮或螺纹等机械式转换器变成直线运动，控制液压阀阀口的开度，从而得到与输入脉冲数成比例的压力、流量。

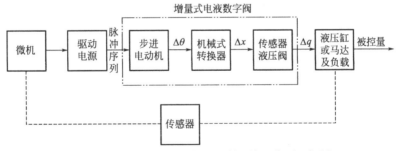

图 4-96　增量式电液数字阀控制系统工作原理框图

　　快速开关式电液数字阀又称脉宽调制式电液数字阀，其数字信号控制方式为脉宽调制式，即控制液压阀的信号是一系列幅值相等、在每一周期内宽度不同的脉冲信号。图 4-97 所示为快速开关式电液数字阀用于液压系统的框图。微机输出的数字信号通过脉宽调制放大

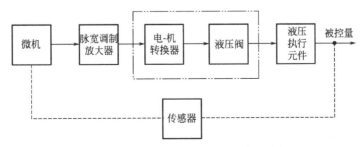

图 4-97　快速开关式电液数字阀控制组成框图

器调制放大，作用于电-机械转换器，电-机械转换器驱动液压阀工作。图中双点画线为快速开关式电液数字阀。由于作用于阀上的信号是一系列脉冲，所以液压阀也只有与之相对应的快速切换的开和关两种状态，而以开启时间来控制流量或压力。快速开关式电液数字阀中液压阀的结构与其他阀不同，它是一个快速切换的开关，只有全开、全闭两种工作状态。

4.9.2　电液数字阀的典型结构

（1）增量式电液数字流量阀

图 4-98(a) 所示为直接驱动增量式电液数字流量阀的结构图。图中步进电动机 1 的转动通过滚珠丝杆 2 转化为轴向位移，带动节流阀阀芯 3 移动，控制阀口的开度，从而实现流量调节。该阀的液压阀电液口由相对运动的阀芯 3 和阀套 4 组成，阀套上有两个通流孔口，左边一个为全周开口，右边为非全周开口，阀芯移动时先打开右边的节流口，得到较小的控制流量；阀芯继续移动，则打开左边阀口，流量增大，这种阀的控制流量可达 3600L/min。该阀的液流流入方向为轴向，流出方向与轴线垂直，这样可抵消一部分阀开口流量引起的液动力，并使结构较紧凑。连杆 5 的热膨胀可起温度补偿作用，减小温度变化引起流量的不稳定。阀上装有单独的零位移传感器 6，在每个控制周期终了，阀芯由零位移传感器控制回到零位，以保证每个工作周期有相同的起始位置，提高阀的重复精度。

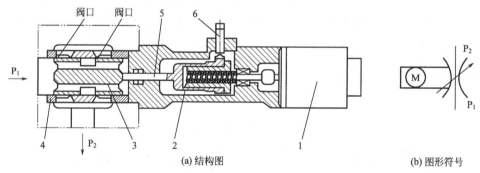

图 4-98　步进电动机直接驱动增量式电液数字流量阀的结构图及图形符号
1—步进电动机；2—滚珠丝杆；3—节流阀阀芯；4—阀套；5—连杆；6—零位移传感器

图 4-99 所示为步进电动机直接驱动增量式电液数字流量阀的外形图。

图 4-99　步进电动机直接驱动增量式电液数字流量阀的外形图

（2）快速开关式电液数字阀

快速开关式电液数字阀有二位二通和二位三通两种，两者又各有常开和常闭两类。为了减少泄漏和提高压力，其阀芯一般采用球阀或锥阀结构，但有时也采用喷嘴挡板阀。

①二位二通电磁锥阀型快速开关式电液数字阀　如图 4-100 所示，当线圈 4 通电时，衔铁 2 上移，使与其连接的锥阀阀芯 1 开启，压力油从 P 口经阀体流入 A 口。为防止开启时阀因稳态液动力而关闭和减小控制电磁力，该阀通过射流对铁芯的作用来补偿液动力。当线圈断电时，弹簧 3 使锥阀关闭。阀套 6 上有一阻尼孔 5，用以补偿液动力。该阀的行程为 0.3mm，动作时间为 3ms，控制电流为 0.7A，额定流量为 12L/min。

② 力矩马达-球阀型二位三通快速开关式电液数字阀　如图 4-101 所示，快速开关式电液数字阀的驱动部分为力矩马达，根据线圈通电方向不同，衔铁 2 沿顺时针或逆时针方向摆动，输出力矩和转角。

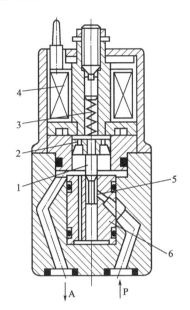
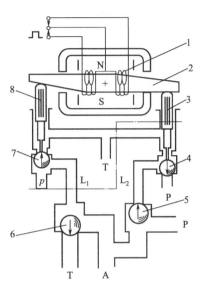

图 4-100　二位二通电磁锥型快速开关式电液数字阀　图 4-101　力矩马达-球阀型二位三通快速开关式电液数字阀
　　　　　1—锥阀阀芯；2—衔铁；3—弹簧；　　　　　　　　　　　1—线圈；2—衔铁；3,8—推杆；4,7—先
　　　　　4—线圈；5—阻尼孔；6—阀套　　　　　　　　　　　　导级球阀；5,6—功率级球阀

液压部分有两组球阀，分为二级。若脉冲信号使力矩马达通电，衔铁沿顺时针偏转，先导级球阀 4 向下运动，关闭压力油口 P，L_2 腔与回油腔 T 接通，球阀 5 在液压力 p 作用下向上运动，工作腔 A 与 P 相通。与此同时，球阀 7 受 p 作用于上位，L_1 腔与 P 腔相通，球阀 6 向下关闭，断开 P 腔与 T 腔通路。反之，如力矩马达逆沿顺时针偏转时，情况正好相反，工作腔 A 则与 T 腔相通。这种阀的额定流量仅为 1.2L/min，工作压力可达 20MPa，最短切换时间为 0.8ms。

4.10　其他专用液压阀

在工程机械、起重运输机械及物流搬运机械等液压系统中，往往采用一些专用液压阀，以满足设备的特殊要求以及保证设备运行时结构紧凑且安全可靠。

4.10.1　多路换向阀

多路换向阀是以两个以上的换向阀为主体组合而成的组合阀。根据不同液压系统的要求，常将主安全阀、单向阀、过载阀、补油阀、分流阀、制动阀等阀类组合在一起。由于多路换向阀具有结构紧凑、管路简单、压力损失小和安装简便等优点，在行走机械中获得了广泛应用。

按照阀体的结构形式，多路换向阀分为整体式和分片式。整体式多路换向阀是将各联换向阀及某些辅助阀装在同一阀体内。这种换向阀具有结构紧凑、重量轻、压力损失小、压力高、流量大等特点。但阀体铸造技术要求高，比较适合在相对稳定及大批量生产的机械上使用。分片式多路换向阀是用螺栓将进油阀体、各联换向阀阀体、回油阀体组装在一起的，其中换向阀的片数可根据需要加以选择。分片式多路换向阀可按不同使用要求组装成不同的多路换向阀，通用性较强，但加工面多，出现渗油的可能性也较大。

按照油路连接方式，多路换向阀可分为并联、串联和串并联等形式，如图 4-102 所示。所谓并联连接，就是从进油口来的油可直接通到各联阀的进油腔，各阀的回油腔又直接通到多路换向阀的总回油口。采用这种油路连接形式后，当同时操纵各换向阀时，压力油总是先进入油压较低的执行元件。只有当各元件进油腔的油压相等时，各执行元件才能同时工作。该阀的压力损失一般较小。

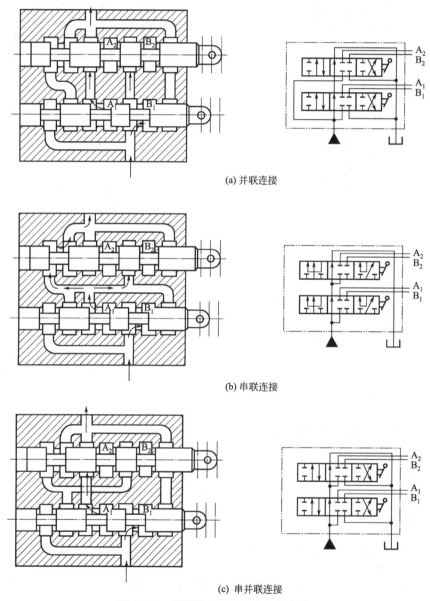

(a) 并联连接

(b) 串联连接

(c) 串并联连接

图 4-102　多路换向阀的油路连接方式

串联连接是每一联阀的进油腔都和该阀之前的阀的中位回油道相通，其回油腔又都和该阀之后的中位回油道相通。采用这种油路连接形式，可使各联阀所控制的执行元件同时工作，条件是液压泵输出的油压要大于所有正在工作的执行元件两腔压差之和。该阀的压力损失一般较大。

　　串并联连接是每一联阀的进油腔均与该阀之前的阀的中位回油道相通，而各联阀的回油腔又都直接与总回油道相通。若采用这种油路连接形式，则各联换向阀不可能有任何两联阀同时工作情况，故这种油路也称为互锁油路。操纵上一联换向阀，下一联换向阀就不能工作，它保证前一联换向阀优先供油。

　　图 4-103 所示为某叉车上采用的组合式多路换向阀。它是由进油阀阀体 1、回油阀阀体 4 和中间两片换向阀 2、3 组成的，彼此间用螺栓 5 连接，其油路连接方式为并联连接。在相邻阀体间装有 O 形密封圈。进油阀阀体 1 内装有溢流阀（图中只画出溢流阀的进口 K）。换向阀为三位六通，其工作原理与一般手动换向阀相同。当换向阀 2、3 的阀芯均未操纵时（图示位置），泵输出的压力油从 P 口进入，经阀体内部通道直通回油阀阀体 4，并经回油口 T 返回油箱，泵处于卸荷状态。当向左扳动换向阀 3 的阀芯时，阀内卸荷通道截断，油口 A、B 分别接通压力油口 P 和回油口 T，倾斜缸活塞杆缩回；当反向扳动换向阀 3 的阀芯时，活塞杆伸出。

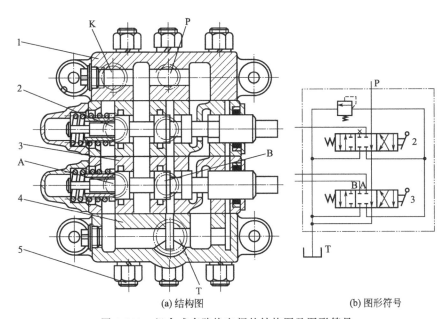

(a) 结构图　　　　　　　　　　　　　(b) 图形符号

图 4-103　组合式多路换向阀的结构图及图形符号

1—进油阀阀体；2—升降换向阀；3—倾斜换向阀；4—回油阀阀体；5—连接螺栓

　　图 4-104 所示为中小型轮胎起重机和汽车起重机主油路中常采用的串联式多路换向阀。它由带溢流阀的进油阀阀体 1 和四个手动换向阀（即臂架伸缩换向阀 2、臂架变幅换向阀 3、旋转换向阀 4 和起升换向阀 5）等组成。由于该多路换向阀的内部油路为串联，液压泵输出的液压油与第一联换向阀的进油口相连，第一联的回油口再与下一联的进油口相连。这种串联式多路换向阀既能保证四个执行机构同时动作，也能保证它们单独动作。但这种串联形式提高了液压泵的工作压力，并使油液通过换向阀时的压力损失较大。

　　图 4-105 所示为多路换向阀的外形图。

4.10.2　平衡阀

　　平衡阀的功用是在执行元件的回油管中建立背压，使立式缸或液压马达在负载变化时仍能平稳运动，以防止因重力使立式缸活塞突然下落或防止液压马达出现"飞速"。

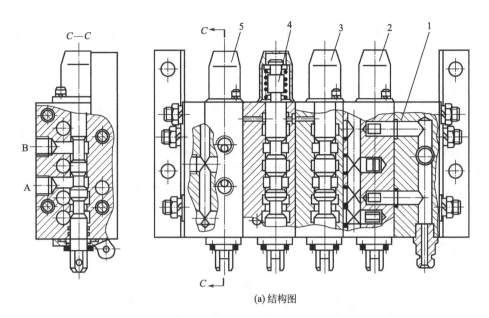

(a) 结构图

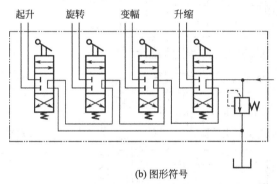

(b) 图形符号

图 4-104   串联式多路换向阀的结构图及图形符号

1—进油阀阀体；2—臂架伸缩换向阀；3—臂架变幅换向阀；4—旋转换向阀；5—起升换向阀

图 4-105   多路换向阀的外形图

图 4-106 所示的平衡阀由单向阀和外控顺序阀组成。平衡阀的主阀阀芯与左侧锥面压紧在阀座 3 上，其左端面与控制活塞 2 相接触，其右端装有组合弹簧 8。油口 P_1、P_2 连接主油路，油口 K 连接控制油路。油液从油口 P_2 进入，顶开单向阀阀芯 10，由油口 P_1 流出，主阀阀芯 5 不动。当油口 P_1 进油时，单向阀阀芯 10 处于关闭状态，只有当控制活塞 2 在控制油压作用下顶开主阀阀芯 5 后，才能使从油口 P_1 来的油液经阀口 f 从油口 P_2 流出。为了使执行机构下降时不发生抖动，在控制活塞和主阀阀芯上分别设有阻尼孔 d 和 e，起阻

尼防振作用。此外，还将主阀阀芯 5 的 g 处加工成 3°锥面，并在锥面上加工有两组 90°方向的长度不等的楔形油槽，且阀芯的行程较长，这样可使通过的流量变化平稳。

平衡阀在液压回路中起限速和液压锁的作用，因此也称为限速液压锁。为了使执行机构在匀速下降过程中能及时停住，要求阀芯 5 能迅速移动，并关闭回油通道。为此，在平衡阀

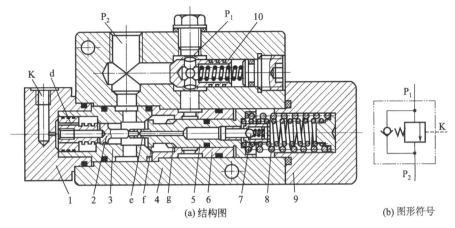

(a) 结构图　　　　　　　　　　(b) 图形符号

图 4-106　平衡阀的结构图及图形符号

1—左盖；2—控制活塞；3—阀座；4—阀体；5—主阀阀芯；6—阀套；

7—小单向阀；8—组合弹簧；9—右盖；10—单向阀阀芯

主阀阀芯的右端装有一个小单向阀 7，以使在主阀阀芯迅速回位时右腔通过该阀加以补油。该阀的开启压力很小，在装配后为定值。

图 4-107 所示为平衡阀的外形图。

4.10.3　双向液压锁

双向液压锁是由一对液控单向阀装在同一阀体内而组成的。图 4-108(a) 所示为双向液压锁的结构图。油口 C、D 与液压缸的两腔相通，当压力油从油口 A 进入时，油口 B 与回油口相连接。压力油经油口 A 进入 e 腔后，一方面打开右单向阀阀芯 6 进入油口 C，流入液压缸的一腔，推动液压缸运动；另一方面推动控制活塞 4 左移，顶开左单向阀阀芯 2，使油液经油口 D、B 与回油口相连

图 4-107　平衡阀的外形图

接；若压力油从油口 B 进入，油口 A 与回油口相连接，双向液压锁的工作过程正好与上述相反。若 A、B 两油口同时接回油口，单向阀阀芯 2、6 也同时处于关闭状态，C、D 油口关闭，即处于锁紧状态。双向液压锁广泛应用于汽车和轮胎起重机的支腿油路中，用来锁紧支腿。

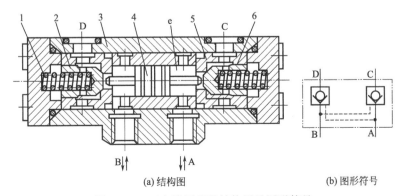

(a) 结构图　　　　　　　　　　(b) 图形符号

图 4-108　双向液压锁的结构图及图形符号

1—弹簧；2—左单向阀阀芯；3—阀体；4—控制活塞；5—阀座；6—右单向阀阀芯

图 4-109   双向液压锁的外形图

图 4-109 所示为双向液压锁的外形图。

4. 10. 4   恒流阀

轮胎起重机、装载机、跨运车等行走式装卸机械转向一般都采用液压助力器。转向助力泵由内燃机带动。由于内燃机在工作过程中转速变化很大，因而泵的流量变化范围也很大。机械转向时，为保证安全，一般要关小发动机油门，尤其在急转弯时更需关小。然而因发动机的转速低，泵的流量小，造成转向较慢。按发动机最小稳定转速来选择转向泵的排量，则发动机高转速时泵的流量就会过大。为了解决这个矛盾，转向泵应按发动机额定转速的 $65\%\sim75\%$ 时得到的流量来选择，同时系统中应设置恒流阀（也称稳流阀）。此时，如发动机高速运转，泵输出的多余流量就从恒流阀溢出。因此，恒流阀起着保证进入转向系统的流量恒定的作用。

图 4-110(a) 所示为恒流阀的结构图，它由节流阀和溢流阀并联而成。压力为 p_1 的油液由进油口 P_1 进入，经节流阀小孔 L_1 降压至 p_2，从出油口 P_2 流出。与此同时，从进油口 P_1 进入的压力油经油槽 c 进入主阀阀芯 2 的油腔 a，主阀阀芯右腔 b 通过节流孔 L_2 与出油口 P_2 相通。当从出油口 P_2 流出的流量低于规定值时，节流孔 L_1 两端的压力差较小，主阀阀芯 2 两端的液压作用力之差小于主阀弹簧 5 的预紧力，主阀阀芯 2 处于关闭状态，全部油液从出油口流出。当从出油口 P_2 流出的流量超过规定值时，节流孔 L_1 两端的压力差会增加，主阀阀芯 2 两端的液压作用力差值增大，并克服弹簧力向右移动，溢流阀打开，部分压力油经回油口 T 返回油箱，主阀阀芯处于某个开度的平衡位置上。

因为主阀弹簧 5 很软，主阀阀芯的移动量也很小，所以弹簧力变化不大，节流阀前后压差基本上保持定值，即通过节流口 L_1 经出油口 P_2 进入转向系统的流量不变。当出油口 P_2 的油压超过许用值时，部分压力油打开先导阀 4 流向回油口 T。由于节流孔 L_2 的节流降压作用，主阀阀芯 2 在不平衡液压力作用下右移，溢流口打开，泵的压力油从出油口 T 全部溢回油箱，先导阀 4 限制了系统最高压力，从而起到安全保护作用。

图 4-111 所示为恒流阀的外形图。

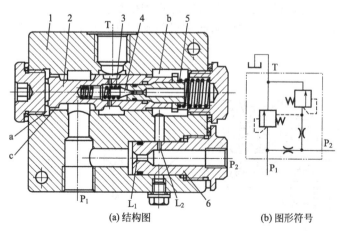

(a) 结构图   (b) 图形符号

图 4-110   恒流阀的结构图及图形符号

1—阀体；2—主阀阀芯；3—导向弹簧；4—先导阀；
5—主阀弹簧；6—节流阀

图 4-111   恒流阀的外形图

第**5**章

液压辅助元件及液压油

液压系统的辅助元件包括油箱、温控装置、过滤器、蓄能器、密封件和管件等，它们是保证液压元件和系统安全、可靠运行以及延长使用寿命的重要辅助装置。

5.1 油箱

5.1.1 油箱的功能

典型的液压油源及油箱装置，俗称液压泵站，如图 5-1 所示。

油箱作为液压系统的重要组成部分，其主要功能如下。

① 盛放油液 油箱必须能够盛放液压系统中的全部油液。

② 散发热量 液压系统中的功率损失导致油液温度升高，油液从系统中带回来的热量有一部分靠油箱壁散发到周围环境的空气中。因此，要求油箱具有较大的表面积，并应尽量设置在通风良好的位置上。

③ 逸出空气 油液中的空气将导致噪声和元件损坏。因此，要求油液在油箱内平缓流动，以利于分离空气。

④ 沉淀杂质 油液中未被过滤器滤除的细小污染物，可以沉落到油箱底部。

⑤ 分离水分 油液中游离的水分聚积在油箱中的最低点，以备清除。

图 5-1 液压油源及油箱装置
1—油箱；2—电动机；3—液压泵；
4—排出口；5—吸油口

⑥ 安装元件 在中小型设备的液压系统中，常把电动机、液压泵装置或控制阀组件安装在油箱的箱顶上。因此，要求油箱的结构强度、刚度必须足够大，以支持这些装置。

5.1.2 油箱的容量

油箱通常用钢板焊接成长方六面体或立方体的形状，以便得到最大的散热面积。而对清洁度要求较高的液压系统，则用不锈钢板制成，以防油箱内部生锈而污染液压油。

对于地面小功率设备，油箱有效容积可确定为液压泵每分钟流量的 3～5 倍；而对于行走机械上的液压系统，油箱的容积可确定为液压泵每分钟的流量。对于连续工作、压力超过中压的液压系统，其油箱容量应按发热量计算确定。

5.1.3 油箱的结构特点

油箱（开式）的典型结构如图 5-2 所示。由图可见，油箱内部用隔板 7 将吸油管 4、过

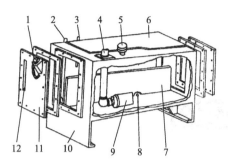

滤器 9 和泄油管 3、回油管 2 隔开。顶部、侧部和底部分别装有空气过滤器 5、注油器 1 及液位计 12 和排放污油的堵塞 8。安装液压泵及其驱动电动机的安装板 6 则固定在油箱顶面上。

油箱具有以下特点：

a. 油箱应是完全密封，并在箱顶上安装用于通气的空气过滤器，既能滤除空气中的灰尘，又可使油箱内外压力相通，从而保证油箱内液面发生剧烈变化时不产生负压。

图 5-2　油箱（开式）的结构图
1—注油器；2—回油管；3—泄油管；4—吸油管；
5—空气过滤器；6—安装板；7—隔板；8—堵塞；
9—过滤器；10—箱体；11—端盖；12—液位计

b. 油箱底面应适当倾斜，并设置放油塞。为清洗方便，油箱侧面设有清洗窗口。

c. 油箱侧壁设有指示油位高低的液位计。大型油箱可采用带传感器的液位计，以发出指示液位高低的电信号。油箱侧壁也可安装显示、控制油温的仪表装置等。

d. 油箱内吸油区、排油区之间设有隔板，以便油液流动时分离气泡、沉淀杂质。

e. 吸油管和回油管应当设置在最低液面以下，以防液压泵产生吸空现象和回油冲击液面形成泡沫。

近年来出现了充气式闭式油箱，整个油箱是封闭的，顶部有一个充气管，可送入 0.05～0.07MPa 经滤清、干燥的压缩空气。空气或直接与油液接触，或者被输入到蓄能器式皮囊内不与油液接触。这种油箱的优点是改善了液压泵的吸油条件，但要求系统中的回油管、泄油管承受背压。充气式闭式油箱本身还需配置安全阀、电接点压力表等元件以稳定充气压力，因此它只在特殊情况下使用。充气式闭式油箱示意图如图 5-3 所示。

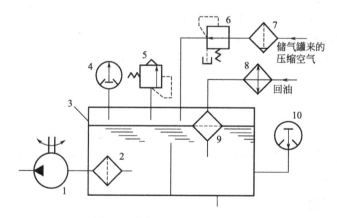

图 5-3　充气式闭式油箱示意图
1—液压泵；2—粗过滤器；3—压力油箱；4—电接点压力表；5—安全阀；6—减压阀；
7—分水滤气器；8—冷却器；9—精过滤器；10—电接点温度表

油箱的图形符号如图 5-4 所示。图 5-4（a）表示油管口在液面之上，图 5-4（b）表示油管口在液面之下。图 5-4（c）表示有盖油箱，图 5-4（d）表示液压油回到油箱。

(a) 1993版图形符号   (b) 1993版图形符号   (c) 2009版图形符号   (d) 2009版图形符号

图 5-4 油箱的图形符号

5.2 过滤器

过滤器用于滤除油液中非可溶性颗粒污染物，对油液进行净化，以保证系统工作的稳定和延长液压元件的使用寿命。

液压系统中油液常有来自外部或系统内部的污染物。来自外部的污染原因有液压元件及系统的加工、装配过程中残留的切屑、毛刺、型砂、锈片、漆片、棉絮、灰尘等污染物进入油液。来自系统内部的污染原因是系统运行过程中零件磨损的脱落物和油液因理化作用而生成的氧化物、胶状物等。这些污染物加速液压元件中相对运动表面磨损，擦伤密封件，影响元件及系统的性能和使用寿命。同时污染物也可堵塞系统中的小孔、缝隙，卡住阀类元件，造成元件动作失灵甚至损坏。有资料记载，75%以上的液压系统故障是由于油液污染造成的。

5.2.1 过滤精度

过滤精度是过滤器的一项重要性能指标。过滤精度指滤芯所能滤掉的杂质颗粒的公称尺寸，以 μm 来量度。例如，过滤精度为 $20\mu m$ 的滤芯，从理论上说，允许公称尺寸为 20 的颗粒通过，而大于 $20\mu m$ 的颗粒应完全被滤芯阻流。实际上在滤芯下游仍发现有少数大于 $20\mu m$ 的颗粒。此种概念的过滤精度称为绝对过滤精度，简称过滤精度。过滤器按过滤精度可以分为粗过滤器、普通过滤器、精过滤器和特精过滤器四种，它们分别能滤去公称尺寸为 $100\mu m$ 以上、$10\sim100\mu m$、$5\sim10\mu m$ 和 $5\mu m$ 以下的杂质颗粒。

液压系统所要求的过滤精度应使杂质颗粒尺寸小于液压元件运动表面间的间隙或油膜厚度，以免卡住运动件或加剧零件磨损，同时也应使杂质颗粒尺寸小于系统中节流孔和节流缝隙的最小开度，以免造成堵塞。液压系统不同，液压系统的工作压力不同，对油液的过滤精度要求也不同，其推荐值见表 5-1。

表 5-1 过滤精度推荐值表

系统类别	润滑系统	传动系统			伺服系统
系统工作压力/MPa	0~2.5	<14	14~32	>32	21
过滤精度/μm	<100	25~50	<25	<10	<5
过滤器精度	粗	普通	普通	普通	精

5.2.2 过滤器的典型结构

液压系统中常用的过滤器，按滤芯形式分为网式、线隙式、纸芯式、金属烧结式、磁性式等，按连接方式又可分为管式、板式、法兰式和进油口用四种。

(1) 网式过滤器

网式过滤器的结构如图 5-5 所示，它由上盖 2、下盖 4 和几块不同形状的金属丝编织方孔网或金属编织的特种网 3 组成。为了使过滤器具有一定的机械强度，金属丝编织方孔网或特种网包在四周都开有圆形窗口的金属和塑料圆筒芯架上。标准产品的过滤精度只有

$80\mu m$、$100\mu m$、$180\mu m$ 三种，压力损失小于 $0.01MPa$，最大流量可达 $630L/min$。网式滤油器属于粗过滤器，一般安装在液压泵吸油路上，以此保护液压泵。它具有结构简单、通油能力大、阻力小、易清洗等特点。图 5-6 所示为网式过滤器的外形图。

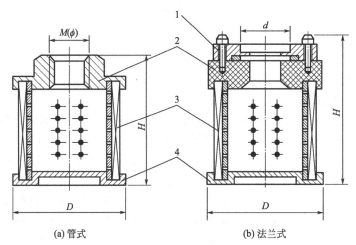

(a) 管式　　　　　　　　　　(b) 法兰式

图 5-5　WU 型网式过滤器的结构图

1—法兰；2—上盖；3—滤网；4—下盖

（2）线隙式过滤器

线隙式过滤器的结构如图 5-7 所示，它由端盖 1、壳体 2、带有孔眼的筒形芯架 3 和绕在芯架外部的铜线或铝线 4 组成。过滤杂质的线隙是把每隔一定距离压扁一段的圆形截面铜线绕在芯架外部时形成的。这种过滤器工作时，油液从孔 a 进入过滤器，经线隙过滤后进入芯架内部，再由孔 b 流出。这种过滤器的特点是结构较简单，过滤精度较高，通油性能好；其缺点是不易清洗，滤芯材料强度较低。这种过滤器一般安装在回油路或液压泵的吸油口处，有 $30\mu m$、$50\mu m$、$80\mu m$、$100\mu m$ 四种精度等级，额定流量下的压力损失为 $0.02\sim0.15MPa$。这种过滤器有专用于液压泵吸油口的 J 形密封圈，它仅由筒形芯架 3 和绕在芯架外部的铜线或铝线 4 组成。

图 5-6　网式过滤器的外形图

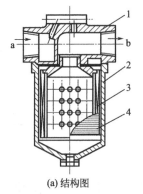

(a) 结构图

(b) 外形图

图 5-7　XU 型线隙式过滤器的结构图及外形图

1—端盖；2—壳体；3—筒形芯架；4—铜线或铝线

（3）纸芯式过滤器

这种过滤器与线隙式过滤器的区别只在于用纸质滤芯代替了线隙式滤芯，图 5-8(a) 所示为其结构图。纸芯部分是把平纹或波纹的酚醛树脂或木浆微孔滤纸绕在带孔的用镀锡铁片做成的骨架上。为了增大过滤面积，滤纸成折叠形状。这种过滤器压力损失为 $0.01\sim0.12$MPa，过滤精度高，有 $5\mu m$、$10\mu m$、$20\mu m$ 等规格。但这种过滤器易堵塞，无法清洗，经常需要更换纸芯，因而费用较高，一般用于需要精过滤的场合。

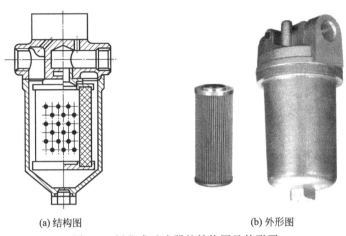

(a) 结构图　　　　　　　　(b) 外形图

图 5-8　纸芯式过滤器的结构图及外形图

（4）金属烧结式过滤器

金属烧结式过滤器有多种结构形状，图 5-9 是其中一种，由端盖 1、壳体 2、滤芯铁环 3 等组成，有些结构加有磁环 4 用来吸附油液中的铁质微粒，效果尤佳。滤芯通常由颗粒状青铜粉压制后烧结而成，它利用铜颗粒的微孔过滤杂质。这种过滤器的过滤精度一般在 $10\sim100\mu m$ 之间，压力损失为 $0.03\sim0.2$MPa。这种过滤器的特点是滤芯能烧结成杯状、管状、板状等各种不同的形状，它的强度大、性能稳定、抗腐蚀性好、制造简单、过滤精度高，适用于精过滤；其缺点是铜颗粒容易脱落，堵塞后不易清洗。

（5）磁性过滤器

图 5-10(a) 所示为管路中使用的磁性过滤器的结构图，滤芯由铁环 1、非磁性罩子 2、圆筒形永久磁铁 3 组成。各铁环分成两半，它们之间用铜条连接起来。工作液体流经滤芯时，铁磁性杂质被吸附于各铁环间的间隙中。当间隙被杂质堵满时，可将铁环取下清洗。

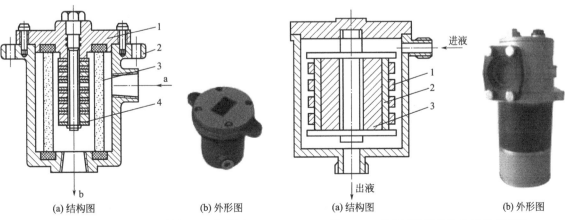

(a) 结构图　　(b) 外形图

图 5-9　金属烧结式过滤器的结构图及外形图

1—端盖；2—壳体；3—滤芯铁环；4—磁环

(a) 结构图　　(b) 外形图

图 5-10　磁性过滤器的结构图及外形图

1—铁环；2—非磁性罩子；3—永久磁铁

5.2.3　过滤器的安装位置

图 5-11 示出了液压传动系统中过滤器各种可能的安装位置。

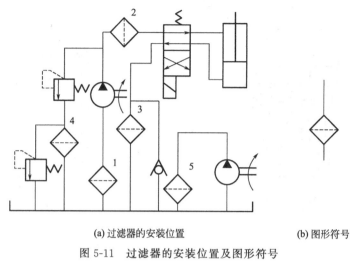

(a) 过滤器的安装位置　　　　　(b) 图形符号

图 5-11　过滤器的安装位置及图形符号

1～5—过滤器

（1）过滤器安装在液压泵吸油口

如图 5-11(a) 中的过滤器 1，位于液压泵吸油口，以避免较大颗粒的杂质进入液压泵，从而起到保护液压泵的作用。要求这种过滤器有很大的通流能力和较小的压力损失，压力损失不超过 $0.1 \times 10^5 \text{Pa}$，否则将造成液压泵吸油不畅，产生空穴和强烈噪声。一般采用过滤精度较低的网式过滤器。

（2）过滤器安装在液压泵压油口

如图 5-11(a) 中的滤油器 2，安装于液压泵的压油口，用以保护除液压泵以外的其他液压元件。由于它在高压下工作，要求过滤器外壳有足够的耐压性能。一般它装在管路中溢流阀的下游或者与安全阀并联，以防止过滤器堵塞时液压泵过载。

（3）过滤器安装在回油管路

如图 5-11(a) 中过滤器 3，安装于回油管路上使油液在流回油箱前先进行过滤，这样可使液压传动系统油箱中的油液得到净化，使其污染程度得到控制。此种过滤器壳体的耐压性能可较低。

（4）过滤器安装在旁油路

如图 5-11(a) 中过滤器 4，接在溢流阀的回油路上，并有一安全阀与之并联。它的作用也是使液压传动系统中的油液不断净化，使油液的污染程度得到控制。由于过滤器只通过液压泵的部分流量，滤油器规格可减小。

（5）过滤器用于独立的过滤液压传动系统

如图 5-11(a) 中过滤器 5，和液压泵组成一个独立于液压传动系统之外的过滤回路。它的作用也是不断净化液压传动系统中的油液，与将过滤器安装在旁油路上的情况相似。不过，在独立的过滤液压传动系统中，通过过滤器的流量是稳定不变的，这更有利于控制液压传动系统中油液的污染程度。但它需要增加设备（泵），适用于大型机械设备的液压传动系统。

在 1993 旧标准和 2009 新标准中，过滤器的基本图形符号没有变化，只是现在的过滤器有许多新的功能。

5.3　蓄能器

　　蓄能器是一种储存压力液体的液压元件。当液压传动系统需要时,蓄能器所储存的压力液体在加载装置作用下被释放出来,输送到液压传动系统中去工作;而当液压传动系统中工作液体过剩时,这些多余的液体又会克服加载装置的作用力,进入蓄能器储存起来。因此蓄能器既是液压传动系统的液压源,又是液压传动系统多余能量的吸收和储存装置。

5.3.1　蓄能器的分类与结构

　　蓄能器按加载方式的不同,可分为弹簧式、充气式和重锤式三类,而应用最广泛的是充气式蓄能器。充气式蓄能器一般充入氮气,利用密封气体的压缩、膨胀来储存和释放油液的压力能。

　　根据气体和油液隔离方式的不同,充气式蓄能器可分为气瓶式蓄能器、活塞式蓄能器和气囊式蓄能器三种形式,如图 5-12(a)～(c) 所示。

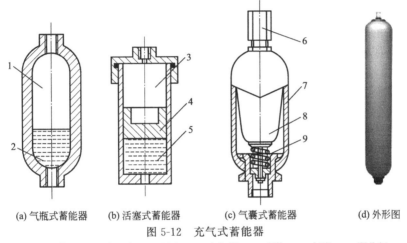

(a) 气瓶式蓄能器　(b) 活塞式蓄能器　(c) 气囊式蓄能器　(d) 外形图

图 5-12　充气式蓄能器

1,3—气体;2,5—液压油;4—活塞;6—充气阀;7—壳体;8—气囊;9—限位阀

　　活塞式蓄能器采用带密封件的浮动活塞 4 把气体 3 与液压油 5 隔开,活塞上腔充入一定压力的氮气,下腔是工作油液。活塞式蓄能器容量大,结构简单,安装、维修方便,适用温度范围宽,寿命长。但由于活塞惯性大,活塞密封件有摩擦,其动态响应慢。

　　图 5-13 为 1993 版蓄能器的图形符号,图 5-14 为 2009 版蓄能器的图形符号。2009 版中取消了蓄能器的一般符号,直接用具体的蓄能器的图形符号表示。

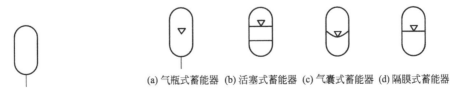

(a) 气瓶式蓄能器　(b) 活塞式蓄能器　(c) 气囊式蓄能器　(d) 隔膜式蓄能器

图 5-13　1993 版蓄能器的图形符号　　　　　图 5-14　2009 版蓄能器的图形符号

5.3.2　蓄能器的功用

　　(1) 作辅助动力源

　　当液压系统不同工作阶段所需的流量变化很大时,可采用蓄能器和液压泵组成液压油

源，如图 5-15 所示。当系统工作压力高，需要流量小时，蓄能器蓄能储液；当系统压力降低，需要大流量时，蓄能器将储存的油液释放出来，与液压泵一起向系统提供峰值流量。这样，用蓄能器作辅助动力源，可选用较低的液压泵规格，并减少在系统需要小流量时多余流量溢流而产生的功率损失。

（2）保压和补充泄漏

对于执行元件长时间不动作，并要求保持恒定压力的系统，可用蓄能器来保压和补充泄漏。如图 5-16 所示，当系统压力达到所要求的值时，压力继电器发出电信号，使液压泵停机，而系统由单向阀和蓄能器组成的保压回路来保持恒定的压力。

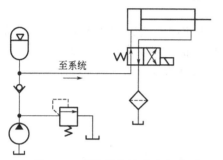

图 5-15　蓄能器作辅助动力源

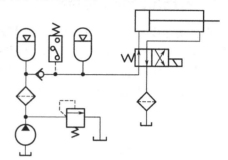

图 5-16　蓄能器作保压和补充泄漏

（3）吸收压力冲击与压力脉动

如图 5-17 所示，当换向阀突然换向或关闭时，系统瞬时压力将剧增，特别是高压、大流量系统，将引起系统的振动和噪声，甚至损坏元件或系统。如在靠近换向阀的进油路上，安装一个动态响应快的蓄能器，可吸收因换向而引起的压力冲击。若在液压泵的出口管路上安装蓄能器，也可吸收管路中一定的流量和压力脉动。

（4）作应急动力源

图 5-18 所示为采用蓄能器作应急动力源的液压系统。当电磁铁通电，二位三通电磁换向阀处于下端位置时，液压泵向液压缸的无杆腔供油，同时通过单向阀也向蓄能器供油，因此液压缸外伸，蓄能器充液、蓄能。若因故导致液压泵停止供油，电磁铁断电，电磁换向阀处于上端位置，这时蓄能器作为应急动力源将其储存的压力油释放出来，向液压缸的有杆腔供油，使活塞退回。

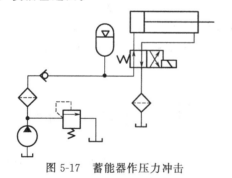

图 5-17　蓄能器作压力冲击　　　　　图 5-18　蓄能器作应急动力源

5.4　热交换器

液压系统工作时，液压泵和马达（液压缸）的容积损失和机械损失、阀类元件和管路的压力损失及液体摩擦损失等消耗的能量几乎全部转化为热量。这些热量除一部分散发到周围空间外，大部分使系统油液温度升高。如果油液温度过高（＞80℃），将严重影响液压系统的正常工作。一般规定液压用油的正常油温范围为 15～65℃。保证油箱有足够的容量和散热面积，是一种控制油温过高的有效措施。但是，某些液压装置（如行走机械等）由于受结构限制，油箱不能很大；一些采用液压泵-马达的闭式回路，由于油液需要往复循环，工作时不能回到油箱冷却，这样就不可能单靠油箱散热来控制油温的升高。此外，有的液压装置还要求能够自动控制油液温度。对以上这些场合，就必须采取强制冷却的办法，通过冷却器来控制油液温度，使之合乎系统工作要求。

液压系统工作前，如果油液温度低于 10℃，将因油液的黏度较大，使液压泵的吸入和启动发生困难。为保证系统正常工作，必须设置加热器，通过外界加热的办法来提高油液的温度。

综上所述，冷却器和加热器（两者又总称为热交换器）的作用在于控制液压系统的正常工作温度，保证液压系统的正常工作。

5.4.1　冷却器

冷却器按冷却介质可分为水冷、风冷和氨冷等形式，常用的是水冷和风冷。最简单的冷却器是蛇形管式冷却器（见图 5-19）。它直接装在油箱内，冷却水从蛇形管内部通过，带走热量。这种冷却器结构简单，但冷却效率低，耗水量大。

液压系统中采用较多的冷却器是强制对流式多管冷却器（见图 5-20）。油液从进油口流入，从出油口流出；冷却水从进水口进入，通过多根水管后由出水口流出。油液在水管外部流动时，它的行进路线因冷却器内设置了隔板而加长，因而增加了热交换效果，冷却效率高。但这种冷却器重量较大。

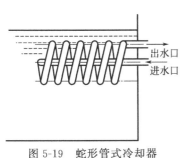

图 5-19　蛇形管式冷却器

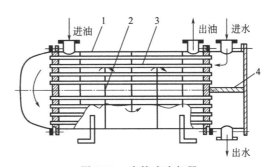

图 5-20　多管式冷却器
1—外壳；2—挡板；3—铜管；4—隔板

此外，还有一种翅片式冷却器也是多管式水冷却器（见图 5-21）。在圆管或椭圆管外嵌套上许多径向翅片，其散热面积可达光滑管的 8～10 倍。椭圆管的散热效果一般比圆管更好。

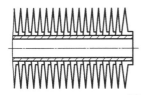

图 5-21　翅片式冷却器

液压系统也可采用汽车的风冷式散热器来进行冷却。这种方式不需要水源，结构简单，使用方便，特别适用于行走机械的液压系统，但冷却效果较水冷式差。

冷却器造成的压力损失一般为 $(0.1\sim1)\times10^5$ MPa。冷却器一般应安装在回油管或低压管路上，图5-22所示为其在液压系统中的各种安装位置。

图中冷却器1：装在主溢流阀溢流口，溢流阀产生的热油直接获得冷却，同时也不受系统冲击压力影响；单向阀起保护作用，截止阀可在启动时使液压油液直接回油箱。

图中冷却器2：直接装在主回油路上，冷却速度快，但系统回路有冲击压力时，要求冷却器能承受较高的压力。

图中冷却器3：由单独的液压泵将热的工作介质通入其内，不受液压冲击的影响。

图5-22(b) 所示为冷却器的图形符号，2009版与1993版相比，冷却器的图形符号没有变化。

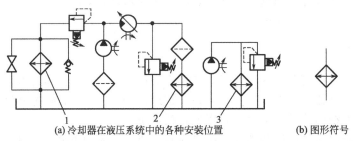

(a) 冷却器在液压系统中的各种安装位置　　(b) 图形符号

图5-22　冷却器在液压系统中的各种安装位置及图形符号

1～3—冷却器

5.4.2　加热器

液压系统的加热一般常采用结构简单且能按需要自动调节最高温度和最低温度的电加热器。这种加热器的安装方式如图5-23(a) 所示。加热器应安装在油箱内液流流动处，以利于热量的交换。由于油液是热的不良导体，单个加热器的功率容量不能太大，以免其周围油液过度受热后发生变质现象。图5-23(b) 为加热器的图形符号，2009版与1993版相比，加热器的图形符号没有变化。

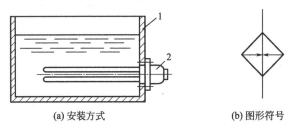

(a) 安装方式　　　　　　(b) 图形符号

图5-23　加热器的安装方式及图形符号

1—油箱；2—加热器

5.5　管件及管接头

管件包括管道、管接头和法兰等，其作用是保证油路的连通，并便于拆卸、安装；根据工作压力、安装位置确定管件的连接结构；与泵、阀等连接的管件应由其接口尺寸决定管径。

在液压系统中所有的元件（包括辅件在内），全靠管件和管接头等连接而成。管件和管接头的重量约占液压系统总重量的三分之一，它们的分布遍及整个系统。只要系统中任一根管件或任一个接头损坏，都可能导致系统出现故障。因此，管件和接头虽结构简单，但在系统中起着不可缺少的作用。

5.5.1　油管

液压系统中使用的油管种类很多，有钢管、铜管、尼龙管、塑料管、橡胶管等，必须按照安装位置、工作环境和工作压力来正确选用。油管的特点及其适用范围见表 5-2。

表 5-2　液压系统中使用的油管

种类		特点和适用场合
硬管	钢　管	能承受高压,价格低廉,耐油,抗腐蚀,刚性好,但装配时不能任意弯曲;常在装拆方便处用作压力管道——中高压用无缝管,低压用焊接管
	紫铜管	易弯曲成各种形状,但承压能力一般不超过 6.5～10MPa,抗震能力较弱,又易使油氧化;通常用在液压装置内配接不便之处
软管	尼龙管	乳白色半透明,加热后可以随意弯曲成型或扩口,冷却后又能定型不变,承压能力因材质而异,自 2.5MPa 至 8MPa 不等
	塑料管	质轻耐油,价格便宜,装配方便,但承压能力低,长期使用会变质老化,只宜用作压力低于 0.5MPa 的回油管、泄油管等
	橡胶管	高压管由耐油橡胶夹几层钢丝编织网制成,钢丝网层数越多,耐压越高,用作中高压系统中两个相对运动件之间的压力管道 低压管则用耐油橡胶夹帆布制成,可用作回油管道

5.5.2　管接头

管接头是油管与油管、油管与液压元件间可拆装的连接件。它应满足拆装方便、连接牢固、密封可靠、外形尺寸小、通油能力大、压力损失小及工艺性好等要求。管接头的种类很多，按通路数和流向可分为直通、弯头、三通和四通等，按管接头和油管的连接方式不同又可分为扩口式、焊接式、卡套式等。管接头与液压元件之间都采用螺纹连接：在中低压系统中采用英制螺纹，外加防漏填料；在高压系统中采用公制细牙螺纹，外加端面垫圈。常用管接头类型见表 5-3。

表 5-3　常用管接头的类型

序号	接头形式	结构图	结构特点
1	扩口式管接头		这种管接头利用油管 1 管端的扩口在管套 2 的紧压下进行密封。其结构简单,适用于铜管、薄壁钢管、尼龙管和塑料管低压管道的连接处

序号	接头形式	结构图	结构特点
2	焊接式管接头		这种管接头连接牢固,利用球面进行密封,简单可靠。缺点是装配时球形头1需与油管焊接,因此适用厚壁钢管。其工作压力可达31.5MPa
3	卡套式管接头		这种管接头利用卡套2卡住油管1进行密封。其轴向尺寸要求不严,拆装方便。但对油管的径向尺寸精度要求较高,需采用精度较高的冷拔钢管。其工作压力可达31.5MPa
4	扣压式管接头		这种管接头由接头外套1和接头芯子2组成,软管装好后再用模具扣压,使软管得到一定的压缩量。此种结构具有较好的抗拔脱和密封性能,在机床的中低压系统中得到应用
5	快速管接头		这种结构能快速拆装。当将卡箍6向左移动时,钢珠5可以从插嘴4的环形槽中向外退出,插嘴不再被卡住,就可以迅速从插座1中拔出来。这时管塞2和3在各自弹簧力的作用下将两个管口都关闭,使拆开后的管道内液体不会流失。这种管接头适用于经常拆卸的场合,其结构较复杂,局部阻力损失较大

5.6　密封装置

密封装置的作用是防止液体泄漏或污染杂质从外部侵入液压传动系统，密封装置应满足以下 4 点要求：

　　a. 在工作压力下具有良好的密封性能，并随着压力的增大能自动提高密封性能。

　　b. 密封装置对运动零件的摩擦阻力要小，并且摩擦阻力稳定。

　　c. 耐磨性好，工作寿命长。

　　d. 制造简单，便于安装和维修。

5.6.1　密封装置的类型

密封的方法和形式很多，根据密封原理可分为间隙密封（非接触密封）和接触密封两大类，根据被密封部分的运动特性可分为动密封和静密封。所谓动密封是指密封耦合且有相对运动（如缸活塞与缸筒之间的密封）；静密封是指密封耦合且无相对运动（如缸底与缸筒之间的密封、缸盖与缸筒之间的密封）。

（1）间隙密封

间隙密封是利用运动件之间的微小间隙起密封作用，是最简单的密封形式，其密封效果取决于间隙的大小和压力差、密封长度和零件表面质量。其中以间隙大小及其均匀性对密封性能影响最大，因此这种密封对零件的几何形状和表面加工精度有较高的要求。由于配合零件之间有间隙存在，所以摩擦力小，发热少，寿命长；由于不用任何密封材料，所以结构简单紧凑，尺寸小。间隙密封一般都用于动密封，如液压泵和液压马达的柱塞与柱塞孔之间的密封，配流盘与缸体端面之间的密封，阀体与阀芯之间的密封等。间隙密封的缺点是由于有间隙，因而不可能完全阻止泄漏，所以不能用于严禁外漏的地方。另外，当尺寸较大时，要达到间隙密封所要求的表面加工精度比较困难，故对如大直径液压缸，一般不采用间隙密封。

（2）接触密封

接触密封是靠密封件在装配时的预压缩力和工作时密封件在油压力作用下发生弹性变形所产生的弹性接触力来实现的，其密封能力一般随压力的升高而提高，并在磨损后具有一定的自动补偿能力，这些性能靠密封材料的弹性、密封件的形状等来达到。就密封材料而言，要求在油液中有较好的稳定性，弹性好，永久变形小；有适当的机械强度；耐热、耐磨性好，摩擦系数小；与金属接触不互相黏着和腐蚀；容易制造，成本低。目前应用最广的密封材料是耐油橡胶（主要是丁腈橡胶），其次是聚氨酯。聚氨酯是继丁腈橡胶之后出现的密封材料，用它制造的密封件耐磨性及强度均比丁腈橡胶高。

5.6.2　常用密封元件的结构和特点

目前常用的密封件以其断面形状命名，有 O 形、Y 形、Y_x 形、V 形、J 形等。密封件的形状应使密封可靠、耐久，摩擦阻力小，容易制造和装拆，特别是应能随压力的升高而提高密封能力和有利于自动补偿磨损。

（1）O 形密封圈

O 形密封圈是断面形状呈圆形的橡胶环，如图 5-24 所示。它的结构简单、密封性能好、摩擦阻力小、安装空间小、使用方便，广泛用于固定密封和运动密封。O 形密封圈安装时有一定的预压缩量，同时受油压作用产生变形，紧贴密封表面而起密封作用。当压力较高或密封圈沟槽尺寸选择不当时，密封圈容易被挤出而造成严重的磨损。对于固定密封，一般当工作压力大于 32MPa 时要加设挡圈；对于运动密封，一般当工作压力大于 10MPa 时应加设挡圈。单侧受压时，在其非受压侧加设一个挡圈；双侧受压时，在其两侧各加设一个挡圈，如图 5-25 所示。这种密封圈不宜用于直径大、行程长、运动速度快的液压缸密封。

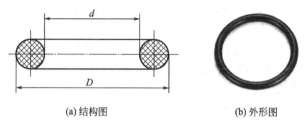

(a) 结构图　　　　　　　　　　(b) 外形图

图 5-24　O 形密封圈的结构图及外形图

D—公称外径；d—公称直径

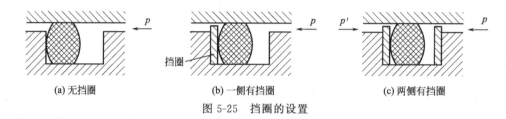

(a) 无挡圈　　　　　　(b) 一侧有挡圈　　　　　　(c) 两侧有挡圈

图 5-25　挡圈的设置

（2）Y 形密封圈和 Y_x 形密封圈

Y 形密封圈一般采用丁腈橡胶制成，其结构如图 5-26(a) 所示。它一般在工作压力 ≤ 20MPa 条件下工作，使用温度为 −30～80℃。这种密封圈密封可靠、摩擦阻力小，适用于往返速度较高的液压缸密封。使用时 Y 形密封圈的唇边面向压力液体一方，在压力波动较大、运动速度较高情况下，为防止密封圈在工作中翻转和扭曲，要用支撑环固定。

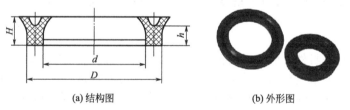

(a) 结构图　　　　　　　　　　(b) 外形图

图 5-26　Y 形密封圈的结构图及外形图

D—公称外径；d—公称直径

Y_x 形密封圈由聚氨酯橡胶制成，其结构如图 5-27(a)、（b）所示。这种密封圈强度高，耐高压，化学稳定性、耐磨性、低温性能好，能在 −30～40℃ 的低温下工作，工作压力可达 32MPa。目前 Y_x 形密封圈正逐渐代替 Y 形密封圈。它的缺点是耐高温性能较差，一般工作温度不超过 100℃。

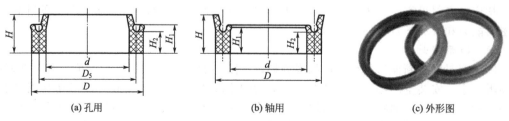

(a) 孔用　　　　　　　　(b) 轴用　　　　　　　　(c) 外形图

图 5-27　Y_x 形密封圈的结构图及外形图

（3）V 形密封圈

V 形密封圈由多层涂胶织物制成，其结构如图 5-28(a) 所示。它由支撑环 1、密封环 2 和压环 3 组装而成。V 形密封圈耐高压性能好，可在 50MPa 以上的压力下工作。随着压力的增大，可以增加密封环的数目。它的耐久性也很好，当长期工作磨损而渗漏时，可以调整密封压盖，增大压紧力补偿。它的缺点是安装空间大，摩擦阻力大。安装 V 形密封圈时，应使唇边朝向压力液体一方，用螺纹压盖等压紧。

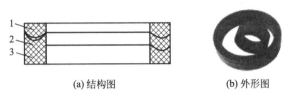

(a) 结构图　　　　　　　　(b) 外形图

图 5-28　V 形密封圈的结构图及外形图

1—支撑环；2—密封环；3—压环

（4）L 形密封圈和 J 形密封圈

L 形密封圈和 J 形密封圈均采用耐油橡胶制成，其结构分别如图 5-29(a) 和图 5-30(b) 所示。这两种密封圈一般用于工作平稳、速度较低、压力在 1MPa 以下的低压缸中。L 形密封圈用于活塞密封，J 形密封圈用于活塞杆密封。

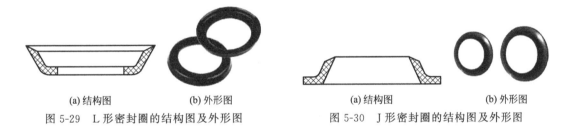

(a) 结构图　　　(b) 外形图　　　　　　　　(a) 结构图　　　(b) 外形图

图 5-29　L 形密封圈的结构图及外形图　　　　图 5-30　J 形密封圈的结构图及外形图

（5）鼓形密封圈

鼓形密封圈为各种液压支架液压缸中专用的密封元件，其结构如图 5-31(a) 所示。鼓形密封圈截面呈鼓形，芯部为橡胶 1，外层为夹布橡胶 2。鼓形密封圈用于介质为乳化液、工作压力为 20～60MPa 的液压缸活塞的往复运动密封。当压力超过 25MPa 时，则应在两侧加 L 形活塞导向环。

（6）蕾形密封圈

蕾形密封圈也是专用于液压支架液压缸中的密封元件，其结构如图 5-32(a) 所示。蕾形密封圈由橡胶 1 和夹布橡胶 2 两部分压制而成，截面呈蕾形。它用于液压缸口与活塞杆的密封上，使用工作压力与鼓形密封圈相同。当压力超过 25MPa 时，应加聚甲醛挡圈。

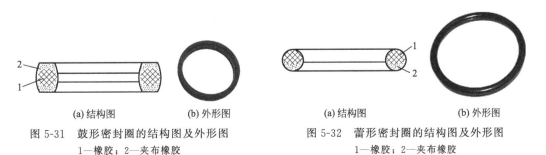

(a) 结构图　　　(b) 外形图　　　　　　　　(a) 结构图　　　(b) 外形图

图 5-31　鼓形密封圈的结构图及外形图　　　　图 5-32　蕾形密封圈的结构图及外形图

1—橡胶；2—夹布橡胶　　　　　　　　　　　1—橡胶；2—夹布橡胶

（7）油封

用以防止旋转轴的润滑油外漏的密封件，通常称为油封。油封一般由耐油橡胶制成，形式很多。图 5-33 为 J 形无骨架式橡胶油封及其安装情况。

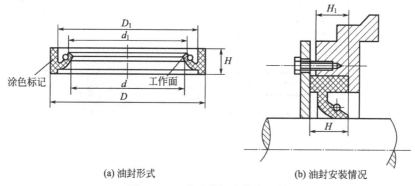

(a) 油封形式　　　　　　　　　　(b) 油封安装情况

图 5-33　J 形无骨架式橡胶油封

油封主要用于液压泵、液压马达等的旋转轴的密封，防止润滑介质从旋转部分泄漏，并防止泥土等杂物进入，起防尘圈的作用。

油封通常由耐油橡胶、骨架和弹簧三部分组成。在自由状态下油封内径比轴径小，油封装进轴后，即使无弹簧，也对轴有一定的径向力，此力随油封使用时间的增加而逐渐减小，因此需要弹簧予以补偿。当轴旋转时，在轴与唇口之间形成一层薄而稳定的油膜而不致漏油，当油膜超过一定厚度时就会漏油。径向力的大小及其分布的均匀性、轴的加工质量对油封工作有很大影响，油封的使用寿命与胶料材质、油封结构、油的种类、油温及轴的线速度等有关（使用寿命随线速度的增加而缩短）。油封安装时应使唇边在油压力作用下贴在轴上，而不能装反。

（8）组合密封装置

随着液压技术的发展，液压系统对密封的要求越来越高，单独使用普通密封圈不能满足需要。因此，就出现了由两个以上元件组成的组合密封装置。常见的有组合密封垫圈和橡塑组合密封装置两种。

① 组合密封垫圈　组合密封垫圈由软质密封环和金属环胶合而成，前者起密封作用，后者起支承作用。图 5-34 所示为组合密封圈，其外圈 1 由 Q235 钢制成，内圈 2 为耐油橡胶。组合密封垫圈安装方便，密封性能好，安装的压紧力小，承压高，广泛用于管接头或油塞的端面密封。

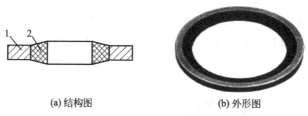

(a) 结构图　　　　　　　　　　(b) 外形图

图 5-34　组合密封垫圈的结构图及外形图

1—钢圈；2—耐油橡胶圈

② 橡塑组合密封装置　橡塑组合密封装置一般由耐油橡胶和聚四氟乙烯塑料组成，如图 5-35 所示。图 5-35(a) 为方形断面格来圈和 O 形密封圈组合而成，用于孔密封；图 5-35

（b）为阶梯形断面斯特圈与 O 形密封圈组合而成，用于轴密封。

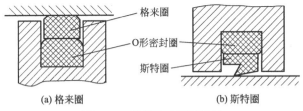

图 5-35　橡塑组合密封装置

在组合密封装置中，O 形密封圈不与密封面直接接触，只是利用 O 形密封圈的良好弹性变形性能，通过预压缩产生的预压力将格来圈（或斯特圈）紧压在密封面上，实现密封。而与密封面接触的格来圈和斯特圈为聚四氟乙烯塑料，不仅具有极低的摩擦系数（0.02～0.04，仅为橡胶的 1/10），而且动、静摩擦系数相当接近，此外还具有自润滑性。因此，组合密封装置与金属组成摩擦副时不易黏着；启动摩擦力小，不存在橡胶密封低速时的爬行现象。

橡塑组合密封综合了橡胶与塑料的优点，耐高压、耐高温和高速，密封可靠，摩擦力小而稳定，寿命长。因此在工程上，特别是液压缸，应用日益广泛。

5.7　压力表及压力表开关

5.7.1　压力表

压力表是用来观察、测量系统各工作点的工作压力的。图 5-36 所示为弹簧管式压力表。它由金属弯管 1、指针 2、刻度盘 3、杠杆 4、扇形齿轮 5 和小齿轮 6 等组成。压力油进入压力表后使弯管 1 变形，其曲率半径增大，通过杠杆 4 使扇形齿轮 5 摆动，经小齿轮 6 带动指针 2 偏转，从刻度盘 3 上即可读出压力值。

压力表有多种精度等级。普通精度的压力表有 1、1.5、2.5、…级，精密级的压力表有 0.1、0.16、0.25、…级等。

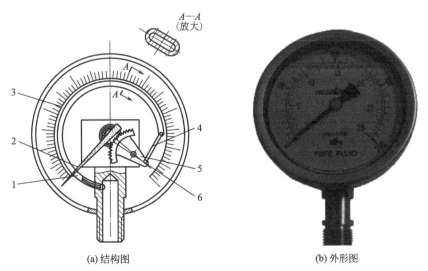

(a) 结构图　　　　　　　　　　(b) 外形图

图 5-36　弹簧管式压力表的结构图及外形图

1—弹簧弯管；2—指针；3—刻度盘；4—杠杆；5—扇形齿轮；6—小齿轮

压力表测量压力时,被测压力不应超过压力表量程的 3/4,否则将影响压力表的使用寿命。压力表一般需直立安装。压力油接入压力表时,应通过阻尼小孔,以防被测压力突然升高而将压力表冲坏。

5.7.2   压力表开关

压力表开关用于接通或断开压力表与测量点的通路。压力表开关按测量压力点数目可分为一点、三点、六点等几种。图 5-37(a) 为六点压力表开关结构图,6 个测试口沿圆周均匀分布,图示位置为非测量位置,此时压力表油路经沟槽 a、小孔 b 与油箱相通。测压时,将手柄向右推进去并转到需测压点位置,使沟槽 a 将压力表油路与测压点油路连通;与此同时,压力表油路与通往油箱的油路被断开,这时便测出该测压点的压力。如将手柄转至另一个测压点,便可测出另一点的压力。不需测压时,应将手柄拉出,使压力表油路与系统油路断开 (与油箱接通),以保护压力表并延长压力表的使用寿命。图 5-33(b) 为六点压力表开关的外形图。

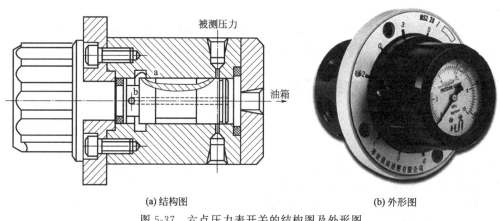

(a)结构图   (b)外形图

图 5-37   六点压力表开关的结构图及外形图

5.8   液压油

5.8.1   黏度的选用原则

正确选择液压系统的工作介质,对于保障液压系统的性能、提高可靠性和延长使用寿命都是极其重要的。正确选择步骤可概括为根据环境条件选择工作介质的类型,根据系统性能、使用条件从中选择工作介质的品种和进行经济指标评价。

(1) 根据环境条件选择工作介质的类型

通常情况应首先选择液压油作为工作介质;在存在高温热源、明火、瓦斯、煤尘等易爆易燃环境下,应当选择 HFA 或 HFB 乳化液 (难燃液);在食品、粮食、医药、包装等对环境保护要求较高的液压系统中,应选择纯水或高水基乳化液。在高温环境下,应选择高黏度液压液;在低温环境下,应选择低凝点液压液。若环境温度变化范围较大,应选择高黏度指数或黏滞特性优良的液压液。

(2) 根据系统的性能和使用条件选择液压油牌号和黏度

确定液压液类型后,应根据液压系统的性能和使用条件,如工作压力、液压泵的类型、工作温度及变化范围、系统的运行和维护时间,选择液压油牌号。

对液压油牌号的选择，主要是对油液黏度等级的选择，这是因为黏度对液压系统的稳定性、可靠性、效率、温升以及磨损都有很大的影响。如果液压油的黏度太低，就使泄漏增加，从而降低效率，降低润滑性，增加磨损；如果液压油的黏度太高，液体流动的阻力就会增加，磨损增大，液压泵的吸油阻力增大，易产生吸空现象（也称空穴现象，即油液中产生气泡的现象）和噪声。因此，要合理选择液压油的黏度。选择液压油时要注意以下几点。

① 液压系统的工作压力　工作压力较高的液压系统宜选用黏度较大的液压油，以便于密封，减少泄漏；反之，可选用黏度较小的液压油。

② 环境温度　环境温度较高时宜选用黏度较大的液压油，主要目的是减少泄漏，因为环境温度高会使液压油的黏度下降；反之，选用黏度较小的液压油。

③ 运动速度　当工作部件的运动速度较高时，为减少液流的摩擦损失，宜选用黏度较小的液压油；反之，为了减少泄漏，应选用黏度较大的液压油。

在液压系统中，液压泵对液压油的要求最严格，因为泵内零件的运动速度最高，承受的压力最大，且承压时间长，温升高。因此，常根据液压泵的类型及其要求来选择液压油的黏度。

5.8.2　液压系统对工作介质的要求

在液压传动中，液压油既是传动介质，又兼作润滑油，因此它比一般润滑油要求更高。对液压油的要求如下：

a. 要有适宜的黏度和良好的黏温特性，一般液压系统所选用液压油的运动黏度为 $(13\sim68)\times10^{-6}\,m^2/s(40℃)$。

b. 具有良好的润滑性，以减少液压元件中相对运动表面的磨损。

c. 具有良好的热安定性和氧化安定性。

d. 具有较好的相容性，即对密封件、软管、涂料等无溶解的有害影响。

e. 质量要纯净，不含或含有极少量的杂质、水分和水溶性酸碱等。

f. 要具有良好的抗泡沫性，抗乳化性要好，腐蚀性要小，防锈性要好。液压油乳化会降低其润滑性，而使酸值增加，使用寿命缩短。液压油中产生泡沫会引起气穴现象。

g. 液压油用于高温场合时，为了防火安全，闪点要求要高；在温度低的环境下工作时，凝点要求要低。

h. 对人体无害，成本低。

5.8.3　液压介质的种类与牌号

液压油的分类方法很多，可以按照液压油的用途、制造方法和抗燃特性等来分类。

目前，我国各种液压设备所采用的液压油，按抗燃特性可分为两大类：一类为矿物油系，另一类为难燃油系。

矿物油系液压油的主要成分是提炼后的石油加入各种添加剂精制而成。在 ISO 分类中，产品符号为 HH、HL、HM、H、HG、HV 型油矿物油系。根据其性能和使用场合不同，矿物油系液压油有多种牌号，如 10 号航空液压油、11 号柴油机油、32 号机械油、30 号汽轮机油、40 号精密机械床液压油等。矿物系液压油的优点是润滑性能好、腐蚀性小、化学安定性较好，故为大多数设备的液压设备的液压系统所采用。目前，我国液压传动采用机械油和汽轮机油的情况仍很普遍。机械油是一种工业用润滑油，价格虽较低廉，但精制深度较浅，化学稳定性较差，使用时易生成黏稠胶质，阻塞元件小孔，影响液压系统性能。系统的压力越高，问题就越加严重。因此，只有在低压系统且要求很低时才可应用机械油。至于汽轮机油，虽经深度精制并加有抗氧化、抗泡沫等添加剂，其性能优于机械油，但这种油的抗磨性和防锈性不如通用液压油。

　　通用液压油一般是以汽轮机油作为基础油再加以多种添加剂配成的，其抗氧化性、抗磨性、抗泡沫性、黏温性能均好，广泛适用于在 0～40℃ 工作的中低压系统，一般机床液压系统最适宜使用这种油。对于高压系统或中高压系统，可根据其工作条件和特殊要求选用抗磨液压油、低温液压油等专用油类。

　　石油型液压油有很多优点，其主要缺点是具有可燃性。在一些高温、易燃、易爆的工作场合，为了安全起见，应该在系统中使用抗燃性液体，如磷酸酯、水-乙二醇等合成液，或油包水、水包油等乳化液。

　　抗燃性液压油系可分为水基液压油与合成液压油两种。水基液压油的主要成分是水，并加入某些防锈、润滑等添加剂。水基液压油的优点是价格便宜、不怕火、不燃烧；其缺点是润滑性能差，腐蚀性大，适用温度范围小，所以只是在液压机（水压机）、矿山机械中的液压支架等特殊场合下使用。合成液压油由多种磷酸酯（三正丁磷酸酯、三甲酚酸酯等）和添加剂通过化学方法合成，目前国内已经研制成功 4611、4612 等多个品种。合成液压油的优点是润滑性能较好、凝固点低、防火性能好；其缺点是价格较贵，有的油品有毒。合成液压油多数应用在钢铁厂、压铸车间、火车发电厂和飞机等容易引起火灾的场合。

　　常用液压油的牌号、黏度范围及适用的液压泵类型见表 5-4。

表 5-4　常用液压油牌号、黏度范围及适用液压泵类型

液压油牌号	黏度/(mm²/s)		适用液压泵	
	5～40℃	40～80℃		
L-HL32、L-HL46、L-HL68、L-HL100、L-HL150	30～70	95～165	齿轮泵	中、低压
L-HM32、L-HM46、L-HM68、L-HM100、L-HM150				中、高压
L-HL32、L-HM46、L-HM68	30～50	40～75	叶片泵	$p<7MPa$
L-HM46、L-HM68、L-HM100	50～70	55～90		$p\geqslant7MPa$
L-HL32、L-HL46、L-HL68、L-HL100、L-HL150	30～50	65～240	径向柱塞泵	中、低压
L-HM32、L-HM46、L-HM68、L-HM100、L-HM150				中、高压
L-HL32、L-HL46、L-HL68、L-HL100、L-HL150	30～70	70～150	轴向柱塞泵	中、低压
L-HM32、L-HM46、L-HM68、L-HM100、L-HM150				中、高压

第6章

液压基本回路

　　一台设备的液压系统不论多么复杂或简单，都是由一些液压基本回路组成的。所谓液压基本回路就是由一些液压件组成的、完成特定功能的油路结构。例如，用来调节执行元件（液压缸或液压马达）速度的调速回路，用来控制系统全部或局部压力的调压回路、减压回路或增压回路，用来改变执行元件运动方向的换向回路等，这些都是液压系统中常见的基本回路。

　　一个液压系统中，除一些由普通液压控制元件构成的基本回路外，回路中不包含有伺服、比例、数字控制元件；还有一些含有液压伺服控制元件的基本回路，称为液压伺服控制基本回路；若基本回路中含有液压比例控制元件，则称为液压比例控制基本回路；若基本回路中含有插装元件，则称为插装阀基本回路。

6.1　由普通液压控制元件构成的基本回路

6.1.1　方向控制回路

　　方向控制回路的用途是利用方向阀控制油路中液流的接通、切断或改变流向，以使执行元件启动、停止或变换运动方向。方向控制回路主要包括换向回路和锁紧回路。

　　（1）换向回路

　　换向回路用于控制液压系统中油流方向，从而改变执行元件的运动方向。为此，要求换向回路应具有较高的换向精度、换向灵敏度和换向平稳性。运动部件的换向多采用电磁换向阀来实现；在容积调速的闭式回路中，利用变量泵控制油流方向来实现液压缸换向。

　　① 电磁换向阀的换向回路　采用二位四通、三位四通（或五通）电磁换向阀换向是最普遍应用的换向方法。尤其在自动化程度要求较高的组合机床液压系统中应用更为广泛。图6-1是利用限位开关控制三位四通电磁换向阀动作的换向回路。按下启动按钮，1YA通电，液压缸活塞向右运动，当碰上限位开关2时，2YA通电、1YA断电，换向阀切换到右位工作，液压缸右腔进油，活塞向左运动。当碰上限位开关1时，1YA通电，2YA断电，换向阀切换到左位工作，液压缸左腔进油，活塞又向右运动。这样往复变换换向阀的工作位置，就可自动变换活塞的运动方向。当1YA和2YA都断电时，活塞停止运动。

图6-1　电磁换向阀的换向回路
1,2—限位开关

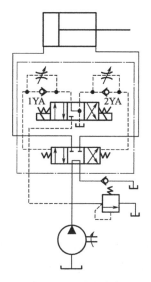

图 6-2　电液换向阀
的换向回路

这种换向回路的优点是使用方便、价格便宜；其缺点是换向冲击力大，换向精度低，不宜实现频繁的换向，工作可靠性差。

由于上述的特点，采用电磁换向阀的换向回路适用于低速、轻载和换向精度要求不高的场合。

② 电液换向阀的换向回路　图 6-2 为电液换向阀的换向回路。当 1YA 通电时，三位四通电磁换向阀左位工作，控制油路的压力油推动液动阀阀芯右移，液动阀处于左位工作状态，泵输出流量经液动阀输入到液压缸左腔，推动活塞右移。当 1YA 断电、2YA 通电时，三位四通电磁换向阀换向，使液动阀也换向，液压缸右腔进油，推动活塞左移。

对于流量较大、换向平稳性要求较高的液压系统，除采用电液换向阀换向回路外，还经常采用手动、机动换向阀作为先导阀，以液动换向阀为主阀的换向回路。图 6-3 所示为手动换向阀（先导阀）控制液动换向阀的换向回路。回路中由辅助泵 2 提供低压控制油，通过手动换向阀来控制液动阀阀芯动作，以实现主油路换向。当手动换向阀处于中位时，液动阀在弹簧力作用下也处于中位，主泵 1 卸荷。这种回路常用于要求换向平稳性高且自动化程度不高的液压系统中。

图 6-4 是用行程换向阀作为先导阀控制液动换向阀的机动、液压操纵的换向回路。利用活塞上的撞块操纵行程阀 5 阀芯移动，来改变控制压力油的油流方向，从而控制二位四通液动换向阀阀芯移动方向，以实现主油路换向，使活塞正反两方向运动。活塞上两个撞块不断地拨动二位四通行程阀 5，就可实现活塞自动地连续往复运动。图中减压阀 4 用于降低控制油路的压力，使液动阀 6 阀芯移动时得到合理的推力。二位二通电磁换向阀 3 用来使系统卸荷，当 1YA 通电时，泵卸荷，液压缸停止运动。这种回路的特点是换向可靠，不像电磁阀换向时需要通过微动开关、压力继电器等中间环节，就可实现液压缸自动地连续往复运动。但行程阀必须配置在执行元件附近，不如电磁阀灵活。这种方法换向性能也差，当执行元件运动速度过低时，因瞬时失去动力，使换向过程终止；当执行元件运动速度过高时，又会因换向过快而引起换向冲击。

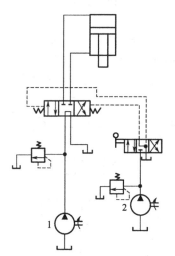

图 6-3　手动换向阀控制液动换向阀的换向回路
1—主泵；2—辅助泵

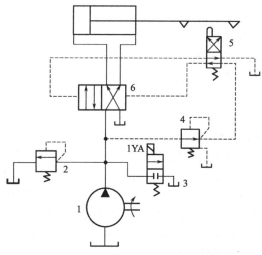

图 6-4　用行程换向阀控制液动换向阀的换向回路
1—液压泵；2—溢流阀；3—电磁换向阀；
4—减压阀；5—行程阀；6—液动阀

③ 采用双向变量泵的换向回路 在闭式回路中可用双向变量泵变更供油方向来直接实现液压缸（马达）换向。如图 6-5 所示，执行元件是单杆双作用液压缸 5，活塞向右运动时，其进油流量大于排油流量，双向变量泵 1 吸油侧流量不足，可用辅助泵 2 通过单向阀 3 来补充；变更双向变量泵 1 的供油方向，活塞向左运动时，排油流量大于进油流量，泵 1 吸油侧多余的油液通过由缸 5 进油侧压力控制的二位二通换向阀 4 和溢流阀 6 排回油箱；溢流阀 6 和 8 既使活塞向左或向右运动时泵吸油侧有一定的吸入压力，又可使活塞运动平稳。溢流阀 7 是防止系统过载的安全阀。这种回路适用于压力较高、流量较大的场合。

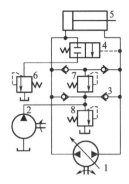

图 6-5 采用双向变量泵的换向回路
1—双向变量泵；2—辅助泵；3—单向阀；
4—换向阀；5—液压缸；6～8—溢流阀

(2) 锁紧回路

锁紧回路的功能是使液压执行机构能在任意位置停留，且不会因外力作用而移动位置。以下几种是常见的锁紧回路。

① 用换向阀中位机能锁紧 图 6-6 所示为采用三位换向阀"O"型（或"M"型）中位机能锁紧的回路。该回路的特点是结构简单，不需增加其他装置，但由于滑阀环形间隙泄漏较大，故其锁紧效果不太理想，一般只用于要求不太高或只需短暂锁紧的场合。

② 用平衡阀锁紧 用平衡阀锁紧的回路在前述压力控制回路中的平衡回路中已经提及。为保证锁紧可靠，必须注意平衡阀开启压力的调整。在采用外控平衡阀的回路中，还应注意采用合适换向机能的换向阀。

③ 用液控单向阀锁紧 图 6-7 所示为采用液控单向阀（又称双向液压锁）的锁紧回路。当换向阀 3 处于左工位时，压力油经左边液控单向阀 4 进入液压缸 5 左腔，同时通过控制口打开右边液控单向阀，使液压缸右腔的回油可经右边的液控单向阀及换向阀流回油箱，活塞向右运动；反之，活塞向左运动。到了需要停留的位置，只要使换向阀处于中位，因为阀的中位为 H 型机能，所以两个液控单向阀均关闭，液压缸双向锁紧。由于液控单向阀的密封性好（线密封），液压缸锁紧可靠，其锁紧精度主要取决于液压缸的泄漏。这种回路被广泛应用于工程机械起重运输机械等有较高锁紧要求的场合。

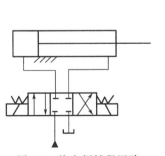

图 6-6 换向阀锁紧回路

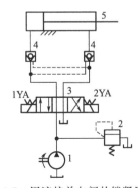

图 6-7 用液控单向阀的锁紧回路
1—液压泵；2—溢流阀；3—换向阀；4—液控单向阀；5—液压缸

④ 用制动器锁紧 上述几种锁紧回路都无法解决因执行元件内泄漏而影响锁紧的问题，特别是在用液压马达作为执行元件的场合，若要求完全可靠的锁紧，则可采用制动器。

一般制动器都采用弹簧上闸制动、液压松闸的结构。制动器液压缸与工作油路相通，当系统有压力油时，制动器松开；当系统无压力油时，制动器在弹簧力作用下上闸锁紧。制动器液压缸与主油路的连接方式有三种，如图 6-8 所示。

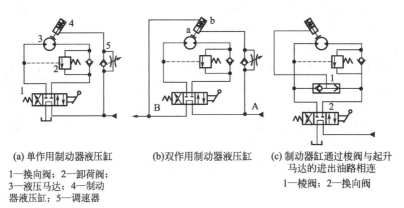

(a) 单作用制动器液压缸   (b) 双作用制动器液压缸   (c) 制动器缸通过梭阀与起升
                                                         马达的进出油路相连

1—换向阀；2—卸荷阀；
3—液压马达；4—制动
器液压缸；5—调速器   1—梭阀；2—换向阀

图 6-8 用制动器的锁紧回路

图 6-8(a) 中，制动器液压缸 4 为单作用缸，它与起升马达的进油路相连接。采用这种连接方式，起升回路必须放在串联油路的最末端，即起升马达的回油直接通回油箱。若将该回路置于其他回路之前，则当其他回路工作而起升回路不工作时，起升马达的制动器也会被打开，因而容易发生事故。制动器回路中单向节流阀的作用是：制动时快速，松闸时滞后。这样可防止开始起升负载时因松闸过快而造成负载先下滑后上升的现象。

图 6-8(b) 中，制动器液压缸为双作用缸，其两腔分别与起升马达的进、出油路相连接。这种连接方式使起升马达在串联油路中的布置位置不受限制，因为只有在起升马达工作时，制动器才会松闸。

图 6-8(c) 中，制动器缸通过梭阀 1 与起升马达的进、出油路相连接。当起升马达工作时，不论是负载起升或下降，压力油均会经梭阀与制动器缸相通，使制动器松闸。为使起升马达不工作时制动器缸的油液与油箱相通而使制动器上闸，回路中的换向阀必须选用 H 型机能的阀。显然，这种回路也必须置于串联油路的最末端。

（3）制动回路

制动回路的功用是使执行元件平稳地由运动状态过渡到静止状态。这种回路应能够对过渡过程中油路出现的异常高压和负压迅速作出反应，制动时间尽可能短，冲击尽可能小。由于液压马达的旋转惯性较液压缸的惯性大得多，因此制动回路常在液压马达的制动中应用。

① 采用溢流阀的制动回路 图 6-9 所示为采用溢流阀的液压马达制动回路，在液压马达的回油路上串接一溢流阀 4。换向阀 2 左位接入回路时，液压马达由泵供油而旋转，液压马达的排油通过背压阀 3 流回油箱，背压阀的调定压力一般为 0.3～0.7MPa。当换向阀 2 右位接入回路时，液压马达经背压阀的回油路被切断。由于惯性负载作用，液压马达将继续旋转而转为泵工况，液压马达出口压力急剧增加，当压力超过溢流阀 4 的调定压力时溢流阀 4 打开，管路中的压力冲击得到缓解，液压马达在溢流阀 4 调定的背压下减速制动。同时泵在阀 3 调定压力下低压卸荷，并在液压马达制动时实现有压补油，使之不致吸空。溢流阀 4 的调定压力不宜调得过高，一般等于系统的额定工作压力。溢流阀 1 为系统安全阀。

② 采用制动器的制动回路 图 6-10 所示回路是液压马达制动回路，回路中采用常闭式制动器，制动器一般都采用常闭式，即向制动器供压力油时，制动器打开，反之，则在弹簧力作用下使马达制动。图 6-10 为采用常闭式制动器的制动回路，制动器在弹簧作用下对液压马达进行制动，通入压力油后松开液压马达。回路中在制动器前串联一单向节流阀 4 是为了控制制动器 6 的开启时间，当开始向液压马达 5 供油，换向阀在左位和右位时，压力油需经节流阀 4 进入制动器 6，故制动器缓慢打开，使液压马达平稳启动。当需要刹车时，换向

阀置于中位，停止向液压马达供油时，由于单向阀的作用，制动器里的油经单向阀排回油箱，制动器在弹簧作用下立即复位快速制动。这种回路常用于工程机械液压系统。

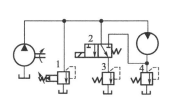 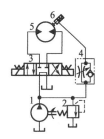

图 6-9　采用溢流阀的制动回路　　　　　　图 6-10　采用制动器的制动回路
1,4—溢流阀；2—换向阀；3—背压阀　　　1—液压泵；2—溢流阀；3—换向阀；4—单向节流阀；
　　　　　　　　　　　　　　　　　　　　　　5—液压马达；6—制动器

6.1.2　压力控制回路

压力控制回路在液压系统中不可缺少，它是利用压力控制阀来控制或调节整个液压系统或液压系统局部油路上的工作压力，以满足液压系统不同执行元件对工作压力的不同要求。压力控制回路主要有调压回路、减压回路、增压回路、卸荷回路、平衡回路、保压回路等。

（1）调压回路

调压回路用来调定或限制液压系统的最高工作压力，或者使执行元件在工作过程的不同阶段能够实现多种不同的压力变换。这一功能一般由溢流阀来实现。当液压系统工作时，如果溢流阀始终处于溢流状态，就能保持溢流阀进口压力基本不变；如果将溢流阀并接在液压泵的出油口，就能达到调定液压泵出口压力基本保持不变之目的。

① 单级调压回路　单级调压回路中使用的溢流阀可以是直动式或先导式结构。图 6-11所示为采用先导型溢流阀 1 和远程调压阀 3 组成的基本调压回路。在转速一定的情况下，定量泵输出的流量基本不变。当改变节流阀 2 的开口大小来调节液压缸运动速度时，由于要排掉定量泵输出的多余流量，溢流阀 1 始终处于开启溢流状态，使系统工作压力稳定在溢流阀 1 调定的压力值附近，此时的溢流阀 1 在系统中作定压阀使用。若图 6-11 回路中没有节流阀 2，则泵出口压力将直接随液压缸负载压力变化而变化，溢流阀 1 作安全阀使用。即当回路工作压力低于溢流阀 1 的调定压力时，溢流阀处于关闭状态，此时系统压力由负载压力决定；当负载压力达到或超过溢流阀调定压力时，溢流阀处于开启溢流状态，使系统压力不再继续升高，溢流阀将限定系统最高压力，对系统起安全保护作用。如果在先导型溢流阀 1 的远控口处接上一个远程调压阀 3，则回路压力可由阀 3 远程调节，实现对回路压力的远程调压控制。但此时要求主溢流阀 1 必须是先导型溢流阀，且阀 1 的调定压力（阀 1 中先导阀的调定压力）必须大于阀 3 的调定压力，否则远程调压阀 3 将不起远程调压作用。

② 采用远程调压阀的多级调压回路　利用先导型溢流阀、远程调压阀和电磁换向阀的有机组合，能够实现回路的多级调压。图 6-12 所示为三级调压回路。主溢流阀 1 的远控口通过三位四通换向阀 4 可以分别接到具有不同调定压力的远程调压阀 2 和 3 上。当阀 4 处于左位时，阀 2 与阀 1 接通，此时回路压力由阀 2 调定；当阀 4 处于右位时，阀 3 与阀 1 接通，此时回路压力由阀 3 调定；当换向阀处于中位时，阀 2 和 3 都没有与阀 1 接通，此时回路压力由阀 1 来调定，这样就能实现液压系统在工作过程中三种不同工作压力的动态切换。在上述回路中，要求阀 2 和阀 3 的调定压力必须小于阀 1 的调定压力，其实质是用三个先导阀分别对一个主溢流阀进行控制，通过一个主溢流阀的工作，使系统得到三种不同的调定压

力，并且三种调压情况下通过调压回路的绝大部分流量都经过阀1的主阀阀口流回油箱，只有极少部分经过阀2、阀3或阀1的先导阀流回油箱。多级调压对于动作复杂，负载、流量变化较大的系统的功率合理匹配、节能、降温具有重要作用。

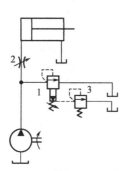 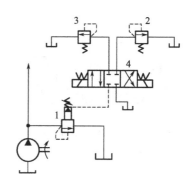

图 6-11   单级调压回路   图 6-12   三级调压回路
1—溢流阀；2—节流阀；3—调压阀   1—溢流阀；2,3—调压阀；4—三位四通换向阀

（2）减压回路

液压系统的压力是根据系统主要执行元件的工作压力来设计的，当系统有较多的执行元件，且它们的工作压力又不完全相同时，在系统中就需要设计减压回路或增压回路来满足系统各部分不同的压力要求。减压回路的功能在于使系统某一支路上具有低于系统压力的稳定工作压力，如在机床的工件夹紧、导轨润滑及液压系统的控制油路中常需用减压回路。

最常见的减压回路是在所需低压的分支路上串接一个定值输出减压阀，如图 6-13（a）所示。回路中的单向阀3用于防止当主油路压力由于某种原因低于减压阀2的调定值时，使液压缸4的压力不受干扰而突然降低，达到液压缸4短时保压作用。

图 6-13（b）是二级减压回路。在先导型减压阀2的远控口上接入远程调压阀6，当二位二通换向阀5处于图示位置时，缸4的压力由阀2的调定压力决定；当阀5处于右位时，缸4的压力由阀3的调定压力决定（阀3的调定压力必须低于阀2）。液压泵的最大工作压力由溢流阀1调定。减压回路也可以采用比例减压阀来实现无级减压。要使减压阀能稳定工作，其最低调整压力应高于 0.5MPa，最高调整压力应至少比系统压力低 0.5MPa。由于减压阀工作时存在阀口压力损失和泄漏口容积损失，故这种回路不宜在需要压力降低很多或流量较大的场合使用。

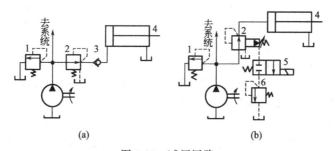

(a)   (b)

图 6-13   减压回路
1—溢流阀；2—减压阀；3—单向阀；4—液压缸；5—换向阀；6—调压阀

（3）增压回路

目前国内外常规液压系统的最高压力等级只能达到 32～40MPa，当液压系统需要高压力等级的油源时，可以通过增压回路等方法实现这一要求。增压回路用来使系统中某一支路

获得比系统压力更高的压力油源。增压回路中实现油液压力放大的主要元件是增压器。增压器的增压比取决于增压器大、小活塞的面积之比。在液压系统中的超高压支路采用增压回路可以节省动力源，且增压器的工作可靠，噪声相对较小。

① 单作用增压器增压回路　图 6-14(a) 所示为使用单作用增压器的增压回路，它适用于单向作用力大、行程小、作业时间短的场合，如制动器、离合器等。该增压回路工作原理如下：当换向阀处于右位时，增压器 1 输出压力为 $p_2 = p_1 A_1 / A_2$ 的压力油进入工作缸 2；当换向阀处于左位时，工作缸 2 靠弹簧力回程，高位油箱 3 的油液在大气压力作用下经油管顶开单向阀向增压器 1 右腔补油。采用这种增压方式液压缸不能获得连续稳定的高压油源。

② 双作用增压器增压回路　图 6-14(b) 所示为采用双作用增压器的增压回路，它能连续输出高压油，适用于增压行程要求较长的场合。当工作缸 2 向左运动遇到较大负载时，系统压力升高，油液经顺序阀 4 进入双作用增压器 5，增压器活塞不论向左或向右运动，均能输出高压油，只要换向阀 6 不断切换，增压器 2 就不断往复运动，高压油就连续经单向阀 7 或 8 进入工作缸 2 右腔，此时单向阀 9 或 10 有效地隔开了增压器的高低压油路。工作缸 2 向右运动时增压回路不起作用。

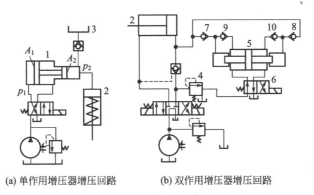

(a) 单作用增压器增压回路　　(b) 双作用增压器增压回路

图 6-14　增压回路

1—增压器；2—工作缸；3—油箱；4—顺序阀；5—双作用增压器；6—换向阀；7~10—单向阀

(4) 卸荷回路

许多机电设备在使用时，执行装置并不是始终连续工作的。在执行装置工作间歇的过程中，一般设备的动力源却是始终工作的，以避免动力源频繁开停。当执行装置处在工作的间歇状态时，要设法让液压系统输出的功率接近于零，使动力源在空载状况下工作，以减少动力源和液压系统的功率损失，节省能源，降低液压系统发热，这种压力控制回路称为卸荷回路。

由液压传动基本知识可知：液压泵的输出功率等于压力和流量的乘积。因此使液压系统卸荷有两种方法：一种是将液压泵出口的流量通过液压阀的控制直接接回油箱，使液压泵接近零压的状况下输出流量，这种卸荷方式称为压力卸荷；另一种是使液压泵在输出流量接近零的状态下工作，此时尽管液压泵工作的压力很高，但是其输出流量接近零，液压功率也接近零，这种卸荷方式称为流量卸荷。流量卸荷仅适于在压力反馈变量泵系统中使用。

① 采用主换向阀中位机能的卸荷回路　在定量泵系统中，利用三位换向阀 M、H、K 型等中位机能的结构特点，可以实现泵的压力卸荷。图 6-15 所示为采用 M 型中位机能的卸荷回路。这种卸荷回路的结构简单，但当压力较高、流量大时易产生冲击，一般用于低压小流量场合。当流量较大时，可用液动或电液换向阀来卸荷，但应在其回油路上安装一个单向阀（作背压阀用），使回路在卸荷状况下，能够保持有 0.3~0.5MPa 控制压力，实现卸荷状态下对电液换向阀的操纵。但这样会增加一些系统的功率损失。

② 采用二位二通电磁换向阀的卸荷回路　图 6-16 所示为采用二位二通电磁换向阀的卸荷回路。在这种卸荷回路中,主换向阀的中位机能为 O 型,利用与液压泵和溢流阀同时并联的二位二通电磁换向阀的通与断,实现系统的卸荷与保压功能。但要注意二位二通电磁换向阀的压力和流量参数要完全与对应的液压泵相匹配。

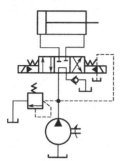

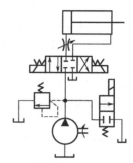

图 6-15　用主换向阀中位机能的卸荷回路　　图 6-16　用二位二通电磁换向阀的卸荷回路

③ 采用先导型溢流阀和电磁阀组成的卸荷回路　图 6-17 所示为采用二位二通电磁阀控制先导型溢流阀的卸荷回路。当先导型溢流阀 1 的远控口通过二位二通电磁阀 2 接通油箱时,此时阀 1 的溢流压力为溢流阀的卸荷压力,使液压泵输出的油液以很低的压力经溢流阀 1 和电磁阀 2 回油箱,实现液压泵的卸荷。为防止系统卸荷或升压时产生压力冲击,一般在溢流阀远控口与电磁阀之间可设置阻尼孔 3。这种卸荷回路可以实现远程控制,同时二位二通电磁阀可选用小流量规格,其卸荷时的压力冲击较采用二位二通电磁换向阀卸荷的冲击小一些。

④ 采用限压式变量泵的流量卸荷回路　利用限压式变量泵压力反馈来控制流量变化的特性,可以实现流量卸荷。如图 6-18 所示,当液压缸 3 活塞运动到行程终点或换向阀 2 处于中位时,系统暂不需要流量输出,因此限压式变量泵 1 的出口被堵死,造成泵 1 出口的压力不断升高。这种压力的升高反馈回泵 1 中使得泵的定子和转子的偏心距不断减小,引起泵 1 出口的流量不断减少。当泵 1 出口压力接近压力限定螺钉调定的极限值时,泵 1 定子和转子的偏心距接近于零,此时泵 1 的输出流量全部用来补充液压泵、液压缸、换向阀等处的内泄漏,即此时泵 1 在压力很高、流量接近零的状态下工作,实现回路的保压卸荷。系统中的溢流阀 4 作安全阀用,以防止泵的压力补偿装置的零漂和动作滞缓导致系统压力异常。这种回路在卸荷状态下具有很高的控制压力,特别适合各类成型加工机床模具的合模保压控制,使机床的液压系统在卸荷状态下实现保压,有效减少了系统的功率匹配,极大地降低了系统的功率损失和发热。

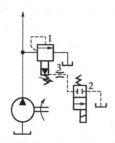
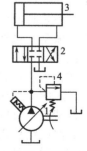

图 6-17　先导型溢流阀和电磁阀组成的卸荷回路　　图 6-18　限压式变量泵卸荷回路
1—溢流阀;2—二位二通电磁阀;3—阻尼孔　　1—变量泵;2—换向阀;3—液压缸;4—溢流阀

　　⑤ 采用蓄能器保压的卸荷回路　图 6-19 所示为系统利用蓄能器在使液压缸保持工作压力的同时实现系统卸荷的回路。当回路压力上升到卸荷溢流阀 2 的调定值时，定量泵通过阀 1 卸荷，此时单向阀 4 反向关闭，由充满压力油的蓄能器 3 向液压缸供油补充系统泄漏，以保持系统压力；当泄漏引起的回路压力下降到低于卸荷溢流阀 2 的调定值时，阀 2 自动关闭，液压泵恢复向系统供油。

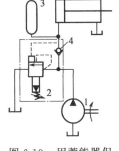

图 6-19　用蓄能器保压的卸荷回路
1—定量泵；2—溢流阀；
3—蓄能器；4—单向阀

　　（5）保压回路

　　保压回路的功能在于使系统在液压缸加载不动或因工件变形而产生微小位移的工况下能保持稳定不变的压力，并且使液压泵处于卸荷状态。保压性能的两个主要指标为保压时间和压力稳定性。

　　① 采用液控单向阀的保压回路　图 6-20（a）所示为采用密封性能较好的液控单向阀 3 的保压回路，但阀座的磨损和油液的污染会使保压性能降低。它适用于保压时间短、对保压稳定性要求不高的场合。

　　② 自动补油保压回路　图 6-20（b）所示为采用液控单向阀 3、电接触式压力计 9 的自动补油保压回路。该回路利用了液控单向阀结构简单并具有一定保压性能的优点，避开了直接用泵供油保压而大量消耗功率的缺点。当换向阀 2 右位接入回路时，活塞下降加压；当压力上升到电接触式压力计 9 上限触点调定压力时，电接触式压力计发出电信号，使换向阀 2 中位接入回路，泵 1 卸荷，液压缸由液控单向阀 3 保压；当压力下降至电接触式压力计 9 下限触点调定压力时，电接触式压力计发出电信号，使换向阀 2 右位接入回路，泵 1 又向液压缸供油，使压力回升。这种回路保压时间长，压力稳定性高，液压泵基本处于卸荷状态，系统功率损失小。

　　③ 采用辅助泵或蓄能器的保压回路　如图 6-20（b）所示，在回路中可增设一台小流量高压泵 5。当液压缸加压完毕要求保压时，由压力继电器 4 发信，使换向阀 2 中位接入回路，主泵 1 实现卸荷；同时二位二通换向阀 8 处于左位，由高压辅助泵 5 向封闭的保压系统供油，维持系统压力稳定。由于辅助泵只需补偿系统的泄漏量，可选用微小流量泵，尽量减少系统的功率损失。泵 5 保压的压力由溢流阀 7 确定。如果用蓄能器来代替辅助泵 5 也可以达到上述目的。

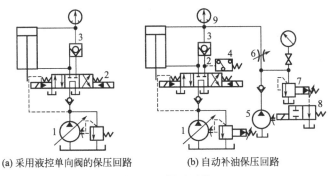

(a) 采用液控单向阀的保压回路　　(b) 自动补油保压回路

图 6-20　保压回路

1—液压泵；2,8—换向阀；3—单向阀；4—压力继电器；5—小流量高压泵；6—节流阀；7—溢流阀；9—压力计

　　（6）平衡回路

　　许多机床或机电设备的执行机构是沿垂直方向运动的，这些机床或机电设备的液压系统无论在工作或停止时，始终都会受到执行机构较大重力负载的作用。如果没有相应的平衡措施将重力负载平衡掉，将会造成机床或机电设备执行装置的自行下滑或操作时的动作失控，

其后果将十分危险。平衡回路的功能在于使液压执行元件的回油路上始终保持一定的背压力，以平衡掉执行机构重力负载对液压执行元件的作用力，使之不会因自重作用而自行下滑，实现液压系统对机床或机电设备动作的平稳、可靠控制。

① 采用单向顺序阀的平衡回路　图 6-21(a) 所示为采用单向顺序阀的平衡回路。调整顺序阀，使其开启压力与液压缸下腔作用面积的乘积稍大于垂直运动部件的重力。当活塞下行时，由于回油路上存在一定的背压来支撑重力负载，只有在活塞的上部具有一定压力时活塞才会平稳下落；当换向阀处于中位时，活塞停止运动，不再继续下行。此处的顺序阀又被称作平衡阀。在这种平衡回路中，顺序阀调整压力调定后，若工作负载变小，则泵的压力需要增加，将使系统的功率损失增大。由于滑阀结构的顺序阀和换向阀存在内泄漏，使活塞很难长时间稳定停在任意位置，会造成重力负载装置下滑，故这种回路适用于工作负载固定且液压缸活塞锁定定位要求不高的场合。

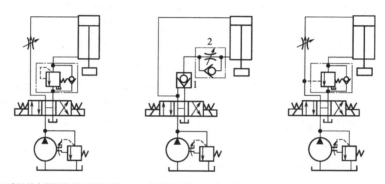

(a) 采用单向顺序阀的平衡回路　(b) 采用液控单向阀的平衡回路　(c) 采用远控平衡阀的平衡回路

图 6-21　平衡回路
1—单向阀；2—节流阀

② 采用液控单向阀的平衡回路　如图 6-21(b) 所示，由于液控单向阀 1 为锥面密封结构，其闭锁性能好，能够保证活塞较长时间在停止位置处不动。在回油路上串联单向节流阀 2，用于保证活塞下行运动的平稳性。假如回油路上没有串接节流阀 2，活塞下行时液控单向阀 1 被进油路上的控制油打开，回油腔因没有背压，运动部件由于自重而加速下降，造成液压缸上腔供油不足而压力降低，使液控单向阀 1 因控制油路降压而关闭，加速下降的活塞突然停止；液控单向阀 1 关闭后控制油路又重新建立起压力，液压单向阀 1 再次被打开，活塞再次加速下降。这样不断重复，由于液控单向阀时开时闭，使活塞一路抖动向下运动，并产生强烈的噪声、振动和冲击。

③ 采用远控平衡阀的平衡回路　在工程机械液压系统中常采用图 6-21(c) 所示的远控平衡阀的平衡回路。这种远控平衡阀是一种特殊阀口结构的外控顺序阀，它不但具有很好的密封性，能起到对活塞长时间的锁闭定位作用，而且阀口开口大小能自动适应不同载荷对背压压力的要求，保证了活塞下降速度的稳定性不受载荷变化影响。这种远控平衡阀又称为限速锁。

6.1.3　速度控制回路

液压系统中用以控制调节执行元件运动速度的回路，称为速度控制回路。速度控制回路是液压系统的核心部分，其工作性能对整个系统性能起着决定性的作用。这类回路主要包括调速回路及快速运动回路。

调速回路的作用是调节执行元件的工作速度。在液压系统中，液压执行元件的主要形式是液压缸和液压马达，它们的工作速度或转速与其输入的流量及其相应的几何参数有关。在不考虑管路变形、油液压缩性和回路各种泄漏因素的情况下，液压缸和液压马达的速度存在如下关系：

液压缸的速度为

$$v = \frac{q}{A} \tag{6-1}$$

液压马达的转速为

$$n = \frac{q}{V_M} \tag{6-2}$$

式中　q——输入液压缸或液压马达的流量；

　　　A——液压缸的有效作用面积；

　　　V_M——液压马达的排量。

由上面两式可知，要调节液压缸或液压马达的工作速度，可以改变输入执行元件的流量，也可以改变执行元件的几何参数。对于几何尺寸已经确定的液压缸和定量马达来说，要想改变其有效作用面积或排量是困难的，因此一般只能用改变输入液压缸或定量马达流量大小的办法来对其进行调速；对变量马达来说，既可采用改变输入其流量的办法来调速，也可采用在其输入流量不变的情况下改变马达排量的办法来调速。因此，常用的调速回路有节流调速回路、容积调速回路和容积节流调速回路三种。

（1）节流调速回路

当液压系统采用定量泵供油，且泵的转速基本不变时，泵输出的流量 q_P 基本不变，其与负载的变化以及速度的调节无关。要想改变输入液压执行元件的流量 q_1，就必须在泵的出口处并接一条装有溢流阀的支路，将液压执行元件工作时多余流量 $\Delta q = q_P - q_1$，经过溢流阀或流量阀流回油箱，这种调速方式称为节流调速回路。它主要由定量泵、执行元件、流量控制阀（节流阀、调速阀等）和溢流阀等组成，其中流量控制阀起流量调节作用，溢流阀起调定压力（溢流时）或过载安全保护（关闭时）作用。

定量泵节流调速回路根据流量控制阀在回路中安放位置的不同，分为进油节流调速回路、回油节流调速回路、旁路节流调速回路三种基本形式。回路中的流量控制阀可以采用节流阀或调速阀进行控制，因此这种调速回路有多种形式。

① 进油节流调速回路　将节流阀串联在液压泵和液压缸之间，用它来控制进入液压缸的流量达到调速目的，如图 6-22 所示。定量泵多余油液通过溢流阀回油箱。由于溢流阀处在溢流状态，定量泵出口的压力 p_B 为溢流阀的调定压力，且基本保持定值，与液压缸负载的变化无关。调节节流阀通流面面积，即可改变通过节流阀的流量，从而调节液压缸的速度。

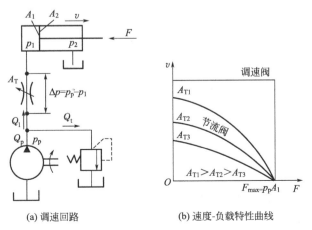

(a) 调速回路　　　　　　(b) 速度-负载特性曲线

图 6-22　进油节流调速回路及其特性曲线

设 p_1、p_2 分别为液压缸的进油腔和回油腔的压力，由于回油腔直接通油箱，故 $p_2 \approx 0$；F 为液压缸的负载；通过节流阀的流量为 Q_1；液压泵的出口压力为 p_p；A_T 为节流阀孔口截面积；C_q 为流量系数；ρ、μ 分别为液体密度和动力黏度；d、L 分别为细长孔直径和长度；K 为节流系数，对薄壁小孔 $K = C_q\sqrt{2/\rho}$，对细长孔 $K = d^2/(32\mu L)$；m 为孔口形状决定的指数（$0.5 \leqslant m \leqslant 1$，对薄壁孔 $m = 0.5$，对细长孔 $m = 1$），则液压缸的运动速度为

$$v = \frac{Q_1}{A_1} = \frac{KA_T}{A_1}\left(p_p - \frac{F}{A_1}\right)^m \tag{6-3}$$

式(6-3)即为进油节流调速回路的负载特性方程。

按式(6-3)选用不同的 A_T 值，可作出一组速度-负载特性曲线，如图 6-22(b)所示。曲线表明速度随负载变化的规律，曲线越陡，表明负载变化对速度的影响越大，即速度刚度越小。由图 6-22(b)可以看出：

a. 当节流阀通流面积 A_T 一定时，重载区比轻载区的速度刚度小。

b. 在相同负载下工作时，节流阀通流面积大的比小的速度刚度小，即速度高时速度刚性差。

c. 多条特性曲线汇交于横坐标轴上的一点，该点对应的 F 值即为最大负载，这说明最大承载能力 F_{max} 与速度调节无关。由于最大负载时液压缸停止运动（$v = 0$），故由式(6-3)可知该回路的最大承载能力为 $F_{max} = p_p A_1$。

可见，进油节流调速回路适用于轻载、低速、负载变化不大和对速度稳定性要求不高的小功率场合。

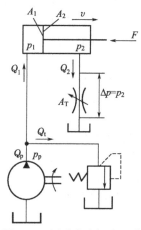

图 6-23　回油节流调速回路

② 回油节流调速回路　用溢流阀及串联在执行元件回油路上的流量阀，来调节进入执行元件的流量，从而调节执行元件运动速度的系统（见图 6-23）。液压缸的运动速度为

$$v = \frac{Q_2}{A_2} = \frac{KA_T}{A_{12}}\left(p_p\frac{A_1}{A_2} - \frac{F}{A_2}\right)^2 \tag{6-4}$$

式中　A_2——液压缸有杆腔的有效面积；

Q_2——通过节流阀的流量。

比较式(6-3)和式(6-4)可以发现，回油节流调速回路与进油节流调速回路的速度-负载特性及速度刚度基本相同。若液压缸两腔有效工作面积相同，则两种节流调速回路的速度-负载特性和速度刚度就完全一样。因此，前面对进油节流调速回路的分析和结论都适用于本回路。但也有不同之处：

a. 回油节流调速回路的流量阀使液压缸的回油腔形成一定的背压（$p_2 \neq 0$），因而能承受负值负载，并提高了液压缸的速度平稳性。

b. 进油节流调速回路容易实现压力控制。因当工作部件在行程终点碰到死挡铁后，液压缸的进油腔油压会上升到与泵压相等。利用这个压力变化，可使并联于此处的压力继电器发出信号，对系统的下步动作实现控制。而在回油节流调速回路时，进油腔压力没有变化，不易实现压力控制。

c. 若回路使用单出杆缸，无杆腔进油流量大于有杆腔回油流量，故在缸径、缸速相同的情况下，进油节流调速回路的流量阀开口较大，低速时不易堵塞。因此进油节流调速回路能获得更低的稳定速度。

d. 长期停车后液压缸内油液会流回油箱，当液压泵重新向液压缸供油时，在回油节流调速回路中，由于进油路上没有流量阀控制流量，会使活塞前冲；而在进油节流调速回路中，活塞前冲很小，甚至没有前冲。

e. 发热及泄漏对进油节流调速回路的影响均大于回油节流调速回路。

为了提高回路的综合性能，一般常采用进油节流调速回路，并在回油路上加背压阀，使其兼具两者的优点。

③ 旁路节流调速回路　将流量阀接在与执行元件并联的旁油路上的调速回路（即旁路节流调速回路）如图 6-24(a) 所示。通过调节节流阀的通流面积，来控制液压泵溢回油箱的流量，即可实现调速。由于溢流已由节流阀承担，故溢流阀实为安全阀（常态时关闭，过载时打开），其调定压力为最大工作压力的 1.1～1.2 倍，故液压泵工作过程中的压力随负载而变化。设液压泵的理论流量为 Q_1，液压泵的泄漏系数为 k_1，其他符号意义同前，则液压缸的运动速度为

$$v = Q_1/A_1 = [Q_t - k_1(F/A_1) - KA_T(F/A_1)^m]/A_1 \tag{6-5}$$

选取不同的 A_T 值，按式(6-5) 即可作出一组速度-负载特性曲线，如图 6-24(b) 所示。由曲线可见：当节流阀通流面积一定而负载增加时，速度下降较前两种调速回路更为严重，即特性很软，速度稳定性很差；在重载高速时，速度刚度较好，这与前两种恰好相反。其最大承载能力随节流口 A_T 的增加而减小，即旁路节流调速回路的低速承载能力很差，调速范围也小。

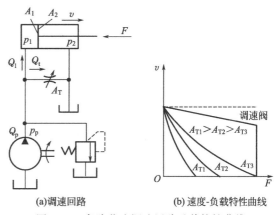

(a)调速回路　　　　(b)速度-负载特性曲线

图 6-24　旁路节流调速回路及其特性曲线

这种回路只有节流损失而无溢流损失。液压泵压随负载变化，即节流损失和输入功率随负载而变。因此，此回路比前两种回路效率高。

旁路节流调速回路只适用于高速、重载和对速度稳定性要求不高的较大功率系统，如牛头刨床主运动系统、输送机械液压系统等。

(2) 容积调速回路

容积调速回路是通过改变液压泵或液压马达排量，使液压泵的全部流量直接进入执行元件来调节执行元件的运动速度。由于容积调速回路中没有流量控制元件，回路工作时液压泵与执行元件（液压马达或液压缸）的流量完全匹配，因此这种回路没有溢流损失和节流损失，回路的效率高，发热少，适用于大功率液压系统。

容积调速回路按油路循环的方式不同，分为开式循环回路和闭式循环回路两种形式。

回路工作时，液压泵从油箱中吸油，经过回路工作以后的热油流回油箱，使热油在油箱中停留一段时间，达到降温、沉淀杂质、分离气泡之目的。这种油路循环的方式称为开式循环。开式循环回路结构简单，散热性能较好；但回路结构相对较松散，空气和脏物容易侵入系统，会影响系统的工作。

回路工作时，管路中的绝大部分油液在系统中被循环使用，只有少量的液压油通过补油液压泵从油箱中吸油进入到系统中，实现系统油液的降温、补油，这种油路循环的方式称为闭式循环。闭式循环回路结构紧凑，回路封闭性能好，空气与脏物较难进入。但回路的散热性能较差，要配有专门补油装置进行泄漏补偿，置换掉一些工作热油，以维持回路的流量和温度平衡。

容积调速回路按变量元件不同可分为三种：变量泵-缸（定量马达）调速回路、定量泵-变量马达调速回路、变量泵-变量马达调速回路。

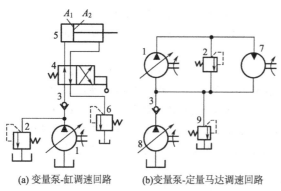

(a) 变量泵-缸调速回路　　(b)变量泵-定量马达调速回路

图 6-25　变量泵-缸（定量马达）调速回路

1—变量泵；2—安全阀；3—单向阀；4—换向阀；5—液压缸；
6—背压阀；7—定量马达；8—补油泵；9—溢流阀

① 变量泵-缸（定量马达）调速回路　图 6-25（a）为变量泵-缸容积调速回路，改变变量泵 1 的排量可实现对液压缸的无级调速。单向阀 3 用来防止停机时油液倒流入油箱和空气进入系统。图 6-25（b）为变量泵-定量马达容积调速回路。此回路为闭式回路，补油泵 8 将冷油送入回路，而从溢流阀 9 溢出回路中多余的热油，进入油箱冷却。

a. 执行元件的速度-负载特性　这种回路的液压泵转速 n_p 和活塞面积 A_1（马达排量 V_M）为常数，当不考虑泵以外元件和管道的泄漏时，执行元件的速度 v 为

$$v = \frac{Q_p}{A_1} = \frac{Q_t - k_1 F/A_1}{A_1} \tag{6-6}$$

式中　Q_p——变量泵的输出流量；

　　　Q_t——变量泵的理论流量；

　　　k_1——变量泵的泄漏系数；

　　　F——负载。

将式（6-6）按不同的 Q_t 值可作出一组平行直线，即速度-负载特性曲线（见图 6-26）。由图可见，由于变量泵有泄漏，执行元件运动速度 v 会随负载 F 的加大而减小，即速度刚性要受负载变化的影响。负载增大到某值时，执行元件停止运动，表明这种回路在低速下的承载能力很差，如图 6-26（a）所示。所以，在确定该回路的最低速度时，应将这一速度排除在调速范围之外。

b. 执行元件的输出力 F（或转矩 T_M）和功率 P_M。如图 6-26（b）所示，改变泵排量 V_p 可使 n_M 和 P_M 成比例地变化。输出转矩（或力）及回路的工作压力 p 都由负载决定，不因调速而发生变化，故称这种回路为等转矩（等推力）调速回路。由于液压泵和执行元件有泄漏，所以当 V_p 还未调到零值时，实际的 n_M、T_M（F）和 P_M 也都为零值。这种回路若采用高质量的轴向柱塞变量泵，其调速范围 R_B（即最高转速和最低转速之比）可达 40；当采用变量叶片泵时，其调速范围仅为 5～10。

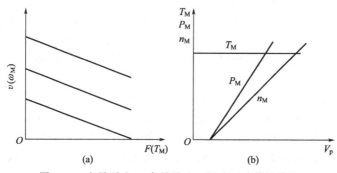

图 6-26　变量泵-缸（定量马达）调速回路特性曲线

② 定量泵-变量马达调速回路　如图 6-27 所示，这种回路的液压泵速度和排量均为常

数，改变马达排量 V_M 时，马达输出转矩 T_M 与马达排量 V_M 成正比变化，输出速度 n_M 与马达排量 V_M 成反比（按双曲线规律）变化。当马达排量 V_M 减小到一定程度，T_M 不足以克服负载时，马达便停止转动。这说明不仅不能在运转过程中用改变马达排量 V_M 的办法使马达通过 $V_M=0$ 点来实现反向，而且其调速范围 R_M 也很小，即使采用了高效率的轴向柱塞马达，调速范围也只有 4 左右。在不考虑泵和马达效率变化的情况下，由于定量泵的最大输出功率不变，故马达的输出功率 P_M 也不变，故称这种回路为恒功率调速回路，如图 6-27(b)所示。这种回路能最大限度发挥原动机的作用。要保证输出功率为常数，马达的调节系统应是一个自动的恒功率装置，其原理就是保证马达的进出口压差为常数。

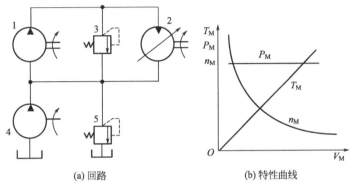

(a) 回路   (b) 特性曲线

图 6-27　定量泵-变量马达调速回路及其特性曲线
1—主泵；2—变量马达；3—安全阀；4—辅助泵；5—低压溢流阀

③ 变量泵-变量马达调速回路　如图 6-28(a) 所示，单向阀 4、5 的作用是始终保证补油泵来的油液只能进入双向变量泵的低压腔，液动滑阀 8 的作用是始终保证低压溢流阀 9 与低压管路相通，使回路中的一部分热油由低压管路经溢流阀 9 排入油箱冷却。当高、低压管路的压差很小时，液动滑阀处于中位，切断了低压溢流阀 9 的油路，此时补油泵供给的多余油液就从低压安全阀 10 流掉。

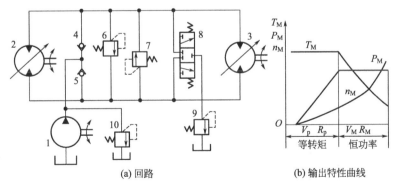

(a) 回路   (b) 输出特性曲线

图 6-28　变量泵-变量马达调速回路及其特性曲线
1—补油泵；2—双向变量泵；3—双向变量马达；4,5—单向阀；6,7—高压安全阀；
8—液动滑阀；9—低压溢流阀；10—低压安全阀

该回路中，泵的速度 n_p 为常数，泵排量 V_p 及马达排量 V_M 都可调，故扩大了马达的调速范围。

该回路的调速一般分为两段进行：第一阶段，当马达转速 n_M 由低速向高速调节（即低速阶段）时，将马达排量 V_M 固定在最大值上，改变泵的排量 V_p，使其从小到大逐渐增加，

马达转速 n_M 也由低向高增大，直到 V_p 达到最大值。在此过程中，马达最大转矩 T_M 不变，而功率 P_M 逐渐增大，这一阶段为等转矩调速，调速范围为 R_p。第二阶段，高速阶段时将泵排量 V_p 固定在最大值上，使马达排量 V_M 由大变小，而马达转速 n_M 继续升高，直至马达允许的最高转速为止。在此过程中，马达输出转矩 T_M 由大变小，而输出功率 P_M 不变，这一阶段为恒功率调节，调速范围为 R_M。这样的调节顺序，可以满足大多数机械低速时输出较大转矩、高速时能输出较大功率的要求。这种调速回路实际上是上述两种调速回路的组合，其总调速范围为上述两种回路调速范围之乘积，即 $R=R_p R_M$。

（3）容积节流调速回路

容积节流调速回路采用压力补偿变量泵供油，用节流阀或调速阀调定流入或流出液压缸的流量，以调节活塞运动速度，并使变量泵的输油量自动与液压缸所需流量相适应。这种调速回路没有溢流损失，效率较高，速度稳定性也比单纯的容积调速回路好。

① 限压式变量泵与调速阀组成的容积节流调速回路　如图 6-29(a) 所示，空载时泵以最大流量输出，经电磁阀 3 进入液压缸使其快速运动。工进时，电磁阀 3 通电使其所在油路断开，压力油经调速阀流入液压缸内。工进结束后，压力继电器 5 发讯，使阀 3 和阀 4 换向，调速阀再被短接，液压缸快退。

当回路处于工进阶段时，液压缸的运动速度由调速阀中节流阀的通流面积 A_T 来控制。变量泵的输出流量 Q_p 和出口压力 p_p 自动保持相应的恒定值，故又称此回路为定压式容积节流调速回路。

这种回路适用于负载变化不大的中小功率场合，如组合机床的进给系统等处。

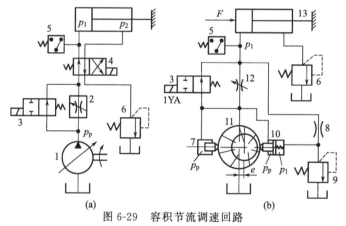

图 6-29　容积节流调速回路

1,11—变量泵；2—调速阀；3—二位两通电磁阀；4—二位四通电磁换向阀；5—压力继电器；6—背压阀；7,10—控制缸；
8—不可调节流阀；9—溢流阀；12—可调节流阀；13—液压缸

② 差压式变量泵和节流阀组成的容积节流调速回路　如图 6-29(b) 所示，设 p_p、p_1 分别表示节流阀 12 前、后的压力，F_s 为控制缸 10 中的弹簧力，A 为控制缸 10 活塞右端面积，A_1 为控制缸 7 和缸 10 的柱塞面积，则作用在泵定子上的力平衡方程式为

$$p_p A_1 + p_p (A-A_1) = p_1 A + F_s$$

故得节流阀前后压差为

$$\Delta p = p_p - p_1 = F_s / A \qquad (6\text{-}7)$$

系统在图示位置时，泵排出的油液经阀 3 进入缸 13，故 $p_p = p_1$，泵的定子仅受弹簧力 F_s 的作用，因而使定子与转子间的偏心距 e 为最大，泵的流量最大，缸 13 实现快进。

快进结束，1YA 通电，阀 3 关闭，泵的油液经节流阀 12 进入缸 13，故 $p_p > p_1$，定子右移，使 e 减小，泵的流量就自动减小至与节流阀 12 调定的开度相适应为止。缸 13 实现慢

速工进。

由于弹簧刚度小，工作中伸缩量也很小（$\leqslant e$），所以 F_s 基本恒定，由式(6-7) 可知，节流阀前后压差 Δp 基本上不随外负载而变化，经过节流阀的流量也近似等于常数。

当外负载 F 增大（或减小）时，缸 13 工作压力 p_1 就增大（或减小），则泵的工作压力 p_p 也相应增大（或减小），故又称此回路为变压式容积节流调速回路。由于泵的供油压力随负载而变化，回路中又只有节流损失，没有溢流损失，因而其效率比限压式变量泵和调速阀组成的调速回路要高。这种回路适用于负载变化大、速度较低的中小功率场合，如某些组合机床进给系统。

（4）快速运动回路

快速运动回路的功用是加快液压执行器空载运行时的速度，缩短机械的空载运动时间，以提高系统的工作效率并充分利用功率。

① 液压缸差动连接的快速运动回路　图 6-30 所示为利用具有 P 型中位机能三位四通电磁换向阀的差动连接快速运动回路。当电磁铁 1YA 和 2YA 均不通电使换向阀 3 处于中位时，液压缸 4 由阀 3 的 P 型中位机能实现差动连接，液压缸快速向前运动；当电磁铁 1YA 通电使换向阀 3 切换至左位时，液压缸 4 转为慢速前进。

差动连接快速运动回路结构简单，应用较多。

② 使用蓄能器的快速运动回路　图 6-31 所示为使用蓄能器的快速运动回路。当系统短期需要较大流量时，液压泵 1 和蓄能器 4 共同向液压缸 6 供油，使液压缸速度加快；当三位四通电磁换向阀 5 处于中位，液压缸停止工作时，液压泵经单向阀 3 向蓄能器充液，蓄能器的压力升到卸荷阀 2 的设定压力后，卸荷阀开启，液压泵卸荷。采用蓄能器可以减小液压泵的流量规格。

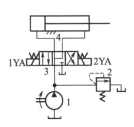

图 6-30　液压缸差动连接的快速运动回路
1—液压泵；2—溢流阀；3—三位四通
电磁换向阀；4—液压缸

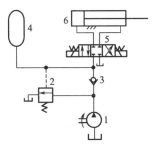

图 6-31　使用蓄能器的快速运动回路
1—液压泵；2—卸荷阀；3—单向阀；4—蓄
能器；5—三位四通电磁换向阀；6—液压缸

③ 高低压双泵供油快速运动回路　图 6-32 所示为高低压双泵供油快速运动回路。在液压执行器快速运动时，低压大流量泵 1 输出的压力油经单向阀 4 与高压小流量泵 2 输出的压力油一并进入系统。在执行器工作行程中，系统的压力升高，当压力达到液控顺序阀 3 的调压值时，液控顺序阀打开使泵 1 卸荷，泵 2 单独向系统供油。系统的工作压力由溢流阀 5 调定，阀 5 的调定压力必须大于阀 3 的调定压力，否则泵 1 无法卸荷。这种双泵供油回路主要用于轻载时需要很大流量、重载时需要高压小流量的场合，其优点是回路效率高。高低压双泵可以是两台独立单泵，也可以是双联泵。

④ 复合缸式快速运动回路　图 6-33 所示为复合缸式快速运动回路。执行器为三腔（a、b、c 腔，作用面积分别为 A_a、A_b、A_c）复合液压缸 5，通过三位四通电磁换向阀 2 和二位四通电磁换向阀 4 改变油液的循环方式及缸在各工况的作用面积，实现快慢速及运动方向的

转换；单向阀 1 作背压阀用，以防止缸在上下端点及换向时产生冲击。液控单向阀 3 用以防止立置复合缸在系统卸荷及不工作时，其活塞（杆）及工作机构因自重而自行下落。液压泵可以通过三位四通电磁换向阀 2 的 H 型中位机能实现低压卸荷。

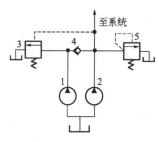

图 6-32　高低压双泵供油快速运动回路
1—低压大流量泵；2—高压小流量泵；3—液
控顺序阀；4—单向阀；5—溢流阀

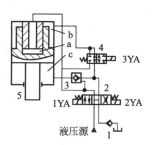

图 6-33　复合缸式快速运动回路
1—单向阀；2—三位四通电磁换向阀；3—液控单向阀；
4—二位四通电磁换向阀；5—复合液压缸

工作时，电磁铁 1YA 通电使换向阀 2 切换至左位，液压源的压力油经阀 2 进入缸 5 的小腔 a，同时导通液控单向阀 3，压力油的作用面积 A_a 较小，因而活塞（杆）快速下行，缸的大腔 c 在经阀 3 和 4 向中腔 b 补油的同时，将少量油液通过阀 2 和 1 排回油箱。快速下行结束时，电磁铁 3YA 通电使换向阀 2 切换至右位，b 腔与 a 腔连通，缸的作用面积由 A_a 增大为 A_a+A_b，液压源的压力油同时进入缸的 a 腔与 b 腔，故系统自动转入慢速工作过程，c 腔经阀 2 和阀 1 向油箱排油。电磁铁 2YA 通电使换向阀 2 切换至右位时，液压源经阀 3 向大腔 c 供油。同时，3YA 断电使换向阀 2 复至左位，腔 b 与 c 连通为差动回路，因此活塞（杆）快速上升（回程）。在等待期间，所有电磁铁断电，液压源通过阀 2 的中位实现低压卸荷。

复合缸式快速运动回路可以大幅度减小液压源的规格及系统的运行能耗；由于通过液压缸的面积变化实现快慢速自动转换，故运动平稳。复合缸式快速运动回路适合在试验机、液压机等机械设备的液压系统中使用。

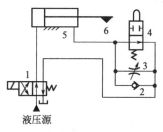

图 6-34　用行程阀的快、慢速换接回路
1—二位四通电磁换向阀；2—单向阀；3—节流阀；4—行程阀；5—液压缸；6—挡块

（5）速度换接回路
速度换接回路的功用是使液压执行器在一个工作循环中从一种运动速度变换成另一种运动速度，常见的换接包括快、慢速的换接和二次慢速之间的换接。

① 采用行程阀的快、慢速换接回路　图 6-34 所示为采用行程阀的快、慢速换接回路。主换向阀 1 断电处于图示右位时，液压缸 5 快进。当与活塞所连接的挡块 6 压下常开的行程阀 4 时，行程阀关闭（上位），液压缸 5 有杆腔油液必须通过节流阀 3 才能流回油箱，因此活塞转为慢速。当阀 1 通电切换至左位时，压力油经单向阀 2 进入缸的有杆腔，活塞快速向右返回。

这种回路的快、慢速换接过程比较平稳，换接点的位置较准确，但其缺点是行程阀的安装位置不能任意布置，管路连接较为复杂。若将行程阀 4 改为电磁阀，并通过用挡块压下电气行程开关来操纵，也可实现快、慢速换接，其优点是安装连接比较方便，但速度换接的平稳性、可靠性以及换向精度比采用行程阀差。

② 二次工进速度的换接回路　图 6-35 所示为采用两个调速阀的二次工进速度的换接回

路。图 6-35(a) 中的两个调速阀 2 和 3 并联，由二位三通电磁换向阀 4 实现速度换接。在图示位置，输入液压缸 5 的流量由调速阀 2 调节。当换向阀 4 切换至右位时，输入液压缸 5 的流量由调速阀 3 调节。当一个调速阀工作、另一个调速阀没有油液通过时，没有油液通过的调速阀内的定差减压阀处于最大开口位置，所以在速度换接开始的瞬间会有大量油液通过该开口，而使工作部件产生突然前冲现象，因此它不宜用于在工作过程中进行速度换接，而只用于预先有速度换接的场合。

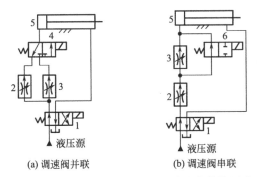

(a) 调速阀并联　　　　　(b) 调速阀串联

图 6-35　用两个调速阀的二次工进速度换接回路

1—二位四通电磁换向阀；2,3—调速阀；4—二位三通电磁换向阀；5—液压缸；6—二位二通电磁换向阀

图 6-35(b) 中的两个调速阀 2 和 3 串联。在图示位置时，因调速阀 3 被二位二通电磁换向阀 6 短路，输入液压缸 5 的流量由调速阀 2 控制。当阀 6 切换至右位时，由于人为调节使通过调速阀 3 的流量比调速阀 2 的小，所以输入液压缸 5 的流量由调速阀 3 控制。由于调速阀 2 一直处于工作状态，在速度换接时限制了进入调速阀 3 的流量，因此这种回路的速度换接平稳性较好，但由于油液经过两个调速阀，所以能量损失较大。

6.1.4　多执行元件控制回路

机器设备的动作要求是由其特有的功能决定的，在许多情况下机器设备的运动动作复杂多变，往往需要多个运动部件的相互协调、配合与联动才能完成，这些机器设备中的液压系统一定要有多个相互有联系的液压执行件才能满足上述要求。在一个液压系统中，如果由一个液压源给多个执行元件供油，各执行元件会因回路中压力、流量的相互影响而在动作上受到牵制。可以通过压力、流量、行程控制来实现多执行元件预定动作的要求，这种控制回路就称为多执行元件控制回路。

(1) 顺序动作回路

顺序动作回路的功用在于使几个执行元件严格按照预定顺序依次动作。按控制方式不同，顺序动作回路分为压力控制动作回路和行程控制动作回路两种。

① 压力控制顺序动作回路　利用液压系统工作过程中运动状态变化引起的压力变化使执行元件按顺序先后动作，这种回路就是压力控制顺序动作回路，如图 6-36(a) 所示。假设机床工作时液压系统的动作顺序为夹具夹紧工件→工作台进给→工作台退回→夹具松开工件。压力控制顺序动作回路的工作过程如下：回路工作前，夹紧缸 1 和进给缸 2 均处于起点位置。当换向阀 5 左位接入回路时，夹紧缸 1 的活塞向右运动使夹具夹紧工件，夹紧工件后会使回路压力升高到顺序阀 3 的调定压力，阀 3 开启，此时缸 2 的活塞才能向右运动进行切削加工；加工完毕，通过手动或操纵装置使换向阀 5 右位接入回路，缸 2 活塞先退回到左端点后引起回路压力升高，使阀 4 开启，缸 1 活塞退回原位使夹具松开工件，这样完成了一个完整的多缸顺序动作循环。如果要改变动作的先后顺序，就要对两个顺序阀在油路中的安装

位置进行相应调整。

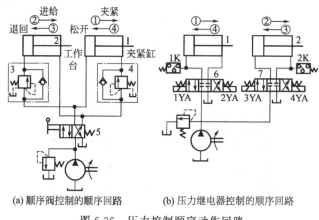

(a) 顺序阀控制的顺序回路　　　(b) 压力继电器控制的顺序回路

图 6-36　压力控制顺序动作回路

1,2—液压缸；3,4—顺序阀；5—换向阀；6,7—电磁换向阀

图 6-36(b) 所示为用压力继电器控制电磁换向阀来实现顺序动作的回路。按启动按钮，电磁铁 1YA 得电，电磁换向阀 6 的左位接入回路，缸 1 活塞前进到右端点后，回路压力升高，压力继电器 1K 动作，使电磁铁 3YA 得电，电磁换向阀 7 的左位接入回路，缸 2 活塞向右运动。按返回按钮，1YA、3YA 同时失电，4YA 得电，使阀 6 中位接入回路、阀 7 右位接入回路，导致缸 1 锁定在右端点位置、缸 2 活塞向左运动。当缸 2 活塞退回原位后，回路压力升高，压力继电器 2K 动作，使 2YA 得电，阀 6 右位接入回路，缸 1 活塞后退直至到起点。

在压力控制顺序动作回路中，顺序阀或压力继电器的调定压力必须大于前一动作执行元件的最高工作压力的 10%～15%，否则在管路中的压力冲击或波动下会造成误动作，引起事故。这种回路只适用于系统中执行元件数目不多、负载变化不大的场合。

②　行程控制顺序动作回路　图 6-37(a) 所示为采用行程阀控制的多缸顺序动作回路。在图示位置，两液压缸活塞均退至左端点。当电磁阀 3 左位接入回路后，缸 1 活塞先向右运动，当活塞杆上的行程挡块压下行程阀 4 后，缸 2 活塞才开始向右运动，直至两个缸先后到达右端点；将电磁阀 3 右位接入回路，使缸 1 活塞先向左退回，在运动中行程挡块离开行程阀 4 后，行程阀 4 自动复位，其下位接入回路，这时缸 2 活塞才开始向左退回，直至两个缸都到达左端点。这种回路动作可靠，但要改变动作顺序较为困难。

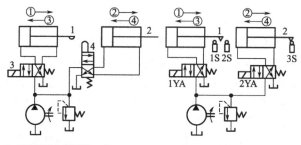

(a) 行程阀控制的顺序回路　　　(b) 行程开关控制的顺序回路

图 6-37　行程控制顺序动作回路

1,2—液压缸；3—电磁阀；4—行程阀

图 6-37(b) 所示为采用行程开关控制电磁换向阀的多缸顺序动作回路。按启动按钮，

电磁铁 1YA 得电，缸 1 活塞先向右运动，当活塞杆上的行程挡块压下行程开关 2S 后，使电磁铁 2YA 得电，缸 2 活塞才向右运动，直到压下 3S，使 1YA 失电，缸 1 活塞向左退回，而后压下行程开关 1S，使 2YA 失电，缸 2 活塞再退回。在这种回路中，调整行程挡块位置，可调整液压缸的行程，通过电控系统可任意改变动作顺序，方便灵活，应用广泛。

（2）同步回路

同步回路的功用是使系统中多个执行元件克服负载、摩擦阻力、泄漏、制造质量和结构变形上的差异，而保证在运动上的同步。同步运动分为速度同步和位置同步两类。速度同步是指各执行元件的运动速度相等，而位置同步是指各执行元件在运动中或停止时都保持相同的位移量。实现多缸同步动作的方式有多种，它们的控制精度和价格也相差很大，实际中根据系统的具体要求进行合理设计。

① 用流量控制阀的同步回路　图 6-38（a）中，在两个并联液压缸的进（回）油路上分别串接一个单向调速阀，仔细调整两个调速阀的开口大小，控制进入两液压缸或自两液压缸流出的流量，可使它们在一个方向上实现速度同步。这种回路结构简单，但调整比较麻烦，同步精度不高，不宜用于偏载或负载变化频繁的场合。

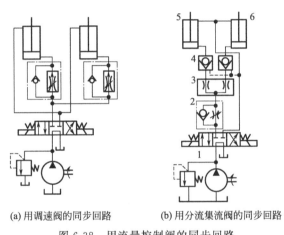

(a) 用调速阀的同步回路　　(b) 用分流集流阀的同步回路

图 6-38　用流量控制阀的同步回路

1—换向阀；2—单向节流阀；3—分流阀；4—单向阀；5,6—液压缸

如图 6-38（b）所示，采用分流阀 3（同步阀）代替调速阀来控制两液压缸的进入或流出的流量。分流阀具有良好的偏载承受能力，可使两液压缸在承受不同负载时仍能实现速度同步。回路中的单向节流阀 2 用来控制活塞的下降速度，液控单向阀 4 是防止活塞停止时的两缸负载不同而通过分流阀的内节流孔窜油。由于同步作用靠分流阀自动调整，使用较为方便；但效率低，压力损失大，不宜用于低压系统。

② 用串联液压缸的同步回路　将有效工作面积相等的两个液压缸串联起来便可实现两缸同步，这种回路允许较大偏载，因偏载造成的压差不影响流量的改变，只导致微量的压缩和泄漏，因此同步精度较高，回路效率也较高。这种情况下泵的供油压力至少是两缸工作压力之和。由于制造误差、内泄漏及混入空气等因素的影响，经多次行程后，将积累为两缸显著的位置差别。为此，回路中应具有位置补偿装置，如图 6-39 所示。当两缸活塞同时下行时，若缸 5 活塞先到达行程端点，则挡块压下行程开关 1S，电磁铁 3YA 得电，换向阀 3 左位接入回路，压力油经换向阀 3 和液控单向阀 4 进入缸 6 上腔进行补油，使其活塞继续下行到达行程端点。如果缸 6 活塞先到达端点，行程开关 2S 使电磁铁 4YA 得电，换向阀 3 右位接入回路，压力油进入液控单向阀 4 的控制腔，打开阀 4、缸 5 下腔与油箱接通，使其活塞继续下行到达行程端点，从而消除积累误差。

③ 用同步缸或同步马达的同步回路　图 6-40（a）所示为同步缸的同步回路。同步缸 3 是两个尺寸相同的缸体和两个活塞共用一个活塞杆的液压缸。活塞向左或向右运动时输出或接收相等容积的油液，在回路中起着配流的作用，使有效面积相等的两个液压缸实现双向同步运动。同步缸的两个活塞上装有双作用单向阀 4，可以在行程端点消除误差。和同步缸一样，用两个同轴等排量双向液压马达 5 作配流环节，输出相同流量的油液也可实现两缸双向同步，如图 6-40（b）所示。节流阀 6 用于行程端点消除两缸位置误差。这种回路的同步精度比采用流量控制阀的同步回路高，但专用的配流元件使系统复杂，制作成本高。

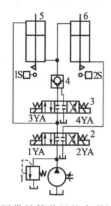

图 6-39　用带补偿装置的串联缸同步回路
1—溢流阀；2,3—换向阀；4—单
向阀；5,6—液压缸

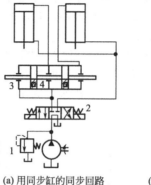

(a) 用同步缸的同步回路　　　　(b) 用同步马达的同步回路

图 6-40　用同步缸或同步马达的同步回路
1—溢流阀；2—换向阀；3—同步缸；4—双作用
单向阀；5—液压马达；6—节流阀

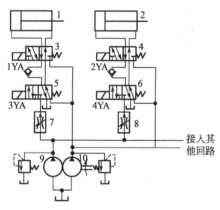

图 6-41　多缸快、慢速互不干扰回路
1,2—液压缸；3～6—换向阀；
7,8—调速阀；9,10—液压泵

（3）多执行元件互不干扰回路

这种回路的功用是使系统中几个执行元件在完成各自工作循环时彼此互不影响。图 6-41 所示为通过双泵供油来实现多缸快慢速互不干扰的回路。液压缸 1 和 2 各自要完成"快进→工进→快退"的自动工作循环。当电磁铁 1YA、2YA 得电时，两缸均由大流量泵 10 供油，并作差动连接实现快进。如果缸 1 先完成快进动作，挡块和行程开关使电磁铁 3YA 得电、1YA 失电，大流量泵进入缸 1 的油路被切断，而改为小流量泵 9 供油，由调速阀 7 获得慢速工进，不受缸 2 快进的影响。当两缸均转为工进、由小流量泵 9 供油后，若缸 1 先完成了工进，挡块和行程开关使电磁铁 1YA、3YA 都得电，缸 1 改由大流量泵 10 供油，使活塞快速返回。

这时缸 2 仍由泵 9 供油继续完成工进，不受缸 1 影响。当所有电磁铁都失电时，两缸都停止运动。此回路采用快、慢速运动由大、小流量泵分别供油，并由相应的电磁阀进行控制的方案来保证两缸快慢速运动互不干扰。

（4）多缸卸荷回路

在多缸工作的液压系统中，当各液压缸都不工作时，应使液压泵卸荷。图 6-42 所示是多缸卸荷回路。当各缸都停止工作时，各换向阀都处于中位，这时溢流阀的远控口经各换向阀中位的一个通路与油箱连接，泵卸荷。只要某一换向阀不在中位工作时，溢流阀的远控口就不会与油箱接通，这时泵就结束卸荷状态向系统供给压力油。

6.1.5 其他回路

（1）缓冲制动回路

图 6-43 所示为使用溢流阀的缓冲制动回路。当换向阀
在中位时，液压马达进出液口被封闭，由于负载质量的惯
性作用，使液压马达转入泵工况，出口产生高压，此时溢
流阀 4 或 5 打开，起缓冲和制动作用。图 6-43(a) 所示为
采用两个安全阀组成缓冲制动阀组的回路，可实现双向缓
冲制动。图 6-43(b) 所示为采用单向阀组从油箱向液压马
达吸油侧补油的回路。

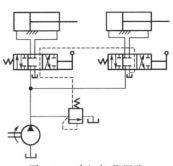

图 6-42 多缸卸荷回路

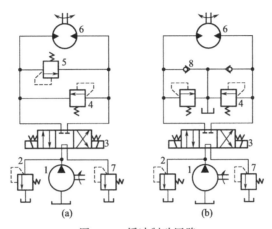

图 6-43 缓冲制动回路

1—液压泵；2,4,5—溢流阀；3—换向阀；6—液压马达；7—背压阀；8—单向阀

（2）浮动回路

浮动回路是把执行元件的进、回油路连通或同时接通油箱，借助于自重或负载的惯性
力，使其处于无约束的自由浮动状态。

图 6-44 所示为采用 H 型（或 P 型、Y 型）三位四通阀的浮动回路。

图 6-45 所示为利用二位二通阀实现起重机吊钩马达浮动的回路。当二位二通阀 2 的上
位接回路时，起重机吊钩在自重作用下不受约束地快速下降（即"抛钩"）。马达浮动时若
有外泄漏，单向补油阀 4（或 5）可自动补油，以防空气进入。

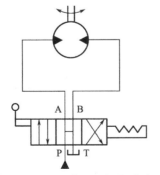

图 6-44 H 型三位四通阀的浮动回路

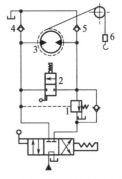

图 6-45 用二位二通阀的浮动回路

1—外控顺序阀；2—二位两通阀；3—液压
马达；4,5—单向阀；6—吊钩

对于径向柱塞式内曲线马达而言，使定子内充满压力油，柱塞缩回缸体，马达外壳就处于浮动状态。这种马达用于起重机械，可实现抛钩；用于行走机械，可以滑行。

6.2 液压伺服控制基本回路

6.2.1 电液伺服阀位置控制回路

如图 6-46 所示，电液伺服阀位置控制回路由液压泵、溢流阀、电液伺服阀、伺服放大器、液压缸等元件组成。图中液压缸 C 的运动方向和速度由输给电液伺服阀 SV 的电流 $\pm I$ 方向和大小确定。当输入位置指令电压信号 u_i 后，它与位置传感器 F 的位置反馈电压信号 u_f 相比较，其偏差量

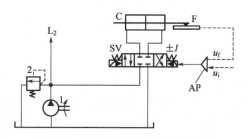

图 6-46 电液伺服阀位置控制回路
1—液压泵；2—溢流阀；SV—电液伺服阀；
AP—伺服放大器；C—液压缸

经伺服放大器 AP 处理后产生电流 $\pm I$，这样就形成了电液伺服阀位置控制回路。液压缸的活塞位置与指令信号 u_i 一一相对应。溢流阀为该回路提供了恒压油源。L_2 为去其他支路。

6.2.2 电液伺服阀速度控制回路

如图 6-47 所示，电液伺服阀速度控制回路由液压泵、溢流阀、电液伺服阀、伺服放大器、液压马达等元件组成。图中当速度指定信号 u_i 输入后，它与速度传感器 F 的速度反馈信号 u_f 相比较，其偏差量经伺服放大器 AP 处理后产生电流 $\pm I$，输给伺服阀 SV，控制液压马达 C 的旋转方向和旋转速度，这样就形成了电液伺服阀速度控制回路。液压马达 C 的速度与指令信号 u_i 一一相对应。此回路所用的传感器 F 为速度传感器而非位置传感器，伺服放大器所处理的是实际转速与给定转速的偏差量，而非实际位置与给定位置的偏差量。

6.2.3 电液伺服阀压力控制回路

如图 6-48 所示，电液伺服阀压力控制回路由液压泵、溢流阀、电液伺服阀、伺服放大器、压力传感器、液压缸等元件组成。当压力信号 u_i 输入后，它与压力传感器 F 的压力反馈信号 u_f 相比较，其偏差量（实际压力与给定压力的差值）经伺服放大器 AP 处理后产生电流 $\pm I$，输给伺服阀 SV，控制加载液压缸 C，这样就形成了电液伺服阀压力控制回路。加载液压缸的压力与指令信号一一对应。

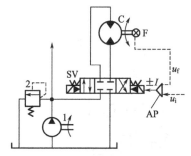

图 6-47 电液伺服阀速度控制回路
1—液压泵；2—溢流阀；F—速度传感器；SV—电液
伺服阀；AP—伺服放大器；C—液压马达

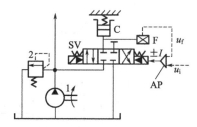

图 6-48 电液伺服阀压力控制回路
1—液压泵；2—溢流阀；F—压力传感器；C—控制
加载液压缸；SV—伺服阀；AP—伺服放大器

6.2.4 采用伺服阀的同步回路

当液压系统有很高的同步精度要求时，必须采用比例阀或伺服阀的同步回路，如图 6-49 所示。伺服阀 1 根据两个位移传感器 2、3 的反馈信号，持续不断地调整阀口开度，控制两个液压缸的输入流量或输出流量，使它们获得双向同步运动。

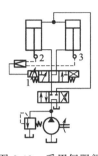

图 6-49　采用伺服阀
的同步回路
1—伺服阀；
2,3—位移传感器

6.2.5 电液伺服阀两液压缸同步控制回路

如图 6-50 所示，电液伺服阀两液压缸同步控制回路由双液压缸、液压泵、溢流阀、液压传感器、电液伺服阀、电磁换向阀等元件组成。图中两液压缸 C_1、C_2 要求运动时的位置保持同步。F_1、F_2 为两液压缸的位置传感器，它们反映的两液压缸实际位置的信号 u_1、u_2 在伺服放大器中进行比较和放大。当两液压缸有位置偏差（即不同步）时，u_1 与 u_2 的偏差经伺服放大器处理后将偏差电流 $\pm I$ 输给电液伺服阀 SV，向位置落后的液压缸多供油，向位置在前的液压缸少供油，以达到两液压缸同步运动的目的。

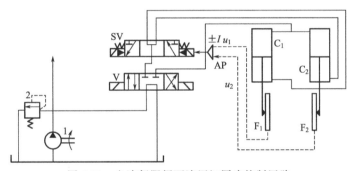

图 6-50　电液伺服阀两液压缸同步控制回路
1—液压泵；2—溢流阀；V—电磁换向阀；SV—电液伺服阀；C_1,C_2—液压缸；F_1,F_2—位置传感器；AP—伺服放大器

6.2.6 其他物理参数的电液伺服阀控制回路

如图 6-51 所示，其他物理参数的电液伺服阀控制回路由液压缸、电液伺服阀、伺服放大器、液压泵、溢流阀等元件组成。图中液压缸 C 驱动控制物理参数设备 D、物理参数传感器 F，当被控物理参数的反馈信号 u_f 与给定值 u_i 有偏差时出现 $\pm I$，经电液伺服阀 SV、液压缸 C、控制物理参数设备 D，使其参数跟踪给定值。原则上只要有相应的物理参数传感器及控制物理参数设备，任何物理参数都有用电液伺服阀控制的可能性。

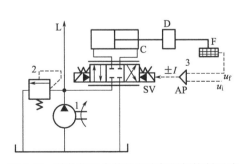

图 6-51　其他物理参数的电液伺服阀控制回路
1—液压泵；2—溢流阀；SV—电液伺服阀；
AP—伺服放大器；C—液压缸；D—控
制物理参数设备；F—物理参数传感器

6.3 液压比例控制基本回路

6.3.1 电液比例压力控制回路

与传统压力控制方式相比，电液比例压力控制可以实现无级压力控制。换言之，几乎可以实现任意的压力-时间（行程）曲线，并且可使压力控制过程平稳迅速。电液比例压力控制在提高系统技术性能的同时，可以大大简化系统油路结构；其缺陷是电气控制技术较为复杂，成本较高。

（1）比例调压回路

采用电液比例溢流阀可以构成比例调压回路，通过改变比例溢流阀的输入电信号，在额定值内任意设定系统压力（无级调压）。

比例调压回路的基本形式有两种，其一如图6-52(a)所示，用一个直动式电液比例压力阀2与传统先导式溢流阀3的遥控口相连接，比例压力阀2作远程比例调压，而传统溢流阀3除作主溢流外，还起系统的安全阀作用。其二如图6-52(b)所示，直接用先导式电液比例溢流阀5对系统压力进行比例调节，比例溢流阀5的输入电信号为零时，可以使系统卸荷。接在阀5遥控口的传统直动式溢流阀6，可以预防过大的故障电流输入致使压力过高而损坏系统。图6-52(c)为电液比例控制所实现的压力-时间特性曲线。

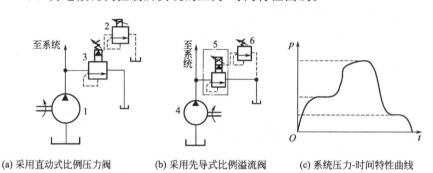

(a) 采用直动式比例压力阀　　(b) 采用先导式比例溢流阀　　(c) 系统压力-时间特性曲线

图6-52　电液比例溢流阀的比例调压回路

1,4—定量泵；2—直动式电液比例压力阀；3—传统先导式溢流阀；5—先导式电液比例溢流阀；6—传统直动式溢流阀

（2）比例减压回路

采用电液比例减压阀可以实现构成比例减压回路，通过改变比例减压阀的输入电信号，在额定值内任意降低系统压力。

与电液比例调压回路一样，电液比例减压阀构成的减压回路基本形式也有两种，其一如图6-53(a)所示，用一个直动式电液比例压力阀3与传统先导式减压阀4的先导遥控口相连接，用比例压力阀3远程控制减压阀的设定压力，从而实现系统的分级变压控制；液压泵1的最大工作压力由溢流阀2设定。其二如图6-53(b)所示，直接用先导式电液比例减压阀7对系统压力进行减压调节，液压泵5的最大工作压力由溢流阀6设定。

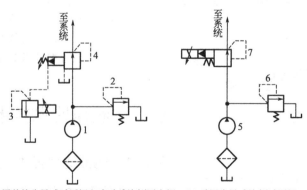

(a) 采用传统先导式减压阀和直动式比例压力阀　　(b) 采用先导式比例减压阀

图6-53　电液比例减压阀的比例减压回路

1,5—定量泵；2—传统先导式溢流阀；3—直动式电液比例溢流阀；4—减压阀；6—传统直动式溢流阀；7—先导式电液比例溢流阀

6.3.2　电液比例速度控制回路

通过改变执行器的进、出流量或改变液压泵及执行器的排量即可实现液压执行器的速度控制。根据这一原理，电液比例速度调节有比例节流调速、比例容积调速和比例容积节流调速三类。

(1) 比例节流调速回路

比例节流调速回路采用定量泵供油，利用电液比例流量阀（节流阀或调速阀）或比例方向阀等作为节流控制元件，通过改变节流口的开度，实现改变进、出执行器的流量来调速，并且可以很方便地按照生产工艺及设备负载特性的要求，实现一定的速度控制规律。与传统手调阀的速度控制相比，既可以大大简化控制回路及系统，又能改善控制性能，而且安装、使用和维护都较方便。

图 6-54 为电液比例节流阀的节流调速回路，其结构与功能的特点与传统节流阀的调速回路大体相同。所不同的是，电液比例调速可以实现开环或闭环控制，可以根据负载的速度特性要求，以更高精度实现执行器各种复杂的速度控制。将节流阀换为比例调速阀，即构成电液比例调速阀的节流调速回路。与采用节流阀相比，采用比例调速阀的节流调速回路，由于比例调速阀具有压力补偿功能，所以执行器的速度负载特性（即速度平稳性）要好。

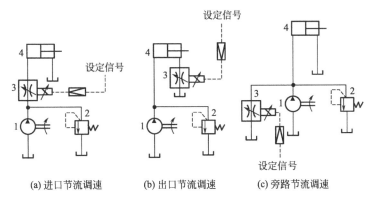

(a) 进口节流调速　(b) 出口节流调速　(c) 旁路节流调速

图 6-54　电液比例节流阀的节流调速回路

1—定量泵；2—溢流阀；3—电液比例调速阀；4—液压缸

(2) 比例容积调速回路

比例容积调速采用比例排量调节变量泵与定量执行器或定量泵与比例排量调节液压马达等组合方式来实现，通过改变液压泵或液压马达的排量进行调速，具有效率高的优势，但其控制精度不如节流调速。比例容积调速适用于大功率液压系统。

比例变量泵的容积调速回路如图 6-55 所示，变量泵内附电液比例阀 2 及其控制的变量缸 3，通过变量缸操纵泵的变量机构改变泵 1 的排量，改变进入液压执行器（液压缸 8）的流量，从而达到调速的目的。在某一给定控制电流下，泵 1 像定量泵一样工作。变量缸 3 的活塞不会回到零流量位置处，即不存在截流压力，所以回路中应设置过流量足够大的安全阀 6。比例排量泵调速时，供油压力与负载压力相适应，即

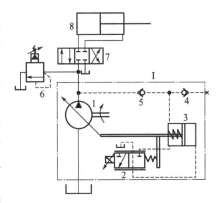

图 6-55　比例容积调速回路

1—变量泵；2—电液比例阀；3—变量缸；
4,5—单向阀；6—安全阀；7—三
位四通换向阀；8—执行液压缸

工作压力随负载而变化。泵和系统的泄漏量的变化会对调速精度产生影响，但是可以在负载变化时，通过改变输入控制信号的大小来补偿。例如，当负载由大变小时，速度将会增加。这时可使电液比例阀2的控制电流相应减小，输出流量因而减小，这样使因负载变化而引起的速度变化得到补偿。比例变量泵的调速回路由于没有节流损失，故效率较高，适合在大功率和频繁改变速度的场合采用。

（3）比例容积节流调速回路

比例容积节流调速回路如图6-56所示，变量泵内附电液比例节流阀2、压力补偿阀3和限压阀4。由于有内部的负载压力补偿，泵的输出流量与负载无关（是一种稳流量泵），具有很高的稳流精度。应用本泵可以方便地用电信号控制系统各工况所需流量，并同时做到泵的压力与负载压力相适应，故称为负载传感控制。

图6-56（a）为不带压力控制的比例流量调节，由于该泵不会回到零流量处，系统必须设置足够大的溢流阀5，使在不需要流量时能以合理的压力排走所有的流量。图6-56（b）中的泵内除附有图6-56（a）中的元件外，还附有截流压力调节阀7，通过该阀可以调定泵的截流压力。当压力达到调定值时，泵便自动减小输出流量，维持输出压力近似不变，直至截流。但有时为了避免变量缸的活塞频繁移动，设置上述的溢流阀仍是必要的。

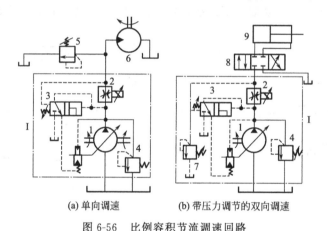

(a) 单向调速　　　　　　　(b) 带压力调节的双向调速

图6-56　比例容积节流调速回路

1—变量泵；2—电液比例节流阀；3—负载压力补偿阀；4—限压阀；5—溢流阀；
6—单向定量液压马达；7—截流压力调节阀；8—三位四通换向阀；9—液压缸

比例容积节流调速回路由于存在节流损失，因而这种系统会有一定程度的发热，限制了在大功率范围的使用。

6.3.3　电液比例方向速度控制回路

采用兼有方向控制和流量比例控制功能的电液比例方向阀，可以实现液压系统的换向及速度的比例控制。使用比例方向阀的回路，可省去调速元件，能迅速准确地实现工作循环，避免压力尖峰及满足切换性能的要求，延长元件与机器的寿命。

（1）换向调速回路

图6-57所示为加压型（P型机能）比例方向阀的换向调速回路。P型比例方向阀1在中位时，A、B油口与P油口几乎是关闭的。只允许小流量通过，并对两腔加压。而T油口完全关闭。这种回路的优点是中位时能提供小量的油流，补偿执行器的泄漏；可减少空穴出现对机器的损坏。对双杆液压缸及液压马达，这一小流量足以补偿泄漏，并在小惯性作用下防止真空出现。对大惯量系统，为防止出现空穴，可在执行器两端跨接两个限压溢流阀2和3

（但这种跨接式溢流阀只适用于对称执行器）。

（2）比例差动控制回路

传统的差动回路只有一种差动速度，而比例差动回路可以对差动速度进行无级调节。有几种方法可以实现差动控制。使用的电液比例方向阀的形式通常是 Y 型和 YX3 型。由于电液比例方向阀的阀芯在直径方向没有尺寸变化，是连续工作位置，很容易实现差动控制，使差动回路获得简化。

图 6-58 为利用 Y 型阀芯实现的典型差动回路。回路中使用的差动缸面积比是 2∶1，比例阀两条主油路的开口面积比也是 2∶1，电磁铁 1YA 通电时对液压缸差动向前控制，电磁铁 2YA 通电时返回。可以看出，在两个方向上速度是连续可调的。差动速度的调节是控制从 P 到 A 的开口面积变化来实现的。

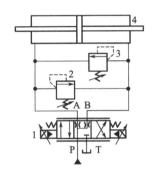

图 6-57　P 型阀换向调速回路
1—电液比例方向阀（P 型）；
2,3—溢流阀；4—液压缸

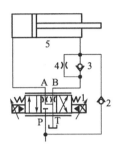

图 6-58　Y 型阀差动回路
1—电液比例方向阀（Y 型）；
2,3—单向阀；4—节流小孔；5—液压缸

6.3.4　电液比例方向阀节流压力补偿回路

（1）比例方向阀的进口节流压力补偿回路

电液比例方向阀的控制油口本质上只是一个可变节流口。为了提高其控制流量的精度，必须在控制孔口面积的同时对前后压差的变化加以限制，从而使控制速度不受负载变化或供油压力变化的影响，即维持节流口前后压差不变，也即需要对于负载压力进行补偿。众所周知，负载压力补偿的原理是用节流阀的出口压力作为参考压力，采用定差减压阀或定差溢流阀来调节节流口的进口压力，使进口压力与出口压力相比较，并维持在一个恒定的差值上（与普通调速阀中的压力补偿一样）。但把这种原理用于四通比例方向阀时，必须作某些特殊的考虑。

进口节流压力补偿阀可以采用插装阀，也可以采用减压阀，图 6-59 为采用单向叠加式压力补偿阀的进口节流压力补偿回路。使用时单向叠加式压力补偿阀 1 安装在比例方向阀 2 与底板之间，需用一外接油管把反馈压力信号接入反馈油口 X 处。如果油口 A 与 X 接通，压力补偿器用作从 p 到 p_1 的减压器，并调节 p_1 使通过比例阀从 P_1 口到 A 口的压力降保持不变。如果在 X 油口处接入一个溢流阀 3，则这种阀同时是 P 孔到 A 孔的减压阀。可在保持 A 孔压力不变的同时，保持 p_1 与 p_A 间压差不变。这种回路对 A 孔可限制传动装置的最高工作压力，即具有限压功能。由于补偿阀中采用的补偿元件是三通定差减压阀，当 A 孔的压力过高时，减压阀流量通过油口 T 回油箱，在 A 处的任何快速的压力变化将很快消失，所以在 A 处不会出现过高的压力峰值。

（2）比例方向阀的出口节流压力补偿回路

出口节流压力补偿可以采用减压阀或插装阀来设计。图 6-60 所示为单向出口节流压力补偿回路，它由一个普通先导式减压阀 2 与比例方向阀 1 连接构成，减压阀的泄油腔与回油腔 T 相连接。该回路的特点是通过比例方向阀的压差可由减压阀来调整，从而可在较低的压差下获得准确的流量。如果需要在两个方向上进行精确调速，在油孔 A 侧串入一只相同的减压阀即可。

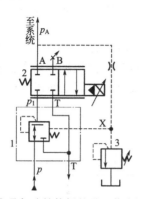

图 6-59 单向叠加式补偿阀的进口节流压力补偿回路
1—压力补偿阀；2—比例方向阀；3—溢流阀

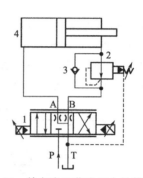

图 6-60 单向出口节流压力补偿回路
1—比例方向阀；2—减压阀；3—单向阀；4—液压缸

这种回路的液压系统会在有杆腔产生高压，特别是在活塞杆直径较大和超越负载的情况下更为严重。例如，一个供油压力仅 10MPa 的系统，为了安全运行，液压缸的额定工作压力至少应为 21MPa。因此，在使用这种回路前应认真计算可能出现的高压，并采取适当的措施。否则，液压缸的密封甚至缸体都会因超压而造成损坏。

（3）采用插装元件的压力补偿回路

众所周知，任何液压控制功能都可用插装阀来实现。当需要把压力补偿比例阀装在油路板上时，应选择采用插装阀的压力补偿回路，该回路具有结构紧凑、易维修的特点。比例方向阀的压力补偿可以采用溢流元件或减压元件来实现。

图 6-61（a）所示为减压型进口压力补偿回路，它采用定差减压组件 1 为补偿元件。由于定差减压阀只有两条主油路，故有时被称作二通阀。压力补偿可以从 P 孔到 A 孔或从 P 孔到 B 孔选择。通过更换不同刚度的弹簧来改变横跨比例阀口的恒定压差（压差常设为 $0.5\sim0.8$MPa）。

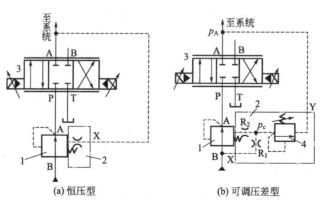

(a) 恒压型　　　　　　　　　(b) 可调压差型

图 6-61 二通型进口节流压力补偿回路
1—减压组件；2—盖板；3—比例方向阀；4—小型溢流阀

在盖板处加上一个小型溢流阀 4，即可构成压差可调的二通型进口节流压力补偿回路，如图 6-61(b) 所示。调节溢流阀的调压弹簧可改变横跨比例方向阀 3 的压降,从而准确调节流量。该回路的工作原理是由于溢流阀的泄油通道把排油口与弹簧腔相通,所以负载感应压力 p_A 也作用在溢流阀的弹簧腔上。溢流时有 $p_c = p_A + p_t$(p_c 为溢流阀溢流压力;p_t 为与溢流阀调压弹簧力等价的压力;p_A 为比侧方向阀出口压力)。又因为减压元件偏置弹簧很软,所以平衡时 p_c 与比例阀进口压力 p 相等,于是有 $\Delta P = p_c - p_A = p - p_A = p_t$。液阻 R_1 与溢流阀组成 B 型先导液压半桥,对主阀阀芯的位置进行控制。先导油从 B 孔经 X 口引入,对先导液压桥供油。R_1 用于产生必要的压力降,使主阀阀芯动作。R_2 为动态反馈液阻,用于改善阀芯的动态特性。

6.3.5　电液比例压力/速度控制回路(节能回路)

　　将比例调压和比例调速回路按需要组合起来即可构成多种能够同时对系统的压力和速度进行比例控制的回路。有多种专用于此目的的比例 P/Q(压力/流量)复合控制元件,由它们构成的电液比例回路可使系统更加简洁,具有负载适应性能,因而节能;此外,其他性能也会得到提高。属于这类回路中常见的有比例溢流节流控制的 P/Q 阀回路和容积节流控制的比例 P/Q 变量泵供回路。

　　(1) 比例 P/Q 复合阀调压调速回路

　　用比例 P/Q 复合阀与定量泵构成的调压调速回路如图 6-62 所示。利用电气遥控调压和调速,使系统变得非常简单,且控制性能也相当好。所需流量的控制由比例流量阀 3 进行,主溢流的先导式溢流阀 2 按系统的最高工作压力来调整,以便提供压力保护;而各种阶段的压力则由先导比例溢流阀 4 的控制电流确定;先导油应引至各个需要先导控制的地方。P/Q 复合阀是利用定差溢流阀来作压力补偿的,定量泵 1 的输出压力适应负载压力,因此供油过程中没有过剩压力,较为节能。

　　(2) 比例 P/Q 调节型变量泵回路

　　电液比例 P/Q 泵调压调速回路如图 6-63 所示,压力由比例压力阀 1 进行控制,输出流量由比例流量阀 2 通过改变泵的排量实现控制,既可流量适应又有压力适应,故又称为负载传感回路,节能效果最好。比例 P/Q 泵除了能够完成比例 P/Q 阀所能实现的功能外,还能实现更复杂的功能。比例 P/Q 泵供油回路的调压调速,通常由 PLC 或工控微机进行编程控制,主要用于工作循环复杂、工况变化频繁、动静特性都要求较高的地方。

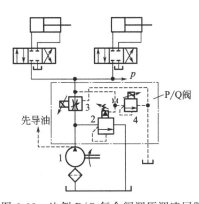

图 6-62　比例 P/Q 复合阀调压调速回路
1—定量泵;2—先导式溢流阀;
3—比例流量阀;4—先导比例溢流阀

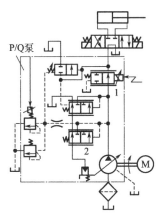

图 6-63　比例 P/Q 变量泵调压调速回路
1—比例压力阀;2—比例流量阀

6.4 插装阀基本回路

6.4.1 简单换向回路

图 6-64 所示为最简单的立式单作用柱塞缸的换向回路，柱塞的退回靠柱塞和滑块等运动部分本身的重量来实现。采用一个基本控制单元，两个方向插入元件由一个二位四通电磁阀作先导控制，控制油来自主系统。电磁铁断电时，阀 1 关、阀 2 开，柱塞下落；电磁铁通电时，阀 1 开、阀 2 关，柱塞上升。从它的功能看，相当于一个二位三通电液动换向阀。

柱塞只能上升或下降，停在两端终点位置，不能停在行程中间的任意位置上。如果要求柱塞能够随意中途停止，则必须采用图 6-65 所示的三位四通电磁阀进行控制。当电磁阀在中间位置时，阀 1 和阀 2 均关闭，液压缸锁闭，柱塞由缸内背压支撑停止。因此，对应于电磁阀的 3 个工作位置，柱塞也有 3 种工作状态——上升、下降和停止。梭阀 4 的作用是当系统卸荷或其他液压缸工作造成压力管路 P 降压时保证阀 1 和阀 2 不会在阀体内反压作用下而自行开启，防止了柱塞自行下落。对于恒压系统，如带蓄能器系统或者液压泵始终不卸荷的中低压系统，则梭阀可以不装。这个回路相当于一个三位三通电液动换向阀。

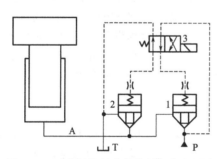

图 6-64 无中间位置的单作用缸换向回路

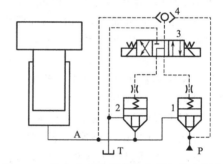

图 6-65 具有中间位置的单作用缸换向回路
1,2—单向阀；3—三位四通电磁阀；4—梭阀

单作用缸虽然很简单，但是十分典型，尤其是对于二通插装阀系统而言更是如此。双作用差动液压缸可以看作是两个单作用缸，只是需要配上两套基本控制单元而已。

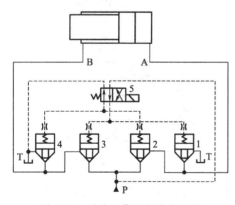

图 6-66 卧式双作用缸换向回路
1～4—方向阀插入元件；5—二位四通电磁阀

图 6-66 为卧式双作用缸的换向回路。主级采用 4 个方向阀插入元件，用一个二位四通电磁阀进行集中控制。电磁阀断电时，活塞伸出；电磁阀通电时，活塞退回。这个回路相当于一个二位四通电液动换向阀。当要求活塞能够停在行程的中间位置时，可以采用三位四通电磁阀来控制。当电磁阀两端的电磁铁均不通电时缸两腔锁闭，活塞停止，所以相当于一个 O 型机能的换向阀。如果要求不同的换向机能，可以相应采用具有不同机能的先导电磁阀。电磁阀的数量也可不同，如果动作很复杂，要求这个四通阀实现多种控制机能时，则可以用多个电磁阀进行控制。当每个插入元件用自己单独的电磁阀进行分控时，便获得了最大的灵活性，可以

得到 12 种不同的换向机能。

对于立式双作用缸，如果运动部分的重量较大，除了缸下腔的控制回路必须按上述立式单作用缸考虑自重产生反压的影响外，其余均与卧式缸相同。

6.4.2　调压换向回路

液压缸工作压力的调整对插装阀系统来讲也是很方便的，只要基本控制单元的回油阀选用压力阀插入元件，配上相应的先导调压阀就可以实现液压缸各工作腔压力的单独调节，如图 6-67 所示。

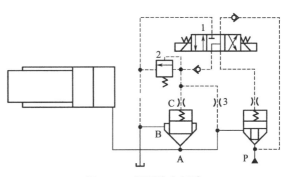

方向阀插入元件同样也有限压的作用，当液压缸不需要单独调压时，可以利用插入元件 A、B、C 三腔间的压力平衡关系来达到控制液压缸最大工作压力的目的。例如差动缸的活塞腔加压时，由于两工作腔的面积差有可能造成活塞杆腔增压而发生事故，所以一般系统中常加溢流阀来防止这个可能性。现在，不需任何措施便可达到，而且还有双重保护，如前所述，所以既安全又简单。

图 6-67　调压换向回路
1,2—调压阀；3—阻尼塞；
P—进油口；A,B—出油口；C—控制油口

有时一个回路要求有几种调定压力，这时只要回油阀采用多级溢流阀的形式即可实现。如图 6-67 中，缸下腔可获得三级调压，高压由调压阀 2 调定，用作安全限压控制；中压由调压阀 1 调定，用作平衡控制；低压由阻尼塞 3（可用先导调压阀代替）决定，用作自重快速下降时的背压控制。

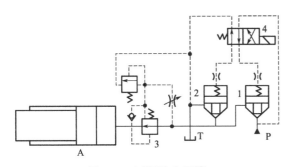

图 6-68　减压换向回路
1,2—单向阀；3—减压阀；4—二位四通换向阀

随着比例压力阀的发展，液压系统的压力控制变得更加方便和灵活了，在原压力阀插入元件上安装一个比例先导调压阀即可变为一个比例压力阀。随着输入电流的改变其调定压力也相应变化，可以实现无级调压，且压力转换十分平稳，消除了传统的多级调压控制时压力转换的超调和波动，调压精度高，稳定性好，还可实现远距离程序控制。

对于恒压系统，液压缸要求单独调压只能由减压阀来实现，其基本回路如图 6-68 所示。它由一个二位四通换向阀 4 和一个减压阀 3 组成。减压阀是常通的，当缸内压力达到调定值后它将关闭切断油路，实现了液压缸的限压。回程时，减压阀允许反向自由通过。按上述方法，同样也能组成具有多级调压或比例调压的减压换向回路。

6.4.3　保压调压换向回路

保压和支撑在液压系统中实际上具有同一个含义，都是衡量回路的锁闭能力的。由于插装阀的密封性较好，泄漏少，所以它本身就具有一定的保压能力。如果工作中保压的时间短，对压力波动的要求不严格，则回路中可以不再加保压措施。如果保压时间较长，对保压性能又要求很高时，可以在基本控制单元外再增设一个液控单向阀。图 6-69(a) 为它的回路

图。由于无泄漏座阀式密封的液控单向阀3可靠地隔离了液压缸与外界其他回路的联系，所以只要液压缸的密封良好不泄漏，就能获得很好的长时间保压性能。当外部加上控制压力久后，阀3开启，缸才得以卸压回油。这个液控单向阀也可以采用电磁球阀先导控制，依靠缸内油压自控［见图6-69(b)］。

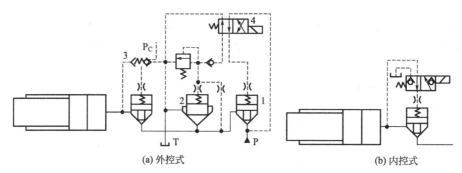

(a) 外控式   (b) 内控式

图 6-69   保压调压换向回路

1—单向阀；2—溢流阀；3—液控单向阀；4—二位四通换向阀

6.4.4   卸压换向回路

工作压力较高和尺寸较大的液压缸工作时，经常会出现换向冲击的问题。造成机器和管路的剧烈振动和噪声，这是由于在加压过程中液压缸和管路中的液体积蓄了大量的压力能；机架、液压缸和管道受力后的弹性变形也使它们储存了一定的弹性能，在快速换向时，这部分能量以通过换向阀放油的形式在极高速度下突然释放出来而造成了冲击和振动。解决的办法是使这些能量逐渐释放，也即使缸内压力逐渐卸压，卸压以后再换向。

对于一般的换向回路，可以采取图6-70的办法。在液压缸A工作腔的基本控制单元中，回油阀2应用了带节流塞的插入元件，在先导回路中设有单向节流阀7以调节开启速度。当A腔加压完毕后，首先电磁阀5断电复位，于是阀2在阀7调定的速度下慢慢开启，加上带节流塞插入元件在开始开启的一段行程内具有开口小和开口变化平缓的特点，所以阀2的开口缓慢地逐渐增大，达到了A腔预先平稳卸压的要求。待A腔压力降低后，再使电磁阀6通电切换，活塞退回。

当液压缸的压力要求单独调整时，回油阀2必须使用压力阀插入元件，这种常用的卸压换向回路如图6-71所示，这里应用了在电磁溢流阀先导回路中加缓冲器的办法来获得平稳卸压。

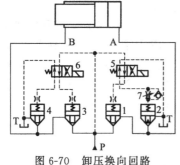

图 6-70   卸压换向回路

1,3,4—插装组件；2—回油阀；5,6—二位
四通换向阀；7—单向节流阀

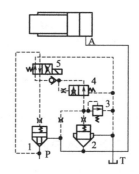

图 6-71   调压卸压换向回路

1—插装组件；2—回油阀；3—电磁溢流
阀；4—缓冲器；5—二位四通换向阀

当液压缸利用比例压力阀调压时的卸压最为简单和方便，只要控制卸压过程中比例电磁铁的输入电流变化，便能任意调节卸压的速度和时间，卸压既快又稳。

6.4.5　卸荷回路

在二通插装阀系统中，卸荷一般采用电磁溢流阀的卸荷方式，如图 6-72 所示为液压泵和系统同时卸荷调压回路。单向阀 1 防止系统的油液向液压泵倒流，旁边为一个电磁溢流阀，由调压阀 3 来限定液压泵和系统的最大工作压力，带有缓冲器 4 以减小系统卸荷冲击。

液压系统中还经常要求液压泵卸荷而系统不卸荷以减少系统压力的急剧变化，提高工作稳定性。这时电磁溢流阀就必须装在单向阀的上游，如图 6-73 所示。这样，液压泵卸荷时，由于单向阀关闭，系统压力就不会随之突然下降。

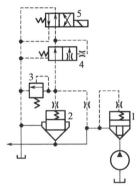

图 6-72　液压泵和液压系统同时卸荷调压回路
1—单向阀；2—溢流阀；3—调压阀；4—缓冲器；5—二位四通阀

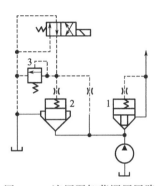

图 6-73　液压泵卸荷调压回路
1—单向阀；2—溢流阀；3—调压阀

当液压动力源采用多台液压泵供油，并且在工作中依靠液压泵卸荷来改变供油流量时，每台液压泵都需配上这么一个卸荷回路才能实现各泵的单独卸荷。

图 6-74 为带蓄能器时泵卸荷回路。图中由压力阀插入元件 2、卸荷溢流式先导调压阀 3和电磁阀 4 组成了一个电磁卸荷溢流阀。液压泵空载启动后，电磁阀通电换向，液压泵工作向蓄能器充液，将蓄能器和系统压力升高到调压阀 3 调定的卸荷压力时，阀 2 自动开启使液压泵卸荷。当系统压力下降低于调压阀的关闭压力时，阀 2 关闭，液压泵重新自动投入工作。也可以由电接点压力表或双调压压力继电器来控制电磁阀 4 使液压泵卸荷或者工作。

6.4.6　顺序换向回路

图 6-75 中的两个缸必须按顺序动作，例如 A 缸先加压，当系统压力达到一定值后 B 缸才能加压。两个缸各用一个基本控制单元控制，B 缸的进油阀 1 采用压力阀插入元件，配上先导调压阀 7。工作时，电磁阀 5 和 6 同时通电，阀 3 先开启，A 缸先加压。在系统压力低于调压阀 7 的调定压力前，阀 1 始终保持关闭，所以 B 缸不动。只有当 A缸夹紧了工件，系统压力上升超过阀 7 的调定值后，阀 1才自动开启，B 缸进油完成工作行程，实现了顺序动作。

在多缸回路中，液压缸工作经常是靠电控来实现其动作顺序的。如果几个液压缸采用同一个系统动力源供油，必须注意的一个问题便是各缸工作时的压力互相干扰问

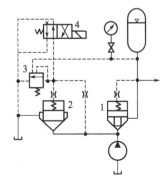

图 6-74　带蓄能器时泵卸荷调压回路
1—单向阀；2—插入元件；3—卸荷溢流式先导调压阀；4—二位四通电磁阀

题，尤其对于二通插装阀这样的液控型元件更为重要，稍有疏忽就可能导致误动作。

如图 6-76 所示，两个负荷不同的液压缸依靠控制电磁阀 5 和 6 通电顺序来实现其先后动作。A 缸的负荷重，B 缸的负荷轻，要求 A 缸先动、B 缸后动，必须保证 B 缸动作时 A 缸的压力不能降低。以往滑阀系统一般在换向阀前加一个单向阀来解决，而在插装阀回路中只需在先导油路中加梭阀和单向阀便可实现。当电磁阀 5 通电时，阀 3 开启，A 缸进油加压，举起重物，这时阀 3 的工作机能如同一个单个单向阀，只要系统压力有所下降，它便会自动关闭，可防止 A 缸中油液倒流回系统。单向阀 9 从另一方面阻止 A 缸通过先导回路向系统倒流，所以 A 缸的压力不会随系统压力的下降而减小。图中 A 缸升起后，如电磁阀 6 切换，阀 1 开启，B 缸进油工作，由于负荷轻，所以系统压力将相应降低。但是因为 A 缸油液不能倒流，所以 A 缸仍能可靠地托住重物。同样，如果这时又有一个空负荷的 C 缸开始工作，或者系统突然卸荷时，A 和 B 两缸的压力都不会受到影响。

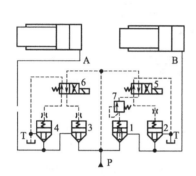

图 6-75　顺序换向回路

1—进油阀；2~4—单向阀；5,6—电磁
阀；7—先导调压阀；A,B—液压缸

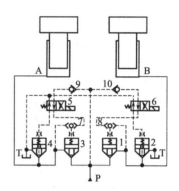

图 6-76　防止压力干扰的多缸顺序换向回路

1,3—单向阀插入元件；2,4—回油阀；5,6—电
磁阀；7,8—梭阀；9,10—单向阀

如果 A 缸采用像图 6-64 那样的简单换向回路，则 B 缸动作时 A 缸重物便会掉下。如果采用图 6-65 那样的回路，当 B 缸工作时使电磁阀 5 通电切换，A 缸非但不能上升反而下降。同样道理，当系统从卸荷转入工作，系统压力逐渐升高时，如果切换电磁阀使立式缸上升，往往会出现活塞先下落再上升的所谓"点头"现象。对于经常存在反压的卧式缸也会出现类似现象。在这个基本回路中，注意两个回油阀 2 和 4 都采用了带阻尼孔的压力阀插入元件，这样可使阀和缸保持可靠关闭，不受先导回路泄漏的影响。如果采用方向阀插入元件，则先导回路的任何微小泄漏都将导致阀的开启。

6.4.7　支撑换向回路

在液压系统中经常应用液压支撑的原理，靠缸内形成的压力来承受立式缸的运动部分重量和负载，使之不能自行下落。像图 6-65 那样的简单换向回路本身就带有支撑的功能。支撑的可靠性取决于工作腔封闭管路的密封性和泄漏。除液压缸密封装置的泄漏外，泄漏的主要途径只有两条：一条是滑阀式先导电磁阀处，它在二通插装阀回路中往往是泄漏最多的地方；另一条是回油阀插入元件中阀套与阀芯的圆柱配合面处。由于先导电磁滑阀的通径小，必要时还可以采用无泄漏的电磁球阀；插入元件圆柱配合面的间隙小而封油长度较长，在应用于高水基工作介质时还可通过密封圈消除这部分泄漏，所以这个回路中的泄漏量是较少的，比电液动滑阀的泄漏要少得多，柱塞的自重下滑将是很缓慢的，一般不影响工作，在缸内背压较低的情况下，有时甚至可以完全停止下滑。

图 6-77 的支撑回路中应用了平衡阀的原理，由先导调压阀 5 调定阀 1 所需的支撑压力。

这时，即使电磁阀 3 处于图示位置，也只有当下腔压力超过支撑压力阀 2 才会开启，所以缸下腔始终有一个背压托住滑块不使之自行下滑。由于梭阀 4 接在先导电磁阀 3 和进油阀 1 的控制腔之间，这种接法使电磁阀与缸下腔的通路由于梭阀的座阀式密封结构被可靠地隔离，所以电磁阀的泄漏将不影响支撑性能。这个回路还兼有调压机能，与靠阀芯机能锁闭的回路不同；这个回路的支撑可靠性还与调定的支撑压力大小有关。由于考虑到工作时的能量利用，支撑压力不能调得很高，所以在不工作时，当负载意外增加时有可能造成滑块下落，因而存在着一个不安全的因素。

6.4.8 调速调压换向回路

如果一个液压缸既要求控制速度又要求单独调整压力，可以采用调速调压换向回路（见图 6-78）。它是由节流阀和溢流阀组成的基本控制单元，具有进油节流调速机能、调压机能和换向机能。

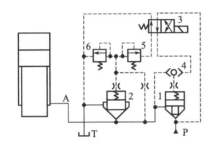

图 6-77 调压支撑换向回路

1—进油阀；2—压力阀；3—电磁阀；

4—梭阀；5,6—先导调压阀

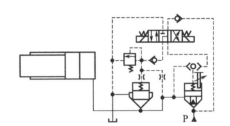

图 6-78 调速调压换向回路

6.4.9 调速换向回路

最简单的调速方法便是在基本控制单元的进油阀和回油阀上配以行程调节器来限制插入元件的开启高度，来实现节流调速。行程调节器加在进油阀上就得到进油节流调速功能，加在回油阀上就得到回油节流调速功能。图 6-79 所示的三通节流调速换向回路就具有这两种调速功能。

为了提高调节的精度和稳定性，提高液压系统的传动效率，减少功率损失和系统发热，在二通插装阀的调速回路中经常采用溢流节流调速方案。图 6-80 为简单的进油溢流节流调速换向回路。图中阀 3 为差压溢流阀，液压缸进油工作时，它使节流阀 1 的前后压差保持恒定，因而保证了活塞运动速度的稳定。

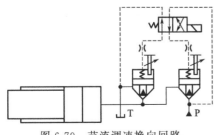

图 6-79 节流调速换向回路

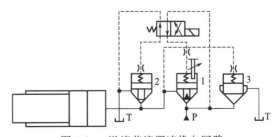

图 6-80 溢流节流调速换向回路

1—节流阀；2—单向阀；3—差压溢流阀

要求多级调速时可采取并联节流阀的形式，如图 6-81 即为一个双级节流调速的例子。活塞退回时，如电磁阀 4、5 不通电，只能通过阀 2 回油，得到慢速；如果电磁阀 5 通电，节流阀 3 也开启，两阀一起放油得到快速。

随着比例流量阀的发展，流量控制也变得更加灵活方便了，不仅执行机构速度可以任意改变，而且调节精度高，稳定性好，响应快，并且与一般二通插装阀具有相同的安装连接尺寸，在插装阀系统中已经推广使用，受到广泛的重视。

图 6-82 所示为双作用液压缸的调速换向回路。液压缸的动作要求双向调速，其中活塞伸出为工作行程，要求速度稳定，退回速度无特殊要求。所以工作行程采用溢流节流调速，而退回则采用简单的节流调速。当两电磁阀都断电时，阀 2 和 4 开启，液压缸处于浮动状态，无外力作用时活塞停止。当电磁阀 9 通电时，活塞伸出，A 腔压力通过梭阀 7 和 6 作用于差压溢流阀 5 的控制腔，控制带节流机能的进油阀 1 的前后压差，实现了活塞伸出时进油溢流节流调速。当电磁阀 8 通电时，活塞退回，这时由于系统压力通过电磁阀 9 和梭阀 6 作用于阀 5 的控制腔，加之弹簧力使阀 5 关闭不起作用，所以活塞退回时仅为进油节流调速机能。液压缸不工作时，电磁阀均断电，阀 5 关闭，所以系统不卸荷，不妨碍别处使用。

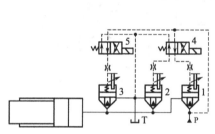

图 6-81　双级节流调速换向回路
1～3—节流阀；4,5—电磁阀

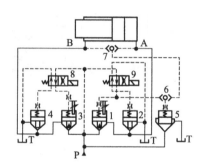

图 6-82　双作用液压缸的调速换向回路
1,3—节流阀；2,4—单向阀；5—差压
溢流阀；6,7—梭阀；8,9—电磁阀

6.4.10　差动增速回路

二通插装阀实现双作用缸差动增速十分简便，不需另外增加元件，只要使两工作腔的进油阀同时开启就可实现。例如在图 6-70 的回路中，电磁阀 5 和 6 同时通电使液压缸的两腔均与系统压力管路接通，活塞差动快速前进。当达到一定行程或一定压力时，使电磁阀 6 断电，则活塞在全压力作用下完成工作行程。当 B 腔的三通换向回路采用一个 P 型机能三位四通电磁阀控制使阀 3 和 4 都处于关闭状态时，利用方向阀反向开启机能也可自动实现差动增速功能。

图 6-83 是利用附加元件实现双作用缸差动增速的回路。由电磁阀、梭阀和方向阀插入元件组成一个电液控单向阀。当电磁阀断电时，主阀紧紧关闭，两方向均不能通过；当电磁阀通电时，控制腔 C 与 A 接通，变成一个反向流动的单向阀，从 B→A 通，下腔的油液可流向上腔，实现了差动连接。

6.4.11　增速缸增速调压换向回路

液压缸空行程时只需很小的力，这时可使泵只向直径小的增速缸供油，因而可以得到很高的空行程速度。这个回路实际上是

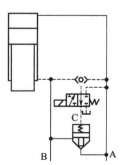

图 6-83　差动增速回路

一个顺序动作回路，如图 6-84 所示。当电磁阀 5 通电时，阀 3 先开启，压力油进入中间增速缸，推动活塞快速前进，这时主缸通过充液阀补油。当前进到某一位置碰到工件使负荷增加，或者通过行程开关发讯使液压缸回程工作腔产生一定背压时，系统压力升高超过阀 6 的调定压力后，阀 1 接着开启，压力油同时进入主缸和增速缸，转为慢速高压工作行程。电磁阀断电后，主缸和增速缸一起卸压回油，活塞退回。

6.4.12　高低压泵增速回路

利用低压大流量泵来获得液压缸在低负荷情况下高速运行的回路如图 6-85 所示。高压小流量泵 1 和低压大流量泵 2 组合成一个双泵供油液压动力源。两台泵都在空载下启动后，电磁阀通电，溢流阀 5 关闭，两台泵一起工作通过单向阀向系统供油实现高速运行。当系统压力升高超过先导卸荷溢流调压阀 8 的调定值后，阀 6 开启使低压大流量泵卸荷，于是仅由高压小流量泵继续向系统供油，转为低速高压工作行程。

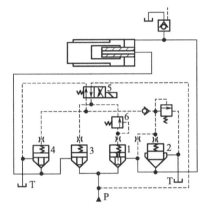

图 6-84　增速缸增速调压换向回路
1,3,4—单向阀；2—差压溢流阀；
5—电磁阀；6—先导调压阀

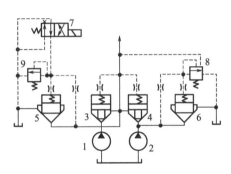

图 6-85　高低压泵增速回路
1—高压小流量泵；2—低压大流量泵；3,4—单向阀；5,6—差压溢流阀；7—电磁阀；8—先导卸荷溢流调压阀；9—先导调压阀

6.4.13　自重增速回路

当立式液压缸的活塞和滑块等运动部件的重量很大时，常利用它来实现快速空程下降以节省能量，如图 6-86 所示。

通过先导电磁阀 4 的切换使回油阀 2 卸荷，消除了液压缸下腔的排油背压，于是活塞在自重的作用下快速下滑，这时缸上腔进行充液。由于下滑的速度不需反复调整，所以可以简单地通过一个阻尼塞 8 来调定。如果需要经常调整，可以用小节流阀或先导调压阀来代替。

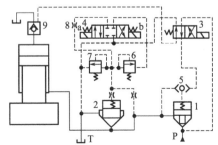

图 6-86　自重增速调压换向回路
1—单向阀；2—回油阀；3—电磁阀；4—先导电磁阀；5—梭阀；6,7—先导调压阀；8—阻尼塞；9—充液阀

这个回路实际上是一个具有方向、压力、流量多种机能的复合控制回路，能实现下列 9 种控制机能：

a. 换向：主阀 1 和 2 的启闭可实现上升、下降和停止。

b. 单向：下腔油液不能经过阀 1 倒流回系统。

c. 支撑：滑块靠阀 2 液压支撑可停在任意位置。

d. 限压：限压保护，防止下腔超压。

e. 自重增速。

f. 调速：空程下降速度可调。

g. 平衡：工作行程时，可平衡滑块重量使运动平稳。

h. 减速：靠背压使空程快速下降逐渐减速转为慢速工作行程，减小冲击。

i. 卸压回程。

卸压时电磁阀 3 切换使阀 1 开启，阀 4 电磁铁 a 通电使缸下腔和系统压力为阀 6 调定的平衡压力，此压力顶开充液阀 9 中的单向阀使缸上腔卸压。卸压完毕发出信号，电磁铁 a 断电，卸下腔和系统才可以升压推动滑块回程。

6.4.14　自锁回路

当要求液压设备的执行机构能可靠地停留在任意位置时，以防止因泄漏滑移，这就要求液压系统具有自锁功能。对于二通插装阀控制系统的自锁回路，就是如何使主回路的插入元件能可靠关闭的问题。那么很显然，要想使插入元件可靠关闭，只有保证控制压力 p_C。但由于控制压力油源是各种各样的，因此要想确保 p_C 可不是一件很容易的事情。

如图 6-87 所示，A、B 是两个负载工作腔。当控制油源压力 $p_C > p_A > p_B$ 时，主阀经过压力选择阀提供 p_C 给其控制腔 C，使其可靠关闭。

如果负载压力 $p_A > p_C > p_B$，主阀则由 A 腔提供控制压力油 p_A，使其可靠关闭。

如果负载压力 $p_B > p_A > p_C$，主阀将由 B 腔提供控制压力油 p_B，使其可靠关闭。

通过以上分析可以得出结论，这个主阀单元的控制回路完全具备了可靠的自锁功能。图 6-88 是实际中常用的带有双向液压锁的 O 型机能的三位四通换向回路。

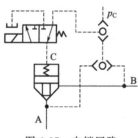

图 6-87　自锁回路

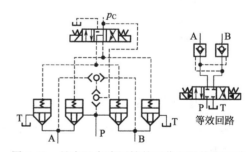

图 6-88　具有双向液压锁的三位四通换向回路

6.4.15　安全回路

在现代液压设备中，为了提高工作可靠性以及保证设备和人身的安全，在液压系统中经常采用一些安全联锁措施。

图 6-89 所示为卧式液压缸的安全回路，常用于注塑机的合模系统，要求安全门可靠关闭以后才能进行合模动作。安全回路由液控单向阀 1 和先导机动换向阀 2 组成。左侧的阀 3 为合模缸的进油阀。该安全回路的工作原理是当安全门处于图示的打开状态时，阀 1 在系统压力作用下紧紧关闭，可靠地切断了系统油源与阀 3 的通路，所以即使控制电路使电磁阀 4 通电切换，合模缸也不可能动作。只有当安全门关闭后，阀 2 复位且阀 1 开启，合模才能进行。在其他场合，阀 2 常常采用电磁阀的形式来实现各动作之间的安全联锁。

　　另一例子是针对立式液压缸的，对于重负荷的立式液压缸有一定的普遍意义。国外液压机安全操作规程中有这么一条规定：控制系统的任何一个元件出现故障都不允许引起错误的动作。对于液压机，首要的就是如何保证滑块不会错误地下压或下落。

　　图 6-90 为国外某公司的液压机标准安全回路，采用以下两条安全措施：

　　a. 采用两个互相独立控制的回路来防止液压缸上腔错误地升压使滑块下压。

　　b. 采用两个串联并互相独立的插件来防止液压缸下腔错误地失压而导致滑块在自重作用下自行下落。

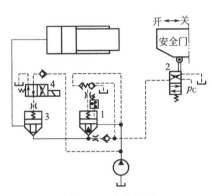

图 6-89　安全回路
1—液控单向阀；2—先导机动
换向阀；3—单向阀；4—电磁阀

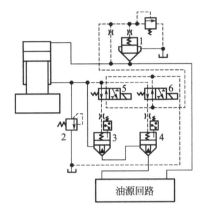

图 6-90　液压机安全回路
1—差压溢流阀；2—溢流阀；
3,4—节流阀；5,6—电磁阀

　　液压缸不工作时，电磁阀 5 和 6 断电，阀 3 和 4 均关闭，液压缸下腔回路锁闭，滑块被支撑不能下落。这时由于溢流阀 1 的先导油路通过阀 5 和 6 与油箱相通，阀 1 处于卸荷状态，所以液压缸上腔不能升压，其下腔也不会增压。

　　要求滑块下降时，必须两个电磁阀均通电切换使阀 3 和 4 都开启，并将阀 1 关闭。由于阀 3 和 4 是串联的，如果其中有一个电磁阀故障不动作造成相应一个主阀不开启，液压缸下腔仍然锁闭，阀 1 仍卸荷。所以，其结果是液压缸上腔不能升压、下腔不会失压，防止了滑块错误下行，也不会引起下腔超压。

　　阀 3 和 4 采用的是带有感应或趋近开关的插件，因此还可由控制电路进行监控，更提高了安全可靠性。

第 **7** 章

识读液压系统图

7.1 液压系统图的识读方法

在识读设备的液压系统图时，可以运用以下一些识读液压系统图的基本方法：

a. 根据液压系统图的标题名称，该液压系统所要完成的任务，需要完成的工作循环，以及所需要具备的特性，或图上所附的循环图及电磁铁工作表，可以估计该液压系统实现的工作循环，所需具有的特性或应满足的要求。当然这种估计不会是全部准确的，但往往能为进一步读图打下一定的基础。

b. 在查阅液压系统图中所有的液压元件及其连接关系时，要弄清楚各个液压元件的类型、性能和规格，要特别弄清它们的工作原理和性能，估计它们在系统中的作用。

在查阅和分析液压元件时，首先找出液压泵，其次找出执行机构（液压缸或液压马达），再次找出各种控制操纵装置及变量机构，最后找出辅助装置。要特别注意各种控制操作装置（尤其是换向阀、顺序阀等元件）变量机构的工作原理、控制方式及各种发信号的元件（如挡块、行程开关、压力继电器等）的内在关系。

c. 对于复杂的液压系统图，在分析执行机构实现各种动作的油路时，最好从液压泵开始到执行机构，将各液压元件及各油路分别编码表示，以便于用简要的方法画出油路路线。

在分析油路走向时，应首先从液压泵开始，并将每台液压泵的各条输油路线的"来龙去脉"弄清楚，其中要着重分析清楚驱动执行机构的油路，即主油路及控制油路。画油路时，要按每一个执行机构来画，从液压泵→执行机构→油箱形成一个循环。

液压系统有各种工作状态。在分析油路路线时，可首先按图面所示状态进行分析，然后分析其他工作状态。在分析每一工作状态时，首先要分析换向阀和其他一些控制操作元件（开停阀、顺序阀、先导型溢流阀等）的通路状态和控制油路的通路情况，然后分别分析各个主油路。要特别注意液压系统中的一个工作状态转换到另一个工作状态，是由哪些元件发出信号的，是使哪些换向阀或其他操纵控制元件动作改变通路状态而实现的。对于一个工作循环，应在一个动作的油路分析完以后，接着进行下一个油路动作的分析，直到全部动作的油路分析依次进行完为止。

7.2 液压系统图的识读步骤

掌握了一些基本识图方法后，在阅读、分析液压系统图时，可以按以下几个步骤进行：

a. 了解液压设备的任务以及完成该任务应具备的动作要求和特性，即弄清任务和要求。

b. 在液压系统图中找出实现上述动作要求所需的执行元件，并搞清其类型、工作原理及性能。

c. 找出系统的动力元件，并弄清其类型、工作原理、性能以及吸、排油情况。

d. 理清各执行元件与动力元件的油路联系，并找出该油路上相关的控制元件，弄清其类型、工作原理及性能，从而将一个复杂系统分解成了一个个单独系统。

e. 分析各单独系统的工作原理，即分析各单独系统由哪些基本回路组成，每个元件在回路中的功用及其相互间的关系，实现各执行元件的各种动作的操作方法，弄清油液流动路线，画出进、回油路线，从而弄清各单独系统的基本工作原理。

f. 分析各单独系统之间的关系，如动作顺序、互锁、同步、防干扰等，搞清这些关系是如何实现的。

在读懂系统图后，归纳出系统的特点，加深对系统的理解。

阅读液压系统图应注意以下两点：

a. 液压系统图中的符号只表示液压元件的职能和各元件的连通方式，而不表示元件的具体结构和参数。

b. 各元件在系统图中的位置及相对位置关系，并不代表它们在实际设备中的位置及相对位置关系。

7.3 识读液压系统图的主要要求

在识读设备的液压系统图时，不但要了解该液压系统的结构、性能、技术参数、使用和操作要点，而且要了解该液压传动的动作原理，了解使用、操作和调整的方法。因此，学会看懂液压系统图，对于设备操作人员、设备维修人员和有关工程技术人员来说是非常重要的。

a. 应很好地掌握液压传动的基础知识，了解液压系统的液压回路及液压元件的组成、各液压传动的基本参数等。

b. 熟悉各液压元件（特别是各种阀和变量机构）的工作原理和特性。

c. 了解油路的进、出分支情况，以及系统的综合功能。

d. 熟悉液压系统中的各种控制方式及液压图形符号的含义与标注。

除以上所述的基本要求以外，还应多读多练，特别要多读各种典型设备的液压系统图，了解各自的特点，这样就可以起到"触类旁通""举一反三"和"熟能生巧"的作用。

7.4 液压传动系统的分类

液压传动系统种类繁多，在识读液压系统图时，首先要分辨清楚系统图的类型。

液压传动系统一般为不带反馈的开环系统，这类系统以传递动力为主，以信息传递为辅，追求传动特性的完善，系统的工作特性由各组成液压元件的特性和它们的相互作用来确定，其工作质量受工作条件变化的影响较大。

液压传动系统可按照油液在主回路中的循环方式、执行元件类型和系统回路的组合方式等进行分类。

7.4.1 按油液循环方式分类

液压传动系统按照工作油液循环方式不同，可分为开式系统和闭式系统。

常见的液压传动系统大部分都是开式系统，如图 7-1 所示。开式液压传动系统的特点是：液压泵从油箱吸取油液，经换向阀送入执行元件（液压缸或液压马达），执行元件的回路经换向阀返回油箱，工作油液在油箱中冷却及分离沉淀杂质后再进入工作循环，循环油路在油箱中断开。执行元件往往采用单出杆双作用液压缸，运动方向靠换向阀、运动速度靠流量阀来调节，在油路上进回油的流量不相等，也不会影响系统的正常工作。

在闭式液压传动系统内，液压泵输出的油液直接进入执行元件，执行元件的回油与液压泵的吸油管直接相连，如图 7-2 所示。执行元件通常是能连续旋转的液压马达［见图 7-2 (a)］，液压泵常用双向变量液压泵，以适应液压马达转速和旋转方向变化的要求。用补油泵来补充液压泵和液压马达的泄漏。如果执行元件是单出杆双作用液压缸［见图 7-2(b)］，在往复运动时进回油流量不相等，就要采取补油或排油的措施。

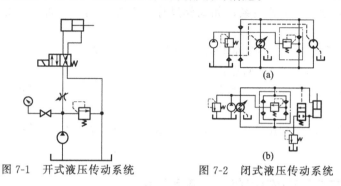

图 7-1　开式液压传动系统　　　图 7-2　闭式液压传动系统

在液压缸活塞杆伸出时，有杆腔的回油不足以满足无杆腔所需的油液。补油泵的流量除了补充液压泵的泄漏外，还需要补足两腔进回油流量的差值。

7.4.2　按液压能源的组成形式分类

（1）定量泵-溢流阀恒压能源
液压传动系统为获得恒压油源，大多使用这种回路，如图 7-3 所示。这种回路能量损耗大，效率低，只用于中小功率的液压传动系统中。为了改善执行元件不工作时的能源损耗，采用图 7-3(b) 所示的中位机能为 M（H 或 K）型换向阀，当执行元件不工作时，液压泵输出的油液经换向阀直接排回油箱，能量损耗减至最小。在执行元件速度和压力变化都很大的液压传动系统采用定量泵-溢流阀恒压能源系统显然是不合理的。

（2）定量泵-旁通型调速阀液压能源
图 7-4 为定量泵-旁通型调速阀的压力适应回路，液压泵的工作压力不是由通常的定压溢流阀控制，而是由旁通型调速阀控制。旁通型调速阀将多余的油液排回油箱，仅供负载需要（由旁通型调速阀中的节流阀调定）流量。液压泵的工作压力能自动随负载压力而变化，始终比负载压力高一恒定值，故称作压力适应回路，回路效率大为提高。

（3）双泵高低压系统
如果执行元件运动中是轻载高速接近工件和慢速加压工作两个过程，可采用图 7-5 所示双泵高低压系统。卸载阀 4 设定双泵同时供油的工作压力，当系统压力低于卸载阀 4 的调定压力时，两台泵同时向系统供油。溢流阀 3 设定最高工作压力。当系统压力超过卸载阀 4 的压力时，低压泵 1 输出的油液通过卸载阀流回油箱，只有高压泵 2 向系统供油，减少了功率损耗。

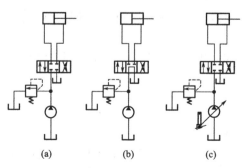

(a)　　　(b)　　　(c)

图 7-3　定量泵-溢流阀恒压能源

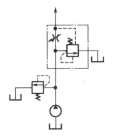

图 7-4　定量泵-旁通型调速阀液压能源

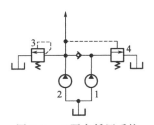

图 7-5　双泵高低压系统

1—低压泵；2—高压泵；3—溢流阀；4—卸载阀

（4）多泵分级流量供油系统

对于多泵分级流量供油系统，一般包括 3 台或 3 台以上的定量泵。同双泵系统一样，一种方案是电动机驱动一组相同流量的定量泵，根据系统压力来自动切换向系统供油定量泵数目，达到恒功率输出的目的，充分利用电动机功率，如图 7-6（a）、图 7-6（b）所示。如果 3 台定量泵的流量不相等，并在各泵出口分别控制加压或卸荷，以不同的组合可以获得多级流量［其工作原理如图 7-6（c）所示］，为液压传动系统数字控制提供了方便。

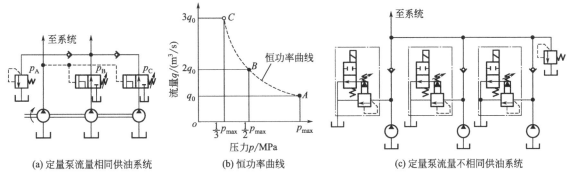

(a) 定量泵流量相同供油系统　　　(b) 恒功率曲线　　　(c) 定量泵流量不相同供油系统

图 7-6　多泵分级流量供油系统及其恒功率曲线

（5）定量泵-蓄能器供油系统

对于工作周期长、执行元件间歇运转的液压机械，用定量泵-蓄能器供油方案是可行的，如图 7-7 所示。当执行元件不工作或低速运转时，蓄能器把液压泵所输出的压力油储存起来，蓄能器内压力升高到某一调定值，使卸载溢流阀打开［见图 7-7（a）］，或压力继电器发讯使电磁溢流阀卸载［见图 7-7（b）］，液压泵输出油液通过溢流阀无压力流回油箱，液压泵处于卸载状态，单向阀把充压的蓄能器和卸载的液压泵隔开。执行元件需要高速运动时，液压泵和蓄能器同时向系统供油，这样只要选用流量较小的液压泵，降低装机的功率，减少能量的消耗。

（6）压力补偿变量泵液压能源

如图 7-8 所示，用压力补偿变量泵作液压能源，低压时变量泵输出大流量，随着负载压力的增高，变量泵的输出流量减少（变量泵的输出流量取决于负载的需要）。该回路因效率高、经济而被广泛采用。这种系统可以替代图 7-5 所示双泵系统，但采用一台大流量变量泵成本较高，而且在外界不需要流量时，大流量变量泵在最高压力和零排量时，空载功率损失要超过大流量定量泵卸载时的损失。较经济和节能的解决办法最好是用一台小流量变量泵和大流量定

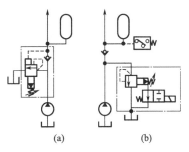

(a)　　　　　(b)

图 7-7　定量泵-蓄能器供油系统

量泵协同工作，代替两个不同流量的定量泵。

（7）负载敏感变量泵液压能源

图 7-9 为带负载敏感阀 2 和变量泵 1 组成的负载敏感回路。在这种回路中，通过负载敏感阀将可调节流阀 3 检测出来的负载压力反馈给变量泵，自动控制变量泵的输出流量，使变量泵的输出流量和压力均与负载需要相适应。大功率液压传动系统采用负载敏感变量泵液压能源，不论负载压力还是流量在较宽范围内变化，输入功率始终是适应于输出功率，因此节约能源是相当可观的。

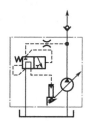

图 7-8   压力补偿变量泵液压能源

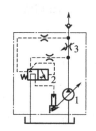

图 7-9   负载敏感变量泵液压能源

1—变量泵；2—负载敏感阀；3—可调节流阀

（8）变量泵闭式调速系统

在图 7-2 所示闭式系统调速回路中，变量液压泵输出的油液直接进入执行元件（液压马达或液压缸），主油路上没有串接任何的控制阀，在旁路上的溢流阀作为安全阀，限定系统最高压力，正常工作时不溢流。只是在系统压力超过最高限定压力时，才打开溢流，保护系统中各个元件。此系统既没有溢流功率损失，又没有串接在油路上阀口的节流功率损失。补油泵消耗的功率比起主泵功率来说，只占很小的百分比，故闭式系统的效率最高。

7.4.3   按系统回路的组合方式分类

按系统回路的组合方式分有并联系统、串联系统、串并联系统和复合系统。

在同一个液压传动系统中，当液压泵向两个或两个以上执行元件供液时，各执行元件回路有以下几种连接方式。

① 并联系统   液压泵排出的高压油液同时进入两个或多个执行元件，各执行元件的回油同时流回油箱的系统。

并联系统中，液压泵的输出流量等于进入各执行元件流量之和，而泵的出口压力则由外载荷最小的执行元件决定。当两个执行元件同时启动时，油液首先进入外载荷小的元件，而且系统中任一执行元件的载荷发生变化时，都会引起系统流量重新分配，致使各执行元件的运动速度也发生变化。所以，这种系统只适用于外载荷变化较小、对执行元件的运动速度要求不严格的场合。

② 串联系统   在两个及两个以上的执行元件中，除第一个执行元件的进口和最末一个执行元件的出口分别与液压泵和油箱相连外，其余执行元件的进出液口依次顺序相连，这样的系统称为串联系统。

在相同情况下，串联系统中液压泵的工作压力应比并联系统大，而流量应比并联系统小。串联系统适用于负载不大、速度稳定的小型设备。

应当指出，液压缸和液压马达不能混合串联，因为液压缸的往复间歇运动会影响液压马达的稳定运转。

③ 串并联系统   在多执行元件系统中，各换向阀之间进油路串联、回油路并联的系统

称为串并联系统。它的特点是一台液压泵在同一时间内，只能向一个执行元件供液。这样的系统可以避免各执行元件的动作相互干扰。

④ 复合系统　由上述 3 种系统的任何 2 种或 3 种组成的系统，称为复合系统。

7.5　液压控制系统的分类

液压控制系统多采用伺服阀等电液控制阀组成的带反馈的闭环系统，以传递信息为主，以传递动力为辅，追求控制特性的完善。由于加入了检测反馈，故系统可用一般元件组成精确的控制系统，其控制质量受工作条件变化的影响较小。

液压控制系统的类型繁杂，可按不同方式分类，每一种分类方式均代表一定特点。

7.5.1　按系统的输出量分类

按系统的输出量的不同可分为位置控制系统、速度控制系统、加速度控制系统和力（或压力）控制系统。

7.5.2　按控制方式分类

按控制方式的不同可分为阀控系统和泵控系统。阀控系统又称节流控制式系统，其主要控制元件是液压控制阀，具有响应快、控制精度高的优点，缺点是效率低，特别适合在中小功率快速高精度控制系统中使用。按照控制阀的不同，阀控系统还可分为伺服阀式系统、比例阀式系统、数字阀式系统等。泵控系统主要的控制元件是变量泵，具有效率高、刚性大的优点，但响应速度慢、结构复杂，适合在大功率而响应速度要求不高的控制场合中使用。

7.5.3　按控制信号传递介质分类

按控制信号传递介质的不同可分为机械液压控制系统、电气液压伺服系统。

机械液压控制系统简称机液控制系统，系统中的给定元件、反馈元件和比较元件都是机械构件。机械液压控制系统的优点是简单可靠、价格低廉、环境适应性好，缺点是偏差信号的校正及系统增益的调整不如电气方便，难以实现远距离操作。此外，反馈机构的摩擦和间隙都会对系统的性能产生不利影响。

电气液压控制系统简称电液控制系统，系统中偏差信号的检测、校正和初始放大都是采用电气、电子元件来实现的。电气液压控制系统的优点是信号的测量、校正和放大都较为方便，容易实现远距离操作，容易与响应速度快、抗负载刚性大的液压动力元件实现整合，组成以电子与电气为神经、以液压为筋肉的电液控制系统。电气液压控制系统具有很大的灵活性与广泛的适应性，是目前响应速度和控制精度最优的控制系统。

由于机电一体化技术的发展和计算机技术的普及，电气液压控制系统已在工程上普遍得到应用并成为液压控制中的主流系统。

7.6　识读液压系统图实例

图 7-10 所示为液压缸顺序控制油路的液压系统图。若只有一张液压系统图，没有任何说明，要求分析一下它的工作原理，其方法与步骤如下。

（1）估计和了解液压系统要完成的任务

从图 7-10 图名可知，这是一张液压缸顺序控制系统图，这个液压系统能实现 A、B 两液压缸按某个顺序的动作。但这个顺序是什么，暂时还不知道，这就要通过分析这个液压系

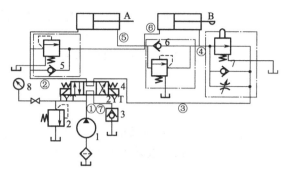

图 7-10　液压缸顺序控制油路系统图

1—液压泵；2—溢流阀；3—背压阀；4—电磁换向阀；
5,6—单向顺序阀；7—单向行程节流阀；8—压力表

统的油路来解决。

（2）熟悉元件、元件编码、分析元件
的作用

可先将各元件及各油路加以编号，如图所示。此液压系统是由液压泵 1 供油，执行机构是单杆液压缸 A 和 B。溢流阀 2 起溢流作用。压力表 8 用于测量液压系统中的压力。背压阀 3 安装在主油路的回路上主要起背压作用。电磁换向阀 4 起控制执行机构换向的作用（从元件符号图可知，它是一个三位四通电磁换向阀）。单向顺序阀 5、6 可使 A、B 两液压缸按压力不同发生顺序动作。

单向行程节流阀 7 由一个节流阀、一个单向阀和一个行程阀组成。由液压缸 B 活塞杆下方固定的挡块来控制其动作，因此可使液压缸 B 的速度按行程控制的办法实现换接的作用。

（3）进行液压系统动作油路分析

a. 在图示状态时，液压泵 1→管路①→电磁换向阀 4→管路⑦→背压阀 3→油箱，液压泵 1 卸荷。由于没有压力油进入液压缸 A、B，所以它们都处于停止状态。液压泵 1 的卸荷压力由压力表 8 测出。由于卸荷压力很低，因此溢流阀 2 处于封闭状态。

b. 令电磁换向阀 4 的 1YT 通电、2YT 断电时，液压泵 1→管路①→电磁换向阀 4→管路②→液压缸 A 左腔。液压缸 A 右腔的油液→管路⑤→单向顺序阀 6 的单向阀→单向行程节流阀 7（少量油液经节流阀）→管路③→电磁换向阀 4→管路⑦→背压阀 3→油箱。于是液压缸 A 的活塞被压力油推动快速右行。此时，油路②的压力较低，单向顺序阀 5 关闭，没有压力油进入液压缸 B，故液压缸 B 活塞仍保持停止。

当液压缸 A 的活塞右行到右端尽头，或行至不能再右行的位置时（如夹紧工件），油路②的压力升高，打开单向顺序阀 5，压力油经管路⑥进入液压缸 B 的左腔。而液压缸 B 右腔的油液→管路④→单向行程节流阀 7→管路③→电磁换向阀 4→进入背压阀 3→油箱，液压缸 B 的活塞便快速右行。

当液压缸 B 的活塞右行到了预定位置时，固定连接在活塞杆上的挡块压下行程阀截断压力油的通路，液压缸 B 右腔的油液便只能经单向行程节流阀 7→管路③→电磁换向阀 4→背压阀 3→油箱，而活塞变成较慢的速度运动。

c. 当液压缸 B 的活塞右行到预定位置时，固定在活塞杆上的挡块压下行程开关，使 1YT 断电、2YT 通电，管路①、③相通和管路②、⑦相通。此时的油路是：液压泵 1→管路①→电磁换向阀 4→管路③→单向行程节流阀 7（少量油液经节流阀）→管路④→液压缸 B 的右腔。液压缸 B 左腔的油液→管路⑥→单向顺序阀 5→管路②→电磁换向阀 4→管路⑦→背压阀 3→油箱。于是液压缸 B 的活塞便快速左行。此时，管路④中压力较低，不足以打开单向顺序阀 6，所以没有压力进入液压缸 A 的右腔。液压缸 A 的活塞仍保持停止。

当液压缸 B 的活塞左行到尽头时，管路④的压力升高，打开单向顺序阀 6，压力油便经管路⑤进入液压缸 A 的右腔。而左腔的油液可经管路②→电磁换向阀 4→管路⑦→背压阀 3→油箱。所以液压缸 A 的活塞便快速左行。

d. 当液压缸 A 的活塞左行到尽头时，固定在活塞杆上的挡块压下行程开关，使 2YT 断电，整个系统便回复到图示的停止状态。这样，此液压系统便完成了一个工作循环。

如果液压缸 A 的活塞左行到尽头，固定在此活塞杆上的挡块压下行程开关，使 2YT 断电、1YT 通电，液压系统便可重复上述工作循环。

第**8**章

典型液压系统

8.1 液压机液压系统

液压机是用于对金属、木材、塑料、橡胶、粉末等进行压力加工的机械，在许多工业部门得到了广泛的应用。液压机的类型很多，按所用的工作液体可分为油压机和水压机两种；按机体结构可分为单臂式、柱式、框式三种，其中柱式液压机应用较广泛。液压机液压系统以压力变换为主，系统压力高（为 10～140MPa），流量大，功率大，空行程和加压行程的速度差异大。

8.1.1 YB32-200 型液压机液压系统

（1）YB32-200 型液压机的工作原理

YB32-200 型液压机属于立式四柱双缸式，其液压缸最大工作压力为 20MPa，上液压缸驱动上滑块，实现"快速下行→慢速加压→保压延时→释压换向→快速返回→原位停止"的动作循环；下液压缸驱动下滑块，实现"向上顶出→停留→向下退回→原位停止"的动作循环（见图 8-1）。在这种液压机上，可以进行冲剪、弯曲、翻边、拉深、装配、冷挤、成型等多种加工工艺。图 8-2 为该机液压系统图，表 8-1 则为该液压机的动作循环表。

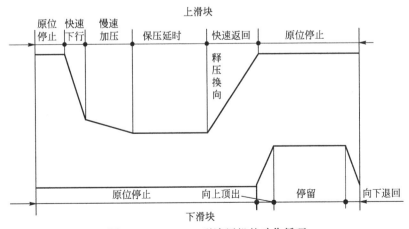

图 8-1 YB32-200 型液压机的动作循环

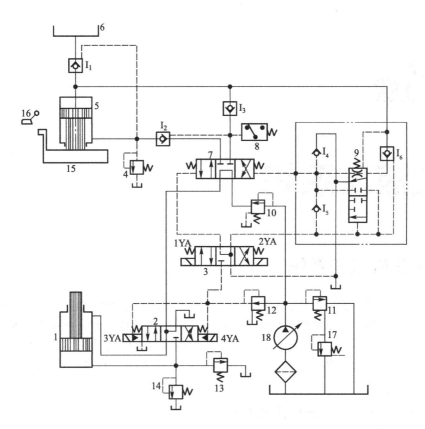

图 8-2　YB32-200 型液压机液压系统图

1—下液压缸；2—下缸换向阀；3—先导阀；4—上缸安全阀；5—上液压缸；6—副油箱；7—上缸换
向阀；8—压力继电器；9—释压阀；10—顺序阀；11—溢流阀；12—减压阀；13—下缸溢
流阀；14—下缸安全阀；15—上滑块；16—行程开关；17—远程调压阀；18—液压泵

表 8-1　YB32-200 型液压机液压系统的动作循环表

动作名称		信号来源	液压元件工作状态			
			先导阀 3	上缸换向阀 7	下缸换向阀 2	释压阀 9
上块滑	快速下行	1YA 通电	左位	左位	中位	上位
	慢速加压	上滑块接触工件				
	保压延时	压力继电器 8 使 1YA 断电	中位	中位		下位
	释压换向	时间继电器使 2YA 通电	右位			
	快速返回			右位		
	原位停止	上滑块压行程开关使 2YA 断电				
下滑块	向上顶出	下活塞触及液压缸盖	中位	中位	右位	上位
	停　留	4YA 通电				
	向下退回	4YA 断电，3YA 通电			左位	
	原位停止	3YA 断电			中位	

（2）液压机上滑块的工作情况

a. 快速下行：电磁铁 1YA 通电，先导阀 3 和上缸换向阀 7 左位接入系统，液压单向阀 I_2 被打开，这时系统中的油液流动情况如下。

进油路：液压泵→顺序阀 10→上缸换向阀 7（左位）→单向阀 I_3→上液压缸 5 上腔。

回路油：上液压缸 5 下腔→液控单向阀 I_2→上缸换向阀 7（左位）→下缸换向阀 2（中位）→油箱。

上滑块在自重作用下迅速下降。由于液压泵的流量较小，这时液压机顶部副油箱 6 中的油液经液控单向阀 I_1 也流入上液压缸 5 上腔内。

b. 慢速加压：在上滑块接触工件时开始，此时上液压缸 5 上腔压力升高，液控单向阀 I_1 自动关闭，变量泵供油，实现慢速加压，油液流动情况与快速下行时相同。

c. 保压延时：当上液压缸 5 上腔油压达到调定值时，压力继电器 8 动作，一方面使 1YA 断电，另一方面使时间继电器（图中未画出）动作，实现保压延时（0～24min）。保压时除了液压泵在较低压力下卸荷外，系统中没有油液流动，即此时系统中油液流动情况为：液压泵→顺序阀 10→上缸换向阀 7（中位）→下缸换向阀 2（中位）→油箱。

d. 快速返回：保压结束，时间继电器动作，2YA 通电，先导阀 3 右位接入系统，释压阀 9 使上缸换向阀 7 右位接入系统（详情见下文），此时快速返回开始。这时，液控单向阀 I_1 被打开，油液流动情况如下。

进油路：液压泵→顺序阀 10→上缸换向阀 7（右位）→液控单向阀 I_2→上液压缸 5 下腔。

回油路：上液压缸 5 上腔→液控单向阀 I_1→副油箱 6。

当副油箱 6 内液面超过预定位置时，多余油液由溢流管流回主油箱（图中未画出）。

e. 原位停止：当上滑块 15 上升至挡块撞着行程开关 16 时，电磁铁 2YA 断电，先导阀 3 和上缸换向阀 7 都处于中位，于是原位停止阶段开始。这时上滑块停止不动，液压泵在低压力下卸荷，系统中的油液流动情况与保压延时相同。

在这里应注意的是释压阀 9 的作用及其工作原理。释压阀是为了防止保压状态向快速返回状态转变过快，在系统中引起压力冲击并使上滑块动作不平稳而设置的。释压阀的主要功用是使液压缸 5 上腔释压后，压力油才能通入该缸下腔。释压阀的工作原理是：在保压阶段，该阀以上位接入系统；当电磁铁 2YA 通电、先导阀 3 右位接入系统时，操纵油路中的压力油虽到达释压阀阀芯的下端，但由于其上端的高压未曾释放，阀芯不动。可是，液控单向阀 I_6 是可以控制压力低于其主油路压力下打开的，因此有：上液压缸 5 上腔→液控单向阀 I_6→释压阀 9（上位）→油箱。

于是上液压缸 5 上腔的油压被卸除，释压阀 9 向上移动，以其下位接入系统。释压阀一方面切断上液压缸 5 上腔通向油箱的通道；另一方面使操纵油路中的油液输到上缸换向阀 7 阀芯右端，使该阀芯右位接入系统，以便实现上滑块的快速返回。由图 8-2 可见，上缸换向阀 7 在由左位转换到中位时，阀芯右端由油箱经单向阀 I_4 补油；在由右位转换到中位时，阀芯右端的油液经单向阀 I_5 流回油箱。

（3）液压机下滑块的工作情况

a. 向上顶出：此时电磁铁 4YA 通电，系统中的油液流动情况如下。

进油路：液压泵→顺序阀 10→上缸换向阀 7（中位）→下缸换向阀 2（右位）→下液压缸 1 下腔。

回油路：下液压缸 1 上腔→下缸换向阀 2（右位）→油箱。

b. 停留：下滑块上移至下液压缸 1 中的活塞碰上缸盖时，便停留在这个位置上。

c. 向下退回：当电磁铁 4YA 断电、3YA 通电时，下滑块向下退回，此时系统中油液的流动情况如下。

进油路：液压泵→顺序阀 10→上缸换向阀 7（中位）→下缸换向阀 2（左位）→下液压缸 1 上腔。

回油路：下液压缸 1 下腔→下缸换向阀 2（左位）→油箱。

d. 原位停止：在电磁铁 3YA、4YA 都断电时，下缸换向阀 2 处于中位时下液压缸 1 原位停止。这时液压系统中油液流动情况为：液压泵→顺序阀 10→上缸换向阀 7（中位）→下缸换向阀 2（中位）→油箱。

（4）液压系统的特点

a. 液压机液压系统是以压力变换为主的高压系统，系统使用一个轴向柱塞式高压变量泵供油，系统的工作压力应能根据需要进行自动控制和调节。远程调压阀 17 可使液压机在不同压力下工作。溢流阀 11 用于防止系统过载。

b. 系统利用主缸活塞、滑块自重的作用实现快速下行，并利用副油箱补油，从而减少了液压泵的流量，简化油路结构。但对于有严格加压时间要求的工作，该方法不可取。

c. 系统中采用了专用的 QF1 型释压阀来实现上滑块快速返回时上缸换向阀的换向，保证液压机动作平稳，不会在换向时产生液压冲击和噪声。

d. 本液压机系统中上、下两缸的动作协调是由阀 2、3、7 实现了互锁来保证的：一个缸必须在另一个缸静止不动时才能动作。但是在拉深操作中，为了实现"压边"工步，上液压缸活塞必须推着下液压缸活塞移动。这时上液压缸下腔的油液进入下液压缸的上腔，而下液压缸下腔中的油液则经下缸溢流阀排回油箱（虽两缸同时动作，但不存在动作不协调的问题）。

e. 系统中的顺序阀 10 规定了液压泵必须在 2.5MPa 的压力下卸荷，从而使操纵油路能确保具有 2MPa 左右的压力。

f. 系统中的两个液压缸各有一个安全阀（上液压缸 5 的安全阀为上缸安全阀 4，下液压缸 1 的安全阀为下缸安全阀 14）进行过载保护。

8.1.2 人造板热液压机液压系统

人造板（包括纤维板、刨花板、密度板）在当今工业、建筑装修、机车车辆等行业中起着重要的作用。人造板原材料来源广泛，如残次木料、木料下脚料、各种植物茎秆、坚果外皮等，经过破碎均可利用。人造板是一种变废为宝的产品，越来越得到广泛利用。

人造板生产线主要由破碎设备、搅拌加料设备、输送设备、热液压机、剪裁设备等组成。工艺路线一般是：原材料破碎→加入添加剂搅拌→上模板→上热液压机→压制→下热液压机→剪裁→堆放储存。

热液压机的作用是压制成型。热液压机的压制过程是快合模→慢合模（脱水）→保压延时卸压（干燥）→保压延时→加压（塑化）→保压延时→卸压开模，其工作循环见表 8-2。

表 8-2　热液压机工作循环表

工作循环	M	1YA	2YA	3YA	p_1	p_2	p_3	p_4	p_5	S
电机启动	+									
快速合模	+	+	+		|+		+	+		
慢速合模	+		+		+	|+	+	+|		
脱水延时保压	+		|+			+|+				
卸压	+		+	+				|+		
干燥延时保压	+									
加压	+		+						|+	
塑化延时保压	+					+|+				

续表

工作循环	M	1YA	2YA	3YA	p_1	p_2	p_3	p_4	p_5	S
开模	+		+.				+	+		∣+
准备	+						+	+		+
停机										

注：表中"+"为对应 PLC、电磁铁通电发出控制信号；"∣+"为对应电磁铁、电接点压力表、行程开关在该动作的后半期发出控制信号；"+∣"为对应电磁铁、电接点压力表、行程开关在该动作的后半期断开控制信号；"+∣+"表示动作分成前半期和后半期两部分。

（1）热压机液压系统的工作原理

热液压机有多种，根据产品规格不同，液压缸尺寸和数量有所不同。考虑的因素不同，系统组成的复杂程度也有区别。

图 8-3 是用于纤维板生产的热液压机液压系统。其工作原理是：当上料完毕，1YA、2YA通电，液压泵 4 和 5 经单向阀 10 和 13、节流阀 8 同时向液压缸供油，液压缸快速上升。

当系统压力升至 p_1 设定值时，电接点压力表 9 发出信号使 1YA 断电，泵 5 卸荷，泵 4 继续向系统供油，液压缸转入慢速上升，并挤出坯料中水分（脱水）。

当系统压力达到 p_2 设定值时，电接点压力表 21 发出信号使 2YA 断电，泵 4 卸荷，系统转入脱水保压延时。

在转入脱水保压延时过程中，由于泄漏等原因，压力可能会降低。当压力降到 p_3 时，电接点压力表 21 发出信号使 2YA 通电，泵 4 向液压缸补油。当压力又升至 p_2 时，电接点压力表 21 发出信号使 2YA 断电，泵 4 卸荷……

脱水保压延时时间到后，3YA 通电，液压缸内油液通过液控单向阀 16 卸压。当压力降至 p_4 时，电接点压力表 22 发出信号使 3YA 断电，系统转入干燥保压延时。

当保压延时时间到后，2YA 通电，泵 4 向液压缸供油。当压力升至 p_5 时，电接点压力表 23 发出信号使 2YA 断电，系统转入塑化保压延时过程。

在转入塑化保压延时过程中，由于泄漏等原因，压力可能会降低。当压力降到 p_6 时，电接点压力表 23 发出信号使 2YA 通电，泵 4 向系统补油。当压力又升至 p_5 时，电接点压力表 23 发出信号使 2YA 断电，泵 4 卸荷……

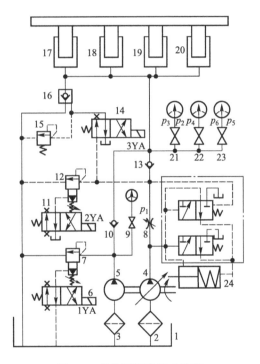

图 8-3　热液压机液压系统图
1—油箱；2,3—过滤器；4—变量泵；
5—定量泵；6,11,14—二位四通换向阀；
7,12,15—溢流阀；8—节流阀；
9,21～23—电接点压力表
及开关；10,13—单向阀；
16—液控单向阀；17～20—液
压缸；24—压力流量补偿阀组

当保压延时时间到后，2YA、3YA 同时通电，液压缸工作腔内的油液通过液控单向阀 16 卸荷，液压缸下降开模，直至降到使行程开关（未画出）压合后开模完成。至此，热液压机完成一次工作循环。

（2）热压机液压系统的主要特点分析

a. 本液压系统需要较大压制力，故采用四个相同的柱塞式液压缸作为执行元件。对液压缸同步要求不高，只要液压缸的安装精度保证即可。

b. 由于液压缸工作容积大，为了保证快速上行的速度，采用了定量泵和变量泵的双泵供油方案。

c. 液压缸的回程采用了大流量液控单向阀的控制方式，避免了大通径换向阀的费用投资。同时，保压期间液控单向阀要比换向阀泄漏小。

d. 液压泵的卸荷采用了先导式溢流阀遥控口接通油箱的方法。这种卸荷方法可使转换平稳。

e. 变量泵除了向液压缸供油外，还作为液控单向阀的控制油源。

f. 变量泵工作状态变换频繁，因此采用了压力补偿控制。在保压过程中，溢流阀处于卸荷状态。变量泵在节流阀两端压力差作用下自动将排量减小到接近零排量，以利于节能。

g. 整个系统采用了微型 PLC 控制器控制。采用电接点压力表监测系统压力，采用行程开关监测下限位置并反馈给 PLC，PLC 控制电动机的启停、电磁阀通断和系统三段保压延时时间。

8.2   组合机床动力滑台液压系统

8.2.1   概述

组合机床是由一些通用部件和专用部件组合而成的专用机床，它操作简便，效率高，广泛应用于成批大量的生产中。动力滑台是组合机床上实现进给运动的一种通用部件，配上动力头和主轴箱可以对工件完成各种孔加工、端面加工等工序，即可实现钻、扩、铰、镗、铣、刮端面、倒角及攻螺纹等加工。动力滑台有机械动力滑台和液压动力滑台之分。液压动力滑台用液压缸驱动，它在电气和机械装置的配合下可以实现各种自动工作循环。它对液压系统性能的主要要求是速度换接平稳，进给速度稳定，功率利用合理，效率高，发热小。

8.2.2   YT4543 型动力滑台液压系统的工作原理

YT4543 型动力滑台要求进给速度范围为 $6.6\sim600\mathrm{mm/min}$，最大进给力为 4.5×10^{4} N。图 8-4 所示为 YT4543 型动力滑台的液压系统图，表 8-3 为系统的动作循环表。

表 8-3   YT4543 型动力滑台液压系统的动作循环表

动作名称	电磁铁工作状态			液压元件工作状态				
	1YA	2YA	3YA	顺序阀 2	先导阀 11	换向阀 12	电磁阀 9	行程阀 8
快进	+	−	−	关闭	左位	左位	右位	右位
一工进	+	−	−	打开	左位	左位	右位	左位
二工进	+	−	+	打开	左位	左位	左位	左位
停留	+	−	−	打开	左位	左位	左位	左位
快退	−	+	±	关闭	右位	右位	左位	左位
停止	−	−	−	关闭	中位	中位	右位	右位

由图可见，这个系统在机械和电气的配合下，能够实现"快进→第一次工进→第二次工进→停留→快退→停止"的半自动工作循环。其工作状况如下。

快速前进时，电磁铁 1YA 通电，换向阀 12 左位接入系统，顺序阀 2 因系统压力不高仍处于关闭状态。这时液压缸 7 作差动连接，液压泵 14 输出最大流量。系统中油路连通情况如下。

进油路：液压泵 14→单向阀 13→换向阀 12（左位）→行程阀 8（右位）→液压缸 7 左腔。

回油路：液压缸 7 右腔→换向阀 12（左位）→单向阀 3→行程阀 8（右位）→液压缸 7 左腔。

此时由于液压缸差动连接，因而实现快进。

一次工作进给在滑台前进到预定位置，挡块压下行程阀 8 时开始。这时，系统压力升高，顺序阀 2 打开；液压泵 14 自动减小其输出流量，以便与调速阀 4 的开口相适应。系统中油路连通情况如下。

进油路：液压泵 14→单向阀 13→换向阀 12（左位）→调速阀 4→电磁阀 9（右位）→液压缸 7 左腔。

回油路：液压缸 7 右腔→换向阀 12（左位）→顺序阀 2→背压阀 1→油箱。

二次工作进给在一次工作进给结束，挡块压下行程开关，电磁铁 3YA 通电开始。顺序阀 2 打开，变量泵 14 输出流量与调速阀 10 的开口相适应。调速阀 10 的开口调节得比调速阀 4 要小。系统中油路连通情况如下。

进油路：变量泵 14→单向阀 13→换向阀 12（左位）→调速阀 4→调速阀 10→液压缸 7 左腔。

回油路：液压缸 7 右腔→换向阀 12（左位）→顺序阀 2→背压阀 1→油箱。

滑台停留以第二工进速度运动到碰上挡块不再前进时开始，并在系统压力进一

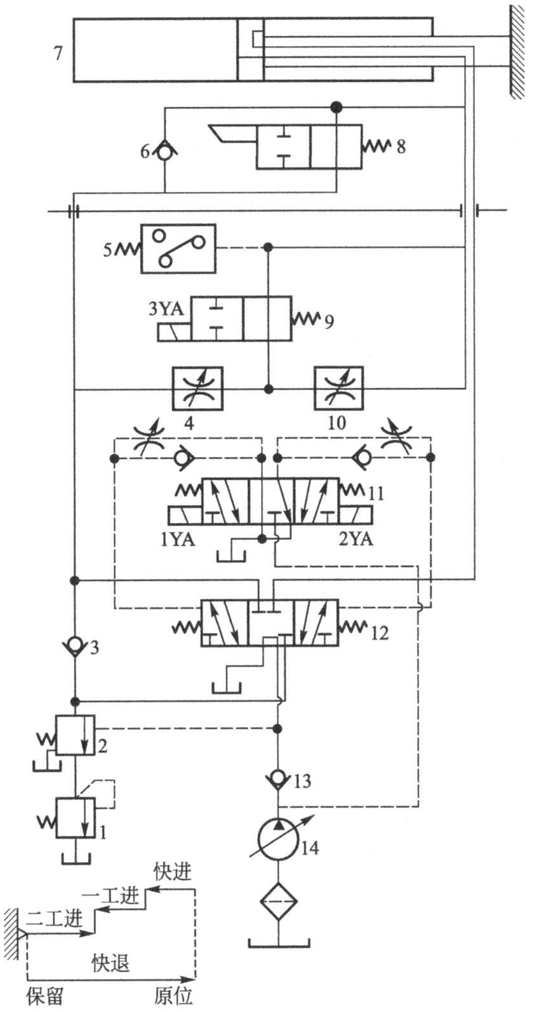

图 8-4 YT4543 型动力滑台液压系统图
1—背压阀；2—顺序阀；3,6,13—单向阀；
4——工进调速阀；5—压力继电器；
7—液压缸；8—行程阀；9—电磁阀；
10—二工进调速阀；11—先导阀；
12—换向阀；14—液压泵

步升高，压力继电器 5 发出信号后终止。此时，油路连通情况未变，变量泵 14 继续运转，系统压力不断升高，泵的流量减小到只是补充漏损。同时液压缸左腔压力升高到使压力继电器 5 动作，并发信号给时间继电器，经过时间继电器延时，滑台停留一段时间再退回。停留时间长短由工件的加工工艺要求决定。

快退在压力继电器发出信号，电磁铁 1YA 断电、2YA 通电时开始。这时系统压力下降，变量泵流量又自动增大。系统中油路连通情况如下。

进油路：变量泵 14→单向阀 13→换向阀 12（右位）→液压缸 7 右腔。

回油路：液压缸 7 左腔→单向阀 6→换向阀 12（右位）→油箱。

停止在滑台快速退回到原位，挡块压下终点开关，电磁铁 2YA 和 3YA 都在断电时

出现。

这时换向阀 12 处于中位，液压缸 7 两腔封闭，滑台停止运动。系统中油路连通情况（卸荷油路）：变量泵 14→单向阀 13→换向阀 12（中位）→油箱。

8.2.3 YT4543 型动力滑台液压系统的特点

a. 系统采用了限压式变量叶片泵→调速阀→背压阀式的调速回路，能保证稳定的低速运动（进给速度最小可达 6.6mm/min）、较好的速度刚性和较大的调速范围（$R=100$）。

b. 系统采用了限压式变量叶片泵和差动连接式液压缸来实现快进，能源利用比较合理。

c. 系统采用了行程阀和顺序阀实现快进与工进的换接，不仅简化了电气线路，而且使动作可靠，换接精度也比电气控制好。至于两个工进之间的换接，由于两者速度都较低，采用电磁阀完全可以保证换接精度。

d. 系统采用了三位五通电液动换向阀的 M 型中位机能与单向阀 13 串联，在滑台停止时，使液压泵通过 M 型机能在低压下卸荷，减少了能量损耗。为了保证启动时电液动换向阀有一定的先导控制油压力，控制油路必须从液压泵出口、单向阀 13 之前引出。

8.3 M1432A 型万能外圆磨床液压系统

8.3.1 概述

M1432A 型万能外圆磨床是上海机床厂生产的外圆磨床新系列产品，主要用于磨削圆柱形或圆锥形外圆和内孔，也能磨削阶梯轴轴肩和尺寸不大的平面，成品尺寸精度可达 1～2 级，表面粗糙度可达 0.8～0.2μm。该机床要求液压系统实现的运动及需达到的性能如下：

a. 要求实现磨床工作台在纵向往复运动，并能在 0.05～4m/min 之间无级调速。为精修砂轮，要求工作台在极低速（10～80mm/min）情况下不出现爬行，高速时无换向冲击。工作台换向平稳，启动和制动要迅速。本机床同速换向精度可达 0.05mm（同一速度下换向点的位置误差），异速换向精度不大于 0.3mm（最小速度到最大速度换向点的误差，又称冲出量）。为避免工件两端尺寸偏大（内孔偏小），要求工作台在换向时两端有停留时间（0～5s），且停留时间可调。出于工艺上的要求，切入磨削时要求工作台短距离换向（1～3mm，又称抖动），换向频率达到每分钟 100～150 次。

b. 实现砂轮架横向快进和快退。在装卸工件或测量工件时，为缩短辅助时间，砂轮架有快速进退动作，快进至端点的重复定位精度可达 0.005mm。为避免惯性冲击，使工件超差或撞坏砂轮，砂轮架快速进退液压缸设置缓冲装置。

c. 实现尾架套筒的液压伸缩。为装卸工件，尾架顶尖的伸缩采用液压驱动。

d. 在该磨床中，液压系统还与机械、电器配合使用，为此要求实现联锁动作。具体要求主要包括：工作台的液动与手动联锁；砂轮架快速引进时，保证尾架顶尖不缩回；磨内孔时，砂轮架不许后退，要求与砂轮架快退动作实现联锁等。

e. 要求液压消除砂轮架的丝杠-螺母间隙。

f. 要求液压系统实现对手摇机构、丝杠螺母副及导轨等处的润滑。

8.3.2 M1432A 型万能外圆磨床液压系统工作原理

图 8-5(a) 是用职能符号表示的 M1432A 型万能外圆磨床液压系统中工作台的换向回路，图 8-5(b) 是用半结构符号和职能符号混合表示的 M1432A 液压系统图。图 8-5 中部下边用立体示意图表示出开停阀 E 的阀芯形状，图 8-5(a)、(b) 中的数字标号一一对应。

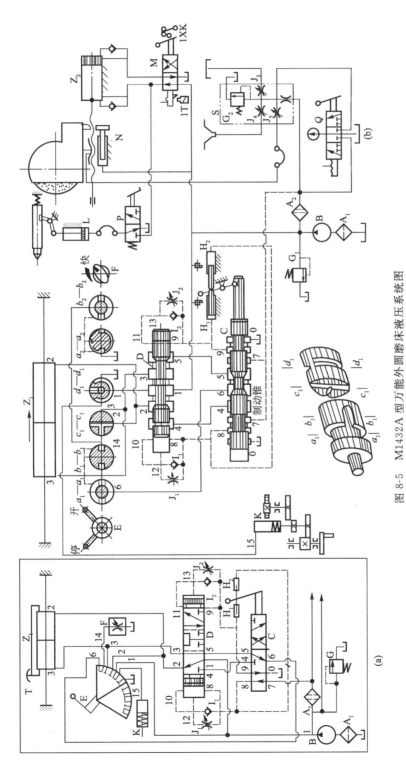

图 8-5 M1432A 型万能外圆磨床液压系统图

A₁—过滤器;A₂—精过滤器;B—齿轮泵;C—先导阀;D—液控换向阀;E—开停阀;F—节流阀;G₁,G₂—溢流阀;H₁,H₂—抖动阀;I,I₁,I₂—单向阀;
J₁~J₅—节流阀;K—手摇机构液压缸;L—尾架液压缸;M—快动阀;N—闸缸;P—脚踏阀;Q—压力表开关;S—润滑油稳定器;
1T—联锁电磁铁;1XK—启动头和冷却泵用行程开关;Z₁—工作台液压缸;Z₂—砂轮架快进快退液压缸;T—排气阀

（1）工作台的纵向往复运动

如图 8-5 所示状态，开停阀 E 打开，工作台处于向右运动状态。油液流动情况如下。

进油路：泵 B→1→$\begin{cases}\text{阀 D}\to 2\to Z_1\text{右腔}\\\text{阀 E 的 }d_1\!-\!d_1\text{ 截面}\to\text{缸 K，手摇机构脱开}\end{cases}$

回油路：缸 Z_1 左腔→3→阀 D→5→阀 C→6→阀 E 的 $a_1\!-\!a_1$ 截面→阀 E 的轴向槽（见图 8-5 中开停阀阀芯立体图）→$b_1\!-\!b_1$ 截面→14 阀 F 的 $b_2\!-\!b_2$ 截面及轴向槽→$a_2\!-\!a_2$ 截面及轴向槽 $a_2\!-\!a_2$ 截面上的节流口→油箱。

当工作台右行到预先调定的位置时，固定在工作台侧壁的左挡块通过拨杆推动先导阀 C 阀芯左移，阀 D 两端的控制油路开始切换。此时油路的情况下。

进油路：泵 B→精过滤器 A_2→阀 C_7→C_9→H_1，先导阀 C 迅速左移，彻底打开 C_7→C_9，关闭 C_7→C_8，打开 C_4→C_6 及 C_8→C_0；泵 B→A_2→阀 C_7→阀 C_9→I_2→换向阀右端。

回油路：阀 H_2→阀 C_8→油箱。

因为压力油已进入阀 D 的右腔，换向阀将开始换向，其具体过程是：换向阀左端→8→阀 C→油箱。因为回油畅通，所以换向阀阀芯快速移动，完成第一次快跳。快跳结果是阀芯刚好处于中位，孔 8 被阀芯盖住，阀芯中间一节台阶比阀体中间那段沉割槽窄，于是油路 1 分别与 2 和 3 相通，液压缸 Z_1 两腔都通压力油，工作台迅速停止运动。工作台虽已停止运动，但换向阀阀芯在压力油作用下还在继续缓慢移动，此时换向阀 D 的左腔油液只能通过节流阀 J_1 回油，阀芯以 J_1 调定的速度移动。液压缸 Z_1 两腔继续连通，处于停留阶段，当阀芯向左慢移到使油路 10 和 8 相通时，阀芯左端油液便通过 10→8→油箱。因为回油又畅通，所以阀芯又一次快速移动，完成第二次快跳。结果换向阀阀芯左移到底，主油路被迅速切换，工作台便反向起步。这时油路情况如下。

进油路：泵 B→1→阀 D（右位）→3→缸 Z_1 左腔。

回油路：缸 Z_1 右腔→2→阀 D（右位）→4→阀 C（右位）→6→阀 E 的 $b_1\!-\!b_1$ 截面→14→阀 F 的 $b_2\!-\!b_2$ 截面→阀 F 的 $a_2\!-\!a_2$ 截面上的节流口→油箱。

液压缸 Z_1 向左移动，运动到预定位置，右挡块碰上拨杆后，先导阀 C 以同样的过程使其控制油路换向，接着主油路切换，工作台又向右运动。如此循环，工作台便实现了自动纵向往复运动。

从以上分析不难看出，不管工作台向左运动还是向右运动，其回油总是通过节流阀 F 上的 $a_2\!-\!a_2$ 截面上的节流口回油箱，所以是出口节流调速。调节阀 F 的开口即可实现工作台在 0.05～4m/min 之间的无级调速。

若将开停阀 E 转到停的位置，开停阀 E 的 $b_1\!-\!b_1$ 截面就关闭了通往节流阀 F 的回油路，而 $c_1\!-\!c_1$ 截面却使液压缸两腔相通（2 与 3 相通），工作台处于停止状态，缸 K 内的油液经 15 到阀 E 的 $d_1\!-\!d_1$ 截面上径向孔回油箱。在缸 K 中弹簧作用下，使齿轮啮合，工作台就可以通过摇动手柄来操作。

（2）砂轮架横向快进快退运动

砂轮架的快速进退运动是由快动阀 M 操纵、由砂轮架快进快退液压缸 Z_2 来实现的。图 8-5 所示砂轮架处于后退状态。当扳动阀 M 手柄使砂轮快进时，行程开关 1XK 同时被压下，使头架和冷却泵均启动。若翻下内圆磨具进行内圆磨削，磨具压下砂轮架前侧固定的行程开关，电磁铁 1T 吸合，阀 M 被锁住，这样不会因误扳快速进退手柄而引起砂轮架后退时与工作台相碰。快进终点位置是靠活塞与缸盖的接触保证的。为了防止砂轮架在快速运动终点处引起冲击和提高快进运动的重复位置精度，快动缸 Z_2 的两端设有缓冲装置（图中未画出），并设有抵住砂轮架的闸缸 N，用以消除丝杠和螺母间的间隙。快动阀 M 右位接入系统时，砂轮架快速前进到最前端位置。

（3）尾架顶尖的伸缩运动

尾架顶尖的伸缩可以手动，也可以利用脚踏阀 P 来实现。因为阀 P 的压力油来自液压缸 Z_2 的前腔，即阀 P 的压力油必须在快动阀 M 左位接入时才能通向尾架处，所以当砂轮架快速前进磨削工件时，即使误踏阀 P，顶尖也不会退回；只有在砂轮架后退时，才能使尾架顶尖缩回。

（4）润滑油路

由泵 B 经 A_2 到润滑油稳定器 S 的压力油用于手摇机构、丝杠螺母副、导轨等处的润滑；$J_3 \sim J_5$ 用来调节各润滑点所需流量；溢流阀 G_2 用于调节润滑油压力（0.05～0.2MPa）和溢流。润滑油稳定器 S 上的固定阻尼孔在工作台每次换向产生的压力波动作用下，作一次微量抖动，可防止阻尼孔堵塞。压力油进入闸缸 N，使闸缸的柱塞始终顶住砂轮架，消除了进给丝杠螺母副的间隙，可保证横向进给的准确。压力表开关 Q 用于测量泵出口和润滑油路上的压力。

8.3.3　M1432A 万能外圆磨床液压系统的换向分析

（1）换向方法及换向性能

从磨床的性能及系统的工作原理可知，磨床液压系统的核心问题是换向回路的选择和如何实现高性能换向精度的要求。

实现工作台换向的方法很多。采用手动阀换向，换向可靠，但不能实现工作台自动往复运动。采用机动阀换向，可以实现工作台自动往复运动，但低速时的换向"死点"（换向阀阀芯处于中位时不能换向）问题和高速换向时的换向"冲击"问题，使它不能在磨床液压系统中应用。采用电磁换向，虽然解决了"死点"问题，但是由于换向时间短（0.08～0.15s），同样会产生换向冲击。所以最好的途径就是采用机动-液动换向阀回路。如图 8-5（a）所示，M1432A 采用的换向回路正是机动-液动换向阀的换向回路，阀 C 是一个二位七通阀（习惯称先导阀，主换向阀 D 实际是一个二位五通液动阀）。该回路的特点是先导阀阀芯移动的动力源来自工作台，只有先导阀换向后，液动阀才换向，消除了换向"死点"；液动阀 D 两端控制油路设置了单向节流阀，其换向快慢便能得到调节，换向冲击问题也基本得到解决。

（2）液压操纵箱制动控制方式

在磨床液压系统中，常常把先导阀、液动阀、节流阀和开停阀组合装在一个壳体内，称为液压操纵箱。按控制方式的不同，液压操纵箱可分为两大类，即时间控制式液压操纵箱和行程控制式液压操纵箱。两种控制方式各具优缺点，在实际应用中应根据具体情况决定取舍。

① 时间控制式液压操纵箱及应用　图 8-6 所示为时间控制制动式换向回路。该回路属机液换向回路。由图可见，液压缸右腔的油液是经过阀 D 的阀芯右边台肩锥面

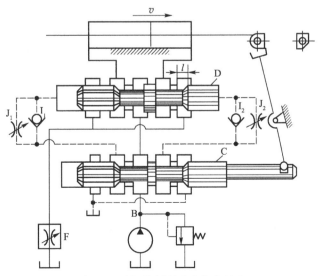

图 8-6　时间控制制动式换向回路

（也称制动锥）回油箱的。在图示状态若先导阀C左移，制动锥处缝隙逐渐减小，液压缸活塞运动必然减速制动，直到换向阀阀芯走完距离 l，封死液压缸右腔的回油通道，活塞才能停下来（制动结束）。这样无论原来液压缸活塞运动速度多大，先导阀换向多快，工作台要停止必须等到换向阀阀芯走完固定行程 l。所以在节流阀 J_1 和 J_2 开口一定、油液黏度基本不变的情况下，工作台从挡块碰上拨杆到停止的时间是一定的。因此，工作台低速换向时其制动行程（减速行程）短，冲出量小；高速换向时，冲出量大；变速换向精度低。在工作台速度一定时，尽管节流阀 J_1、J_2 开口已调定，但是由于油温的变化、油内杂质的存在、阀芯摩擦阻力的变化等因素，会使换向阀阀芯移动速度变化，因而使制动时间（减速时间）有变化，所以等速换向精度也不高。

　　综上所述，时间控制制动式操纵箱适用于要求换向频率高、换向平稳、无冲击，但对换向精度要求不高的场合，如平面磨床、专磨通孔的内圆磨床及插床等的液压系统。

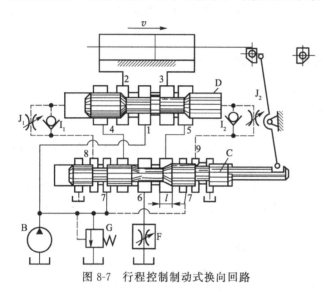

图 8-7　行程控制制动式换向回路

　　② 行程控制式液压操纵箱及其应用　图 8-7 为行程控制式液压操纵箱换向回路，与图 8-6 相比，液压缸右腔的油液不但经过阀 D，而且经过阀 C 才能回油箱。当左挡块碰拨杆使阀 C 的阀芯向左移动时，阀 C 右侧制动锥首先关小 5 与 6 的通道，使工作台减速（实现预制动）。阀 C 右侧制动锥口全部闭死 5 至 6 通道时，液压缸右腔回油被切断，此时不论阀 D 是否换向，工作台一定停止。即从挡块碰上拨杆开始到工作台停止，阀 C 从其制动锥开口最大到关闭所移动的距离 l 是一定的（M1432A 为 9mm），杠杆比也是一定的（1：1.5），故液压缸从开始到停止，其活塞移动的距离也是一定的（13.5mm）。这样，不论工作台原来速度多大，只要挡块碰上拨杆，工作台走过该距离就停止，所以这种制动方式称为行程制动式。可见该制动方式大大提高了换向精度。对于高速换向的工作台来说，由于换向时间短，换向冲击就大。但对于 M1432A 型磨床来说，工作台纵向往复速度不高（<4m/min），换向冲击不是主要问题，所以采用这种控制操纵箱是合适的。

8.3.4　M1432A 型万能外圆磨床液压系统的特点

　　a. 系统采用活塞杆固定式双杆液压缸保证了进退两方向运动速度相等，并使机床占地面积不大。

　　b. 系统采用快跳式操纵箱，结构紧凑，操纵方便，换向精度和换向平稳性都较高。

　　c. 系统设置抖动缸，使工作台在很短的行程内实现快速往复运动，从而有利于提高切入磨削的加工质量。

　　d. 系统采用出口节流式调速回路，功率损失小，这对调速范围不需很大、负载较小且基本恒定的磨床来说是很合适的。此外，出口节流的形式在液压缸回油腔中造成背压力，工作台运动平稳，使质量较大的磨床工作台加速制动，也有助于防止系统中渗入空气。

8.4 CK3225 型数控车床液压系统

CK3225 型数控机床可以车削内圆柱、外圆柱和圆锥及各种圆弧曲线，适用于形状复杂、精度高的轴类和盘类零件的加工。

图 8-8 为 CK3225 型数控车床液压系统图。它的作用是用来控制卡盘的夹紧与松开，主轴变挡、转塔刀架的夹紧与松开，转塔刀架的转位和尾座套筒的移动。

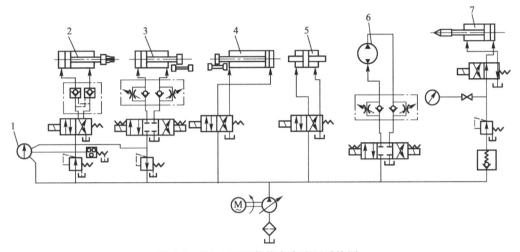

图 8-8　CK3225 型数控车床液压系统图

1—压力表；2—卡盘液压缸；3—变挡液压缸Ⅰ；4—变挡液压缸Ⅱ；5—转塔夹紧缸；6—转塔转位液压马达；7—尾座液压缸

8.4.1 卡盘支路

支路中减压阀的作用是调节卡盘夹紧力，使工件既能夹紧，又尽可能减小变形。压力继电器的作用是当液压缸压力不足时，立即使主轴停转，以免卡盘松动将旋转工件甩出，危及操作者的安全以及造成其他损失。该支路还采用液控单向阀的锁紧回路。在液压缸的进、回油路中都串联液控单向阀（又称液压锁），活塞可以在行程的任何位置锁紧，其锁紧精度只受液压缸内少量的内泄漏影响，因此锁紧精度较高。

8.4.2 液压变速机构

在变挡液压缸工作回路中，减压阀的作用是防止拨叉在变挡过程中滑移齿轮和固定齿轮端部接触（没有进入啮合状态），如果液压缸压力过大会损坏齿轮。

液压变速机构在数控机床得到普遍使用。图 8-9 为典型液压变速机构的原理图。三个液压缸都是差动液压缸，用 Y 型三位四通电磁阀来控制。滑移齿轮的拨叉与变速缸的活塞杆连接。当液压缸左腔进油右腔回油、或右腔进油左腔回油、或左右两腔同时进油时，可使滑移齿轮获得左、右、中三个位置，达到预定的齿轮啮合状态。在自动变速时，为了使齿轮不发生顶齿而顺利地进入啮合，应使传动链在低速下运行。为此，对于采取无级调速电动机的系统，只需接通电动机的某一低速驱动的传动链运转；对于采用恒速交流电动机的纯分级变速系统，则需设置如图所示的慢速驱动电动机 M_2，在换速时启动 M_2，驱动慢速传动链运转。自动变速的过程是：启动传动链慢速运转→根据指令接通相应的电磁换向阀和主电动机 M_1 的调速信号→齿轮块滑移和主电动机的转轴接通→相应的行程开关被压下发出变速完成信号→断开传动链慢速转动→变速完成。

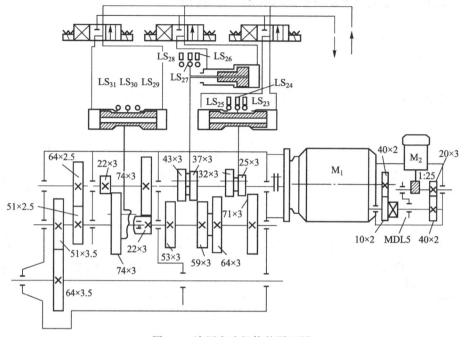

图 8-9   液压变速机构的原理图

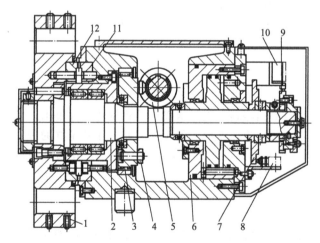

图 8-10   CK3225 型数控车床的刀架结构图
1—刀盘；2—中心轴；3—回转盘；
4—柱销；5—凸轮；6—液压缸；7—盘；
8—开关；9—选位凸轮；10—计数
开关；11,12—鼠牙盘

8.4.3   刀架系统的液压支路

　　根据加工需要，CK3225 型数控车床的刀架有八个工位可供选择。因以加工轴类零件为主，转塔刀架采用回转轴线与主轴轴线平行的结构形式，如图 8-10 所示。

　　刀架的夹紧和转动均由液压驱动。当接到转位信号后，液压缸 6 后腔进油，将中心轴 2 和刀盘 1 抬起，使鼠牙盘 12 和 11 分离；随后液压马达驱动凸轮 5 旋转，凸轮 5 拨动回转盘 3 上的八个柱销 4，使回转盘带动中心轴 2 和刀盘旋转。凸轮每转一周，拨过一个柱销，使刀盘转过一个工位；同时，固定在中心轴 2 尾端的八面选位凸轮 9 相应压合计数开关 10 一次。当刀盘

转到新的预选工位时，液压马达停转。液压缸 6 前腔进油，将中心轴和刀盘拉下，两鼠牙盘啮合夹紧，这时盘 7 压下开关 8，发出转位停止信号。该结构的特点是定位稳定可靠，不会产生越位；刀架可正反两个方向转动；自动选择最近的回转行程，缩短了辅助时间。

8.5 数控加工中心液压系统

8.5.1 概述

数控加工中心是在数控机床基础上发展起来的多功能数控机床。现代数控机床和数控加工中心都采用计算机数控技术（简称 CNC），在数控加工中心上配备有刀库和换刀机械手，可在一次装夹中完成对工件的钻、扩、铰、镗、铣、锪、攻螺纹、螺纹加工、复杂曲面加工和测量等多道加工工序，是集机、电、液、气、计算机、自动控制等技术于一体的高效柔性自动化机床。数控加工中心各部分的动作均由计算机的指令控制，具有加工精度高、尺寸稳定性好、生产周期短、自动化程度高等优点，特别适合用于加工形状复杂、精度要求高的多品种成批、中小批量及单件生产的工件，因此数控加工中心目前已在国内相关企业中普

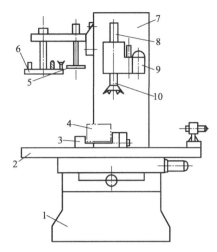

图 8-11 立式加工中心的结构图
1—床身；2—工作台；3—台虎钳；4—工件；
5—换刀机械手；6—刀库；7—立柱；
8—拉刀装置；9—主轴箱；
10—刀具

遍使用。数控加工中心一般由主轴组件、刀库、换刀机械、XYZ 三个进给坐标轴、床身、CNC 系统、伺服驱动、液压系统、电气系统等部件组成。立式加工中心的结构图如图 8-11 所示。

8.5.2 数控加工中心液压系统的工作原理

数控加工中心中普遍采用了液压传动技术，主要完成机床的各种辅助动作，如主轴变速、主轴刀具拉紧与松开、刀库的回转与定位、换刀机械手的换刀、数控回转工作台的定位与夹紧等。图 8-12 所示为卧式镗铣加工中心液压系统图，其组成部分及工作原理如下。

（1）液压油源

该液压系统采用变量叶片泵和蓄能器联合供油方式，以便获得高质量的液压油源。液压泵为限压式变量叶片泵，最高工作压力为 7MPa。溢流阀 4 作安全阀用，其调整压力为 8MPa，只有系统过载时起作用。手动换向阀 5 用于系统卸荷，过滤器 6 用于对系统回油进行过滤。

（2）液压平衡装置

由溢流减压阀 7、溢流阀 8、手动换向阀 9、液压缸 10 组成平衡装置，蓄能器 11 用于吸收液压冲击。液压缸 10 为支撑加工中心立柱丝杠的液压缸。为减小丝杠与螺母间的摩擦，并保持摩擦力均衡，保证主轴精度，用溢流减压阀 7 维持液压缸 10 下腔的压力，使丝杠在正反向工作状态下处于稳定的受力状态。当液压缸上行时，压力油和蓄能器向液压缸下腔充油；当液压缸在滚珠丝杠带动而下行时，液压缸下腔的油液又被挤回蓄能器或经过溢流减压阀 7 回油箱，因而起到平衡作用。调节溢流减压阀 7 可使液压缸 10 处于最佳受力工作状态，其受力的大小可通过测量 Y 轴伺服电动机的负载电流来判断。手动换向阀 9 用于使液压缸卸载。

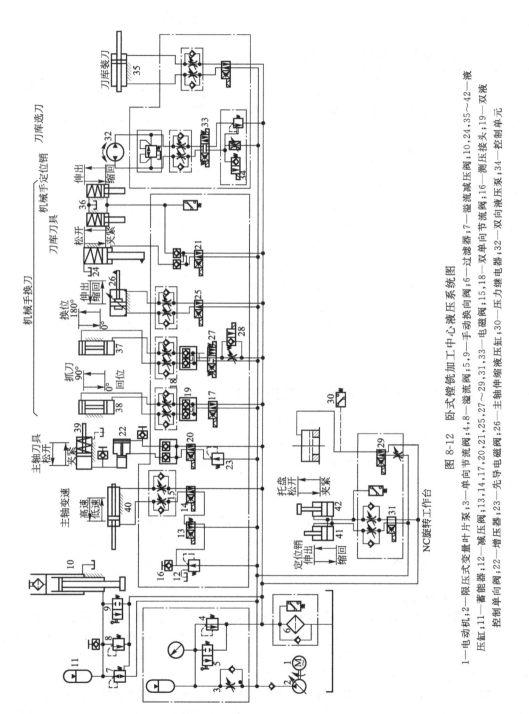

图 8-12 卧式镗铣加工中心液压系统图

1—电动机;2—限压式变量叶片泵;3—单向节流阀;4,8—溢流阀;5,9—手动换向阀;6—过滤器;7—溢流减压阀;10,24,35~42—液压缸;11—蓄能器;12—减压阀;13,14,17,20,21,25,27~29,31,33—电磁阀;15,18—双单向节流阀;16—测压接头;19—双液控制单向阀;22—增压器;23—先导式液控单向阀;26—主轴伸缩液压缸;30—压力继电器;32—双向液压泵;34—控制单元

（3）主轴变速回路

主轴通过交流变频电动机实现无级调速。为了得到最佳的转矩性能，将主轴的无级调速分成高速和低速两个区域，并通过一对双联齿轮变速来实现。主轴的换挡变速由液压缸 40完成。在图 8-12 所示位置时，压力油直接经电磁阀 13 右位、电磁阀 14 右位进入缸 40 左腔，完成由低速向高速的换挡。当电磁阀 13 切换至左位时，压力油经减压阀 12、电磁阀 13和 14 进入缸 40 右腔，完成由高速向低速的换挡。换挡过程中缸 40 的速度由双单向节流阀15 来调整。

（4）换刀回路及动作

加工中心在加工零件的过程中，当前道工序完成后就需换刀，此时机床主轴退至换刀点，且处在准停状态，所需置换的刀具已处在刀库预定换刀位置。换刀动作由机械手完成，其换刀过程为：机械手抓刀→刀具松开和定位→拔刀→换刀→插刀→刀具夹紧和松销→机械手复位。

① 机械手抓刀　当系统收到换刀信号时，电磁阀 17 切换至左位，压力油进入齿条缸 38下腔，推动活塞上移，使机械手同时抓住主轴锥孔中的刀具和刀库上预选的刀具。双单向节流阀 18 控制抓刀和回位的速度，双液控制单向阀 19 保证系统失压时机械手位置不变。

② 刀具松开和定位　当抓刀动作完成后，发出信号使电磁阀 20 切换至左位，电磁阀 21处于右位，从而使增压器 22 的高压油进入液压缸 39 左腔，活塞杆将主轴锥孔中的刀具松开；同时，液压缸 24 的活塞杆上移，松开刀库中预选的刀具；此时，液压缸 36 的活塞杆在弹簧力作用下将机械手上两个定位销伸出，卡住机械手上的刀具。松开主轴锥孔中刀具的压力可由减压阀 23 调节。

③ 机械手拔刀　当主轴、刀库上的刀具松开后，无触点开关发出信号，电磁阀 25 处于右位，由缸 26 带动机械手伸出，使刀具从主轴锥孔和刀库链节中拔出。缸 26 带有缓冲装置，以防止行程终点发生撞击和噪声。

④ 机械手换刀　机械手伸出后发出信号，使电磁阀 27 换向至左位。齿条缸 37 的活塞向上移动，使机械手旋转 180°，转位速度由双单向节流阀调节，并可根据刀具的质量，由电磁阀 28 确定两种换刀速度。

⑤ 机械手插刀　机械手旋转 180°后发出信号，使电磁阀 25 换向，缸 26 使机械手缩回，刀具分别插入主轴锥孔和刀库链节中。

⑥ 刀具夹紧和松销　机械手插刀后，电磁阀 20、21 换向。缸 39 使主轴中的刀具夹紧；缸 24 使刀库链节中的刀具夹紧；缸 36 使机械手上定位销缩回，以便机械手复位。

⑦ 机械手复位　刀具夹紧后发出信号，电磁阀 17 换向，缸 38 使机械手旋转 90°回到起始位置。

至此，整个换刀动作结束，主轴启动进入零件加工状态。

（5）数控旋转工作台回路

① 数控工作台夹紧　数控旋转工作台可使工件在加工过程中连续旋转，当进入固定位置加工时，电磁阀 29 切换至左位，使工作台夹紧，并由压力继电器 30 发出信号。

② 托盘交换　交换工件时，电磁阀 31 处于右位，缸 41 使定位销缩回，同时缸 42 松开托盘，由交换工作台交换工件；交换结束后电磁阀 31 换向，定位销伸出，托盘夹紧，即可进入加工状态。

（6）刀库选刀、装刀回路

在零件加工过程中，刀库需把下道工序所需的刀具预选列位。首先判断所需的刀具在刀库中的位置，确定液压马达 32 的旋转方向，使电磁阀 33 换向，控制单元 34 控制液压马达启动、中间状态、到位、旋转速度，刀具到位后由旋转编码器组成的闭环系统发出信号。双向溢流阀起安全作用。

液压缸 35 用于刀库装卸刀具。

8.5.3　数控加工中心液压的系统特点

a. 在数控加工中心中，液压系统所承担的辅助动作的负载力较小，主要负载是运动部件的摩擦力和启动时的惯性力。因此，一般采用压力在 10MPa 以下的中低压系统，且液压系统流量一般在 30L/min 以下。

b. 数控加工中心在自动循环过程中，各个阶段流量需求的变化很大，并要求压力基本恒定。采用限压式变量泵与蓄能器组成的液压源，可以减小流量脉动、能量损失和系统发热，提高机床加工精度。

c. 数控加工中心的主轴刀具需要的夹紧力较大，而液压系统其他部分需要的压力为中低，且受主轴结构的限制，不宜选用缸径较大的液压缸。采用增压器可以满足主轴刀具对夹紧力的要求。

d. 在齿轮变速箱中，采用液压缸驱动滑移齿轮来实现两级变速，可以扩大伺服电动机驱动的主轴的调速范围。

e. 数控加工中心的主轴、垂直拖板、变速箱、主电动机等连成一体，由伺服电动机通过 Y 轴滚珠丝杠带动其上下移动。采用平衡阀-平衡缸的平衡回路，可以保证加工精度，减小滚珠丝杠的轴向受力，且结构简单、体积小、重量轻。

8.6　叉车液压系统

8.6.1　概述

叉车是一种由自行轮式底盘和工作装置组成的装卸搬运车辆。叉车前面设有门架，门架上有运载货物的货叉，并具有使货叉垂直升降和为了在搬运或堆放作业时保持运载货物稳定的前后倾动功能。

叉车外形示意图如图 8-13 所示。叉车的动作功能主要有起升系统、门架倾斜系统、转向系统和行走系统等。各种型号叉车的货叉起升、门架倾斜和转向几乎均采用液压传动。而行走系统主要有机械传动和液压传动两种方式。行走系统采用液压传动的叉车被称为全液压叉车或"静压传动"叉车，该系统由变量泵、液压马达构成闭式回路。通过改变变量泵的斜盘倾角，控制液压马达的正反转速，驱动叉车前轮实现叉车前进、后退，并可无级调速。

8.6.2　叉车液压系统的工作原理

根据工作特点，叉车采用前轮驱动、后轮转向的方式。图 8-14 所示为叉车转向的工作原理示意图。转向系统主要由液压泵、转向控制器和转向液压缸等组成。通过转向控制器控制转向液压缸的动作，从而控制叉车后轮的转向。

图 8-15 所示为叉车工作及转向液压系统图。叉车的工作装置完成货叉的起升和门架倾斜操作。货叉起升和门架倾斜操作均独立操作完成，互不影响。而转向装置则完成叉车行走的转向操作。液压泵 1、2 分别向工作装置和转向装置供油，两个液压系统的油路互不影响。

叉车工作和转向装置主要有以下几种工作情况。

（1）工作装置待机状态

当多路换向阀 3 的起升阀 A 和倾斜阀 B 均处于中位时，液压泵 1 的出油直接回油箱，系统卸荷，工作装置处于待机状态，不能进行货叉起升和门架倾斜操作。

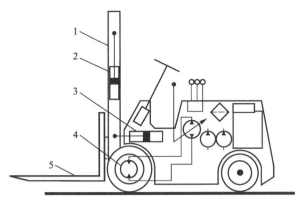

图 8-13　叉车外形示意图

1—门架；2—起升液压缸；3—倾斜液压缸；

4—行走液压马达；5—货叉

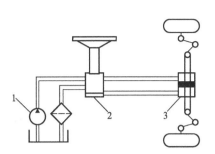

图 8-14　叉车转向的工作原理示意图

1—液压泵；2—转向控制器；3—转向液压缸

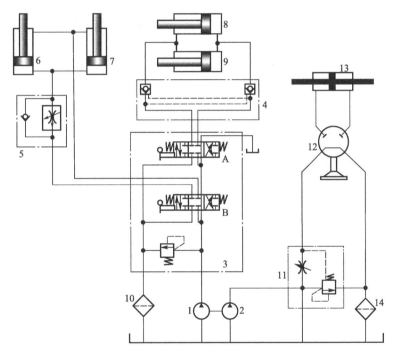

图 8-15　叉车工作及转向液压系统图

1,2—液压泵；3—多路换向阀；4—液压锁；5—单向调速阀；6,7—起升液压缸；8,9—倾斜液压缸；

10,14—过滤器；11—转向控制流量阀；12—转向控制器；13—转向液压缸

（2）工作装置起升操作

工作装置起升操作是对两个并联液压缸 6 和 7 的伸缩控制来完成货叉的升降运动。

操作多路换向阀的起升阀 A 处于右端位置时，液压泵 1 的出油经起升阀 A、单向调速阀 3 中的单向阀进入起升液压缸 6、7 的无杆腔，起升液压缸 6、7 同步外伸，从而带动货叉升起。

操作多路换向阀的起升阀 A 处于左端位置时，液压泵 1 的出油经起升阀 A 直接进入起升液压缸 6、7 的有杆腔，起升液压缸 6、7 同步缩回，从而带动货叉下降。这时，起升液压缸 6、

7无杆腔的油液经单向调速阀3中的调速阀回油箱，从而限制了货叉重载时的下降速度。

（3）工作装置倾斜操作

工作装置倾斜操作是对两个并联液压缸8和9的伸缩控制来完成门架的倾斜运动。

操作多路换向阀的起升阀B处于左端位置时，液压泵1的出油经起升阀B、两个液控单向阀组成的液压锁4进入倾斜液压缸8、9的无杆腔，倾斜液压缸8、9同步外伸，从而带动门架前倾。

操作多路换向阀的起升阀B处于右端位置时，液压泵1的出油经起升阀B、液压锁4进入起升液压缸8、9的有杆腔，倾斜液压缸8、9同步缩回，从而带动门架后倾。这时，液压锁4可使门架倾角较长时间保持不变，以保证安全。

（4）转向装置转向操作

转向装置由液压泵2供油。液压泵2的出油经流量调节阀11后，由转向控制器12控制转向液压缸13对车轮进行转向操作。转向控制流量阀11的作用是当液压泵2的转速随发动机变化时仍能保持以固定流量向转向控制器12供油，从而保证转向控制器操纵的稳定。转向控制器的操作是通过驾驶员对方向盘的操控进行的。

8.7 汽车起重机液压系统

8.7.1 概述

汽车起重机是将起重机安装在汽车底盘上的起重运输设备。它主要由起升、回转、变幅、伸缩和支腿等工作机构组成，这些机构动作的完成由液压系统来实现。对于汽车起重机的液压系统，一般要求输出力大，动作要平稳，耐冲击，操作要灵活、方便、可靠、安全。

图8-16是Q-8型汽车起重机外形简图。这种起重机采用液压传动，最大起重量为80kN（幅度3m时），最大起重高度为11.5m，起重装置可连续回转。该机具有较高的行走速度，可与装运工具的车编队行驶，机动性好。当装上附加吊臂后（图中未表示），可用于建筑工地吊装预制件，吊装的最大高度为6m。液压起重机承载能力大，可在有冲击、振动、温度变化大和环境较差的条件下工作；但其执行元件要求完成的动作比较简单，位置精度较低。因此，液压起重机一般采用中高压手动控制系统，系统对保证安全性较为重视。

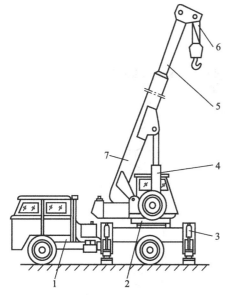

图8-16　Q-8型汽车起重机外形简图
1—载重汽车；2—回转机构；3—支脚；
4—吊臂变幅缸；5—吊臂伸缩缸；
6—起升机构；7—基本臂

8.7.2 汽车起重机液压系统的工作原理

图8-17是Q-8型汽车起重机液压系统图。该系统的液压泵由汽车发动机通过装在汽车底盘变速箱上的取力箱传动。液压泵工作压力为21MPa，每转排量为40mL，转速为1500r/min，液压泵通过中心回转接头从油箱吸油，输出的压力油经手动阀组A和手动阀组B输送到各个执行元件。阀12是安全阀，用以防止系统过载，调整压力为19MPa，其实际工作压力可由压力表读取。这是一个单泵、开式、串联（串联式多路阀）液压系统。

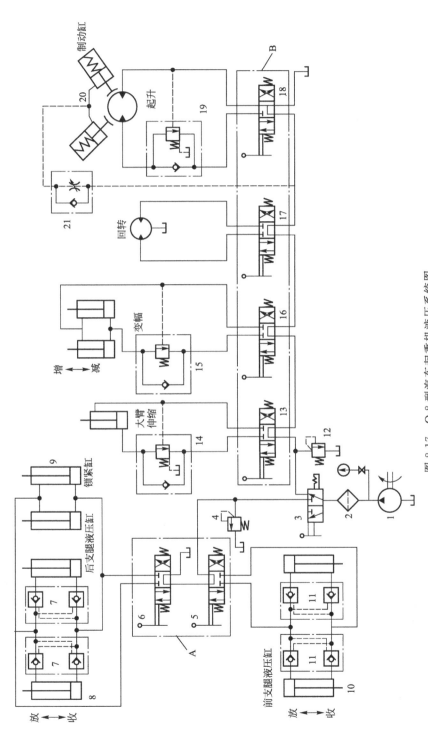

图 8-17　Q-8 型汽车起重机液压系统图

1—液压泵；2—过滤器；3—二位三通手动换向阀；4,12—溢流阀；5、6,13,16～18—三位三通手动换向阀；7,11—液压锁；9—锁紧缸；10—前支腿液压缸；14,15,19—平衡阀；20—制动缸；21—单向节流阀

系统中除液压泵、过滤器、安全阀、阀组 A 及支腿部分外，其他液压元件都装在可回转的上车部分。其中油箱也在上车部分，兼作配重。上车和下车部分的油路通过中心回转接头连通。

起重机液压系统包含支腿收放、回收机构、起升机构、吊臂变幅、回转机构等五个部分。各部分都有相对的独立性。

（1）支腿收放回路

由于汽车轮胎的支撑能力有限，在起重作业时必须放下支腿，使汽车轮胎架空。汽车行驶时则必须收起支腿。前后各有两条支腿，每一条支腿配有一个液压缸。两条前支腿用一个三位四通手动换向阀 6 控制其收放，而两条后支腿则用另一个三位四通手动换向阀 5 控制。换向阀都采用 M 型中位机能，油路上是串联的。每一个液压缸上都配有一个双向液压锁，以保证支腿可靠锁住，防止在起重作业过程中发生"软腿"现象（液压缸上腔油路泄漏引起）或行车过程中液压支腿自行下落（液压缸下腔油路泄漏引起）。

（2）起升回路

起升机构要求所吊重物可升降或在空中停留，速度要平稳、变速要方便、冲击要小、启动转矩和制动力要大。本回路中采用 ZMD40 型柱塞液压马达带动重物升降，变速和换向是通过改变手动换向阀 18 的开口大小来实现的，用液控单向顺序阀 19 来限制重物超速下降。单作用液压缸 20 是制动缸，单向节流阀 21 是保证液压油先进入液压马达，使液压马达产生一定的转矩，再解除制动，以防止重物带动液压马达旋转而向下滑。二是保证吊物升降停止时，制动缸中的油液马上与油箱相通，使液压马达迅速制动。

起升重物时，手动阀 18 切换至左位工作，泵 1 打出的油经过滤器 2、阀 3 右位、阀 13、16、17 中位、阀 18 左位、阀 19 中的单向阀进入液压马达左腔；同时压力油经单向节流阀到制动缸 20，从而解除制动，使液压马达旋转。

重物下降时，手动换向阀 18 切换至右位工作，液压马达反转，回油经缸 19 的液控顺序阀、阀 18 右位回油箱。

当停止作业时，阀 18 处于中位，泵卸荷。制动缸 20 上的制动瓦在弹簧作用下使液压马达制动。

（3）大臂伸缩回路

本机大臂伸缩采用单级长液压缸驱动。工作中，改变阀 13 的开口大小和方向，即可调节大臂运动速度和使大臂伸缩。行走时，应将大臂缩回。大臂缩回时，因液压力与负载力方向一致，为防止吊臂在重力作用下自行收缩，在收缩缸的下腔回油腔安置了平衡缸 14，提高了收缩运动的可靠性。

（4）变幅回路

大臂变幅机构用于改变作业高度，要求能带载变幅，动作要平稳。本机采用两个液压缸并联，提高了变幅机构承载能力。其控制要求以及油路结构与大臂伸缩油路相同。

（5）回转油路

回转机构要求大臂能在任意方位起吊。本机采用 ZMD40 柱塞液压马达，回转速度为 1～3r/min。由于惯性小，一般不设缓冲装置，操作换向阀 17，可使液压马达正反转或停止。

8.7.3　汽车起重机液压系统的特点

Q-8 型汽车起重机液压系统的特点如下：

a. 由于重物在下降时以及大臂收缩和变幅时，负载与液压力方向相同，执行元件会失控，因此在其回油路上必须设置平衡阀。

b. 因为工况作业的随机性较大，且动作频繁，所以大多采用手动弹簧复位的多路换向阀来控制各动作。换向阀常用 M 型中位机能。当换向阀处于中位时，各执行元件的进油路均被切断，液压泵出口通油箱使泵卸荷，减少了功率损失。

8.8　采煤机牵引部液压系统

图 8-18 所示为 DY-150 型采煤机牵引部液压系统图。该系统是一个典型的闭式系统，由以下基本回路组成。

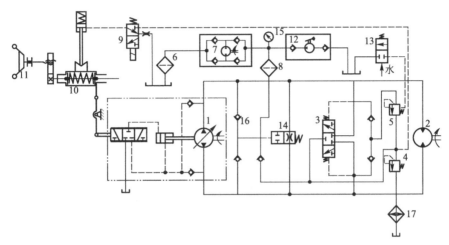

图 8-18　DY-150 型采煤机牵引部液压系统图

1—轴向柱塞泵；2—液压马达；3—液动换向阀；4—低压溢流阀；5—高压安全阀；6,8—过滤器；
7—辅助泵；9—二位三通阀；10—调速回零机构；11—手柄；12—手摇泵；13—二位二
通阀；14—旁通阀；15—压力表；16—单向阀；17—冷却器

① 主回路　由伺服变量轴向柱塞泵 1 及径向柱塞式内曲线马达 2 组成的闭式容积调速系统，马达出轴直接带动主动链轮。

② 补油回路　补油回路由过滤器 6、辅助泵 7 和单向阀组、精过滤器 8 及单向阀 16 等组成，用来向闭式系统补充油液，进行热交换。

③ 热交换回路　马达 2 回油侧的热油经液动换向阀 3、低压溢流阀 4 及冷却器 17 回油箱，实现热油的冷却。

④ 高、低压保护回路　高压安全阀 5（13MPa）进行高压保护，低压溢流阀 4（0.8～1MPa）进行低压保护。当低压系统压力小于 0.5MPa 时，旁通阀 14 在弹簧作用下复位，高、低压油路串通，液压马达停止工作，此回路也起低压保护的作用。

⑤ "回链敲缸"保护　当机器停电、辅助泵 7 停止供液时，液压马达在锚链弹性作用下呈泵工况，旁通阀 14 复位，油液经旁通阀 14 节流孔循环，防止液压马达"敲缸"。

⑥ 调速回零机构　液压马达的牵引速度，由手柄 11 经螺旋副带动调速回零机构 10 的弹簧套，并经连杆带动伺服阀进行调速。调速前，首先要使二位三通阀 9 通电，系统向调速回零机构 10 的液压缸供液，使活塞杆升起进行解锁，才能转动手柄 11。电动机停电时，阀 9 复位，调速回零机构上锁，主泵自动回零。

当电动机超载时，电磁阀 9 动作，液压缸的活塞杆在弹簧力的作用下，插入 90°的 V 形块，使弹簧套带动伺服机构回零，牵引速度立即下降，以实现超载保护。

⑦ 保护回路　图 8-18 液压系统中有以下保护回路：

a. 初次启动前利用手摇泵 12 对全系统进行冲液及排气，以保护系统正常启动。

b. 当机器无冷却喷雾水或当水压小于 0.3MPa 时，水控的二位二通阀 13 复位，通过远控口使高压安全阀 5 卸荷，机器停止运动。

c. 当压力表 15 的压力达到 1.8MPa 时，表示精过滤器 8 严重堵塞，应及时更换阀芯；当压力低于 0.9MPa 时，表示系统背压过低，辅助泵部分可能出现故障或磨损严重，这时应停机检查。

可以看出 DY-150 型采煤机牵引部液压系统是一个典型的闭式系统，它除了包括前面介绍过几种基本回路，还包括以下几种保护回路：低速大转矩内曲线马达的"回链敲缸"保护回路、初次启动保护回路、无冷却水保护回路、高、低压保护回路，以满足采煤机工作的要求。

8.9 机械手液压系统

8.9.1 概述

机械手是模仿人的手部动作，按给定程序、轨迹和要求实现自动抓取、搬运和操作的自动装置。机械手特别是在高温、高压、多粉尘、易燃，易爆、放射性等恶劣环境中，以及笨重、单调、频繁的操作中能代替人作业，因此获得日益广泛的应用。

机械手一般由执行机构、驱动系统、控制系统及检测装置三大部分组成，智能机械手还具有感觉系统和智能系统。驱动系统多数采用电液（或气）机联合传动。图 8-19 所示为 JS01 工业机械手液压系统图。

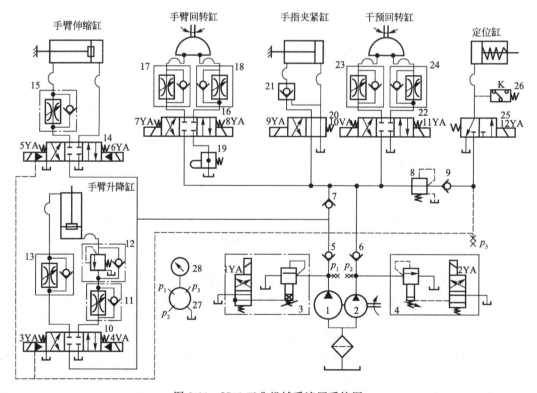

图 8-19　JS01 工业机械手液压系统图

1—大流量泵；2—小流量泵；3,4—先导型电磁溢流阀；5～7,9—单向阀；8—减压阀；10,14,16,22—三位四通电液换向阀；11,13,15,17,18,23,24—单向调速阀；12—单向顺序阀；19—行程节流阀；20—二位四通电液换向阀；21—液控单向阀；25—二位二通电磁阀；26—压力继电器

JS01 工业机械手属于圆柱坐标式、全液压驱动机械手，具有手臂升降、伸缩、回转和手腕回转四个自由度。执行机构相应由手部、手腕、手臂伸缩机构、手臂升降机构、手臂回转机构和回转定位装置等组成，每一部分均由液压缸驱动与控制。它完成的动作循环为：插定位销→手臂前伸→手指张开→手指夹紧抓料→手臂上升→手臂缩回→手腕回转 180°→拔定位销→手臂回转 95°→插定位销→手臂前伸→手臂中停（此时主机的夹头下降夹料）→手指松开（此时主机夹头夹着料上升）→手指闭合→手臂缩回→手臂下降→手腕回转复位→拔定位销→手臂回转复位→待料，泵卸载。

8.9.2 JS01 工业机械手液压系统的工作原理及特点

JS01 工业机械手液压系统中各执行机构的动作均由电控系统发信号控制相应的电磁换向阀，按程序依次步进动作。电磁铁动作顺序见表 8-4。

该液压系统的特点归纳如下：

表 8-4 JS01 工业机械手液压系统电磁铁、压力继电器动作顺序表

动作顺序	1YA	2YA	3YA	4YA	5YA	6YA	7YA	8YA	9YA	10YA	11YA	12YA	K
插销定位	+											+	±
手臂前伸					+							+	+
手指张开	+								+			+	+
手指抓料	+											+	+
手臂上升				+								+	+
手臂缩回							+					+	+
手腕回转	+									+		+	+
拔定位销	+												
手臂回转	+						+					+	+
插定销位	+											+	±
手臂前伸					+							+	+
手臂中停												+	+
手指张开	+								+			+	+
手指闭合	+											+	+
手臂缩回							+					+	+
手臂下降				+								+	+
手腕反转	+										+	+	+
拔定位销	+												
手臂反转	+							+				+	+
待料卸载	+	+											

a. 系统采用了双联泵供油，额定压力为 6.3MPa，手臂升降及伸缩时由两台泵同时供油，流量为（35+18）L/min；手臂及手腕回转、手指松紧及定位缸工作时，只由小流量泵 2 供油，大流量泵 1 自动卸载。由于定位缸和控制油路所需压力较低，在定位缸支路上串联有减压阀 8，使之获得稳定的 1.5～1.8MPa 压力。

b. 手臂的伸缩和升降采用单杆双作用液压缸驱动，手臂的伸出和升降速度分别由单向调速阀 15、13 和 11 实现回油节流调速；手臂及手腕的回转由摆动液压缸驱动，其正反向运动也采用单向调速阀 17 和 18、23 和 24 回油节流调速。

c. 执行机构的定位和缓冲是机械手工作平稳可靠的关键。从提高生产效率来说，希望机械手正常工作速度越快越好，但工作速度越高，启动和停止时的惯性力就越大，振动和冲击就越大，这不仅会影响到机械手的定位精度，严重时还会损伤机件。因此为达到机械手的定位精度和运动平稳性的要求，一般在定位前要采取缓冲措施。

该机械手手臂伸出、手腕回转由死挡铁定位保证精度，端点到达前发信号切断油路，滑行缓冲；手臂缩回和手臂上升由行程开关适时发信号，提前切断油路滑行缓冲并定位。此外，手臂伸缩缸和升降缸采用了电液换向阀换向，调节换向时间，增加缓冲效果。由于手臂的回转部分质量较大，转速较高，运动惯性矩较大，系统的手臂回转缸除采用单向调速阀回油节流调速外，还在回油路上安装有行程节流阀 19 进行减速缓冲，最后由定位缸插销定位，满足定位精度要求。

d. 为使手指夹紧缸夹紧工件后不受系统压力波动的影响，保证牢固地夹紧工件，采用了液控单向阀 21 的锁紧回路。

e. 手臂升降缸为立式液压缸，为支撑平衡手臂运动部件的自重，采用了单向顺序阀 12 的平衡回路。

8.9.3 JS01 工业机械手电气控制系统

JS01 工业机械手采用了液压、电气联合控制。液压负责各部位动作的力和速度；电气负责控制各部位动作的顺序。下面简单介绍本机械手的电气控制系统，其原理图如图 8-20 所示。

a. 控制方式为点位程序控制。程序设计采用开关预选方式，机械手的自动循环采用步进继电器控制。步进动作是由每一个动作完成后，使行程开关 5K 的触点闭合而发出信号，或依据每一步的动作预设停留时间。

b. 发信指令完成由相应的中间继电器 K 来实现，受发指令的完成方式为机械手相应动作结束的同时使步进继电器再动作，复位指令完成是给相应的中间继电器通电，使机械手回到工作准备状态。

c. 机械手除能实现自动循环外，还设有调整电路，可通过手动按钮 SB 进行单个动作调试。

d. 液压泵的供油与卸载和每步动作之间的对应关系由控制电器保证。只有在 2K、3K、4K、5K、6K、7K、8K、9K、10K 等九个中间继电器全部不通电（所有液压缸不动作）时中间继电器 12K 才通电，使电磁铁 1YA、2YA 通电，大、小泵同时卸载；上列九个中间继电器中任意一个通电（即任一液压缸动作），12K 则断电，小泵停止卸载；中间继电器 2K、3K、5K、6K 中任意一个通电（即手臂升降、手臂伸缩），大泵则停止卸载。

e. 手臂定位与手臂回转由继电器互锁。在定位插销后，定位缸压力上升，压力继电器 KP 升压发令，一方面由常开触点接通手臂升降、手臂伸缩、手指松夹、手腕回转等部分的自动循环电气线路，另一方面由常闭触点断开手臂回转的电气线路。同时，在定位缸用电磁铁 12YA 的线圈两边串联有中间继电器 9K 和 10K（手臂回转）的常闭触点和 11K（定位插销）的常开触点。这些互锁措施保证了任何情况下手臂回转只在拔定位销之后进行。

f. 因机械手工作环境存在金属粉尘，在电磁铁的线圈两边各串联了一个中间继电器的常开触点，用以保证继电器断电后常开触点可靠脱开，液压缸及时停止工作。

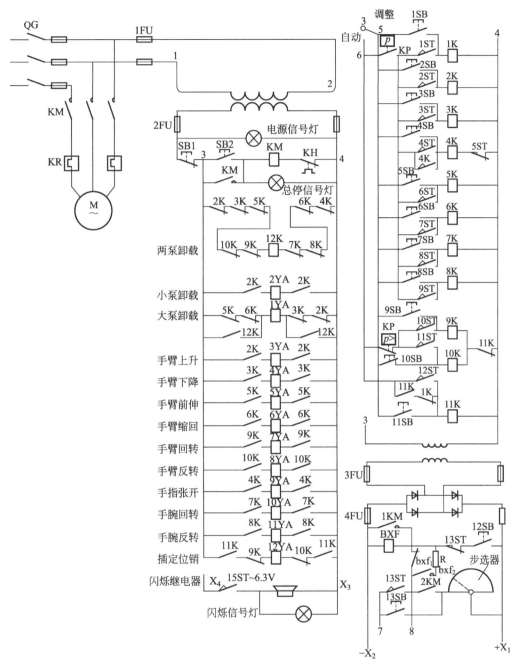

图 8-20 JS01 工业机械手电气控制系统原理图

8.10 塑料注射成型机液压系统

8.10.1 塑料注射成型机的功用及工艺流程

塑料注射成型机（简称注塑机）是热塑性塑料制品注射成型的加工设备，能制造外形复杂、尺寸较精密或带有金属嵌件的塑料制品。

由于塑料制品的应用广泛，要求注塑机对各种塑料（聚苯乙烯、聚乙烯、聚丙烯、尼龙、ABC、聚碳酸酯等）制品的加工适应性强，具有高的生产效率和可靠性，以适应大批量不同形状塑料制品的加工。

根据塑料制品的尺寸和质量不同，注塑机按注射缸的最大推力（吨位）分成不同的规格（此前是按塑料制品的质量区别塑机的加工能力）。根据塑料制品的加工精度要求和系统的节能要求，注塑机采用不同的控制方案。

注塑机加工塑料制品的过程和原理是：装在料筒内的塑料颗粒由塑化螺杆输送到加热区，加热至流动状态。熔化的塑料到达注射口（喷嘴处）后，以很高的压力和较快的速度注入温度较低的闭合模具内，保压一段时间，经冷却、凝固、成型为塑料制品。然后打开模具，将成品从模具中顶出。

根据上述原理，注塑机在一个加工周期中的工艺流程如图 8-21 所示。

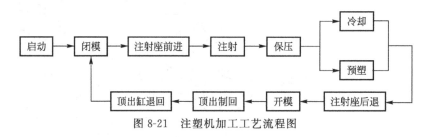

图 8-21　注塑机加工工艺流程图

为了完成上述流程，一台完整的注塑机由注射部件、合模部件、液压系统、电气控制系统及床身组成。

（1）注射部件

注射部件的作用是使塑料均匀地熔化成流动状态（这一过程称为预塑或塑化），并以足够的压力和速度将熔料射入模腔。

预塑由液压马达驱动注射装置中的螺杆完成。为了使塑料达到最佳塑化状态，液压马达需要进行无级调速，且具备足够的背压，以满足不同塑料的塑化要求。当塑化的塑料达到所需的注射量时，压力油进入注射液压缸，推动活塞，驱动螺杆完成注射。

（2）合模部件

合模部件的功能是保证成型模具可靠闭合，实现模具启闭动作，取出制品。

新型注塑机一般采用五支点双曲轴液压＋机械式合模机构。当压力油进入合模缸时，活塞带动与其连接的连杆机构推动模板向前运动。当模具的分型面刚贴合时，连杆机构尚未伸成一线排列，此时合模缸继续升压，强迫连杆机构成直线排列，合模系统因发生弹性变形而产生预应力，使模具可靠闭合。然后，卸去合模缸压力，整个合模系统仍处于自锁平衡状态，合模力保持不变。为达到快速、可靠调节模具厚度，还采用液压马达驱动齿轮装置调换模具。

新型注塑机采用五支点双曲轴液压＋机械式合模机构的原因在于，它较全液压式合模机构具有更高的强度和刚度，还有自锁和力放大作用，易于实现高速及平稳变速，能耗小，刚性好。

（3）预塑工艺

塑料注射前要进行预塑。预塑时，要控制塑料的熔融和混合程度，使卷入的空气及其他气体从料斗中排出。预塑有以下 3 种方式。

① 固定加料　注塑机在工作循环过程中，注射座始终处在前端位置，保持喷嘴与模具浇口始终接触。这种预塑方式适用于加工温度变化范围较宽的一般性塑料。

② 前加料　预塑过程结束后，注射座自动后退，使喷嘴与模具浇口脱离接触。这种方式主要用于开式喷嘴或需要较高背压进行预塑的场合，如聚碳酸酯、有机玻璃增强塑料等高黏度的塑料加工。

③ 后加料　指注射座整体后退后，方可由螺杆进行预塑。这种方式喷嘴与较冷的模具接触时间最短，故适用于结晶型塑料的加工。

（4）防流涎

为防止熔化的塑料从喷嘴端部流出（称为流涎），由注射缸强迫螺杆后退，后退距离可由行程开关或位移传感器控制。

8.10.2　全液压驱动的注塑机液压系统的构成

采用全液压驱动的注塑机液压系统包括以下执行机构。

① 合模液压缸　不同形状的塑料制品由不同的模具成型。模具分为定模和动模。其中，定模固定在塑机床身上一般不动，动模在导轨上由合模液压缸移动，完成模具的闭合和分离。要求合模液压缸空行程快速移动，慢速接触定模。如果没有五支点双曲轴液压＋机械式合模机构，则合模液压缸在注射过程中要能可靠保压，以免注射时模腔压力增大使动模与定模分离。

② 顶出液压缸　在模腔内成型的塑料制品由动模带出后，仍粘在动模的模腔内，这时可用顶出液压缸将制品从动模腔中顶出。

③ 注射液压缸　作用是将熔化的塑料挤入模腔。根据塑料制品用料量的差别，注射液压缸的驱动力和移动速度在很大范围内变化。

④ 预塑液压马达　作用是驱动塑化螺杆，将常温下的塑料颗粒从料斗经加热区（温度逐步提高，最终使塑料颗粒熔化）送到喷嘴处，为注射做好准备。

⑤ 注射座移动缸　设置在注射座前的移动缸驱动注射部件整体在导轨上往复运动，使喷嘴和模具离开或紧密地贴合。当注射时将喷嘴送进定模，注射完成后将喷嘴移出定模。

⑥ 调模液压马达　加工不同的塑料制品需要调换不同的模具。一般通过改变定模模板的固定位置来调整模具厚度。调模机构采用液压马达驱动：通过液压马达带动大齿圈，然后由大齿圈带动 4 个调模螺母上的齿轮同步转动，使动模模板、连杆等一起向前或向后移动，达到不同的装模厚度及所需的模具闭紧要求。

8.10.3　注塑机液压系统的要求

根据以上分析，可总结出注塑机工艺对液压系统的要求如下：

a. 足够的合模力，以防止模具离缝而产生制品溢边现象。

b. 在开闭模过程中，合模液压缸的速度要能方便地进行调节，且有缓冲功能，以缩短空行程时间，避免模具开闭时产生撞击。

c. 注射时的推力足够，防止因充料不足使制品出现空洞。

d. 注射座移动缸适应 3 种预塑形式。

e. 根据原料、制品形状、模具浇注系统精细要求，可灵活调节注射压力。

f. 根据注射行程、工艺条件、模具结构、制品要求，可灵活调节注射速度。

g. 为使塑料紧贴模腔内壁，且补充冷却收缩所需塑料，防止因充料不足而出现有空洞的废品，保证获得精确的制品形状，注射液压缸保压压力应可调。

h. 顶出液压缸有足够的顶出力和平稳可调的顶出速度。

为实现上述要求，注塑机液压系统采用行程控制多缸顺序动作的方案。其中合模液压缸和注射液压缸的压力和速度需要在很大的范围内调节。另外，不同执行元件的速度和压力差别也很大。

8.10.4　由普通开关组成的注塑机液压系统

SZ-250A 型注塑机属中小型常用注塑机，每次最大注射容量为 250mL。图 8-22 所示为 SZ-250A 型注塑机的工作循环。

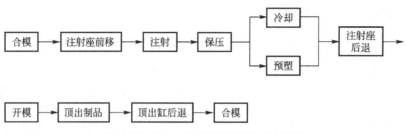

图 8-22　SZ-250A 型注塑机的工作循环

图 8-23 所示为 SZ-250A 型注塑机液压系统图，表 8-5 是 SZ-250A 型注塑机动作循环及电磁铁动作顺序表。下面将 SZ-250A 型注塑机液压系统原理说明如下。

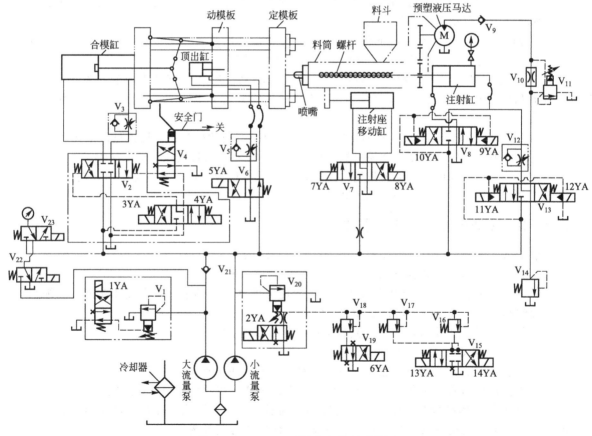

图 8-23　SZ-250A 型注塑机液压系统图

表 8-5　**SZ-250A 型注塑机动作循环及电磁铁动作顺序表**

动作循环		1YA	2YA	3YA	4YA	5YA	6YA	7YA	8YA	9YA	10YA	11YA	12YA	13YA	14YA
合模	慢速		+	+											
	快速	+	+	+											
	慢速		+	+											
	低压		+	+										+	
	高压		+	+											
注射座前移			+						+						
注射	慢速		+				+		+			+			
	快速	+	+				+		+	+					
保压			+						+			+			+
预塑		+	+						+				+		
防流涎			+						+						
注射座后退			+						+		+				
开模	慢速		+		+			+							
	快速	+	+		+										
	慢速		+		+										
顶出	前进		+			+									
	后退		+												
（螺杆前进）			+									+			
（螺杆前进）			+								+				

（1）合模

合模过程按"慢→快→慢"三种速度进行。合模时首先应将安全门关上，此时行程阀 V_4 恢复常位，控制油可以进入液动换向阀 V_2 阀芯右腔。

① 慢速合模　电磁铁 2YA、3YA 通电时，小流量泵的工作压力由高压溢流阀 V_{20} 调整，电液换向阀 V_2 处于右位。由于 1YA 断电，大流量泵通过溢流阀 V_1 卸荷，小流量泵的压力油经换向阀 V_2 至合模缸左腔，推动活塞带动连杆进行慢速合模。合模缸右腔油液经单向节流阀 V_3、换向阀 V_2 和冷却器回油箱（系统所有回油都接冷却器）。

② 快速合模　电磁铁 1YA、2YA 和 3YA 通电时，大流量泵不再卸荷，其压力油通过单向阀 V_{21} 而与小流量泵 2 的供油汇合，同时向合模液压缸供油，实现快速合模。此时压力由 V_1 调整。

③ 低压合模　电磁铁 2YA、3YA 和 13YA 通电时，小流量泵的压力由溢流阀 V_{20} 的低压远程调压阀 V_{16} 控制。由于是低压合模，液压缸的推力较小，所以即使在两个模板间有硬质异物，继续进行合模动作也不会损坏模具表面。

④ 高压合模　电磁铁 2YA 和 3YA 通电时，系统压力由高压溢流阀 V_{20} 控制。大流量泵卸荷，小流量泵的高压油用来进行高压合模。模具闭合并使连杆产生弹性变形，牢固地锁紧模具。

（2）注射座整体前移

电磁铁 2YA 和 8YA 通电时，大流量泵卸荷，小流量泵的压力油经电磁阀 V_7 进入注射座移动缸右腔，推动注射座整体向前移动，注射座移动缸左腔液压油则经电磁换向阀 V_7 和冷却器而回油箱。

(3) 注射

① 慢速注射　电磁铁 1YA、2YA、6YA、8YA 和 11YA 通电时，大流量泵和小流量泵的压力油经电液阀 V_{13} 和单向节流阀 V_{12} 进入注射缸右腔，注射缸的活塞推动注射头螺杆进行慢速注射，注射速度由单向节流阀 V_{12} 调节。注射缸左腔油液经电液阀 V_8 中位回油箱。

② 快速注射　电磁铁 1YA、2YA、6YA、8YA、9YA 和 11YA 通电时，大流量泵和小流量泵的压力油经电液阀 V_8 进入注射缸右腔。由于未经过单向节流阀 V_{12}，压力油全部进入注射缸右腔，使注射缸活塞快速运动。注射缸左腔回油经电液阀 V_8 回油箱。快、慢注射时的系统压力均由远程调节阀 V_{18} 调节。

(4) 保压

电磁铁 2YA、8YA、11YA 和 14YA 通电时，由于保压时只需要极少量的油液，所以大流量泵卸荷，仅由小流量泵单独供油，多余油液经溢流阀 V_{20} 溢回油箱。保压压力由远程调压阀 V_{17} 调节。

(5) 预塑

电磁铁 1YA、2YA、8YA 和 12YA 通电时，大流量泵和小流量泵的压力油经电液阀 V_{13}、节流阀 V_{10} 和单向阀 V_9 驱动预塑液压马达。液压马达通过齿轮减速机构使螺杆旋转，料斗中的塑料颗粒进入料筒，被转动着的螺杆带至前端进行加热塑化。注射缸右腔的油液在螺杆反推力作用下，经单向节流阀 V_{12}、电液阀 V_{13} 和背压阀 V_{14} 回油箱，其背压力由背压阀 V_{14} 控制。同时，注射缸左腔产生局部真空，油箱的油液在大气压力作用下，经电液阀 V_8 中位而被吸入注射缸左腔。液压马达旋转速度可由节流阀 V_{10} 调节，并由于差压式溢流阀 V_{11}（由节流阀 V_{10} 和溢流阀 V_{11} 组成溢流节流阀）的控制，使节流阀 V_{10} 两端压差保持定值，故可得到稳定的转速。

(6) 防流涎

电磁铁 2YA、8YA 和 10YA 通电时，大流量泵卸荷，小流量泵的压力油经电磁换向阀 V_7 使注射座前移，喷嘴与模具保持接触。同时，压力油经电液阀 V_8 进入注射缸左腔，强制螺杆后退，以防止喷嘴端部流涎。

(7) 注射座后退

电磁铁 2YA 和 7YA 通电时，大流量泵卸荷，小流量泵的压力油经电磁换向阀 V_7 使注射座移动缸后退。

(8) 开模

① 慢速开模　电磁铁 2YA 和 4YA 通电时，大流量泵卸荷，小流量泵的压力油经先导减压阀 V_2 和单向节流阀 V_3 进入合模缸右端，左腔则经先导减压阀 V_2 回油。

② 快速开模　电磁铁 1YA、2YA 和 4YA 通电时，大流量泵和小流量泵的压力油同时经先导减压阀 V_2 和单向节流阀 V_3 进入合模缸右腔，开模速度提高。

(9) 顶出

① 顶出缸前进　电磁铁 2YA 和 5YA 通电时，大流量泵卸荷，小流量泵的压力油经电磁阀 V_6 和单向节流阀 V_5 进入顶出缸左腔，推动顶出杆顶出制品，其速度可由单向节流阀 V_5 调节。顶出缸右腔则经电磁阀 V_6 回油。

② 顶出缸后退　电磁铁 2YA 通电，小流量泵压力油经电磁阀 V_6 右腔使顶出缸后退。

(10) 螺杆前进和后退

为了拆卸和清洗螺杆，有时需要螺杆后退。这时电磁铁 2YA 和 10YA 通电，小流量泵压力油经电液阀 V_8 使注射缸携带螺杆后退。当电磁铁 10YA 断电、11YA 通电时，注射缸携带螺杆前进。

在注塑机液压系统中，执行元件数量较多，因此它是一种速度和压力均变化的系统。在完成自动循环时，主要依靠行程开关，而速度和压力的变化主要靠电磁阀切换不同调压阀来得到。近年来，开始采用比例阀来改变速度和压力，这样可使系统中的元件数量减少。

综上所述，SZ-250A 型注塑机液压系统的特点如下：

a. 系统采用液压-机械组合式合模机构，合模缸通过具有增力和自锁作用的五连杆机构来进行合模和开模，这样可使合模缸压力相应减小，且合模平稳、可靠。最后合模是依靠合模缸的高压，使连杆机构产生弹性变形宋保证所需的合模力，并能把模具牢固锁紧。这样可确保熔融的塑料以 40～150MPa 的高压注入模腔时，模具闭合严密，不会产生塑料制品的溢边现象。

b. 系统采用双泵供油回路来实现执行元件的快速运动。这缩短空行程的时间以提高生产效率。合模机构在合模与开模过程中可按慢速→快速→慢速的顺序变化，平稳而不损坏模具和制品。

c. 系统采用了节流调速回路和多级调压回路。可保证在塑料制品的几何形状、品种、模具浇注系统不相同的情况下，压力和速度是可调的。采用节流调速可保证注射速度的稳定。为保证注射座喷嘴与模具浇口紧密接触，注射座移动缸右腔在注射时一直与压力油相通，使注射座移动缸活塞具有足够的推力。

d. 注射动作完成后，注射缸仍通高压油保压，可使塑料充满容腔而获得精确形状，同时在塑料制品冷却收缩过程中，熔融塑料可不断补充，防止浇料不足而出现残次品。

e. 当注塑机安全门未关闭时，行程阀切断了电液换向阀的控制油路，这样合模缸不通压力油则合模缸不能合模，保证了操作安全。

该液压传动系统所用元件较多，能量利用不够合理，系统发热较大。近年来，多采用比例阀和变量泵来改进注塑机液压系统。如采用比例压力阀和比例流量阀，系统的元件数量可大为减少；以变量泵来代替定量泵和流量阀，可提高系统效率，减少发热。采用计算机控制其循环，可优化其注塑工艺。

8.10.5 由电液比例阀组成的注塑机液压控制系统

(1) 注塑机电液比例控制系统的工作原理

图 8-24 所示为美国 VanDoim 注塑机公司生产的 55t 塑料注射成型设备的电液比例控制系统图。该机采用了插装技术、负载传感功率匹配及计算机电液比例控制技术。该系统由液压泵、注塑油路块及合模油路块三个主要部分组成。

液压泵 1 是整个系统的能源，其任务是向喷嘴移动缸、合模缸、预塑螺杆马达、注塑缸和顶出缸等液压器提供液压油，完成各种工作循环。该液压泵为压力补偿负载传感轴向变量柱塞泵。变量活塞 2 和 3 控制泵的变量，泵内附有负载传感阀 5 和压力补偿阀 4。阀 5 接收执行元件的负载压力信号，进而控制变量活塞的位移，实现变量。阀 4 直接受液压泵出口压力油的作用，当压力超过其弹簧调定值时，通过控制变量活塞位移，使泵流量减小，实现限压。

系统中的大部分液压阀安装在一个集成油路块上。插装阀 6 为系统的主溢流阀，与远程调压溢流阀 7 一起作为系统的安全阀；阀 6 还可经二位四通电磁换向阀 14 由电液比例溢流阀 15 对液压泵的工作压力进行遥控无级调节。三位四通电磁换向阀 10 用于控制喷嘴缸的往复移动方向。具有节流功能的电液比例换向阀 9，用于控制预塑螺杆马达、顶出缸及注射缸的运动方向及速度。插装阀 13 与阀 15 一起，对注射缸的注射压力进行无级控制。三位四通电磁换向阀 16 用于控制注射缸的运动方向。梭阀 11 作为负载压力检测阀，将负载压力经二位四通电磁换向阀 8 右位反馈至负载传感阀 5，使液压泵在负载传感方式下工作；当阀 8 切换至左位时，液压泵的压力油经阀8作用于阀5的上端液控口，从而泵转入压力补偿方式下工作。

　　合模油路块中（图中未详细画出）设有与阀9相同的电液比例方向阀以及其他液压阀共7个，以控制合模缸，实现注塑模的启闭和锁模动作。为了满足快速启闭模动作要求并减小液压泵的容量，在合模缸油路上设有一个充液油箱。合模油路块安装在注塑机侧面，并通过管道与液压泵和液压缸相连。

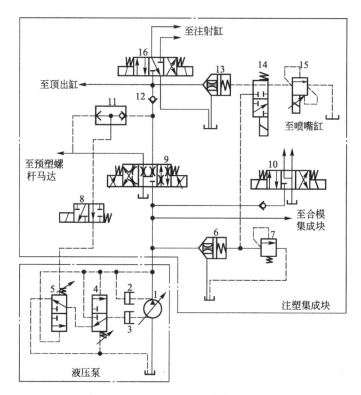

图 8-24　注塑机的电液比例控制系统图

1—变量液压泵；2,3—变量活塞；4—压力补偿阀；5—负载传感阀；6—插装阀（主溢流阀）；7—远程调压溢流阀；
8—二位四通电磁换向阀；9—电液比例换向阀；10,16—三位四通电磁换向阀；11—梭阀；12—单向阀；
13—插装阀；14—二位四通电磁换向阀；15—电液比例溢流阀

　　系统的控制和调节原理如下：

　　a. 该系统中的液压泵有负载压力传感和压力补偿两种可选控制方式，两种方式的转换由阀8实现。负载传感控制方式时，阀8处于右位（图8-24中所示位置），由梭阀11检测到的负载压力作用在阀5上端液控腔，与液压泵的供油压力进行比较，只要供油压力与负载压力之差（即阀9作为节流阀的前后压差）等于阀5的设定压力（1.8MPa），则液压泵的两变量活塞3和4就处于某一相应平衡位置，液压泵的输出流量正好与阀9的开度所通过的负载流量相匹配，从而实现了节能，并保证了执行器（预塑螺杆马达）具有良好的速度负载特性。

　　b. 注塑时，阀8的电磁铁通电切换至左位，液压泵转入压力补偿控制方式工作。液压泵的供油压力随着注塑过程的延续而增加，当泵压大于压力补偿阀4的设定压力（17MPa）时，阀4迅速切换至上位，压力油进入变量活塞3，使液压泵的流量减小，实现限压。在一个工作循环中，承担速度控制和压力控制的电液比例方向阀及插装阀的工作分配情况如表8-6所列。

表 8-6　电液比例方向阀及插装阀的工作分配情况

工况	速度控制		压力控制	
	电液比例方向阀 9	合模电液比例方向阀	插装阀 6	插装阀 13
快速闭模		+	+	
低压慢速阔模及模具保护		+	+	
锁模		+	+	
注射	+			+
保压	+			+
预塑(马达旋转)	+			+
防流涎	+			+
启模		+	+	
制品顶出	+			+
顶出复位	+			+

注：表中未含喷嘴移动工况。

　　此外，系统中的合模缸和注塑缸油路各设 2 个压力传感器（图中未画出），以检测油路工作压力。各液压缸的外部设有线性电位差计用以检测缸的工作位置。检测到的压力和位置送入计算机，并由计算机对系统的动作过程进行闭环自动控制。用户可根据注塑件大小、注射时间、工作压力等在 10 组可选的给定值中通过控制面板进行选择，还可通过显示器对注塑机的工作过程进行观测。

　　（2）注塑机液压系统的技术特点
　　a. 该系统采用变量泵供油，通过负载传感实现液压泵与执行器的功率匹配，高效节能。
　　b. 采用插装阀技术，系统续流能力大，反应快，密封性能好。
　　c. 采用电液比例方向阀实现执行器的方向和速度的复合控制，以满足注塑机不同工况对流量的要求，实现比例控制。
　　d. 通过计算机实现整个系统的电液比例闭环控制技术于一体，控制精度和自动化程度高。

8.10.6　采用插装阀控制的注塑机液压系统

　　尤其是大容量注射机液压系统均为中高压大流量系统，最适合采用插装阀控制。
　　（1）动力源回路
　　图 8-25 所示为 3000g 注塑机液压系统的动力源部分。由于注塑机工作部件运动速比很大，为了节省能量，通常多采用容积节流调速，其油源为多泵供油系统。
　　根据工艺要求，注塑机的注射速度往往是先慢、后快、再慢，而注射时间很短，采用传统的节流调速回路难以满足这种要求。因此该系统采用了一个带定差溢流压力补偿的二通电液比例流量控制阀 18。使得系统的调速范围增大，速度稳定性提高，并且可以方便地根据工艺要求改变速度控制程序。
　　（2）合模控制回路
　　图 8-26 为该系统的合模控制回路。
　　① 闭模　当关上安全门后，行程阀 19 松开复位，同时电磁铁 DT10 通电，阀 20、22 开启，阀 23 关闭。由于液控单向阀 26 不能开启，阀 21 关闭。压力油入经阀 20 进入合模缸左腔，动模模板前移，合模缸右腔经阀 22 回油。闭模速度按慢→快→慢变化，其速度由泵组及比例阀 18 联合调节，而速度的变换程序由行程开关控制。

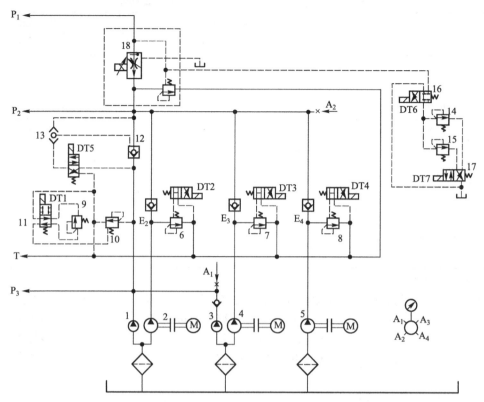

图 8-25　3000g 注塑机动力源回路

1～5—液压泵；6～10—先导减压阀；11,16,17—电磁阀；12—液控单向阀；

13—梭阀；14,15—直动型顺序阀；18—比例流量控制阀

梭阀 24 的作用是与阀 19、20 组成安全联锁回路。只有安全门合上后，阀 19 复位，电磁铁 DT10 通电时，梭阀 24 的两进油口卸压，阀 20 才可以打开，接通闭模进油路。若安全门打开，阀 20 关闭，闭模中断。

② 低速低压保护　当动模模板接近闭合，触及低压保护行程开关时，动力源以小流量供油，同时电磁铁 DT12 通电，如模具内有硬质异物阻碍模板闭合，则压力油以低压（试合模压力）从阀 25 流回油箱，以防模具受损伤。

阀 25 是用弹簧加载的先导控制关闭的单向阀（起直动型溢流阀作用），通过调节螺钉改变弹簧预压缩量可以调节低压保护的压力。

③ 高压闭模　当模板越过低压保护区段，触及高压锁模行程开关时，电磁铁 DT12 断电，系统压力仍由各泵安全阀 6～10 控制。模板闭合并锁紧。

在闭模过程中，当模板快速转为慢速（泵供油量减少）时，往往由于运动部件的惯性，合模缸无杆腔会出现负压。这时，可通过单向阀 44 从油箱吸油，以防止液压冲击。

④ 启模　电磁铁 DT11 通电，插装阀 20、22 关闭，阀 23 开启，液控单向阀 26 的出口接通油箱。当启模进油路的压力大于插装阀 21 的先导调压阀 27 的预调压力时，阀 27 开启，阀 21 也可打开。则压力油经阀 23 进入合膜缸右腔，模板打开，左腔经插装阀 21 回油。在模板刚打开时，模具和肘杆机构中储存的能量突然释放，液压缸Ⅰ在短时间内加速可能产生负压冲击，这时，一方面可由液控单向阀 45 吸油补充，同时先导调压阀 27 关闭，阀 21 关闭，切断回油路启模停止。待进油路压力回升，启模才能继续进行，从而防止液压冲击，起到缓冲作用。

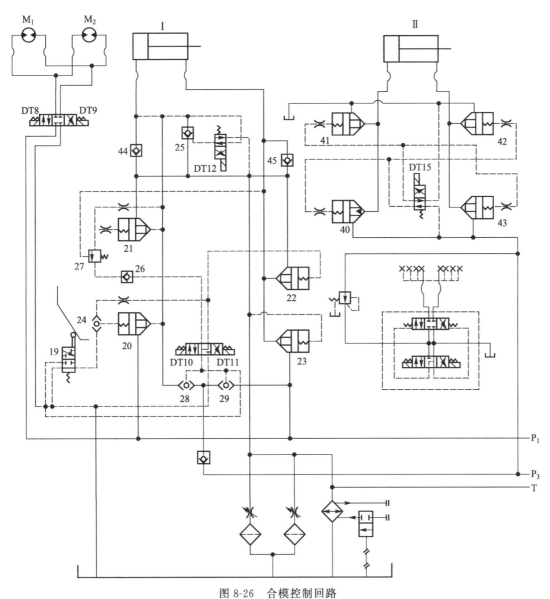

图 8-26　合模控制回路

Ⅰ，Ⅱ—液压缸；19—行程阀；20～23，41～43—单向阀；24,28,29—梭阀；
25,26,44,45—液控单向阀；27—先导调压阀；40—阀芯内带节流窗口的流量阀

　　梭阀 28 的作用是：在闭模后，DT10 和 DT11 均断电，阀 20～23 关闭。这时，梭阀 28 的两个进油口分别与插装阀 20 的进口和出口连接，构成插装阀的可靠关闭回路形式，从而保证合模缸压力不受快速注射时可能造成动力源压力下降的影响。

　　梭阀 29 是保证不管是 $p_1 > p_3$ 还是 $p_3 > p_1$，总有控制压力油输出，以确保合模缸正常动作；同时，它又把动力源 P_1 与 P_3 隔开，以防压力互相干扰。

　　（3）注射控制回路

　　图 8-27 所示为注射控制回路。该回路主要由插装阀 30、31 及其先导控制阀 32～36 组成。其中阀 36 可用国产 YF 型先导式溢流阀改装而成，即堵死主阀中心的泄油孔，而在先导调压阀的弹簧腔上开小孔与 38 的阀口相接，其远程调压口则与阀 37 相接。当阀 36 的

外泄油口通油箱时，阀 36 可以导通，否则阀 36 关闭。

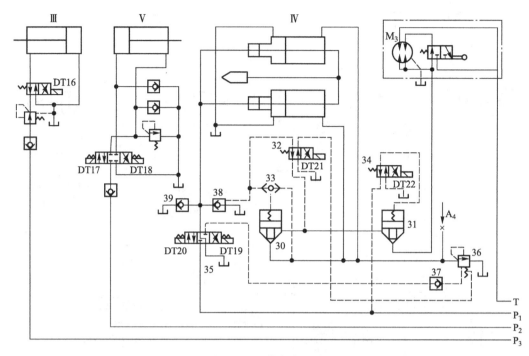

图 8-27　注射控制回路

30,31—插装阀；32~36—先导控制阀；37~39—液控单向阀

① 注射　当电磁铁 DT6、DT7、DT19、DT21 通电时，插装阀 30 开启，阀 31 关闭，阀 36 关闭。压力油 P_1 口经阀 30 进入注射缸Ⅳ右腔，推动螺杆前进施行注射。两注射缸Ⅳ左腔的油液经阀 35 和 38 回油箱。阀 38 是先导控制关闭的单向阀，注射时其控制腔经阀 32 通油箱，故注射缸Ⅳ左腔的油液可通过它回油箱，以增加回油的通流面积。由阀 18（见图 8-25）可获得三级注射速度，速度的变换程序由行程开关控制。注射压力由阀 14（图 8-25）调节。注射完毕转入保压，电磁铁 DT7 断电，保压压力由阀 15 控制。

② 预塑　电磁铁 DT21 断电且 DT19、DT22 通电时，阀 31 开启，阀 30 关闭，阀 36 的泄油口通过阀 32 回油箱，故阀 36 可以打开。但单向阀 37 出口被压力油堵住，故阀 36 的控制口不起作用。先导控制单向阀 38 的控制腔接压力油 P_1，也不能打开。这时，压力油 P_1 经阀 31 进入液压马达 M_3 内，驱动螺杆转动，螺杆同时后退，而注射缸Ⅳ右腔的油液经阀 36 回油箱。此时，阀 36 起背压阀作用，预塑的背压力由阀 36 调节。注射缸Ⅳ左腔通过阀 35 和单向阀 39 从油箱吸油补充。螺杆的转速由阀 18 控制，拨动液压马达附设的变速杆可使注射螺杆获得高速或低速。

在预塑期间，梭阀 33 的两个进油口分别与插装阀 30 的进出口连接，使阀 30 可靠关闭。从而保证压力油 P_1 全部通过阀 31 进入液压马达内而不会从阀 36 溢走。

③ 防流涎　电磁铁 DT21、DT22 断电且 DT20 通电时，插装阀 30、31 关闭，阀 36 的泄油口和远程控制口分别通过阀 32 和阀 37、35 通回油箱，处于卸荷状态。压力油 P_1 经阀 35 进入注射缸Ⅳ左腔，螺杆后退。注射缸Ⅳ右腔的油液在无背压的情况下经阀 36 流回油箱。这时，阀 36 起放油阀作用。

④ 原始位置　在预塑、防流涎之后，DT19、DT20、DT21、DT22 全部断电，阀 30、31 关闭，阀 38、37 也被封闭，液压缸Ⅳ左腔卸压。

（4）顶出缸控制回路

图 8-26 右上部所示为顶出缸控制回路。

① 顶出制品　电磁铁 DT15 通电时，阀 40、42 开启，阀 41、43 关闭，压力油 P_3 进入顶出缸 II 的左腔，顶出杆前伸把制品顶出。其速度由插装式流量阀 40 调节。

② 顶出杆退回　电磁铁 DT15 断电时，阀 41、43 开启，阀 40、42 关闭，顶出杆退回。

其余回路：如注射座移动缸 V 控制回路、调模液压马达 M_1、M_2 控制回路、封闭喷嘴缸 III 的控制回路（选用）、抽插芯装置控制回路（选用）等的工作原理简单，介绍从略。

该注塑机液压系统的特点如下：

a. 采用多泵供油与比例溢流调速阀联合控制，调速范围大，速度稳定性好，节省能量。

b. 采用低速大转矩液压马达直接驱动螺杆预塑，结构简单、运转平稳、噪声小。

c. 主要回路采用了插装阀，使结构紧凑，泄漏少。

d. 在各先导电磁阀和插装阀之间接有液阻，在合模部分还采用了防止液压冲击的回路，使换向平稳，工作可靠。

e. 多处采用了插装阀可靠关闭的控制形式，防止系统压力相互干扰，使系统工作可靠，油路也得到简化。

8.11　客货两用液压电梯的电液比例控制系统

8.11.1　概述

液压电梯是多层建筑中安全、舒适的垂直运输设备，也是厂房、仓库、车库中廉价的重型垂直运输设备。与电动牵引电梯相比，液压电梯不需要在顶部安装机房，具有结构紧凑、承载能力大、无级调速、运行平稳、成本低等优点。

液压电梯的轿厢一般由单级或多级柱塞式液压缸驱动。按液压缸的安放位置不同，液压电梯有直顶式和侧置式两类。图 8-28(a) 所示为直顶式液压电梯的示意图，液压缸 1 置于地坑 2 中，柱塞 3 直接和轿厢 4 相连，置放液压站 6 的机房 5 设在旁侧。在液压电梯速度控制系统中，对其运行性能（包括轿厢启动、加减速运行平稳性、平层准确性以及运行快速性等方面）都有较高的要求，并对液压电梯的速度、加速度以及加速度的最大值都有严格的限制。目前，液压电梯的液压系统广泛采用节流调速方式，以满足上述要求。

电梯的额定载质量为 10kN；轿厢升程为 7.5m；轿厢升降速度为 0.5m/s；轿厢启动、制动加速度均小于 15m/s²；平层精度小于 4～5mm；满载下沉量为 0mm/10min；轿厢噪声≤55dB（A）；机房（泵站）噪声≤85dB（A）。

8.11.2　客货两用液压电梯液压系统的工作原理

图 8-29 所示是客货两用电梯的液压系统图。系统的执行器为驱动电梯轿厢升降的柱塞式液压缸 15。

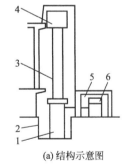

(a) 结构示意图

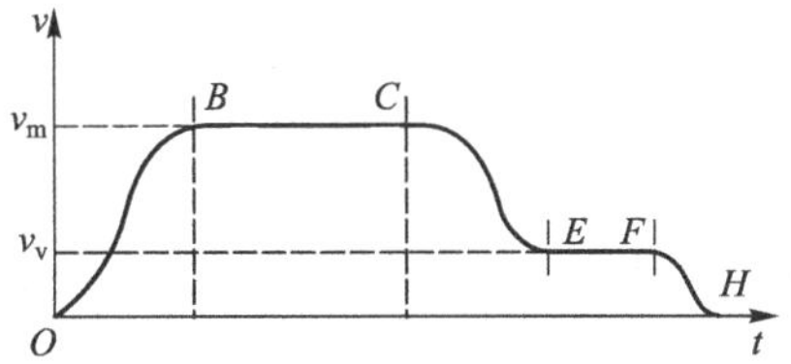

(b) 理想运行速度曲线

图 8-28　液压电梯的结构示意图及理想运行速度曲线

1—液压缸；2—地坑；3—柱塞；4—轿厢；
5—机房；6—液压站；$O\sim B$—加速阶段；
$B\sim C$—匀速阶段；$C\sim E$—减速阶段；
$E\sim F$—平层阶段；$F\sim H$—结束阶段

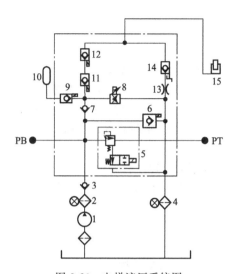

图 8-29 电梯液压系统图

1—定量液压泵；2,4—过滤器；3,7—单向阀；
5—电磁溢流阀；6,9,11,12—电控单向阀；
8—电液比例流量阀；10—蓄能器；13—节流器；
14—手动单向阀；15—柱塞式液压缸

系统的油源为定量液压泵 1，系统压力设定和液压泵卸荷控制由电磁溢流阀 5 实现。由计算机控制的电液比例流量阀 8 用于在液压缸 15 上升时旁路节流调速和下降时回油节流调速，使电梯按照软件制定的速度变化规律升降。电控单向阀 6 起安全保护作用，是电磁溢流阀 5 的第二道保险。阀 6 及阀 5 与阀 8 之间电气联锁，以避免误动作，保证安全。手动单向阀 14 供事故应急使用，当突然停电或发生其他意外事故时，操作该阀可使轿厢以规定的安全速度下降到某一楼面；为了防止电梯自动沉降的双保险，系统设置了两个电控单向阀 11 和 12，蓄能器10 用于吸收冲击振动。单向阀 3 和 7 用于防止油液倒灌。系统的压力油路和回油路分别设有带污染指示的精过滤器 2 和 4，一旦过滤器被堵塞则立即自动报警，以便及时更换过滤器滤芯。

电梯运行采用微机控制，系统以 MCS-48 系列单片微机为核心，配以输入、输出过程通道，完成电梯信号控制、速度控制和平层控制。计算机控制系统框图如图 8-30 所示。

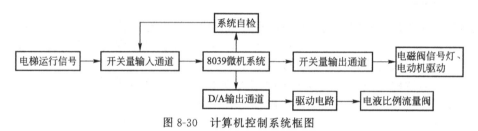

图 8-30 计算机控制系统框图

8.11.3 客货两用液压电梯的液压系统的特点

本液压系统特点如下：

a. 采用定量泵供油，上升工况采用旁路节流调速，不易发热；下降工况采用回油节流调速，有利于节流后热油回油箱进行热交换；流量控制元件采用电液比例二通流量阀；调速控制系统采用单片微机开环控制；电梯信号处理和运行控制均采用单片微机实现。

b. 采用电控单向阀防止液压电梯自动下沉。液压系统具有电磁溢流阀和电控单向阀双重压力保护；通过应急阀可以在停电等突发情况出现时，使电梯安全下降，可靠性高，故障率远低于机械式电梯。

8.12 单斗液压挖掘机液压系统

单斗液压挖掘机在建筑、交通运输、水利施工、露天采矿及现代化军事工程中都有着广泛应用，是各种土石方施工中不可缺少的重要机械设备。

单斗液压挖掘机是一种周期作业的机械设备，其组成和工作循环如图 8-31 所示。它由工作装置、回转装置和行走装置三部分组成。工作装置包括动臂、斗杆以及根据工作需要可更换的各种换装设备（如正铲、反铲、装载斗和抓斗等）。单斗液压挖掘机的典型工作循环如下。

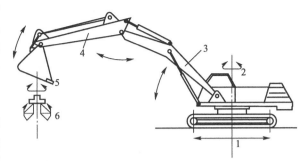

图 8-31　单斗液压挖掘机的组成和工作循环
1—行走装置；2—回转装置；3—动臂；
4—斗杆；5—铲斗；6—抓斗

① 挖掘　在坚硬土壤中挖掘时，一般以斗杆动作为主，用铲斗缸调整切削角度，配合挖掘；在松软土壤中挖掘时，则以铲斗缸动作为主；在有特殊要求的挖掘动作中，则使铲斗缸、斗杆缸和动臂缸三者复合动作，以保证铲斗按特定轨迹运动。

② 满斗提升及回转　挖掘结束，铲斗缸推出，动臂缸升起，满斗提升；同时回转马达启动，转台向卸土方向回转。

③ 卸载　转台转到卸载地点，转台制动斗杆缸调整卸料半径，铲斗缸收回，转斗卸载。当对卸载位置及高度有严格要求时，还需动臂缸配合动作。

④ 返回　卸载结束后，转台向反向回转，同时动臂与斗杆缸配合动作，使空斗下放到新的挖掘位置。

挖掘机的液压系统类型很多，习惯上以主泵数量和类型、变量和功率调节方式及回路数量分类：定量系统（单路或双路或多路，单泵、双泵、多泵）、变量系统（分功率调节或全功率调节，双泵双路）、定量-变量混合系统（多泵多路）。但以双泵双回路定量系统和双泵双回路变量系统应用较多，现举例如下。

（1）双泵双回路定量系统

图 8-32 为 WY-100 型全液压挖掘机液压系统图。铲斗容量为 1m³。液压系统是双泵双回路定量系统，串联油路，手控合流。油路的配置是：液压泵 1 向回转马达 6、左行走马达 9、铲斗缸 22、调幅用辅助缸 20 供油；液压泵 2 向动臂缸 19、斗杆缸 21、右行走马达 8 和推土板升降用缸 11 供油。通过合流阀 16 可以实现某一执行元件的快速动作，一般用作动臂缸或斗杆缸的合流。各执行元件均有限压阀，除回转马达调定压力为 25MPa，低于系统安全阀压力 27MPa，其他均为 30～32MPa。

① 一般操作回路　单动作供油时，操纵某一手柄，使相应的换向阀处于左工位或右工位，切断卸载回路，使液压油进入执行元件；回油通过多路换向阀、限速阀 12（阀组 15 的回油还需通过合流阀 16）到回油总管 B。

串联供油时，必须同时操纵几个手柄，使相应的阀杆移动切断卸载回路，油路呈串联连接，液压油进入第一个执行元件，其回油就成了后一执行元件的进油，依此类推。最后一个执行元件的回油排到回油总管。

② 合流回路　合流阀 16 在正常情况下不通电，起分流作用。当使合流阀 16 的电磁铁通电时，液压泵 1 排出的油液经阀组 15 导入阀组 13，使两泵合流，提高工作速度，同时也能充分利用发动机功率。

③ 限速与调速回路　两组阀的回油经限速阀 12 至回油总管 B。当挖掘机下坡时可自动控制行走速度，防止超速溜坡。限速阀是一个液控节流阀，其控制压力信号通过装在阀组上的梭阀 14 取自两组多路阀的进油口，当两个分路的进口压力均低于 0.8～1.5MPa 时，限速阀自动开始对回油进行节流，增加回油阻力，从而达到自动限制速度作用。由于梭阀 14 的选择作用，当两个油路系统中任意一个的压力为 0.8～1.5MPa 时，限速阀不起节流作用。

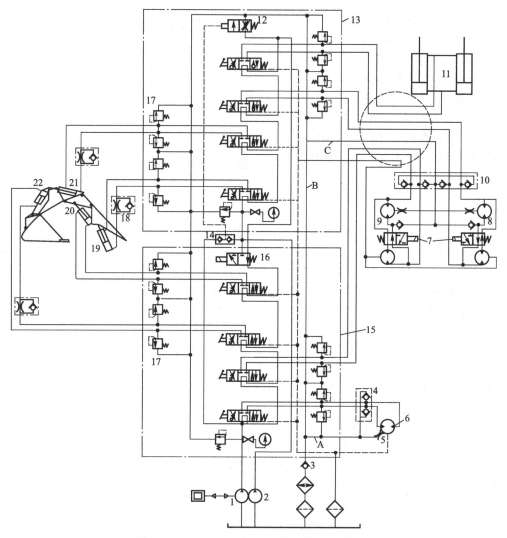

图 8-32　WY-100 型全液压挖掘机液压系统图

1,2—液压泵；3—单向阀；4,10—补油阀；5—阻尼孔；6,8,9—液压马达；7—双速阀；11,19~22—液压缸；12—限速阀；
13,15—阀组；14—梭阀；16—合流阀；17—溢流阀；18—单向节流阀

因此，限速阀只是当行走下坡时起限速作用，而对挖掘作业是不起作用的。

　　行走马达采用串联马达回路。一般情况下，行走马达并联供油，为低速挡。如操纵双速阀 7，则串联供油，为高速挡。单向节流阀 18 用来限制动臂的下降速度。

　　④ 背压回路　为使内曲线马达的柱塞滚轮和滚道接触，从单向阀 3 前的回油总管 B 上引出管路 C 和 A，分别经双向补油阀 10 向行走马达 8、9 和回转马达 6 强制补油。单向阀 3 调节压力为 0.8~1.4MPa，这个压力是保证马达补油和实现液控所必须的。

　　⑤ 加热回路　从背压油路上引出的低压热油，经节流孔（阻尼孔）5 节流减压后通向马达壳体内，使液压马达即使在不运转的情况下，壳体保持一定的循环油量，其目的是：将马达壳体内的磨损物冲洗掉；对液压马达进行预热，防止由于外界温度过低、液压马达温度较低时，由主油路通入温度较高的工作油液以后，引起配流轴及柱塞副等精密配合部位局部不均匀的热膨胀，使液压马达卡住或咬死而产生故障，即所谓的"热冲击"。

　　⑥ 回油路和泄漏油路的过滤　主回油路经过冷却器后，通过油箱上主过滤器，经磁性

纸质双重过滤回油箱。当过滤器堵塞时，过滤器内部压力升高，可使纸质滤芯与顶盖之间自动断开实现溢流（图中未示出），并通过压力传感器将信号反映到驾驶室仪表箱上，使驾驶员及时发现进行清洗。

各液压马达及阀组均单独引出泄漏油管，经磁性过滤器回油箱。

（2）双泵双回路全功率变量系统

图 8-33 为中小型单斗挖掘机液压系统图。它由一对双联轴向柱塞泵和一组双向对流油路的三位六通液控多路阀、液压缸、回转马达与行走马达等元件组成。

主泵为一对斜轴式轴向柱塞泵。恒压恒功率组合调节装置 3 包括以液压方式互相联系的两个调节器，保证铲土时两泵摆角相同。油路以顺序单动及并联方式组成，能实现两个执行元件的复合动作及左、右履带行走时斗杆的伸缩，后者可帮助挖掘机自救出坑及跨越障碍。

① 一般操作回路　斗杆缸 19 单独动作时，通过换向阀 32、35 合流供油，提高动作速度。铲斗缸 18 转斗铲土时通过换向阀 29 与换向阀 33 实现自动合流。两阀的合流是由电液换向阀 23 控制的。回斗卸土时则只通过换向阀 29 单独供油。同样，动臂缸 20 提升时，通过换向阀 30 与换向阀 33 自动合流供油，提高上升速度。动臂下降则只通过换向阀 30 单独供油，以减少节流发热损失。

在两个主泵的油路系统中，各有一个能通过全流量的溢流阀，同时在每个换向阀和执行元件之间都装有安全阀和单向阀组，以避免换向和运动部件停止时，产生过大的压力冲击，一腔出现高压时安全阀打开，另一腔出现负压时通过单向阀补油。主溢流阀 22 调定压力为 25MPa，安全阀 24（10 个）的调定压力为 30MPa。

在回转液压马达 16 的油路上装有液压制动装置 17，可实现马达回转制动、补油，防止启动、制动开始时液压冲击及溢流损失等。

在行走马达 15 上装有常闭制动缸 14，通过梭阀与行走马达联锁，即行走马达任一侧的油压超过一定压力（$p > 3.5$MPa）时，制动缸 14 即完全松开。因而制动缸可起到停车、制动、挖掘工作时行走装置制动及行驶过程中超速制动的作用。

系统回油总管中装有纸质过滤器 8，在驾驶室内有过滤器污染指示灯。液压马达的泄漏油路中有小型磁性过滤器 7。

② 冷却回路　回油总管中装有风冷式油冷却器 9，风扇 10 由专门的齿轮马达 5 带动，它由装在油箱中的温度传感器及油路中的电磁换向阀 12 控制，由小流量齿轮泵 1 供油，组成单独冷却回路。当油温超过一定值时，油箱中的温度传感器发出信号使电磁换向阀 12 通电，接通齿轮马达 5，带动风扇 10 旋转，液压油被强制冷却；反之，电磁换向阀 12 断电，风扇停转，使液压油保持在适当的温度范围内，可节省风扇功率，并能缩短冬季预热启动时间。

③ 手动减压阀式先导阀操纵回路　四个手动减压阀式先导阀 25～28 操纵液控多路阀。减压式先导阀 25、26 的操纵手柄为万向铰式，每个手柄可操纵四个先导阀阀芯，每个先导阀阀芯控制换向阀的一个单向动作，因此四个先导阀阀芯可操纵两个换向阀。阀 27、28 可操纵行走机构的两个液压马达。减压阀式先导阀的操纵油路和结构如图 8-34 所示，搬动先导阀手柄 1，则推杆 2 被压下，阀芯 3 向下运动，P（进油口）与 A（出口）连通。由于 A 处节流产生二次压力，当该压力超过弹簧调定值时，阀芯向上移动，A 至 P 被切断，而 A 与 O（油箱）连通，这时 A 处压力随之降低；当该压力降低到小于弹簧力时，阀芯 3 向下移动，则 A 与 P 又连通，这样可得到与手柄行程成比例的二次压力，从而使换向滑阀行程和先导阀操纵手柄行程保持比例关系。手动减压阀式先导阀和油冷却系统共用一个小流量齿轮泵 1，压力为 1.4～3MPa，二次压力在 0～2.5MPa 范围内变动，而手柄的操纵力不大于 30N，操作时既轻便省力，又可以感觉到操纵力的大小，操纵手柄少，操作方便。为清晰起见，将各先导阀控制换向阀与执行机构动作列表说明，见表 8-7。

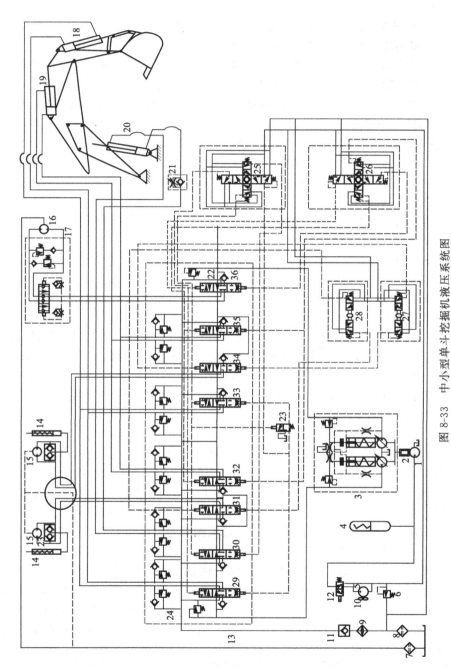

图 8-33　中小型单斗挖掘机液压系统图

1—齿轮泵（辅助泵）；2—变速（取力）器；3—恒功率联合调节装置（含一对恒功率主变量泵（图中无序号）；4—蓄能器；5—齿轮马达；6—溢流阀；7,8—过滤器；9—冷却器；10—风扇；11—单向阀；12—电磁换向阀；13—主回液管路；14—制动缸；15—行走马达；16—回转马达；17—液压制动装置；18—铲斗缸；19—斗杆缸；20—动臂缸；21—单向节流阀；22—主溢流阀；23—电液换向阀；24—安全阀（10个）；25～28—主溢流阀；29～36—换向阀

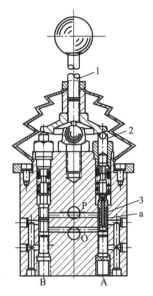

图 8-34　减压阀的结构图

1—手柄；2—控制杆；3—阀芯；a—内部通道；
A,B—负载接口；P—进油口；O—回油口

表 8-7　先导阀控制换向阀和执行机构动作表

| 先导阀 | 手柄位置 | 被控对象 | | | | 合流情况 |
		换向阀（元件序号）	阀位置	执行机构	工作腔	
25	向下	29、33	下位	铲斗缸 18	大腔	合流
	向上	29	上位		小腔	
	向左	30、33	上位	动臂缸 20	大腔	合流
	向右	30	下位		小腔	
26	向下	36	下位	回转马达 16	下腔	
	向上	36	上位		上腔	
	向左	35、32	上位	斗杆缸 19	小腔	合流
	向右	35、32	下位		大腔	
27	向左	31	下位	左行走马达	左腔	
	向右	31	上位		右腔	
28	向左	34	下位	右行走马达	右腔	
	向右	34	上位		左腔	

全功率变量系统有以下特点：

a. 发动机功率能得到充分利用。发动机功率可按实际需要在两泵之间自动分配和调节。在极限情况下，当一台液压泵空载时，另一台液压泵可以输出全部功率。

b. 两台液压泵流量始终相等，可保证履带式全液压挖掘机两条履带同步运行，便于驾驶员掌握调速。

c. 两液压泵传递功率不等，因此其中的某个液压泵有时在超载下运行，对寿命有一定

的影响。

8.13　中空挤坯吹塑挤出机型坯壁厚电液伺服系统

中空挤坯吹塑是制造瓶、桶、箱等中空塑料制品的重要工艺方法之一，挤出机是实现这一工艺的重要设备。挤出机的生产过程是：通过机头挤出半熔融状管状型坯→当型坯达到一定长度时模具闭合，抱住型坯→切刀截断型坯→吹气杆插入模具中的塑坯内吹气，使型坯紧贴模腔内壁而冷却定型→开模取出中空制品。该机的型坯壁厚控制采用了电液伺服技术和单片微型计算机控制（配有键盘和液晶显示）。

(1) 型坯壁厚电液伺服控制系统的工作原理

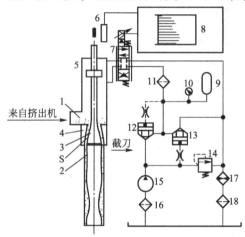

图 8-35　型坯壁厚电液伺服控制系统的工作原理图
1—半熔融塑料；2—型坯；3—芯头；4—口模；5—液压缸；6—传感器；7—电液伺服阀；8—控制器；9—蓄能器；10—压力表；11—精过滤器；12,13—插装阀；14—溢流阀；15—定量液压泵；16,18—回油过滤器；17—冷却器

型坯壁厚电液伺服控制系统的工作原理如图 8-35 所示，其控制对象是中空吹塑设备中制造型坯的机头（有直接挤出式和储料缸式两类）。以直接挤出式机头为例，自挤出机的半熔融塑料 1 经过口模 4 和芯头 3 形成的出口缝隙 S 挤出，形成管状型坯 2。型坯连续地被挤出，模具则交替地在机头下方取走型坯，在吹塑工位进行吹胀。机头的出口缝隙 S 可由伺服液压缸 5 通过芯头 3 控制其大小，当出口缝隙 S 大时挤出的型坯壁厚尺寸大，反之则小。本系统就是通过对出口缝隙 S 变化的控制来实现对塑料型坯沿其纵向变化规律的控制。

系统的油源为定量液压泵 15，液压泵的压力油经插装阀 12、精过滤器 11 向电液伺服阀 7 供油，系统压力由溢流阀 14 设定，并由压力表 10 显示。蓄能器 9 用于蓄能和吸收压力脉动，以减小液压泵的排量和稳定

工作压力。电液伺服阀出口油液经冷却器 17 和回油过滤器 18 回到油箱。停机时，蓄能器通过插装阀 13 泄压。系统的执行器为电液伺服阀 7 控制的液压缸 5，液压缸的上端设有位移反馈传感器 6，电液伺服阀 7 接收控制器 8 的指令信号，输出流量驱动液压缸 5、带动芯头 3 按所需控制规律运动，机头出口缝隙 S 则按此规律控制型坯的厚度。位移反馈传感器 6 感受伺服液压缸活塞，即芯头 3 的位移信号，并送至控制器中，实现芯头运动的闭环控制。

以微处理机（CPU）为核心的型坯壁厚控制器是本系统的心脏部分，其原理框图如图 8-36 所示，它具有工作方式（收敛式或发散式等）设定、系统工作状态显示、工作参数预置和输入、模拟信号处理等功能。

(2) 型坯壁厚电液伺服控制系统的特点

型坯壁厚电液伺服控制系统具有如下特点：

a. 电液伺服控制系统采用高性能的电液伺服阀和低阻尼液压缸，并配以蓄能器，使系统具有较高的快速响应能力和低速平稳性。设置蓄能器可减小液压泵的流量规格，具有节能作用。给液压泵进口安装粗过滤器、出口安装精密高压过滤器并在回油路上安装回油过滤器，可有效地控制液压油液的清洁度，从而提高和延长了电液伺服控制系统工作的可靠性和使用寿命。

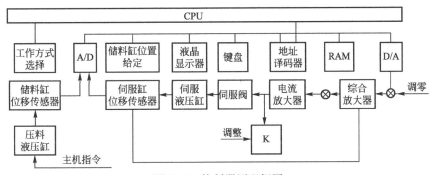

图 8-36 控制器原理框图

b. 以工业单片微机作为控制器的核心，可靠性高、体积小，对工业环境适应能力强。控制器可存储多达 15 个工艺文件，在更换制品品种时可缩短调整时间。以轻触薄膜键盘作为人机对话的工具，可方便地设置系统的各种参数和型坯的壁厚。采用液晶显示技术，不仅可实时地显示型坯壁厚设置值、工作周期、储料缸容量的给定值、制品累计数量、工作方式及状态等，而且可将型坯壁厚的动态运行值实时地与设置值同时显示在屏幕上，便于监测系统状态及运行情况，显示屏在此起到了低频示波器的作用。

8.14　带钢跑偏光电液伺服控制系统

带钢跑偏控制系统的功用在于使机组钢带定位并自动卷齐，以免由张力不当或波动大、辊系不平行、钢带厚度不均等引起带边跑偏过大而撞坏设备或断带停产，有利于中间多道工序生产，减少带边剪切量而提高成品率，成品整齐，便于包装、运输和使用。常见的带钢跑偏控制系统为光电液伺服控制系统，通过执行器控制卷取机（见图 8-37）的位移，使其跟踪带钢偏移，从而使钢卷卷齐。因此，该控制系统为位置伺服控制系统。由于被检测的是连续运动着的带钢边缘偏移量，故位置传感器使用非接触式光电位置检测元件。与气液伺服跑偏控制系统相比，电液伺服控制系统的优点是信号传输快，电反馈和校正方便，光电检测器的开口（即发射器与接收器间距）可达 1m 左右，并可直接方便地装于卷取机旁。

图 8-38 所示为电液伺服系统图，系统的油源为定量液压泵 1 供油的恒压源，油源压力由溢流阀 2 设定。系统的执行器为电液伺服阀控制的辅助液压缸 12 和移动液压缸 13。缸 12 用于驱动光电检测器 17 的前进与退回，以免在卷完一卷钢带时，带钢尾部撞坏检测器。缸 13 为主液压缸，用于驱动卷筒 15 做直线运动实现跑偏控制。

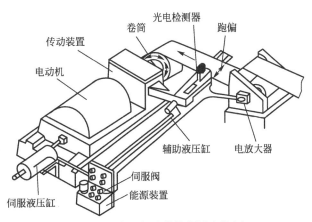

图 8-37　卷取机跑偏控制设备简图

图 8-39 所示为电液伺服系统的控制电路简图，光电检测器由发射光源和光电二极管接收器组成，光电二极管作为平衡电桥的一个臂。钢带正常运行时，光电二极管接收一半光照，其电阻为 R_1，调整电桥电阻 R_3，使 $R_1 R_3 = R_2 R_4$，电桥无输出。当钢带跑偏，带边偏离检测器中央

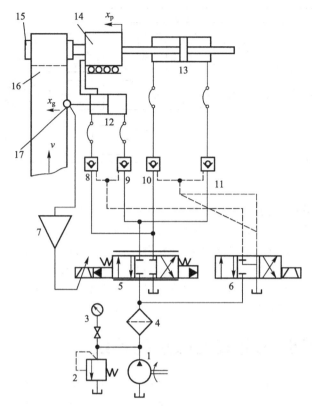

图 8-38　电液伺服系统图

1—定量液压泵；2—溢流阀；3—压力表及其开关；4—精过滤器；5—电液伺服阀；6—三位
四通电磁换向阀；7—伺服放大器；8~11—液控单向阀；12—辅助液压缸（检测器缸）；
13—移动液压缸；14—卷取机；15—卷筒；16—钢带；17—光电检测器

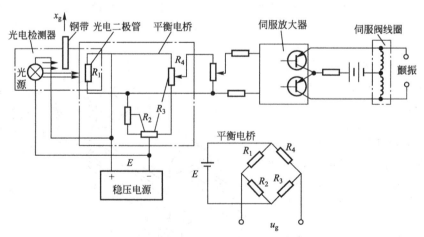

图 8-39　电液伺服系统控制电路简图

时，电阻 R_1 随光照变化，使电桥失去平衡，从而造成调节偏差信号 u_g。此信号经放大器放大后，推动伺服阀工作，伺服阀控制液压缸跟踪带边，直到带边重新处于检测器中央，达到新的平衡为止。

检测器缸 12 用于剪切前将检测器退回，带钢引入卷取机钳口。为了在开始卷取前检测器能自动对位，即让光电二极管的中心自动对准带钢边缘，检测器缸也由伺服阀控制，检测器退出和自动对位时，卷取机移动缸 13 应不动；自动卷齐时，检测器缸 12 应固定，为此采用了两套可控液压锁（分别由液控单向阀 8、9 和 10、11 组成），液压锁由三位四通电磁换向阀 6 控制。

自动卷齐或检测器自动对位时，系统为闭环工作状态；快速退出检测器时，切断闭环，手动给定伺服阀最大负向电流，此时伺服阀当换向阀用。

通过自动卷齐闭环系统的原理框图（见图 8-40）容易了解整个系统的工作原理与控制过程。

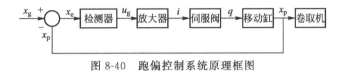

图 8-40　跑偏控制系统原理框图

8.15　采用插装阀控制的快速锻造液压机液压系统

锻锤是利用锤头的冲击力完成压力成型的压力加工设备，是锻造车间的主要设备。它可将金属锻打成需要的形状，并可获得晶粒较细的锻件。由于锻造是利用锤头的冲击能量做功，因此要求主液压缸运行速度特别快，以获得足够大的打击能量，所以这种类型的液压系统最宜采用二通插装阀控制。

图 8-41 为快锻机结构原理示意图，它是一种双柱下拉式自由锻造液压机。锻打力可达 20000kN，打击次数可达 80 次/min。锻锤 1 和砧座 2 置于封闭形的框架内。主柱塞缸的液压力通过两根下拉立柱 4 带动锤头 1 打击砧座 2 上的工件，两个小辅助柱塞缸可通过立柱 4 带动锤头 1 回程，完成一个工作循环，预备下一次打击。锻锤在工作过程中要完成快速回程、上停、快速下行、减速制动、慢速接近工件、锻压、下停卸压，再快速回程整个工作循环。在轻打时，可使主缸与辅助缸形成差动油路实现快速打击。液压系统工作压力为 32MPa，流量为 300L/min。主回路采用大通径插装阀，主控制回路采用小通径插装阀与先导油路形成二级控制，这样可使主阀实现快带启闭。整个系统相当复杂，但其实质是由 4 个桥臂构成的全桥液阻桥路。经简化后示于图 8-42。

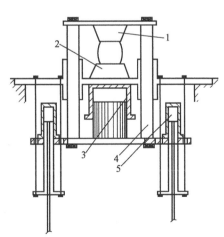

图 8-41　快锻机结构原理示意图
1—锻锤；2—砧座；3—主缸；
4—下拉立柱；5—辅助缸

图 8-42 中 5 为主缸，6、7 为辅助缸；P_S 为高压油源，它是由多个如 I 所示的泵组并联组合而成，其中之一为备用泵组；8 为充液阀；10 为储液罐，1、2、3、4 为 4 个桥臂。

① 锻锤快速回程　桥臂 1、4 液阻为无限大（即断路状态），桥臂 2、3 为有限值（即可控通路状态）。阀 2.1、3.1、3.2 开启。

② 锻锤快降、制动减速和锻压　桥臂 2、3 液阻为无限大，桥臂 1、4 为有限值。桥臂 4 有 4 条并联支路 4.1、4.2、4.3 和 4.4。快降时仅支路 4.1 全开，锻锤在自重作用下快速下

降。主缸 5 经充液阀 8、管路 11 从储液罐 10 中吸油，同时从桥臂 1 进油。为了控制阀 1.1 的开启速度以减小冲击，在其控制先导桥路中加了单向节流器 1.2。锻锤制动减速，即慢速接近工件时，仅支路 4.2 接通。由于阀 4.2.1 控制桥路中的先导调压阀 4.2.2 的调定压力较高（10MPa 左右），故阀 4.2.1 产生的背压足以使锻锤制动减速下降。这时主缸 5 压力升高，充液阀 8 关闭。在支路 4.1 中，先导调压阀 4.1.2 调定压力为 32MPa，因此阀 4.1.1 关闭，起安全阀作用。当锤头打击工件后，支路 4.1 接通，背压消失，主缸产生的液压力全部作用在工件上。

打击终了时，主缸 5 处于高压状态。为了防止冲击，锤头回程前必须缓慢卸压。这时桥臂 1、3、4 液阻为无限大，而桥臂 2 也必须处高阻值状态。为提高生产率，在抑制冲击的前提下，应使卸压过程尽可能缩短，因而采用了分二段卸压的过程。这一功能是由可变液阻 2.2、插装阀 2.3 和液动换向阀 2.4 共同完成的。在高压卸压状态时，阀 2.4 使阀 2.3 关闭，阀 2.1 控制腔压力油只能经液阻 2.2 流出，迫使阀 2.1 缓慢开启，以致主缸 5 缓慢卸压。当压力降到一定值时，阀 2.4 复位使阀 2.3 开启，液阻 2.2 被短路，使阀 2.1 快速开启，加快主缸卸压过程。

③ 锻锤上停或事故断电 桥臂 1、2、3 液阻为有限值，桥臂 4 液阻为无限大。辅助缸 6、7 在锤头自重作用下所产生的液压力足以使桥臂 4 闭锁停锤。

④ 差动快速轻打 插装阀 4.5 关闭、插装阀 9 开启，辅助缸 6、7 的回油经主缸 5 形成差动油路，实现快速轻打。

此外，在支路 4.4 上的阀 4.4.1 为安全阀，其先导阀 4.4.2 调定压力为 35MPa。插装阀 3.2 和 9 为单向阀。高压油源单元中阀 12.1 为安全阀，12.2 为卸荷阀，12.3 为单向阀。

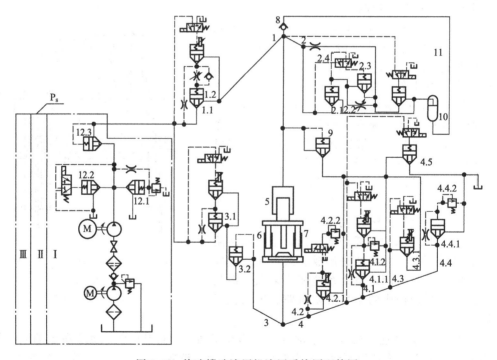

图 8-42 快速锻造液压机液压系统原理简图

Ps—高压油源；1~4—桥臂；5—主缸；6,7—辅助缸；8—充液阀；9,3.2,4.2.1,4.3,3.1—插装阀；
10—储液罐；1.1,12.3—单向阀；1.2—单向节流阀；2.1,2.3,3.1,3.2,4.5—插装阀；2.2—可变液阻；
2.4—液动换向阀；4.1.1,4.4.1—安全阀；4.1.2,4.2.2,4.4.2—先导调压阀；12.1—安全阀；12.2—卸荷阀

下 篇
气动系统

第9章

气压传动基础知识

9.1 气压传动的概念

气压传动以压缩气体为工作介质，靠气体的压力传递动力或信息的流体传动。气压传动是在机械、电气、液压传动之后被广泛应用的一种传动方式。

传递动力的系统是将压缩气体经由管道和控制阀输送给气动执行元件，把压缩气体的压力能转换为机械能而做功；传递信息的系统是利用气动逻辑元件或射流元件以实现逻辑运算等功能，又称气动控制系统（简称气动系统）。

气动技术的应用主要用在以下几方面。

a. 汽车、轮船等制造业：包括焊装生产线、夹具、机器人、输送设备、组装线等方面。

b. 生产自动化：机械加工生产线上零件的加工和组装，如工件的搬运、转位、定位、检测等工序。

c. 某些机械设备：冶金机械、印刷机械、建筑机械、农业机械、制鞋机械、塑料制品生产线等许多场合。

d. 电子半导体、家电制造业：硅片的搬运、元器件的插入与锡焊，彩电、冰箱的装配生产线等。

e. 包装过程自动化：化肥、粮食、食品、药品等实现粉末、粒状、块状物料的自动计量包装，用于烟草工业的自动化卷烟和自动化包装，用于对黏稠液体和有毒气体的自动计量灌装等。

9.2 气动系统图的种类和画法

气压传动系统一般用气动系统图来表示。在气动系统中，一般用标准图形符号或半结构式符号将各个气压元件、辅助元件及它们之间的连接与控制方式画在图纸上，这就是气动系统图。

图 9-1 所示为以元件的半结构简图表示的原理图，比较直观，清楚明了，但图形太烦琐，绘制麻烦。

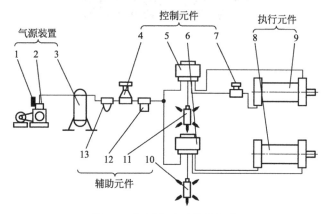

图 9-1　气压传动系统的组成

1—安全阀；2—空气压缩机；3—储气罐；4—减压阀；5,6—换向阀；7—流量控制阀；
8,9—气缸；10,11—消声器；12—油雾器；13—过滤器

图 9-2 所示为用气压图形符号绘制的原理图，简单明了，便于绘制，是常用的气动系统图。

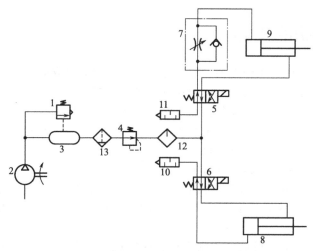

图 9-2　用图形符号绘制的气动系统原理图

1—安全阀；2—空气压缩机；3—储气罐；4—减压阀；5,6—换向阀；
7—流量控制阀；8,9—气缸；10,11—消声器；12—油雾器；13—过滤器

用图形符号绘制气动系统原理图时应注意以下五个问题：

a. 图形符号应以静态位或零位来表示，当组成系统的动作另有说明时可以例外。

b. 在系统中，若元件无法用图形符号表示，允许用半结构简图表示。

c. 元件符号只表示元件的职能和连接系统的通路，不表示元件的具体结构和参数，也不表示系统管路的具体位置和元件的安装位置。

d. 元件图形符号在传动系统中的布置，除有方向性的元件符号（如仪表等）外，可根

据具体情况水平和垂直绘制。

　　e. 元件符号的大小以清晰、美观为原则，可根据图纸幅面的大小作相应调整，但应注意保证图形符号本身的比例。

9.3　气动系统的工作原理及组成特点

9.3.1　气动系统的工作原理

　　气动系统与液压传动系统工作介质同属流体，两种系统的理论基础、控制方式以及所用元件的基本结构有许多相似之处，在某些方面甚至完全相同。不过由于液体和气体的物理性质相差较大，这两种系统的工作特性和具体结构仍有较大差异。

　　在图 9-1 所示的气动系统中，空气压缩机 2 把自由空气吸进来，经过压缩和洁净处理后存入储气罐 3 为气动系统备用。从储气罐出来的压缩空气经过过滤器 13 作进一步的净化处理后由压力控制阀 4 调节至需要的工作压力。油雾器 12 的作用是向压缩空气中添加气动系统元件所需要的润滑剂。通过处理后的压缩空气经过方向控制阀 5 进入气缸 9 使其输出运动和动力，实现气动系统的能量输出。气缸排出的压缩空气再经方向控制阀 5、消声器 10 排入大气。流量控制阀 7 用来控制多个气缸的顺序动作。

9.3.2　气动系统的组成

　　由图 9-1 可知，一个完整的气动系统一般由气源装置、气动执行元件、气动控制元件、气动辅助元件和气动工作介质等五部分组成。

　　气动系统主要由以下五个部分组成。

　　① 气源装置　它是一个把机械能转换成气体压力能并为气压传动系统提供动力源的能量转换装置。气源装置的主体为空气压缩机和储气罐等。

　　② 气动执行元件　它是一个把气体的压力能转换成机械能并为气动系统提供能量输出的能量转换装置，如气缸、气马达等。

　　③ 气动控制元件　用来控制和调节气压传动系统中压缩空气的压力、流动方向、流量以及实现逻辑控制的元件等，如压力控制阀、方向控制阀、流量控制阀、逻辑控制元件等。

　　④ 辅助元件　除了上述元件外，使压缩空气净化、润滑、消声以及负责元件间的连接和气动系统检测的其他一些装置通称为辅助元件。

　　⑤ 气动工作介质　在气压传动中起传递运动、动力及信号的作用。气压传动的工作介质为压缩空气。

9.3.3　气动系统的特点

　　(1) 气动系统的优点

　　与液压传动系统相比，气动系统的主要优点如下：

　　a. 工作介质来自大气，成本低廉，使用后直排大气，处理方便，无环境污染。相比之下，液压传动需设置回油路径，并要考虑介质在长时间使用后可能产生的变质问题。

　　b. 空气的黏度约为液压油动力黏度的万分之一，所以流动过程中能量损失少，便于实现集中远距离供气。

　　c. 气压传动能够在大温差、易燃易爆、多尘、振动等恶劣工况下可靠工作。

　　d. 气体的单位质量小，流动时惯性小，其工作流速远大于液压传动，所以气动元件的动作速度较快。

e. 气压传动装置结构简单，维护方便，成本较低。

f. 气体的可压缩性大，便于能量存储，并可实现过载保护。

（2）气动系统的主要缺点

气动系统的主要缺点如下：

a. 气动系统的经济工作压力较低（一般小于 1MPa），执行元件的推力不宜大于 10～40kN，仅适用于小功率传动场合。在相同输出力情况下，气压传动执行元件尺寸要大于液压传动。

b. 由于空气的可压缩性大，因此气动系统的速度稳定性差，位置和速度控制精度不高。

c. 气压传动的排气噪声大，在排气时需加装消声器。

d. 气压传动的工作介质不具备润滑性，因此对于有润滑要求的元件需加装油雾器。

9.4 气动工作介质

9.4.1 气动工作介质的组成

气压传动的工作介质主要是压缩空气，空气的成分、性能和主要参数等因素对气压传动系统正常工作有直接影响。而自然界的空气是由若干种气体混合而组成的。

表 9-1 列出了地表附近空气的体积组分。当然，空气中还含有水蒸气，这种含有水蒸气的空气称为湿空气；而水蒸气的含量如为零，则称为干空气。在空气中还会有因污染而产生的二氧化硫、碳氢化合物等一些气体。

表 9-1　空气的组成

成分	氮(N_2)	氧(O_2)	氩(Ar)	二氧化碳(CO_2)	氢(H_2)	其他气体
体积分数/%	78.03	20.95	0.93	0.03	0.01	0.05

9.4.2 气动工作介质的基本状态参数

（1）密度 ρ

单位体积气体的质量被称为密度，表达式为

$$\rho = \frac{m}{V}$$

式中　ρ——气体的密度，kg/m^3；

V——气体的体积，m^3；

m——气体的质量，kg。

（2）质量体积 v

单位质量气体的体积被称为质量体积（或称比体积），表达式为

$$v = \frac{1}{\rho}$$

式中　v——气体的质量体积，m^3/kg；

ρ——气体的密度，kg/m^3。

（3）气体压力 p

气体压力是由于气体分子热运动而在容器器壁的单位面积上产生的力的统计平均值，用 p 表示。气体压力的法定计量单位为 Pa，压力值较大时用 kPa 或 MPa。

气体压力常用绝对压力、表压力和真空度来量度。

绝对压力是以绝对真空为起点的压力值，用 p_{abs} 来表示。

表压力是指高出当地大气压力的压力值，即用压力表测得的压力值，一般用 p 表示。

真空度是指低于当地大气压力的压力值，其前加"－"则表示绝对压力与当地大气压力之差，即真空压力。

在工程计算中，一般把当地大气压力认为标准大气压力，即 $p_a = 101.325\text{kPa}$。

（4）温度 T

温度实质上是气体分子热运动动能的统计平均值。温度有摄氏温度、华氏温度和热力学温度之分。

摄氏温度：用 t 表示，单位为摄氏度，单位符号为℃；

华氏温度：用 t_F 表示，单位为华氏度，单位符号为℉。

热力学温度：以气体分子停止运动时的最低极限温度为起点测量的温度，用 T 表示，其单位为开，单位符号为 K。

三者之间的关系是如下：

$$t_F = 1.8t + 32$$
$$T = t + 237.15$$

（5）黏性

气体质点相对运动时产生内摩擦力的性质被称为空气的黏性。实际气体都具有黏性，从而导致了它在流动时的能量损失。

气体的黏性值因温度的升高而变大，见表 9-2（气体的黏性受压力的影响可以忽略不计，这点有别于液体）。

表 9-2　温度与空气运动黏度的关系（压力为 0.1MPa）

$t/℃$	0	5	10	20	30	40	60	80	100
$v/(10^{-4}/\text{s})$	0.133	0.142	0.147	0.157	0.166	0.176	0.196	0.210	0.238

（6）湿度

空气中或多或少都会含有水蒸气。所含水分的程度用湿度和含湿量来表示，湿度可用绝对湿度或相对湿度表示。

① 绝对湿度　每立方米湿空气中含有水蒸气的质量被称为绝对湿度，表示为

$$x = \frac{m_V}{V}$$

式中　x——绝对湿度，kg/m^3；

　　　m_V——水蒸气的质量，kg；

　　　V——湿空气的体积，m^3。

② 饱和绝对湿度　若湿空气中水蒸气的分压力达到该湿度下水蒸气的饱和压力，此时的绝对湿度被称为饱和绝对湿度，表示为

$$x_b = \frac{p_b}{R_b T}$$

式中　x_b——饱和绝对湿度，kg/m^3；

　　　p_b——饱和湿空气中水蒸气的分压力，Pa；

　　　R_b——水蒸气的气体常数，$R_b = 462.05\text{N} \cdot \text{m/ (kg} \cdot \text{K)}$；

　　　T——热力学温度，K。

③ 相对湿度　在相同的温度和压力下，湿空气的绝对湿度与饱和绝对湿度之比被称为相对湿度，表示为

$$\phi = \frac{x}{x_b} \times 100\% = \frac{p_v}{p_b} \times 100\%$$

对于干空气，$\phi = 0$；对于饱和湿空气，$\phi = 1$。ϕ 值可表示湿空气吸收水蒸气的能力，ϕ 值越大，吸湿能力越弱。气动技术中规定，各种控制阀内空气的 ϕ 值应小于 90%，而且越小越好。令人体感到舒适的 ϕ 值为 60%~70%。

(7) 可压缩性

气体受压力作用而使体积发生变化的性质被称为气体的可压缩性。

(8) 膨胀性

气体受温度的影响而使体积发生变化的性质被称为气体的膨胀性。

气体的可压缩性和膨胀性比较大，造成了气压传动的软特性。如气缸活塞的运动速度受外负载影响很大，则难以得到较为稳定的速度和精确的位移。

(9) 露点

未饱和湿空气保持水蒸气压力不变而降低温度，达到饱和状态的温度被称为露点。湿空气在温度降至露点以下时会有水滴析出。降温除湿就是利用这个原理来完成的。

第**10**章

气源装置及辅件

气源装置和气动辅助元件是气动系统的两个不可缺少的重要组成部分。气源装置给系统提供清洁、干燥且具有一定压力和流量的压缩空气；气动辅助元件具有提高系统元件连接可靠性、使用寿命以及改善工作环境等功能。

10.1 气源装置

气源装置是气压系统的动力源，为气动系统提供满足一定质量要求的压缩空气，是系统的重要组成部分。气源装置的主体是空气压缩机，空气压缩机产生的压缩空气必须经过降温、净化、减压、稳压等一系列处理。

10.1.1 气源装置的组成

气源装置一般由以下四个部分组成：

a. 气压发生装置，如空气压缩机。

b. 净化、储存压缩空气的装置和设备，如后冷却器、油水分离器、干燥器、过滤器、储气罐等。

c. 传输压缩空气的管道系统，如管道、管接头、压力表等。

d. 气动三联件。

根据气动系统对压缩空气质量的要求来设置气源装置，一般气源装置的组成和布置如图 10-1 所示。

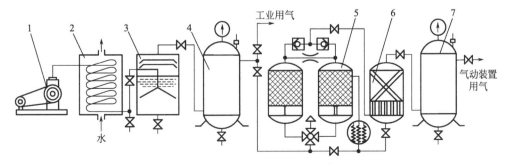

图 10-1 气源装置的组成和布置示意图

1—空气压缩机；2—冷却器；3—油水分离器；4,7—储气罐；5—干燥器；6—过滤器

空气压缩机 1 产生具有一定压力和流量的压缩空气，其吸气口装有空气过滤器，以减少

进入压缩机中空气的污染程度；冷却器 2（又称后冷却器）将压缩空气温度从 140～170℃降至 40～50℃，并使高温汽化的油分、水分凝结出来；油水分离器 3 用以分离并排出降温冷却凝结的水滴、油滴、杂质等。储气罐 4 和 7 用以储存压缩空气，稳定压缩空气的压力，并除去部分油分和水分。干燥器 5 用以进一步吸收或排除压缩空气中的水分及油分，使之变成干燥空气。过滤器 6 用以进一步过滤压缩空气中的灰尘、杂质颗粒。

储气罐 4 中的压缩空气可用于一般要求的气动系统，储气罐 7 输出的压缩空气可用于要求较高的气动系统（如气动仪表、射流元件等组成的控制系统）。

气动三联件的组成及布置由用气设备确定，图中没有画出。

10.1.2　空气压缩机

空气压缩机简称空压机，是气源装置的主要设备，将电动机输出的机械能转化为气体的压力能。

空压机按可输出压力的大小分为低压（0.2～1.0MPa）、中压（1.0～10MPa）、高压（>10MPa）三大类。

空压机按工作原理分为容积型（通过缩小单位质量气体体积的方法来获得压力）和速度型（通过提高单位质量气体的速度并使动能转化为压力能来获得压力）。速度型又因气体流动方向和机轴方向夹角不同分为离心式（方向垂直）和轴流式（方向平行）。

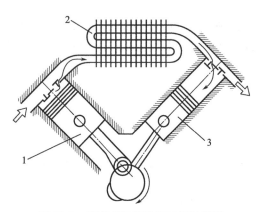

图 10-2　活塞式空压机的工作示意图
1,3—活塞；2—中间冷却器

常见的低压、容积式空压机按结构不同可分为活塞式、叶片式、螺杆式。图 10-2 为活塞式空压机的工作示意图，其工作原理与液压泵相同，由一个可变的密闭空间产生吸排气，加上适当的配流机构来完成工作过程。由于空气无自润滑性而必须另设润滑，这带来了空气中混有污油的问题。为解决这个问题可在空压机的材料或结构上设法制成无油润滑空压机。

选择空压机的根据是气动系统所需要的工作压力和流量两个主要参数。

一般空压机为中压空压机，额定排气压力为 1.0MPa。另外，还有低压空压机，排气压力为 0.2MPa；对于高压空压机，排气压力为 10MPa；对于超高压空压机，排气压力为 100MPa。

输出流量的选择，要根据整个气动系统对压缩空气的需要量再加一定的备用余量，作为选择空压机（或机组）流量的依据。空压机铭牌上的流量是自由空气流量。

10.1.3　气源净化装置

对于不同的空压机，由于工作原理不同排出的压缩空气的温度也不同，一般二级活塞式空压机为 140～170℃，螺杆式空压机约为 70℃，并且含有水汽、油气及固体颗粒等杂质。必须设置净化装置对压缩空气进行冷却、干燥和过滤，以提高压缩空气的干燥度和清洁度，降低对气动元件和系统的影响。常用的空气净化装置有油水分离器、后冷却器、储气罐和干燥器等。

（1）油水分离器

油水分离器安装在后冷却器的管道上，起到分离和清除压缩空气中凝结的水分和油分等杂质的作用，使压缩空气得到初步净化。油水分离器的结构形式有环形回转式、离心式、水浴式及组合式等。油水分离器主要是利用回转产生的离心撞击、水洗等方法使水滴、油滴及其他杂质颗粒从压缩空气中分离出来，其结构示意图如图 10-3 和图 10-4 所示。

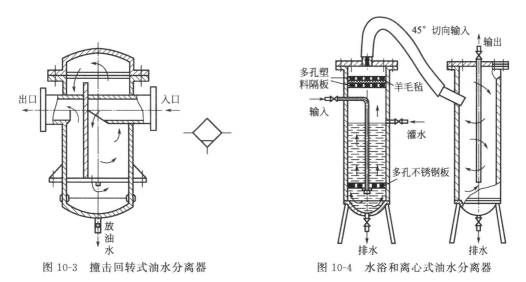

图 10-3　撞击回转式油水分离器　　　　图 10-4　水浴和离心式油水分离器

（2）后冷却器

空压机的排气温度较高，为降低排气温度，便于分离水分、油和空气，在空压机出口安装后冷却器。

水冷式后冷却器的结构及图形符号如图 10-5 所示，用冷却水与热空气在不同管道中逆向流动，通过管壁的热交换使热空气降温冷却。

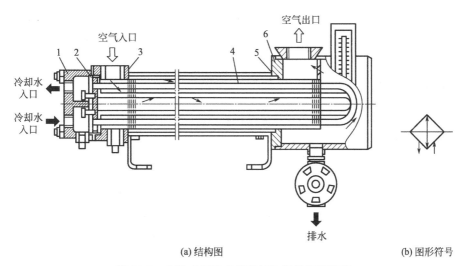

(a) 结构图　　　　　　　　　　　　(b) 图形符号

图 10-5　水冷式后冷却器的结构图及图形符号
1—水室盖；2,5—垫圈；3—外筒；4—散热片管束；6—气室盖

风冷式后冷却器的结构图及图形符号如图 10-6 所示，其原理是用风扇产生的冷空气强迫吹向带有散热片的热气管道来降温冷却。

（3）储气罐

储气罐的主要作用是储存一定量的压缩空气，减少气源输出气流的脉动，增加气流的连续性，并利用气体膨胀和自然冷却使压缩空气降温，进一步分离压缩空气中的水分。图10-7所示为立式储气罐的结构图及图形符号。

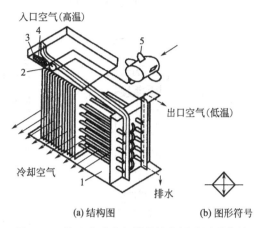

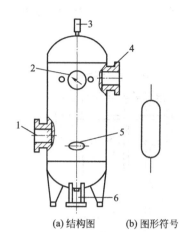

(a) 结构图　　　(b) 图形符号

图 10-6　风冷式后冷却器的结构图及图形符号

1—冷却器；2—出口温度计；3—指示灯；
4—按钮开关；5—风扇

(a) 结构图　　　(b) 图形符号

图 10-7　立式储气罐的结构图及图形符号

1—进气口；2—压力表；3—安全阀；
4—出气口；5—清理窗口；6—排水阀

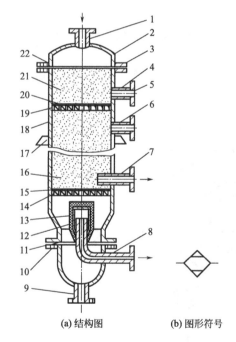

(a) 结构图　　　(b) 图形符号

图 10-8　吸附式干燥器的结构图及图形符号

1—空气进气管；2—顶盖；3,5,10—法兰；
4,6—再生空气排气管；7—再生空气进气管；
8—干燥空气输出管；9—排水管；11,22—密
封圈；12,15,20—铜丝过滤网；13—毛毡；
14—下栅板；16,21—吸附剂层；
17—支撑板；18—筒体；19—上栅板

储气罐一般是立式的，进气口在下，出气口在上。进出气口间要有一定的距离，上部设安全阀，下部设排水阀。

储气罐用作应急气源使用时，应按实际需要来设计，设计要符合压力容器的有关规定。

（4）干燥器

干燥器起到进一步除去压缩空气中的水分、油分和颗粒杂质，起到干燥压缩空气的作用，为气动装置等提供高质量的压缩空气。干燥器有冷冻式、吸附式等不同类型。冷冻式干燥器的作用是用制冷剂使压缩空气降到露点温度以下，将过饱和水蒸气凝结成水滴析出，以降低含湿量，增加压缩空气的干燥度。

吸附式干燥器的结构图及图形符号如图10-8所示，其工作原理是使压缩空气通过栅板、吸附剂（如焦炭、硅胶、铝胶、分子筛等）、铜丝过滤网等，达到干燥和过滤的目的。为避免吸附剂被油污染而影响吸湿能力，在进气管道上应安装除油器。

10.2　气动辅件

气压辅助元件主要包括分水过滤器、油雾器、消声器、管道和管接头等辅助元件，是气动系统不可缺少的重要组成部分。

气动系统中，常将分水过滤器、减压阀和油雾器常组合在一起使用，组成气源调节装

置，通常称为气动三联件。气动三联件安装顺序及图形符号如图 10-9 所示。

10.2.1 分水过滤器

分水过滤器又被称为二次过滤器，其作用是滤除压缩空气中的灰尘和杂质，并将压缩空气中液态的水滴和油污分离出来，使压缩空气进一步净化。分水过滤器排水方式有手动和自动之分。

常见的普通手动排水分水过滤器如图 10-10 所示。分水过滤器的工作原理是间隙过滤，离心分离。当压缩空气从输入口流入后，经导流片 6 的切线方向缺口并高速旋转，空气中的水滴、油滴及较大灰尘颗粒在离心力作用下被甩到水杯 3 的内壁上并流到杯底，除去液态油滴、水滴及较大杂质的压缩空气通过滤芯 5 进一步除去微小灰尘颗粒而从出口流出。

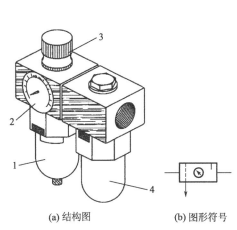

(a) 结构图   (b) 图形符号

图 10-9 气动三联件的结构图及图形符号
1—分水过滤器；2—压力表；3—减压阀；4—油雾器

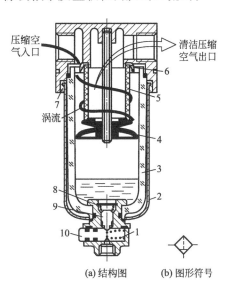

(a) 结构图   (b) 图形符号

图 10-10 分水过滤器的结构图及图形符号
1—复位弹簧；2—保护罩；3—水杯；4—挡水板；5—滤芯；
6—导流片；7—卡环；8—锥形弹簧；9—阀芯；10—按钮

按动按钮 10 时可将杯底液态油水和杂质排出。为防止积存在底部的液态油水重新混入压缩空气，设有挡水板 4。

分水过滤器的滤芯有烧结型、纤维聚结型和金属网型三种。装配分水过滤器总成前，去掉各零件上的切屑、灰尘等，防止密封材料碎片混入配管中；应将分水过滤器安装在远离空气压缩机处，以提高分水效率；分水过滤器必须垂直安装，并使放水阀向下，壳体上箭头所示方向为气体流动方向，不得装反；使用时，必须经常放水，定期清洗滤芯，当分水过滤器进出口两端的压力差大于 0.05MPa 时，要更换滤芯。

10.2.2 油雾器

气动系统中某些元件（如气缸、气阀）在正常工作时，其相对运动部位需要良好的润滑，而这些部位常工作在密封气室内，因此不能使用一般的注油方法。油雾器的作用是在压缩空气流经该部件时，将润滑油喷射成雾状，与压缩空气混合后进入气动系统，以达到润滑元件的目的。

油雾器的工作原理如图 10-11(a) 所示。压缩空气从输入口进入后，从输出气道流出。在其气流通道中有一个立柱 1，立柱上有两个通道口，上面背向气流的是喷油口 B，下面正对气流的是油面加压通口 A。气流通过立柱 1 上正对着气流方向的小孔 A 并经截流阀 2 进入储油杯 3 的上腔 C，从而使储油杯内油面加压。储油杯内的油液经吸油管 4、单向阀 5 和调节针阀 6 滴入视油器 7。视油器与立柱背面小孔 B 相通。油从 B 孔被主管道中的气流引射出来并雾化后随压缩空气输出。视油器上的调节针阀用于调节滴油量。

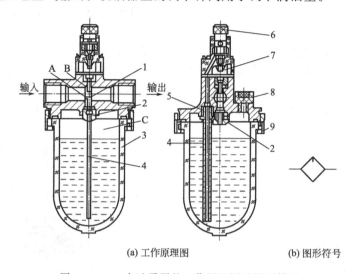

(a) 工作原理图　　　　　　　(b) 图形符号

图 10-11　一次油雾器的工作原理图及图形符号

1—立柱；2—截流阀；3—储油杯；4—吸油管；5—单向阀；6—调节针阀；7—视油器；8—油塞；9—螺母

10.2.3　消声器

在执行元件完成动作后，压缩空气经换向阀的排气口排入大气。由于压力作用，排气速度较高，一般接近声速，空气急剧膨胀，引起气体振动，由此产生了较大的排气噪声。噪声的强弱与排气速度、排气量和排气通道的形状有关，如不经特殊处理，可达到 80～100dB。长期工作在噪声环境下，会对人体健康造成损伤，对安全生产造成影响。在车间内噪声高于75dB 时，就应当采取消声措施。典型的消声措施是在阀的排气口处加装消声器。

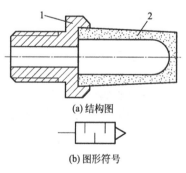

(a) 结构图

(b) 图形符号

图 10-12　吸收型消声器的结构图及图形符号

1—接头；2—吸声罩

最常用的消声器是吸收型消声器。吸收型消声器的消声原理是让空气通过多孔吸声材料，以达到降低排气声音的目的。如图 10-12 所示，吸声材料多使用聚氯乙烯纤维、玻璃纤维、烧结铜珠等。吸收型消声器具有良好的消除中高频噪声的性能。

此外，还可以采用集中排气法消除噪声，方法是把一些气阀排出的气体引至内径足够大的总排气管中，总排气管的出口安装排气洁净器，也可将排气管引至室外或地沟，以降低工作环境的噪声。集中排气法可采用膨胀干涉的原理来降低噪声。

10.2.4　转换器

在气动装置中，控制部分的介质都是气体，但信号传感部分和执行部分可能采用液体和电信号，这样各部分之间就需要能量转换装置——转换器。常用的转换器有气-电转换器、电-气转换器和气-液转换器等。

（1）气-电转换器

图 10-13(a) 所示为低压气-电转换器的结构图，其输入气压小于 0.1MPa。它是把气信号转换成电信号的元件。硬芯与焊片是两个常断电触点。当有一定压力的气动信号由信号输入口进入时，膜片向上弯曲，带动硬芯上移与限位螺钉接触，即与焊片导通，发出电信号。在气信号消失后，膜片带动硬芯复位，触点断开，电信号消失。调节螺钉可以调节导通气压力的大小。这种气-电转换器一般用来提供信号给指示灯，指示气信号的有无。也可以将输出的电信号经过功率放大后带动电力执行机构。

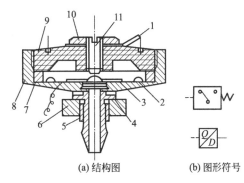

(a) 结构图   (b) 图形符号

图 10-13　低压气-电转换器的结构图及图形符号
1—焊片；2—硬芯；3—膜片；4—密封垫；
5—气动信号输入孔；6,10—螺母；7—压
圈；8—外壳；9—盖；11—限位螺钉

图 10-14(a) 所示为高压气-电转换器的结构图，其输入信号压力大于 1.0MPa。膜片 1 受压后，推动顶杆 2 克服弹簧的弹簧力向上移动，带动爪枢 3，两个微动开关 4 发出电信号。旋转螺母 5，可调节控制压力范围。这种气-电转换器的调压范围有 0.025～0.5MPa、0.065～1.2MPa 和 0.6～3.0MPa。这种依靠弹簧调节控制压力范围的气-电转换器也被称为压力继电器。当储气罐内压力升到一定压力时，压力继电器控制电机停止工作；当气罐内压力降到一定压力时，压力继电器又控制电动机启动。

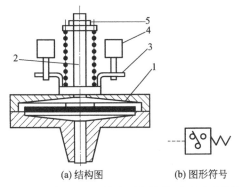

(a) 结构图   (b) 图形符号

图 10-14　高压气-电转换器的结构图及图形符号
1—膜片；2—顶杆；3—爪枢；4—微动开关；5—螺母

（2）电-气转换器

图 10-15 所示是低压电-气转换器的结构图。低压电-气转换器的作用与气-电转换器相反，是将电信号转换为气信号的元件，其作用如同小型电磁阀。当无电信号时，在弹簧 1 的作用下橡胶挡板 4 上抬，喷嘴 5 打开，气源输入气体经喷嘴排空，输出口无输出。当线圈 2 通有电信号时，产生磁场吸下衔铁 3，橡胶挡板 4 挡住喷嘴，输出口有气信号输出。

图 10-16 所示为低压电-气转换器的结构图。低压电-气转换器的工作原理为：当线圈 2 不通电时，由于弹性支撑 1 的作用，衔铁 3 带动挡板 4 离开喷嘴 5，这样从气源来的气体绝大部分从喷嘴排向大气，输出端无输出；当线圈通电时，将衔铁吸下，挡板封住喷嘴，气源的有压气体便从输出端输出。电磁铁的直流电压为 6～12V，电流为 0.1～0.14A；气源电压为 1.0～10kPa。

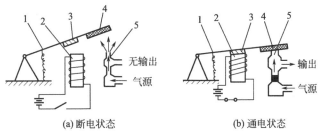

(a) 断电状态   (b) 通电状态

图 10-15　低压电-气转换器的工作原理图
1—弹簧；2—线圈；3—衔铁；4—橡胶挡板；5—喷嘴

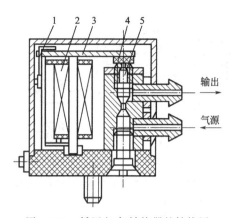

图 10-16　低压电-气转换器的结构图
1—弹性支撑；2—线圈；3—衔
铁；4—挡板；5—喷嘴

（3）气-液转换器

气-液转换器是把气压直接转换成液压的压力装置。作为推动执行元件的有压力流体，使用气压力比液压力简便，但空气有可压缩性，不能得到匀速运动和低速（50mm/s 以下）平稳运动，中停时的精度不高。液体可压缩性小，但液压系统配管较困难，成本也高。使用气-液转换器，用气压力驱动气液联用缸动作，就避免了空气可压缩性的缺陷：启动和负载变动时，也能得到平稳的运动速度；低速动作时，也没有爬行问题。因此，它最适合用于精密稳速输送、中停、急速进给和旋转执行元件的慢速驱动等。

气动系统中常常用到气-液阻尼缸或使用液压缸作执行元件，以求获得平稳的速度。气-液转换器一般有两种类型：一种是直接作用式，即在一筒式容器内，压缩空气直接作用在液面上，或通过活塞隔膜等作用在液面上，推压液体以同样的压力向外输出；另一种是换向阀式，它是一个气控液压换向阀，采用气控液压换向阀需要另外备有液压源。

图 10-17(a) 所示为气-液直接接触式转换器的结构图。压缩空气由上部输入管输入后，经过缓冲装置使压缩空气作用在液压油面上，因而液压油即以压缩空气相同的压力，由转换器下部的排油孔输出到液压缸，使其动作。

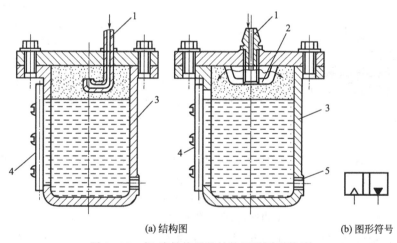

(a)结构图　　　(b)图形符号

图 10-17　气-液转换器的结构图及图形符号
1—空气输入管；2—缓冲装置；3—本体；4—油标；5—油液输出口

10.3　真空元件

以真空吸附为动力源，实现自动化的技术，已经在电子元器件组装、汽车组装、轻工食品机械、医疗机械、印刷机械、包装机械和机器人等方面得到广泛的应用。这是因为对于任何有较光滑表面的物体，特别是那些不适合夹紧的非金属物体，如柔软的薄纸张、塑料膜、铝箔、玻璃及其制品、集成电路等精密零件，都可以使用真空吸附来完成各种作业。

在真空压力下工作的相关元件，统称真空元件。真空元件包括真空发生装置、真空阀、真空执行机构和真空辅助件。真空发生装置有真空泵和真空发生器两种，真空泵用在需要大规模连续真空高压的场合，真空发生器适用于间歇工作、真空抽吸流量较小的情况。真空阀包括压力控制阀、方向控制阀和流量控制阀，真空阀的结构和工作原理与普通阀类相类似，其中流量控制阀用于控制真空产生和破坏的快慢。真空执行机构包括真空吸盘和真空气缸。真空辅助件包括真空过滤器、真空计、真空压力开关和管件等。

10.3.1　真空发生器

真空发生器是指利用气体的高速流动来产生真空的元件。

真空发生器的结构如图 10-18(a) 所示。它由先收缩后扩张的拉法尔喷管 1、负压腔 2 和接收管 3 等组成，有供气口 P、排气口 T 和真空口 A。压力气体由供气口进入真空发生器，通过拉法尔喷管 1 时被加速，形成超声速射流。因射流负压腔 2 内不会分散，将全部射入接收管 3，并且吸收负压腔 2 内的气体，在负压

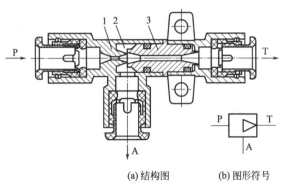

(a) 结构图　　(b) 图形符号

图 10-18　真空发生器的结构图及图形符号
1—拉法尔喷管；2—负压腔；3—接收管

腔 2 中形成真空，在真空口处接上真空吸盘，便可吸掉物体。真空发生器的结构简单，无可动机械部件，故使用寿命长。

（1）真空发生器的主要性能指标

真空发生器的主要性能指标有耗气量、真空度和抽吸时间。

① 耗气量　真空发生器的耗气量是指供给拉法尔喷管的流量，它不但由喷嘴的直径决定，还与供气压力有关。同一喷嘴直径的耗气量随供气压力的增加而增加。喷嘴直径是选择真空发生器的主要依据。喷嘴直径越大，抽吸流量和耗气量越大，真空度越低；喷嘴直径越小，抽吸流量和耗气量越小，真空度越高。

② 真空度　所谓"真空"，是指在给定的空间内压强低于 101325Pa（也即一个标准大气压强约 101kPa）的气体状态。

真空度是指处于真空状态下的气体稀薄程度。若所测设备内的压强低于大气压强，其压强测量需要真空表。从真空表所读得的数值称真空度。真空度数值是表示系统压强实际数值低于大气压强的数值，即

真空度＝大气压强－绝对压强

绝对压强＝大气压＋表压

③ 抽吸时间　它是表示真空发生器的动态指标。在工作压力为 0.6MPa 的实验条件下，真空发生器抽吸 1L 容积空气所需要的时间为抽吸时间。

（2）真空发生器使用注意事项

在使用真空发生器时，应注意以下事项：

a. 供给气源应是净化的、不含油雾的空气。由于真空发生器的最小喷嘴喉部直径为 0.5mm，故供气口之前应设置过滤器和油雾分离器。在恶劣环境中工作时，在真空压力开关前要装过滤器。

b. 真空发生器与真空吸盘之间的连接管应尽量短，连接管不得承受外力，拧动管接头时要防止连接管被扭变形或造成泄漏。真空回路的各连接处及各元件应严格检查，不得向真空系统内部漏气。

c. 由于各种原因使真空吸盘内的真空度未达到要求时，为防止被吸吊工件吸吊不牢而跌落，回路中必须设置真空压力开关。吸附电子元件或精密小零件时，应选用小孔口吸着确认型真空压力开关。对于吸吊重工件或搬运危险品的情况，除要设置真空压力开关外，还应设真空表，以便随时监视真空压力的变化，及时处理问题。

d. 为了在停电情况下仍保持一定真空度，以保证安全，对真空泵系统应设置真空罐。在真空发生器系统、吸盘与真空发生器之间应设置单向阀。供给阀宜使用具有自保持功能的常通型电磁阀。

e. 真空发生器的供给压力在 0.40～0.45MPa 为最佳，压力过高或过低都会降低真空发生器的性能。

10.3.2 真空吸盘

真空吸盘是真空系统中专门用于吸附、抓取物件的执行元件，通常由橡胶材料与金属骨架压制而成。

真空吸盘需要根据所吸附的物体不同进行设计，除要求真空吸盘的性能要适应外，其结构和安装方式也要与吸附物件的工作要求相适应。图 10-19 所示为常见真空吸盘的结构和形式。

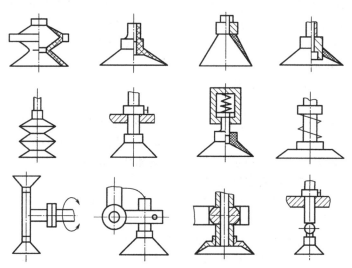

图 10-19   真空吸盘的结构和形式

真空吸盘的主要性能指标是吸力。真空吸盘的实际吸力应考虑被吸吊物件的重量以及搬运过程中的运动速度、加速度、振动和晃动的影响，并且应该留出足够的余量，以保证吸吊的安全。对于面积大的、重的、有振动的吸吊物，通常使用多个真空吸盘同时进行吸掉。

（1）真空吸盘的工作原理

图 10-20 所示为真空吸盘的结构图。根据工件的形状和大小，可以在安装支架上安装单个或多个真空吸盘。

平直型真空吸盘的工作原理如图 10-21 所示。首先将真空吸盘通过接管与真空设备（如真空发生器等）接通，然后与待提升物如玻璃、纸张等接触，启动真空设备抽吸，使真空吸盘内产生负气压，从而将待提升物吸牢，即可开始搬送待提升物。当提升物搬送到目的地时，平稳地充气进真空吸盘内，使真空吸盘内由负气压变成零气压或稍为正的气压，真空吸盘就脱离提升物，从而完成提升搬送重物的任务。

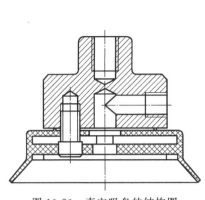

图 10-20　真空吸盘的结构图

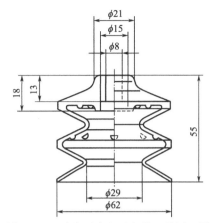

图 10-21　平直型真空吸盘的工作原理图

（2）真空吸盘的特点

① 易损耗　由于它一般用橡胶制造，直接接触物体磨损严重，所以损耗很快。它是气动易损件。

② 易使用　不管被吸物体是什么材料做的，只要能密封，不漏气，则均能使用真空吸盘。电磁吸盘就不行，它只能用在钢材上，其他材料的板材或者物体是不能吸的。

③ 无污染　真空吸盘特别环保，不会污染环境，没有光、热、电磁等产生。

④ 不伤工件　真空吸盘由于是橡胶材料制造，吸取或者放下工件不会对工件造成任何损伤。而挂钩式吊具和钢缆式吊具就不行。在一些行业，对工件表面的要求特别严格，只能用真空吸盘。

（3）真空吸盘的使用注意事项

使用真空吸盘时应注意事项如下：

a. 用真空吸盘吸持及搬送重物时，严禁超过理论吸持力的 40%，以防止因过载而造成重物脱落。

b. 若发现吸盘老化等原因而失效，应及时更换新的真空吸盘。

c. 在使用过程中，必须保持真空压力稳定。

d. 使用选择真空吸盘时应考虑移送物体的质量、形状、表面状态、高低、工作环境（温度）和缓冲距离等，决定了真空吸盘的种类。

e. 真空吸盘的吸附面积要比吸吊工件表面小，以免出现泄漏。面积大的板材宜用多个真空吸盘吸吊，但要合理布置真空吸盘位置，增强吸吊平稳性，要防止边上的真空吸盘出现泄漏。为防止板材翘曲，宜选用大口径真空吸盘。对有透气性的被吊物（如纸张、泡沫塑料），应使用小口径真空吸盘。漏气太大，应提高真空吸吊能力，加大气路的有效截面积。吸附柔性物（如纸、乙烯薄膜）时，由于易变形、易皱折，应选用小口径真空吸盘或带肋真空吸盘，且真空度宜小。

f. 真空吸盘宜靠近工件时避免受到大的冲击力，以免真空吸盘过早变形、龟裂和磨耗。吸附高度变化的工件应使用缓冲型真空吸盘或带回转止动的缓冲型真空吸盘。

g. 对于真空泵系统来说，真空管路上一条支线装一个真空吸盘是理想的，如图 10-22（a）所示。若真空管路上要装多个真空吸盘，由于吸附或未吸附工件的真空吸盘个数变化或出现泄漏，会引起真空压力源的压力变动，使真空压力开关的设定值不易确定，特别是对小孔口吸附的场合影响更大。

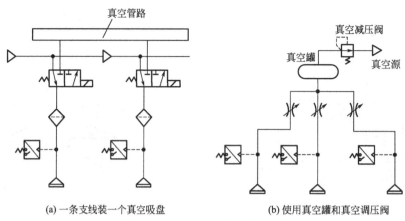

(a) 一条支线装一个真空吸盘　　　　(b) 使用真空罐和真空调压阀

图 10-22　多个真空吸盘的匹配

为了减少多个真空吸盘吸吊工件时相互间的影响，可设计成图 10-22(b) 那样的回路。使用真空罐和真空调压阀可提高真空压力的稳定性。必要时，可在每条支路上装真空切换阀。这样当一个真空吸盘泄漏或未吸附工件，也不会影响其他真空吸盘的吸附工作。

10.3.3　真空用气阀

(1) 真空减压阀

压力管路中的减压阀应使用一般减压阀，真空管路中的减压阀应使用真空减压阀。真空减压阀的工作原理如图 10-23(a) 所示。真空口接真空泵，输出口接负载用的真空罐。

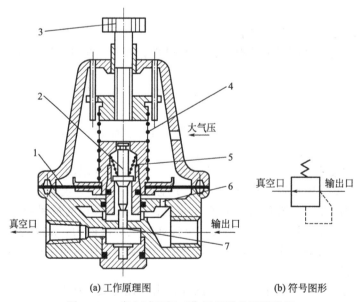

(a) 工作原理图　　　　　(b) 符号图形

图 10-23　真空减压阀工作原理图及图形符号

1—膜片；2—给气阀；3—手轮；4—设定弹簧；5—复位弹簧；6—反馈孔；7—给气孔

当真空泵工作后，真空口压力降低。顺时针旋转手轮 3，设定弹簧 4 被拉伸，膜片 1 上移，带动给气阀 2 的阀芯抬起，则给气孔 7 打开，输出口与真空口接通。输出真空压力通过反馈孔 6 作用于膜片下腔。当膜片处于力平衡时，输出真空压力便达到一定值，且吸入一定流量的气体。当输出口真空压力上升时，膜片上移，给气阀的开度加大，则吸入流量增大。当输出口压力接近大气压力时，吸入流量达最大值。反之，当吸入流量逐渐减小至零时，输出口真空压力逐渐下降，直至膜片下移，给气口被关闭，真空压力达最低值。手轮全松，复位弹簧推动给气阀，封住给气口，则输出口和设定弹簧室都与大气相通。

（2）换向阀

使用真空发生器的回路中的换向阀，有供给阀和真空破坏阀、真空切换阀和真空选择阀等。

供给阀是供给真空发生器压缩空气的阀；真空破坏阀是破坏真空吸盘内的真空状态来使工件脱离真空吸盘的阀；真空切换阀是接通或断开真空压力源的阀；真空选择阀可控制真空吸盘对工件力吸着或脱离，一个阀具有两个功能，以简化回路设计。

供给阀因设置于压力管路中，可选用一般的换向阀。真空破坏阀、真空切换阀和真空选择阀设置于真空回路或存在有真空状态的回路中，故必须选用能在真空压力条件下工作的换向阀。

真空用换向阀要求不泄漏，且不用油雾润滑，故使用截止式和膜片式阀芯结构比较理想，通径大时可使用外部先导式电磁阀；不给油润滑的软质密封滑阀，由于其通用性强，也常作为真空用换向阀使用；间隙密封滑阀存在微漏，只能用于允许存在微漏的真空回路中。

真空破坏阀和真空切换阀一般使用二位二通阀，真空选择阀应使用二位三通阀，使用三位三通阀可节省能量并减少噪声，控制双作用真空气缸应使用二位五通阀。

（3）节流阀

真空系统中的节流阀用于控制真空破坏的快慢，节流阀的出口压力不得高于 0.5MPa，以保护真空压力开关和抽吸过滤器。

（4）单向阀

单向阀有两个方面的作用，一是当供给阀停止供气时，保持真空吸盘内的真空压力不变，可节省能量；二是一旦停电，可延缓被吸吊工件脱落的时间，以便采取安全对策。一般应选用流通能力大、开启压力低（0.01MPa）的单向阀。

10.3.4　真空压力开关

真空压力开关是用于检测真空压力的开关。当真空压力未达到设定值时，开关处于断开状态；当真空压力达到设定值时，开关处于接通状态，发出电信号，指挥真空吸附机构动作。

一般使用的真空开关，有以下用途：

a. 真空系统的真空度控制。

b. 有无工件的确认。

c. 工件吸附确认。

d. 工件脱离确认。

真空压力开关按功能可分为通用型和小孔口吸附确认型，按电触点的形式可分为无触点式（电子式）和有触点式（磁性舌簧开关式等）。一般使用的压力开关主要用于确认设定压力，但真空压力开关确认设定压力的工作频率高，故真空压力开关应具有较高的开关频率，即响应速度要快。

图 10-24 所示为小孔口吸附确认型真空压力开关的外形图，它与吸附孔口的连接方式如图 10-25 所示。

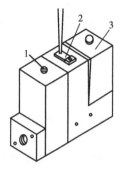

图 10-24　真空压力开关的外形图
1—调节用针阀；2—指示灯；
3—抽吸过滤器

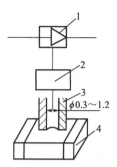

图 10-25　吸附确认型真空压力与吸附孔口的连接方式
1—真空发生器；2—吸附确认型真空压力开关；
3—吸附孔口；4—数毫米宽小工件

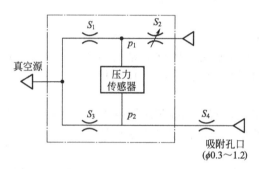

图 10-26　小孔口吸附真空压力开关的工作原理图

图 10-26 所示为小孔口吸附确认型真空压力开关的工作原理图。图中 S_4 代表吸附孔口的有效截面积，S_2 是可调针阀的有效截面积，S_1 和 S_3 是吸附确认型真空压力开关内部的孔径（$S_1=S_3$）。

工件未吸附时，S_4 值较大。调节针阀，即改变 S_2 值大小，使压力传感器两端的压力平衡，即 $p_1=p_2$；当工件被吸附时，$S_4=0$，出现压差（p_1-p_2），可被压力传感器检测出。

真空压力开关的维护指标主要有以下几项：

a. 需要用手直接触及真空压力开关进行检修时，真空压力开关必须处于断开状态；同时还必须断开开关的主回路和控制回路，并将主回路接地后才可以开始检修。

b. 真空压力开关的检查工作结束时，要认真清查工具和器材，防止遗漏丢失。

c. 真空压力开关中采用电动的弹簧操作机构时，一定要松开合闸弹簧后才可以开始检修。

d. 真空压力开关上装有浪涌吸收器（又称阻容保护回路）时，一定要按照使用说明书的注意事项，采取接地措施。

e. 需要更换管子时，不可碰伤真空管的绝缘外壳、焊接部位和排气管等；不要使波纹管受到扭力；安装好后应对触点行程尺寸等进行必要的调整。

f. 不可用湿手、脏手触摸真空压力开关。

10.3.5　其他真空元件

（1）真空过滤器

真空过滤器是将从大气中吸入的污染物（主要是尘埃）收集起来，以防止真空系统中的元件受污染而出现故障的真空元件。真空吸盘与真空发生器（或真空阀）之间，应设置真空过滤器。真空发生器的排气口、真空阀的吸气口（或排气口）和真空泵的排气口也都应装上消声器，这不仅能降低噪声而且能起过滤作用，以提高真空系统工作效率。

对真空过滤器的要求是：滤芯污染程度的确认简单，清扫污染物容易，结构紧凑，不至于使真空到达时间延长。

真空过滤器有箱式结构和管式连接两种。前者便于集成化，滤芯呈叠褶形状，故过滤面积大，可通过流量大，使用周期长。后者若使用万向接头，配管可在 360°范围内自由安装；若使用快换接头，装卸配管更迅速。

真空过滤器耐压为 0.5MPa，滤芯耐压差为 0.15MPa，过滤精度为 $30\mu m$。当真空过滤器两端压降大于 0.02MPa 时，滤芯应卸下清洗或更换。

安装时，注意进出口方向不得装反，配管处不得有泄漏，维修时密封件不得损伤，真空过滤器入口压力不要超过 0.5MPa（这依靠调节减压阀和节流阀来保证）。真空过滤器内流速不大，空气中的水分不会凝结，故真空过滤器无需分水功能。

（2）真空组件

真空组件是将各种真空元件组合起来的多功能元件。

图 10-27 所示为采用真空发生器组件的回路。典型的真空组件由真空发生器 3、真空吸盘 7、真空压力开关 5 和控制阀 1、2、4 等构成。当电磁阀 1 通电后，压缩空气通过真空发生器 3。由于气流的高速运动产生真空，真空压力开关 5 检测真空度，并发出信号给控制器，真空吸盘 7 将工件吸起。当电磁阀 1 断电、电磁阀 2 通电时，真空发生器停止工作，真空消失，压缩空气进入真空吸盘，将工件与真空吸盘吹开。在此回路中，真空过滤器 6 的作用是防止在抽吸过程中将异物和粉尘吸入真空发生器。

（3）真空表

真空表是测定真空压力的计量仪表。真空表装在真空回路中，显示真空压力的大小，便于检查和发现问题。常用真空表的量程是 $0\sim100kPa$，3 级精度。真空表的外形结构如图 10-28 所示。

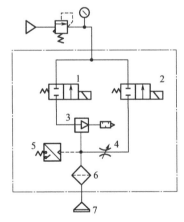

图 10-27　真空发生器组件的回路

1,2,4—控制阀；3—真空发生器；5—真空压力开关；
6—真空过滤器；7—真空吸盘

图 10-28　真空表的外形图

（4）管道及管接头

在真空回路中，应选用真空压力下不变形、不变瘪的管子，可使用硬尼龙管、软尼龙管和聚氨酯管。管接头要使用可在真空状态下工作的。

（5）空气处理元件

在真空系统中，处于压力回路中的空气处理元件可使用过滤精度为 $5\mu m$ 的空气过滤器、过滤精度为 $0.3\mu m$ 的油雾分离器，出口侧油雾浓度小于 $1.0mg/m^3$。

（6）真空用气缸

常用的真空用自由安装型气缸，具有以下特点：

a. 是双作用垫缓冲无给油方形体气缸，有多个安装面可供自由选用，安装精度高。

b. 活塞杆带导向杆，为杆不回转型缸。

c. 活塞杆内有通孔，作为真空通路。真空吸盘安装在活塞杆端部，有螺纹连接式和带倒钩的直接安装式，这样可省去配管，节省空间，结构紧凑。

d. 真空口有缸盖连接型和活塞杆连接型。前者缸盖及真空口连接管不动，活塞运动，真空口端活塞杆不会伸出缸盖外；后者气缸轻、结构紧凑，缸体固定，活塞杆运动。

e. 在缸体内可以安装磁性开关。

第**11**章

气动执行元件

气动执行元件是一种把压缩空气的压力能转换成直线运动机械能（如气缸）或旋转运动机械能（如气动马达），来实现系统能量输出的气动元件。气动执行元件与液压执行元件有许多相同或相似之处，如多数普通气缸或马达的工作原理、基本结构、输出力计算公式等与液压缸或液压马达基本相同；但由于所用工作介质的差别，导致它们的换向性能、速度稳定性、具体结构组成形式等方面存在一些差异，同时也产生了一些与液压执行元件的原理完全不同的新型气动执行元件。

11.1 气缸

气缸是气动系统中使用最广泛的执行元件，它是将压缩气体的压力能转换为机械能的气动执行元件，用于实现直线运动或往复摆动。根据使用条件、场合的不同，气缸的结构、形状和功能也不一样，种类很多。

气缸一般根据作用在活塞上力的方向、结构特征、功能及安装方式来分类。

气缸按压缩空气在活塞端面作用力的方向可分为单作用气缸与双作用气缸。单向作用气缸只有一个运动方向，靠压缩空气推动，复位靠弹簧力、自重或其他力。双向作用气缸的往返运动全靠压缩空气推动。

气缸按结构特点可分为活塞式气缸、膜片式气缸、柱塞式气缸、摆动式气缸等。

气缸按功能可分为普通气缸和特殊气缸。普通气缸包括单向作用式气缸和双向作用式气缸。特殊气缸包括冲击气缸、缓冲气缸、气液阻尼气缸、步进气缸、摆动气缸、回转气缸和伸缩气缸等。

气缸按安装方式可分为耳座式气缸、法兰式气缸、销轴式气缸和凸缘式气缸。

11.1.1 普通气缸

在各类气缸中使用最多的是活塞式单活塞杆型气缸，称为普通气缸。普通气缸可分为单作用气缸和双作用气缸两种。

（1）单作用气缸

图 11-1（a）所示为单作用气缸的结构图，图 11-1（b）所示为单作用气缸的图形符号，图 11-1（c）为单作用气缸的外形图。所谓单作用气缸是指压缩空气仅在气缸的一端进气并推动活塞（或柱塞）运动，而活塞或柱塞的返回借助于其他外力，如弹簧力、重力等。单作用气缸多用于短行程及对活塞杆推力、运动速度要求不高的场合。

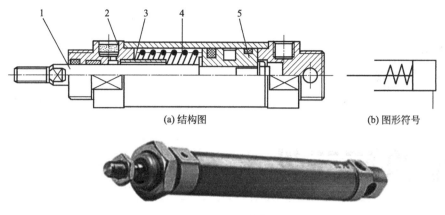

(a) 结构图　　　(b) 图形符号

(c) 外形图

图 11-1　单作用气缸的结构图、图形符号及外形图

1—活塞杆；2—过滤片；3—止动套；4—弹簧；5—活塞

这种气缸的特点如下：

a. 结构简单。由于只需向一端供气，耗气量小。

b. 复位弹簧的反作用力随压缩行程的增大而增大，因此活塞的输出力随活塞运动的行程增加而减小。

c. 缸体内安装弹簧，增加了缸筒长度，缩短了活塞的有效行程。

（2）双作用气缸

图 11-2(a) 是单活塞杆双作用气缸（又称普通气缸）的结构图。它由缸筒、前后缸盖、活塞、活塞杆、紧固件和密封件等零件组成。

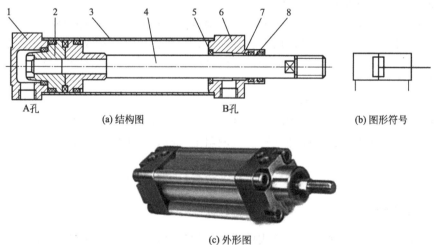

A孔　　　　　　　　　　　　　　B孔

(a) 结构图　　　　(b) 图形符号

(c) 外形图

图 11-2　双作用气缸的结构图、图形符号及外形图

1—后缸盖；2—活塞；3—缸筒；4—活塞杆；5—缓冲密封圈；6—前缸盖；7—导向套；8—防尘圈

当 A 孔进气、B 孔排气时，若压缩空气作用在活塞左侧面积上的作用力大于作用在活塞右侧面积上的作用力和摩擦力等反向作用力，压缩空气推动活塞向右移动，使活塞杆伸出。反之，当 B 孔进气、A 孔排气时，压缩空气推动活塞向左移动，使活塞和活塞杆缩回到初始位置。

由于该气缸缸盖上设有缓冲装置，所以它又被称为缓冲气缸。

11.1.2　特殊气缸

(1)　薄膜式气缸

图 11-3(a)、(b) 为薄膜气缸结构图。它是一种利用压缩空气通过膜片推动活塞杆做往复直线运动的气缸。它由缸体、膜片、膜盘、活塞杆等主要零件组成,有单作用式和双作用式之分。

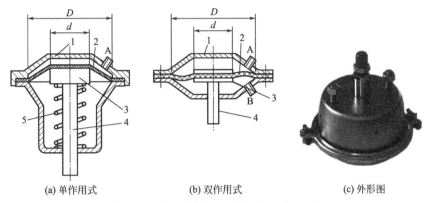

(a) 单作用式　　　　　(b) 双作用式　　　　　(c) 外形图

图 11-3　薄膜式气缸的结构图及外形图

1—缸体;2—膜片;3—膜盘;4—活塞杆;5—弹簧

图 11-3(a) 所示为单作用式薄膜气缸,当压缩气体由 A 口进入到膜片 2 上侧时,膜片 2 受到高压气体的作用而变形,带动活塞杆 4 向下运动;当 A 口与大气压相通时,膜片依靠弹簧 5 复位。图 11-3(b) 所示为双作用式薄膜气缸,其活塞的往复运动均靠压缩空气驱动。与活塞式气缸相比,薄膜式气缸没有密封件,没有活塞与缸体间的摩擦;工作元件是弹性膜片,由法兰式缸体夹持,具有良好的密封性、泄漏少。所以,这种气缸具有结构紧凑且简单、重量轻、维修方便、制造成本低、寿命长、效率高等特点。

由于膜片的变形量有限,薄膜式气缸的行程较小,一般不超过 40~50mm。如果为平膜片气缸,其行程有时只有几毫米。故这类气缸只适用于气动夹具、自动调节阀等短行程工作场合。

(2)　气液阻尼缸

气液阻尼缸是气缸和液压缸的组合缸,用气缸产生驱动力,用液压缸的阻尼调节作用获得平稳的运动。

用于机床和切削加工,实现进给驱动的气缸,不仅要有足够的驱动力来推动刀具,还要求进给速度均匀、可调、在负载变化时能保持其平稳性,以保证加工的精度。由于空气的可压缩性,普通气缸在负载变化较大时容易产生“爬行”或“自走”现象。用气液阻尼缸可克服这些缺点,满足驱动刀具进行切削加工的要求。

气液阻尼缸按结构不同,可分为串联式和并联式两种。

图 11-4(a) 所示为串联式气液阻尼缸的结构图。它由一根活塞杆将气缸 2 的活塞和液压缸 3 的活塞串联在一起,两缸之间用隔板 7 隔开,防止空气与液压油互窜。工作时由气缸驱动,由液压缸起阻尼作用。节流机构(由节流阀 4 和单向阀 5 组成)可调节液压缸的排油量,从而调节活塞运动的速度。油杯 6 起储油或补油的作用。由于液压油可以看作不可压缩流体,排油量稳定,只要缸径足够大,就能保证活塞运动速度的均匀性。

串联式气液阻尼缸的工作原理是:当气缸活塞向左运动时,推动液压缸左腔排油,单向阀油路不通,只能经节流阀回油到液压缸右腔。由于排油量较小,活塞运动速度缓慢、匀速,实现了慢速进给的要求。其速度大小可调节节流阀的流通面积来控制。反之,当活塞向

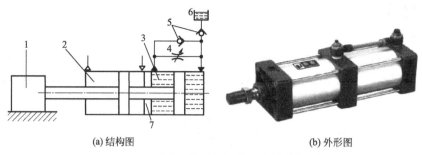

(a) 结构图　　　　　　　　　　　　(b) 外形图

图 11-4　串联式气液阻尼缸的结构图及外形图

1—负载；2—气缸；3—液压缸；4—节流阀；5—单向阀；6—油杯；7—隔板

右运动时，液压缸右腔排油，经单向阀流到左腔。由于单向阀流通面积大，回油快，使活塞快速退回。这种缸有慢进快退的调速特性，常用于空行程较快而工作行程较慢的场合。

图 11-5(a) 所示为并联式气液阻尼缸的结构图，其特点是液压缸与气缸并联，用一块刚性连接板相连，液压缸活塞杆可在连接板内浮动一段行程。

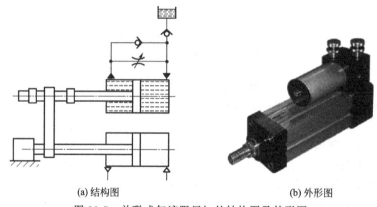

(a) 结构图　　　　　　　　　　　　(b) 外形图

图 11-5　并联式气液阻尼缸的结构图及外形图

并联式气液阻尼缸的优点是缸体长度短、占机床空间位置小，结构紧凑，空气与液压油不互窜；其缺点是液压缸活塞杆与气缸活塞杆安装在不同轴线上，运动时易产生附加力矩，增加导轨磨损，产生爬行现象。

气液阻尼缸按调速特性不同，可分为如下几种类型：

a. 双向节流型（即慢进慢退型），采用节流阀调速。

b. 单向节流型（即慢进快退型），采用单向阀和节流阀并联的方式。

c. 快速趋进型，采用快速趋进式线路控制。

各类气液阻尼缸的调速类型作用原理、结构、特性曲线及应用特性见表 11-1。

表 11-1　各类气液阻尼缸的调速作用原理、结构、特性曲线及应用特性

调速类型	作用原理	结构示意图	特性曲线	应用
双向节流型	在阻尼缸的油路上装节流阀，使活塞慢速往复运动		L 慢进　慢退　O　t	适用于空行程和工作行程都较短的场合

续表

调速类型	作用原理	结构示意图	特性曲线	应用
单向节流型	在调速回路中并联单向阀,慢进时单向阀关闭,节流阀调速;快退时单向阀打开,实现快速退回		慢进　快退	适用于加工时空行程短而工作行程较长的场合
快速趋进型	向右进时,右腔油先从b→a回路流入左腔,快速趋进;活塞至b点后,油液经节流阀,实现慢进;退回时,单向阀打开,实现快退		慢进　快退　快进	快速趋进节省了空行程时间,提高了劳动生产率

在气液阻尼缸的实际回路中,除了上述几种常用调速方法之外,也可采用行程阀和单向节流阀等,达到实际所需的调速目的。有一种气液精密调速缸可组成 6 种调速类型,调速范围为 0.08～120mm/s。

（3）制动气缸

带有制动装置的气缸称为制动气缸,也称锁紧气缸(制动装置一般安装在普通气缸的前端)。制动缸按结构形式不同可分为卡套锥面式、弹簧式和偏心式等多种形式。

图 11-6(a) 所示为卡套锥面式制动气缸的结构图,它是由气缸和制动装置两部分组合而成的特殊气缸。气缸部分与普通气缸结构相同,它可以是无缓冲气缸。制动装置由缸体、制动活塞、制动闸瓦和弹簧等构成。

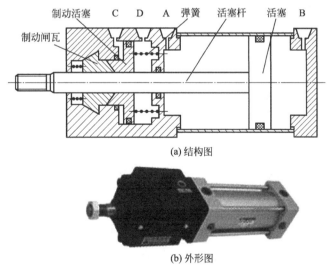

(a) 结构图

(b) 外形图

图 11-6　卡套锥面式制动气缸的结构图及外形图

制动气缸在工作过程中,其制动装置有两个工作状态,即放松状态和制动夹紧状态。

① 放松状态　当 C 孔进气、D 孔排气时,制动活塞右移,则制动机构处于松开状态,气缸活塞和活塞杆即可正常自由运动。

② 夹紧状态　当 D 孔进气、C 孔排气时,弹簧和气压同时使制动活塞复位,并压紧制动闸瓦。此时制动闸瓦抱紧活塞杆,对活塞杆产生很大的夹紧力——制动力,使活塞杆迅速

停止下来，达到正确定位的目的。

在工作过程中即使动力气源出现故障，由于弹簧力的作用，仍能锁定活塞杆不使其移动。这种制动气缸夹紧力大，动作可靠。

为使制动气缸工作可靠，制动气缸的换向回路可采用图11-7所示的平衡换向回路。回路中的减压阀用于调整制动气缸平衡。制动气缸在使用过程中制动动作和制动气缸的平衡是同时进行的，而制动的解除与气缸的再启动也是同时进行的。这样，制动夹紧力只要消除运动部件的惯性就可以了。

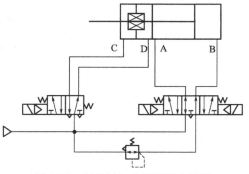

图 11-7　制动气缸的平衡换向回路

在气动系统中，采用三位阀能控制气缸活塞在中间任意位置停止。但在外界负载较大且有波动，或气缸垂直安装使用，及对其定位精度与重复精度要求高时，可选用制动气缸。

（4）磁性开关气缸

图11-8所示为带磁性开关气缸的结构图及外形图。磁性开关气缸由气缸和磁性开关组合而成。气缸可以是无缓冲气缸，也可以是缓冲气缸或其他气缸。将信号开关直接安装在气缸上，同时在气缸活塞上安装一个永久磁性橡胶环，随活塞运动。

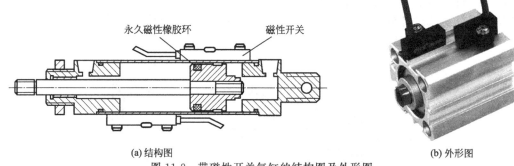

(a) 结构图　　　　　　　　　　　　　　　　　　　(b) 外形图

图 11-8　带磁性开关气缸的结构图及外形图

磁性开关又称舌簧开关或磁性发信器。开关内部装有舌簧片式开关、保护电路和动作指示灯等，均用树脂封在一个盒子内，其电路原理如图11-9所示。当装有永久磁铁的活塞运动到舌簧开关附近时，两个簧片被吸引使开关接通。当永久磁铁随活塞离开时，磁力减弱，两簧片弹开使开关断开。

磁性开关可安装在气缸拉杆（紧固件）上，且可左右移动至气缸任何一个行程位置上。若装在行程末端，即可在行程末端发信；若装在行程中间，即可在行程中途发信，比较灵活。因此，带磁性开关气缸结构紧凑、安装和使用方便，是一种有发展前途的气缸。

这种气缸的缺点是缸筒不能用廉价的普通钢材、铸铁等导磁性强的材料，而要用导磁性弱、隔磁性强的材料（如黄铜、硬铝、不锈钢等）。

注意事项：磁性开关的电压和电流不能超过其允许范围。一般不能与电源直接接通，必须同负载（如继电器

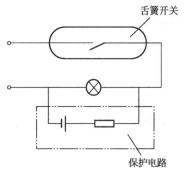

图 11-9　磁性开关电路原理图

等）串联使用。磁性开关附近不能有其他强磁场，以防干扰。磁性开关装在中间位置时，气缸最大速度应在 0.3m/s 以内，使继电器等负载的灵敏度最大。

（5）带阀气缸

带阀气缸是一种为了节省阀和气缸之间的接管，将两者制成一体的气缸。如图 11-10 所示，此带阀气缸由标准气缸、阀、中间连接板和连接管道组合而成。阀一般用电磁阀，也可用气控阀。按气缸的工作形式可分为通电伸出型和通电退回型两种。

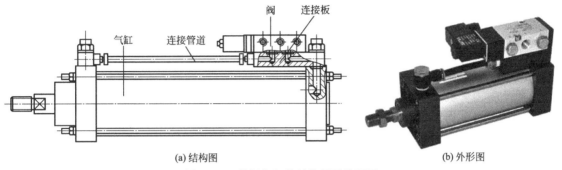

(a) 结构图　　　　　　　　　　　　　　　　(b) 外形图

图 11-10　带阀气缸的结构图及外形图

带阀气缸省掉了阀与气缸之间的管路连接，可节省管道材料和接管人工，并减少了管路中的耗气量。具有结构紧凑、使用方便、节省管道和耗量小等优点，深受用户的欢迎，近年来已在国内大量生产。其缺点是无法将阀集中安装，必须逐个安装在气缸上，维修不便。

（6）磁性无活塞杆气缸

图 11-11(a) 所示为磁性无活塞杆气缸的结构原理图。它由缸体、活塞组件、移动支架组件三部分组成，其中活塞组件由内磁环、内隔板、活塞等组成，移动支架组件由外磁环、外隔板、套筒等组成。两组件内的磁环形成的磁场产生磁性吸力，使移动支架组件跟随活塞组件同步移动。移动支架承受负载，其承受的最大负载力取决于磁体的性能和磁环的组数，还取决于气缸筒的材料和壁厚。

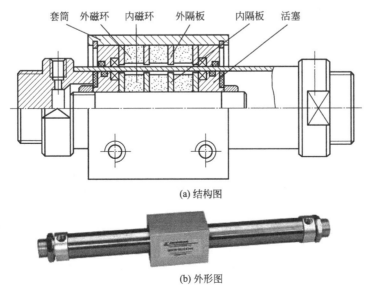

(a) 结构图

(b) 外形图

图 11-11　磁性无活塞杆气缸的结构图及外形图

磁性无活塞杆气缸中一般使用稀土类永久磁铁，它具有高剩磁、高磁能等特性，价格相对较低，但它受加工工艺的影响较大。

气缸筒应采用具有较高的机械强度且不导磁的材料。磁性无活塞杆气缸常用于超长行程场合，故在成型工艺中采取精密冷拔，内外圆尺寸精度可达三级精度，粗糙度和形状公差也可满足要求，一般来讲可不进行精加工。对直径在 $\phi40mm$ 以下的缸筒壁厚，推荐采用1.5mm，这对承受 1.5MPa 的气压和驱动轴向负载时所受的倾斜力矩已足够。

磁性无活塞杆气缸具有结构简单、重量轻、占用空间小（由于没有活塞杆伸出缸外，故可比普通缸节省空间 45％左右）、行程范围大（D/S 一般可达 1/100，最大可达 1/150，例如 $\phi40mm$ 的气缸，最大行程可达 6m）等优点，已被广泛用于数控机床；大型压铸机、注塑机等机床的开门装置，纸张、布匹、塑料薄膜机中的切断装置，重物的提升、多功能坐标移动等场合。但当速度快、负载大时，内外磁环易脱开，即负载大小受速度的影响。

（7）薄型气缸

薄型气缸结构紧凑，轴向尺寸较普通气缸短。薄型气缸的结构如图 11-12(a) 所示。活塞上采用 O 形密封圈密封，缸盖上没有空气缓冲机构，缸盖与缸筒之间采用弹簧卡环固定。气缸行程较短，常用缸径为 10～100mm，行程为 50mm 以下。

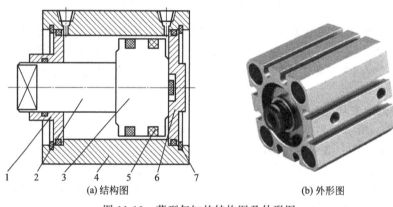

(a) 结构图　　　　　　　　(b) 外形图

图 11-12　薄型气缸的结构图及外形图

1—缸盖；2—活塞杆；3—活塞；4—缸筒；5—磁环；6—后缸盖；7—弹性卡环

薄型气缸有供油润滑薄型气缸和不供油润滑薄型气缸两种，除采用的密封圈不同外，其结构基本相同。不供油润滑薄型气缸的特点如下：

a. 结构简单、紧凑、重量轻、美观；

b. 轴向尺寸最短，占用空间小、特别适用于短行程场合；

c. 可以在不供油条件下工作，节省油雾器，且对周围环境减少了油雾污染。

不供油润滑薄型气缸适宜用于对气缸动态性能要求不高，而要求空间紧凑的轻工、电子、机械等行业。不供油（无给油）润滑气缸中采用了一种特殊的密封圈，在此密封圈内预先填充了 3 号主轴润滑脂或其他油脂，在运动中靠此油脂来润滑，而不需用油雾器供油润滑（若系统中装有油雾器，也可使用），润滑脂一般每半年到一年换、加一次。

（8）回转气缸

图 11-13(a) 所示为回转气缸的结构原理图。它一般都与气动夹盘配合使用，由气缸活塞的进退来控制工件松开和夹紧，应用于机床的自动装夹。

气缸缸体连接在机床主轴后端，随主轴一起转动，而导气套不动，气缸本体的导气轴可以在导气套内相对转动。气缸随机床主轴一起做回转运动的同时，活塞做往复运动。导气套上的进、排气孔的径向孔端与导气轴的进、排气槽相通。导气套与导气轴因需相对转动，装有滚动轴承，并配有间隙密封。

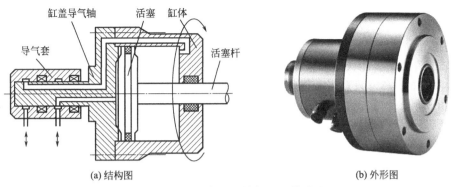

(a) 结构图   (b) 外形图

图 11-13 回转气缸的结构图及外形图

（9）冲击气缸

冲击气缸是一种较新型的气动执行元件。冲击气缸是把压缩空气的能量转换为活塞和活塞杆等运动部件高速运动的动能（最大速度可达 10m/s 以上）的特殊气缸。它能在瞬间产生很大的冲击能量而做功，因而能应用于打印、铆接、锻造、冲孔、下料、锤击、拆件、压套、装配、弯曲成型、破碎、高速切割、打钉、去毛刺等加工中。

常用的冲击气缸有普通型冲击气缸、快排型冲击气缸、压紧活塞式冲击气缸。它们的工作原理基本相同，差别只是快排型冲击气缸在普通型冲击气缸的基础上增加了快速排气结构，以获得更大的能量。

图 11-14（a）所示为普通型冲击气缸的结构图，它由缸体、中盖、活塞和活塞杆等主要零件组成。和普通气缸不同的是，此冲击气缸有一个带有流线形喷口的中盖和蓄能腔，喷口的直径为缸径的 1/3。冲击气缸的工作原理如图 11-15 所示，分为以下三个阶段。

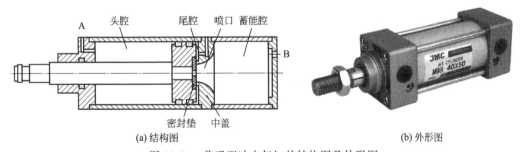

(a) 结构图   (b) 外形图

图 11-14 普通型冲击气缸的结构图及外形图

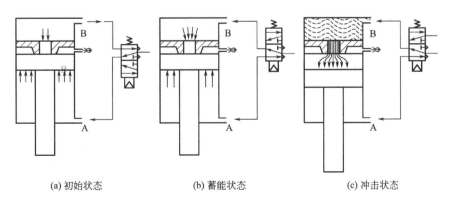

(a) 初始状态   (b) 蓄能状态   (c) 冲击状态

图 11-15 冲击气缸的工作原理图

① 第一阶段是初始状态 气动回路（图中未画出）中的气缸控制阀处于原始状态，压缩空气由 A 孔进入冲击气缸头腔，蓄能腔、尾腔与大气相通，活塞处于上限位置，活塞上安装有密封垫片，封住中盖上的喷口，中盖与活塞间的环形空间（即此时的无杆腔）经小孔与大气相通。

② 第二阶段是蓄能状态 换向阀换向，工作气压向蓄能腔充气，头腔排气。由于喷口的直径为缸径的 1/3，只有当蓄能腔压力为头腔压力的 8 倍时，活塞才开始移动。

③ 第三阶段是冲击状态 活塞开始移动的瞬间，蓄能腔内的气压已达到工作压力，尾腔通过排气口与大气相通。一旦活塞离开喷口，则蓄能腔内的压缩空气经喷口以声速向尾腔充气，且气压作用在活塞上的面积突然增大 8 倍，于是活塞快速向下冲击做功。

经过上述三个阶段后，控制阀复位，冲击气缸又开始另一个循环。

（10）摆动气缸

摆动气缸是一种在一定角度范围内做往复摆动的气动执行元件。它将压缩空气的压力能转换成机械能，输出转矩，使机构实现往复摆动。

图 11-16(a)、(b) 所示为叶片式摆动气缸的结构图。它由叶片轴转子（即输出轴）、定子、缸体和前后端盖等部分组成。定子和缸体固定在一起，叶片和转子连在一起。

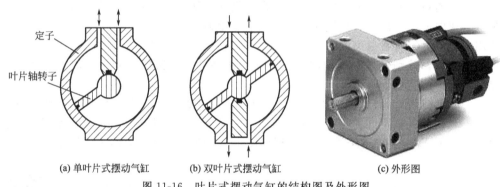

(a) 单叶片式摆动气缸   (b) 双叶片式摆动气缸   (c) 外形图

图 11-16 叶片式摆动气缸的结构图及外形图

图 11-16(a) 所示为单叶片式摆动气缸。在定子上有两条气路，当左路进气、右路排气时，压缩空气推动叶片带动转子逆时针转动；反之，沿顺时针转动。单叶片输出转角较大，摆角范围小于 360°。图 11-16(b) 所示为双叶片式摆动气缸。双叶片式摆动气缸输出转角较小，摆角范围小于 180°。

叶片式摆动气缸多用于安装位置受到限制或转动角度小于 360°的回转工作部件，例如夹具的回转、阀门的开启、车床转塔刀架的转位、自动线上物料的转位等场合。

11.2 气动马达

气动马达是将压缩空气的压力能转换成旋转机械能的气动执行元件。气动马达的作用与电动机、液压马达一样，用于输出转矩，驱动工作机构做旋转运动。

由于气动马达具有一些比较突出的特点，在某些工业场合比电动马达和液压马达更适用，这些特点包括：

a. 与电动机相比，气动马达单位功率尺寸小、重量轻、制造简单，结构紧凑。

b. 适合恶劣环境中使用。由于气动马达的工作介质空气本身的特性和结构设计上的考虑，能够在工作中不产生火花，故可在易燃、易爆、高温、振动、多尘等环境中工作，并能用于空气极潮湿的环境，而无漏电的危险。

c. 可长时间满载荷工作，而且升温小；且有过载保护的性能。

d. 功率、转速范围宽。功率可从数百瓦到数万瓦，转速可从每分钟数转到每分钟上万转。

e. 具有较高的启动转矩，可以直接带负荷启动。

f. 换向容易、操纵方便、维修容易、成本低廉。

g. 速度稳定性较差。

h. 输出功率小、效率低、运行噪声大，易产生振动。

按结构不同，气动马达可分为叶片式、活塞式和齿轮式等。在气压传动中，使用最广泛的是叶片式和活塞式两种气动马达。

11.2.1　叶片式气动马达

如图 11-17 所示，叶片式气动马达主要由定子、转子、叶片及壳体构成。它一般有 3～10 个叶片。定子上有进排气槽孔，转子上铣有径向长槽，槽内装有叶片。定子两端有密封盖，密封盖上有弧形槽与两个进排气孔及叶片底部相连通。转子与定子偏心安装。这样，由转子外表面、定子内表面、相邻两叶片及两端密封盖形成了若干个密封的工作空间。

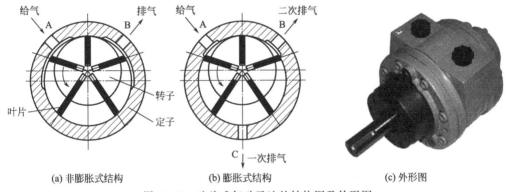

(a) 非膨胀式结构　　　　(b) 膨胀式结构　　　　(c) 外形图

图 11-17　叶片式气动马达的结构图及外形图

图 11-17(a) 所示的机构采用了非膨胀式结构。当压缩空气由 A 孔输入后，分成两路：一路压缩空气经定子两面密封盖的弧形槽进入叶片底部，将叶片推出。叶片就是靠此压力及转子转动时离心力的综合作用而紧密地抵在定子内壁上的。另一路压缩空气经 A 孔进入相应的密封工作空间，作用在叶片上。由于前后两叶片伸出长度不一样，作用面积也就不相等，作用在两叶片上的转矩大小也不一样，且方向相反，因此转子在两叶片的转矩差的作用下，按逆时针方向旋转。做功后的气体由定子排气孔 B 排出。反之，当压缩空气由 B 孔输入时，就产生顺时针方向的转矩差，使转子按顺时针方向旋转。

图 11-17(b) 中的机构采用了膨胀式结构。当转子转到排气口 C 位置时，工作室内的压缩空气进行一次排气，随后其余压缩空气继续膨胀直至转子转到输出口 B 位置进行第二次排气。气动马达采用这种结构能有效地利用部分压缩空气膨胀时的能量，提高输出功率。

叶片式气动马达一般在中小容量及高速回转的应用条件下使用，其耗气量比活塞式大，体积小，重量轻，结构简单。叶片式气动马达输出功率为 0.10～20kW，转速为 500～25000r/min。另外，叶片式气动马达启动及低速运转时的性能不好，转速低于 500r/min 时必须配用减速机构。叶片式气动马达主要用于矿山机械和气动工具中。

11.2.2　活塞式气动马达

活塞式气动马达是一种通过曲柄或斜盘将若干个活塞的直线运动转变为回转运动的气动马达。按结构不同，活塞式气动马达可分为径向活塞式和轴向活塞式两种。

图 11-18(a) 所示为径向活塞式气动马达的结构原理图。这种气动马达的工作室由缸体和活塞构成。3～6 个气缸围绕曲轴呈放射状分布，每个气缸通过连杆与曲轴相连。通过压缩空气分配阀向各气缸顺序供气，压缩空气推动活塞运动，带动曲轴转动。当配气阀转到某角度时，气缸内的余气经排气口排出。改变进排气方向，可实现气动马达的正反转换向。

活塞式气动马达适用于转速低、转矩大的场合。其耗气量不小，且构成零件多，价格高。其输出功率为 0.2～20kW，转速为 200～4500r/min。活塞式气动马达主要应用于矿山机械，也可用作传送带等的驱动马达。

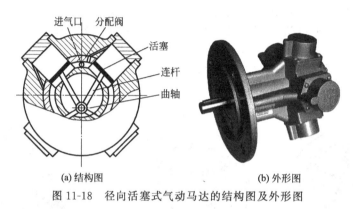

(a) 结构图　　　　　　　　　(b) 外形图

图 11-18　径向活塞式气动马达的结构图及外形图

11.2.3　齿轮式气动马达

图 11-19(a) 所示为齿轮式气动马达的结构原理图。这种气动马达的工作室由一对齿轮构成，压缩空气由对称中心处输入，齿轮在压力的作用下回转。采用直齿轮的气动马达可以按正反两个方向转动，但供给的压缩空气通过齿轮时不膨胀，因此效率低；当采用人字齿轮或斜齿轮时，压缩空气膨胀为 60%～70%，提高了效率，但只能按照规定的方向运转。

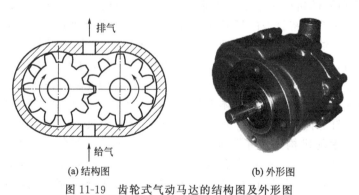

(a) 结构图　　　　　　　　　(b) 外形图

图 11-19　齿轮式气动马达的结构图及外形图

齿轮式气动马达与其他类型的气动马达相比，具有体积小、质量轻、结构简单、对气源质量要求低、耐冲击及惯性小等优点，但转矩脉动较大，效率较低。小型齿轮式气动马达转速能高达 10000r/min；大型齿轮式气动马达能达到 1000r/min，功率可达 50kW。齿轮式气动马达主要用于矿山工具。

第12章

气动控制元件

在气压传动系统中，气动控制元件是用来控制和调节压缩空气的压力、流量、流动方向和发送信号的重要元件。利用它们可以组成各种气动控制回路，以保证系统按设计要求正常工作。控制元件按功能和用途，可分为方向控制阀、流量控制阀和压力控制阀三大类。除此之外，还有通过改变气流方向和通断实现各种逻辑功能的气动逻辑元件。

12.1 方向控制阀

气动方向控制阀与液压方向控制阀相似，是用来控制压缩空气的流动方向和气流通断的，其分类方法也与液压方向控制阀大致相同。

按阀芯结构不同，可分为滑阀式（又称为柱塞式）、截止式（又称提动式）、平面式（又称滑块式）、旋塞式和膜片式，其中以截止式和滑阀式应用较多。

按控制方式不同，可以分为电磁换向阀、气动换向阀、机动换向阀和手动换向阀，其中后三类换向阀的工作原理和结构与液压换向阀中相应的阀类基本相同。

按作用特点，可以分为单向型控制阀和换向型控制阀；按通口数和阀芯工作位置，可分为二位二通、二位三通、三位四通、三位五通等。

12.1.1 单向型控制阀

只允许气流沿一个方向流动的控制阀称为单向型控制阀。它主要包括单向阀、梭阀、双压阀和快速排气阀等。

（1）单向阀

单向阀是指气流只能向一个方向流动，而不能反方向流动的阀。它的结构如图 12-1(a)所示，其工作原理与液压单向阀基本相同。

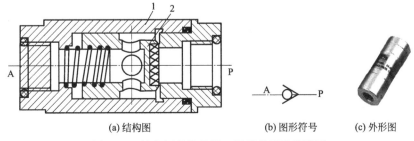

(a) 结构图   (b) 图形符号   (c) 外形图

图 12-1 单向阀的结构图、图形符号及外形图

1—阀体；2—阀芯

正向流动时，P 腔气压推动活塞的力大于作用在活塞上的弹簧力和活塞与阀体之间的摩擦阻力，则活塞被推开，P、A 接通。为了使活塞保持开启状态，P 腔与 A 腔应保持一定的压差，以克服弹簧力。反向流动时，受气压力和弹簧力的作用，活塞关闭，A、P 不通。弹簧的作用是增加阀的密封性，防止低压泄漏；另外，在气流反向流动时帮助阀迅速关闭。

单向阀特性包括最低开启压力、压降和流量特性等。由于单向阀是在压缩空气作用下开启的，故在阀开启时必须满足最低开启压力，否则不能开启。即使阀处在全开状态也会产生降压，因此在精密的压力调节系统中使用单向阀时，需预先了解阀的开启压力和压降值。一般最低开启压力为 $(0.1 \sim 0.4) \times 10^5 \mathrm{Pa}$，压降为 $(0.06 \sim 0.1) \times 10^5 \mathrm{Pa}$。

在气动系统中，为防止储气罐中的压缩空气倒流回空压机，在空压机和储气罐之间应装有单向阀。单向阀还可与其他的阀组合成单向节流阀、单向顺序阀等。

（2）或门型梭阀

图 12-2(a) 所示为或门型梭阀的结构图。这种阀相当于由两个单向阀串联而成。无论是 P_1 口还是 P_2 口输入，A 口总是有输出的，其作用相当于实现逻辑或门的逻辑功能。

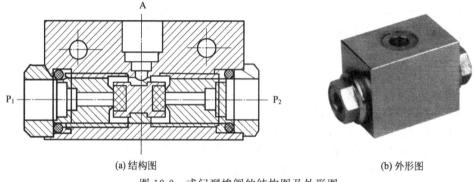

(a) 结构图　　　　　　　　　　　　　　　(b) 外形图

图 12-2　或门型梭阀的结构图及外形图

或门型梭阀的工作原理图及图形符号如图 12-3 所示。当输入口 P_1 进气时，将阀芯推向右端，通路 P_2 被关闭，于是气流从 P_1 进入通路 A，如图 12-3(a) 所示；当 P_2 有输入时，则气流从 P_2 进入 A，如图 12-3(b) 所示；若 P_1、P_2 同时进气，则哪端压力高，A 就与哪端相通，另一端就自动关闭。图 12-3(c) 为其图形符号。

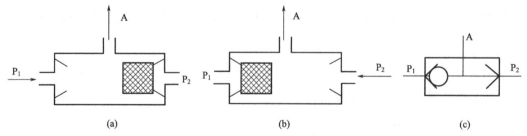

(a)　　　　　　　　　　　(b)　　　　　　　　　　　(c)

图 12-3　或门型梭阀的工作原理图及图形符号

（3）与门型梭阀（双压阀）

与门型梭阀（即双压阀）有两个输入口和一个输出口。当输入口 P_1、P_2 同时都有输入时，输出口 A 才会有输出，因此具有逻辑"与"的功能。图 12-4(a) 所示为与门型梭阀的结构图，图 12-5 所示为与门型梭阀的工作原理图及图形符号。

当 P_1 输入时，A 无输出，如图 12-5(a) 所示；当 P_2 输入时，A 无输出，如图 12-5(b) 所示；当两输入口 P_1 和 P_2 同时有输入时，A 有输出，如图 12-5(c) 所示。与门型梭阀的图形符号

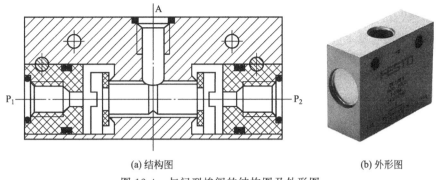

(a) 结构图　　　　　　　　(b) 外形图

图 12-4　与门型梭阀的结构图及外形图

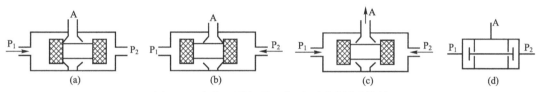

(a)　　　　　(b)　　　　　(c)　　　　　(d)

图 12-5　与门型梭阀的工作原理图及图形符号

如图 12-5(d) 所示。

（4）快速排气阀

快速排气阀是用于给气动元件或装置快速排气的阀。通常气缸排气时，气体从气缸经过管路，由换向阀的排气口排出。当气缸到换向阀的距离较长，而换向阀的排气口又小时，排气时间就较长，气缸运动速度较慢；若采用快速排气阀，则气缸内的气体就能直接由快排阀排向大气，加快气缸的运动速度。

当 P 腔进气时，膜片被压下封住排气孔 O，气流经膜片四周小孔从 A 腔输出，如图 12-6(c) 所示；当 P 腔排空时，A 腔压力将膜片顶起，隔断 P、A 通路，A 腔气体经排气孔口 O 迅速排向大气，如图 12-6(d) 所示。

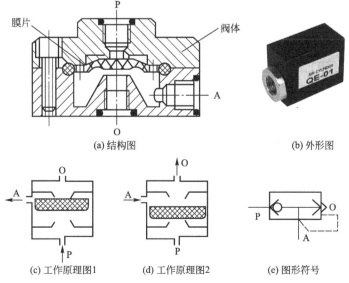

(a) 结构图　　　　　　(b) 外形图

(c) 工作原理图1　　(d) 工作原理图2　　(e) 图形符号

图 12-6　快速排气阀的结构、外形图、工作原理图及图形符号

12.1.2　换向型控制阀

换向型控制阀的基本原理与液压换向阀相似，都是在外力作用下使阀芯移动，以切换流体流动方向或控制流道的通断。换向型控制阀包括电磁控制换向阀、气压控制换向阀、时间控制换向阀、机械控制换向阀和人力控制换向阀等。

（1）电磁控制换向阀

电磁控制换向阀是指利用电磁力来推动阀芯移动，实现气流的切换或流道的通断，从而控制气流方向的控制阀。根据电磁力的作用方式，换向型控制阀可以分为直动式和先导式两类，电磁铁又有单电磁铁和双电磁铁之分。

图12-7（a）、（b）所示为单电磁铁直动式换向阀的工作原理图。通电时，电磁铁推动阀芯下移封闭O口，P口与A口接通。断电时，阀芯在弹簧力作用下上移复位封闭P口A口与O口接通排气。无电信号时P口与A口不通，实际是一种两位三通常断式换向阀。

图12-8所示为双电磁铁先导式电磁换向阀的工作原理图及图形符号。该结构为二位五通换向阀，电磁先导阀1通电、电磁先导阀2断电时，主阀3的K_1腔进气，K_2腔排气。主阀3的阀芯右移，P与A口，B与O_2口接通，如图12-8（a）所示；反之，电磁先导阀2通电、电磁先导阀1断电，K_2腔进气，K_1腔排气，主阀3的阀芯左移，P与B口，A与O_1口通气，如图12-8（b）所示。双电磁铁先导式电磁换向阀具有记忆功能，即通电时换向，断电时不复位，直到另一侧通电为止，相当于"双稳"逻辑元件。

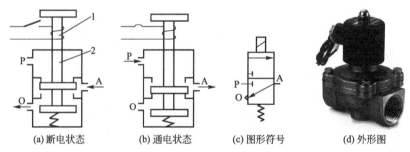

(a)断电状态　　(b)通电状态　　(c)图形符号　　(d)外形图

图12-7　单电磁铁直动式换向阀的工作原理图、图形符号、外形图

1—电磁铁；2—阀芯

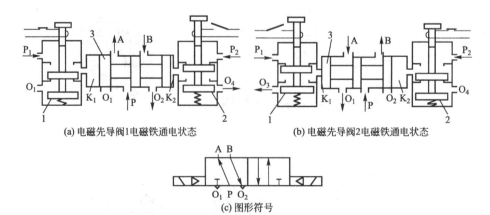

(a)电磁先导阀1电磁铁通电状态　　　　(b)电磁先导阀2电磁铁通电状态

(c)图形符号

图12-8　双电磁铁先导式电磁换向阀的工作原理图及图形符号

1,2—电磁先导阀；3—主阀

图12-9所示为双电磁铁先导式电磁换向阀的外形图。

（2）气压控制换向阀

气压控制换向阀由外部供给压力推动阀芯移动，实现气流的换向或流道的通断。按照气压控制作用原理，常用气压控制换向阀可分为加压控制换向阀和差压控制换向阀，控制气压的方式有单气控和双气控两种。

图 12-10（a）所示为二位三通单气控加压换向阀的结构图。加压控制是指作用在阀芯上的控制信号压力逐渐升高，当气压升高到一定值时阀换向。当 K 口无信号时，A 口与 O 口相通，阀处于排气状态；当 K 口有信号输入时，压缩空气进入活塞 12 右端，使阀芯 4 左移，P 口与 A 口接通，阀输出气压。

图 12-9　双电磁铁先导式电磁换向阀的外形图

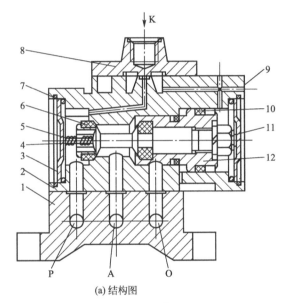

(a) 结构图

(b) 外形图

图 12-10　二位三通单气控加压换向阀的结构图及外形图

1—阀板；2—阀体；3—端盖；4—阀芯；5—弹簧；6—密封圈；7—挡圈；
8—气控接头；9—钢球；10—Y 形密封圈；11—螺母；12—活塞

图 12-11（a）所示为二位五通差压控制换向阀的结构图。差压控制换向阀利用控制气压在阀芯两端不等面积上所产生的压差使阀换向。

此阀采用气源进气差动式结构，即 P 腔与复位腔 13 相通。在没有控制信号 K 时，复位活塞 12 上气压力推动阀芯 6 左移，P 口与 A 口接通，有气输出，B 口与 O_2 口接通排气；当有控制信号 K 时，作用在控制活塞 3 上的作用力将克服复位活塞 12 上的作用力和摩擦力（控制活塞 3 的面积比复位活塞大得多），推动阀芯右移，P 口与 B 口相通，有气输出，A 口与 O_1 口接通排气，完成切换。一旦控制信号 K 消失，阀芯 6 在复位腔 13 内的气压力作用下复位。

（3）时间控制换向阀

时间控制换向阀是使气流通过阻尼孔（如小孔、缝隙等）节流后到储气空间中，经一定时间在储气空间内建立起一定压力使阀芯动作的换向阀。对于不允许使用时间继电器的易燃、易爆、粉尘大的场合，用气动时间控制换向阀就显示出其优越性。根据对时间控制的方

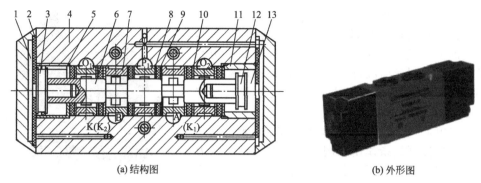

(a) 结构图　　　　　　　　　　　　　　(b) 外形图

图 12-11　二位五通差压控制换向阀的结构图及外形图

1—进气腔；2—组件垫；3—控制活塞；4—阀体；5—衬套；6—阀芯；7—隔套；8—垫圈；

9—组合密封圈；10—E 形密封圈；11—复位衬套；12—复位活塞；13—复位腔

式不同，常用的有延时阀和脉冲阀两种。

图 12-12 所示为二位三通延时换向阀，它是由延时部分和换向部分组成的。在图示位置，当无气控信号时，P 口与 A 口断开，A 口无输出；当有气控信号时，气体从 K 口输入经可调节流阀 2 节流后到储气腔 a 内，使储气腔内不断充气，直到储气腔内的气压上升到某一值时，阀芯 3 由左向右移动，使 P 口与 A 口接通，A 口有气输出。当气控信号消失后，储气腔内气压经单向阀 1 到 K 口排空。这种阀的延时时间可在 0～20s 间调整。

图 12-13 所示为二位三通脉冲换向阀。它与延时阀一样也是靠气流流经气阻，气容的延时作用，使压力输入长信号变为短暂的脉冲信号输出。当有气压从 P 口输入时，阀芯在气压作用下向上移动，A 端有输出。同时，气流从阻尼小孔向储气腔充气，在充气压力达到动作压力时，阀芯下移，输出消失。这种脉冲换向阀的工作气压范围为 0.15～0.8MPa，脉冲时间小于 2s。

机械控制换向阀和人力控制换向阀是靠机动（行程挡块等）和人力（手动或脚踏等）来使阀产生切换动作，其工作原理与液压阀中的相应阀相似。

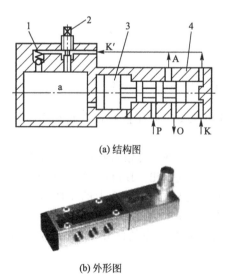

(a) 结构图

(b) 外形图

图 12-12　二位三通延时换向阀的结构图及外形图

1—单向阀；2—可调节流阀；3—阀芯；4—阀体

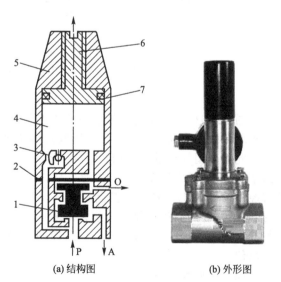

(a) 结构图　　　　(b) 外形图

图 12-13　二位三通脉冲换向阀的结构图及外形图

1—阀芯；2—膜片；3—气阻；4—储气腔；

5—阀体；6—调节螺母；7—密封圈

12.2 压力控制阀

压力控制阀主要用来控制气动系统中气体的压力，以满足各种压力要求。压力控制阀按功能可分为三类：第一类是起降压稳压作用的减压阀、定值器，第二类是起限压安全保护作用的安全阀、限压切断阀等，第三类是根据气路压力不同进行某种控制的顺序阀、平衡阀等。与液压压力控制阀类似，所有的气动压力控制阀，都是利用空气压力和弹簧力相平衡的原理来工作的。

12.2.1 减压阀

图 12-14 所示为 QTY 型直动式减压阀。该阀的工作原理是：当阀处于工作状态时，调节手柄 1、调压弹簧 2 与 3 及膜片 5，通过阀杆 6 使阀芯 8 下移，进气阀口被打开，左端输入的有压气流 P_1，经阀芯 8 与阀座 9 间的阀口节流减压后从右端输出气流 P_2。输出气流的一部分由阻尼孔 7 进入膜片气室 a，在膜片 5 的下方产生一个向上的推力，当作用于膜片上的推力与调压弹簧力相平衡后，减压阀的输出压力便保持一定。当输入压力 p_1 瞬时升高时，输出压力 p_2 也会增高，a 腔压力也增高，从而使膜片上移，有少量气体经溢流口 4、排气孔 11 排出。在膜片上移的同时，膜片 5 在复位弹簧 10 的作用下也上移，阀口开度减小，节流作用增强，又使得输出压力 p_2 降低，直到达到新的平衡为止，重新平衡后的输出压力又基本上恢复至原值。反之，输出压力瞬时下降，膜片下移，进气口开度增大，节流作用减小，输出压力又基本上回升至原值。

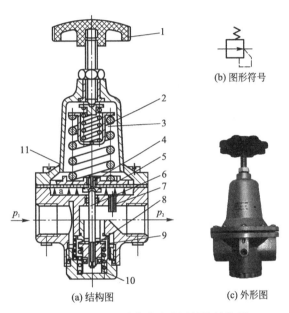

图 12-14 QTY 型直动式减压阀的结构图、
图形符号及外形图

1—手柄；2、3—调压弹簧；4—溢流口；5—膜片；6—阀杆；
7—阻尼孔；8—阀芯；9—阀座；10—复位弹簧；11—排气孔

调节手柄 1 使弹簧 2、3 恢复自由状态，输出压力降至零，阀芯 8 在复位弹簧 10 的作用下，关闭进气阀口，这样减压阀便处于截止状态，无气流输出。

QTY 型直动式减压阀的调压范围为 0.05～0.63MPa。为限制气体流过减压阀所造成的压力损失，规定气体通过阀内通道的流速在 15～25m/s 范围内。

当减压阀的输出压力较大、流量较大时使用直动式调压阀，则调压弹簧刚度要很大，这使得阀的结构尺寸也将增大，流量变化时输出压力波动也大。为了克服这些缺点，可采用先导式减压阀。先导式减压阀的工作原理与直动式减压阀基本相同。先导式减压阀所用的调压气体，是由小型直动式减压阀供给的。若把小型直动式减压阀装在主阀阀体内部，则称为内部先导式减压阀；若将小型直动式减压阀装在主阀阀体外部，则称为外部先导式减压阀。

图 12-15(a) 所示为内部先导式减压阀的结构图。与直动式减压阀相比，该阀增加了喷嘴 9、挡板 1、固定节流孔 8 及上气室 2 所组成的喷嘴挡板放大装置。当气压的微小变化使得喷嘴与挡板之间距离发生微小变化时，上气室 2 中的压力将发生明显变化，这会使膜片产

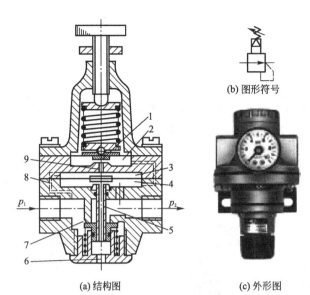

(a) 结构图   (c) 外形图

图 12-15   内部先导式减压阀的结
构图、图形符号及外形图
1—挡板；2—上气室；3—中气室；4—下气室；
5—阀芯；6—排气孔；7—进气阀口；
8—固定节流孔；9—喷嘴

(b) 图形符号

生较大的位移，由膜片的位移控制阀芯 5 的上下运动来控制进气阀口 7 的开度。这就实现了用气压的微小变化信号来控制阀口开度的目的，从而提高了对阀芯控制的灵敏度，亦即提高了稳压精度。

12.2.2   安全阀

当气动系统中压力超过调定值时，安全阀打开向外排气，起到保护系统安全的作用。图 12-16(a)、(b) 为安全阀的工作原理图。当系统中气体压力在调定范围内时，作用在活塞 3 上的压力小于弹簧 2 的力，活塞处于关闭状态，如图 12-16(a) 所示。当系统压力升高，作用在活塞 3 上的压力大于弹簧 2 的调定压力时，活塞 3 向上移动，阀门开启排气，如图 12-16(b) 所示。直到系统压力降到调定范围以下，活塞又重新关闭。开启压力的大小与弹簧的预压缩量有关。

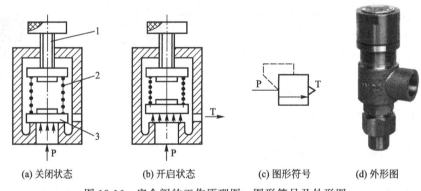

(a) 关闭状态   (b) 开启状态   (c) 图形符号   (d) 外形图

图 12-16   安全阀的工作原理图、图形符号及外形图
1—螺杆；2—弹簧；3—活塞

12.2.3   顺序阀

顺序阀是依靠气路中压力的作用来控制执行元件按顺序动作的压力控制阀。顺序阀常与单向阀配合在一起，构成单向顺序阀。

图 12-17(a)、(b) 所示为单向顺序阀的工作原理图。当压缩空气由左端进入阀腔 1 后作用于活塞 4 下部，气压力超过上部弹簧 3 的调定值时将活塞顶起，压缩空气从入口经阀腔 5 从 A 口输出，如图 12-17(a) 所示，此时单向阀 6 在压差力及弹簧力的作用下处于关闭状态。气流反向流动时，压缩空气压力将顶开单向阀 6 由 O 口排气，如图 12-17(b) 所示。

调节旋钮就可改变单向顺序阀的开启压力，以便在不同的开启压力下控制执行元件的顺序动作。

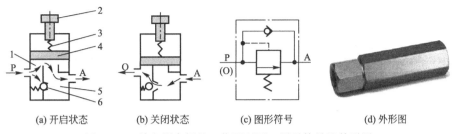

(a) 开启状态　　　(b) 关闭状态　　　(c) 图形符号　　　(d) 外形图

图 12-17　单向顺序阀的工作原理图、图形符号及外形图

1—阀左腔；2—调节手柄；3—弹簧；4—活塞；5—阀右腔；6—单向阀

12.3　流量控制阀

流量控制阀就是通过改变阀的通流截面积来实现流量控制的元件，常用的流量控制阀包括节流阀、单向节流阀、排气节流阀和柔性节流阀等。

12.3.1　节流阀

图 12-18 为圆柱斜切型节流阀结构图、图形符号及外形图。压缩空气由 P 口进入，经过节流后由 A 口流出。旋转螺杆 1，就可改变阀芯 3 节流口的开度，这样就调节了压缩空气的流量。由于这种节流阀的结构简单、体积小，故使用范围较广。

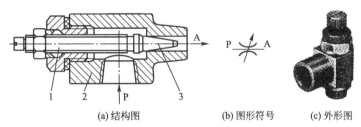

(a) 结构图　　　　　(b) 图形符号　　　(c) 外形图

图 12-18　节流阀的结构图、图形符号及外形图

1—螺杆；2—阀体；3—阀芯

12.3.2　单向节流阀

单向节流阀是由单向阀和节流阀并联而成的组合式流量控制阀，如图 12-19 所示。当压缩空气沿着 P→A 方向流动时，气流只能经节流阀阀口流出；旋动阀针调节螺杆，调节节流口的开度，即可调节气流量。若气流反方向流动（由 $p_A > p_P$ 时），单向阀阀芯被打开，气流不需经过节流阀节流。单向节流阀常用于气缸的调速和延时回路。

12.3.3　排气节流阀

排气节流阀是装在执行机构的排气气路上，用以调节执行机构排入大气中的气体流量。以此来调节执行机构运动速度的控制阀。排气节流阀常带有消声器，所以也能起降低排气噪声的作用。图 12-20(a) 为排气节流阀的结构图，气体从 A 口进入，经阀座 1 与阀芯 2 间的节流口节流后经消声套 3 排出。节流口的开度由螺杆旋钮调节，调定后用锁紧螺母固定。

排气节流阀通常安装在换向阀的排气口处与换向阀联用，起单向节流阀的作用。实际上

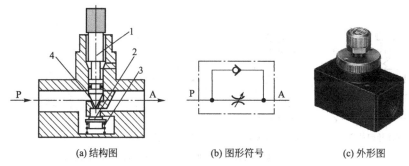

(a) 结构图　　　　　　(b) 图形符号　　　　　(c) 外形图

图 12-19　单向节流阀的结构图、图形符号及外形图

1—阀针调节螺杆；2—单向阀阀芯；3—弹簧；4—节流口

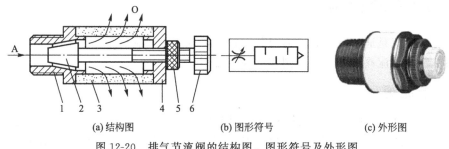

(a) 结构图　　　　　　(b) 图形符号　　　　　(c) 外形图

图 12-20　排气节流阀的结构图、图形符号及外形图

1—阀座；2—阀芯；3—消声套；4—法兰；5—锁紧螺母；6—旋钮

它是节流阀的特殊形式。由于排气节流阀结构简单，安装方便，能简化回路，故得到了日益广泛的应用。

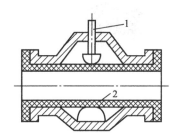

图 12-21　柔性节流阀的工作原理图

1—阀杆；2—橡胶管

12.3.4　柔性节流阀

图 12-21 所示为柔性节流阀的工作原理图。依靠阀杆 1 夹紧柔韧的橡胶管 2，改变节流阀通流面积，从而产生节流作用。此外，也可以利用气体压力来代替阀杆压缩橡胶管。柔性节流阀结构简单，动作可靠性高，对污染不敏感，工作压力小，通常工作压力范围为 0.3~0.6MPa。

用流量控制阀控制气动执行元件的运动速度，其控制精度远低于液压控制。特别是在超低速控制中，要按照预定行程变化来控制速度，仅靠气动控制是很难实现的。在外部负载变化较大时，只用气动流量阀也不会得到满意的调速效果。在要求较高的场合，为提高气动执行元件运动平稳性，一般采用气液联动方式。

12.4　气动逻辑元件

气动逻辑元件是具有逻辑控制功能的各种元件，以压缩空气为信号，改变气流方向以实现一定的逻辑功能。由于空气的可压缩性，气动逻辑元件响应时间较长，响应速度较慢，但是匹配简单，调试容易，适应性强；带载能力强，无功耗气量低；结构紧凑，在气压控制系统中得到广泛应用。

气动逻辑元件按工作压力可分为高压元件（0.2～0.8MPa）、低压元件（0.02～0.2MPa）及微压元件（低于 0.02MPa）三种，按逻辑功能可分为"是门"元件、"与门"元件、"或门"元件、"非门"元件、"双稳"元件等，按结构形式可分为截止式逻辑元件、膜片式逻辑元件和滑阀式逻辑元件等。

12.4.1　高压截止式逻辑元件

高压截止式逻辑元件是依靠控制气压信号推动阀芯或通过膜片的变形推动阀芯动作，改变气流的流动方向以实现一定逻辑功能的逻辑元件。这类元件的特点是行程小、流量大、工作压力高、对气源净化要求低，便于实现集成安装和实现集中控制，其拆卸也很方便。高压截止式逻辑元件是常用的气动逻辑元件。

（1）或门

截止式逻辑元件中的或门元件，大多由硬芯膜片及阀体构成（膜片可水平安装，也可垂直安装）。图 12-22(a) 所示为或门元件的工作原理图。图中 A、B 为信号输入孔，S 为信号输出孔。当只有 A 孔有信号输入时，阀芯 a 在信号气压作用下向下移动，封住信号孔 B，气流经 S 孔输出；当只有 B 孔有输入信号时，阀芯 a 在此信号作用下上移。封住 A 信号孔通道，S 孔也有输出；当 A、B 孔均有输入信号时，阀芯 a 在两个信号作用下或上移、或下移、或保持在中位，S 孔均会有输出。也就是说，或者 A 孔、或者 B 孔、或者 A、B 孔两者都有输入信号时，S 孔均有输出，亦即 $S=A \oplus B$。

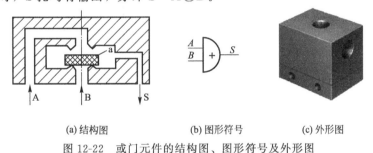

(a)结构图　　　　(b)图形符号　　　　(c)外形图

图 12-22　或门元件的结构图、图形符号及外形图

（2）是门和与门元件

图 12-23(a) 为是门和与门元件的结构图，图中 A 为信号输入孔，S 为信号输出孔，中间孔接气源 P 时为是门元件。也就是说，在 A 孔无信号时，阀芯 2 在弹簧及气源压力的作用下处于图示位置，封住 P、S 间的通道，使 S 孔与排气孔相通，S 无输出。反之，当 A 有输入信号时，膜片 1 在输入信号作用下将阀芯 2 推动下移，封住输出口与排气孔间通道，P 与 S 相通，S 有输出。也就是说，无输入信号时无输出，有输入信号时就有输出。元件的输入信号和输出信号之间始终保持相同的状态，即 $S=A$。

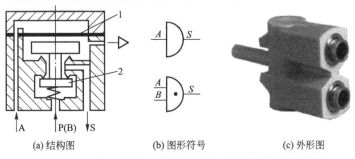

(a)结构图　　　　(b)图形符号　　　　(c)外形图

图 12-23　是门和与门元件的结构图、图形符号及外形图

1—膜片；2—阀芯

若将中间孔不接气源而换接另一输入信号 B，则成为与门元件。也就是说，只有当 A、B 孔同时有输入信号时，S 孔才有输出，即 $S=AB$。

（3）非门和禁门元件

图 12-24(a) 所示为非门元件的结构图。当元件的输入端 A 没有信号输入时，阀芯 3 在气源压力作用下紧压在上阀座上，输出端 S 有输出信号；反之，当元件的输入端 A 有输入信号时，作用在膜片 2 上的气压使阀芯 3 向下移动，关断气源通路，没有输出。也就是说，当有信号 A 输入时，就没有输出 S；当没有信号 A 输入时，就有输出 S，即 $S=\bar{A}$。显示活塞 1 用以显示有无输出。

若把中间孔不作气源孔 P，而改作另一输入信号孔 B，该元件即为"禁门"元件。也就是说，当 A、B 均有输入信号时，阀芯 3 在 A 输入信号作用下封住 B 孔，S 无输出；在 A 无输入信号而 B 有输入信号时，S 就有输出。A 输入信号对 B 输入信号起"禁止"作用，即 $S=\bar{A}B$。

（4）或非元件

图 12-25(a) 所示为或非元件的结构图，它是在非门元件的基础上增加两个信号输入端，即具有 A、B、C 三个输入信号。很明显，当所有的输入端都没有输入信号时，元件有输出 S，只要三个输入端中有一个有输入信号，元件就没有输出 S，即 $S=\overline{A\oplus B\oplus C}$。

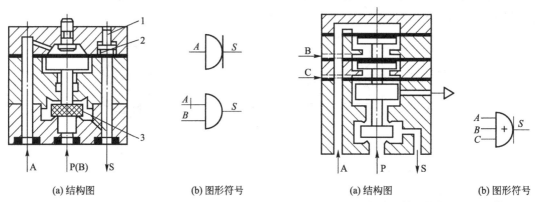

(a) 结构图　　　(b) 图形符号　　　　　　　(a) 结构图　　　(b) 图形符号

图 12-24　非门和禁门元件的结构图及图形符号　　　图 12-25　或非元件的结构图及图形符号
1—活塞；2—膜片；3—阀芯

或非元件是一种多功能逻辑元件，用这种元件可以实现是门、或门、与门、非门及双稳等各种逻辑功能，见表 12-1。

表 12-1　或非元件实现的逻辑功能

序号	名称	逻辑符号	逻辑功能
1	是门	$A \ \rhd\!\!-\ S$	$A \ \rhd\!\!+\!\!-\!\!\rhd\!\!+\ S=A$
2	或门	$\dfrac{A}{B}\ \rhd\!\!+\ S$	$\dfrac{A}{B}\ \rhd\!\!+\!\!-\!\!\rhd\!\!+\ S=A+B$

续表

序号	名称	逻辑符号	逻辑功能
3	与门	$\dfrac{A}{B}$ ● S	A B $S=A \cdot B$
4	非门	A ⊃ S	A $S=\overline{A}$
5	双稳	$\begin{array}{c} A \\ \hline B \end{array} \begin{array}{|c|} \hline 1 \\ \hline 0 \\ \hline \end{array} \begin{array}{c} S_1 \\ S_2 \end{array}$	A S_1 B S_2

（5）双稳元件

双稳元件属记忆元件，在逻辑回路中起着重要的作用。图 12-26（a）所示为双稳元件的结构图。当 A 有输入信号时，阀芯 a 被推向图中所示的右端位置，气源的压缩空气便由 P 通至 S_1 输出，而 S_2 与排气口相通，此时"双稳"处于"1"状态；在控制端 B 的输入信号到来之前，A 的信号虽然消失，但阀芯 a 仍保持在右端位置，S_1 总是有输出；当 B 有输入信号时，阀芯 a 被推向左端，此时压缩空气由 P 至 S_2 输出，而 S_1 与排气孔相通，于是"双稳"处于"0"状态。在 B 信号消失后、A 信号输入之前，阀芯 a 仍处于左端位置，S_2 总有输出。所以该元件具有记忆功能，即 $S_1 = K_B^A$，$S_2 = K_A^B$。但是，在使用中不能在双稳元件的两个输入端同时加输入信号，那样元件将处于不定工作状态。

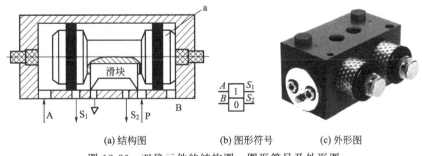

(a) 结构图   (b) 图形符号   (c) 外形图

图 12-26   双稳元件的结构图、图形符号及外形图

12.4.2 高压膜片式逻辑元件

高压膜片式逻辑元件可动部分是膜片，利用膜片两侧受压面积不等使膜片变形，关闭或开启相应的孔道，实现逻辑功能。高压膜片式逻辑元件的基本单元是三门元件，其他逻辑元件是由三门元件派生出来的。

图 12-27 所示三门元件，A 为控制孔，B 为输入孔，S 为输出孔。由于元件有三个通道，故称三门。当 A 无信号时，由 B 输入的气流将膜片顶开，从 S 输出，此时元件

的输出状态为有气。当 A 有信号时，若 S 为开路（如与大气相通），则膜片上气室压力高于下气室压力，膜片下移，堵住 S 口，S 无气输出；若 S 是封闭的，则因 A、B 处输入气体的压力相同，膜片上下两侧受力面积相同，膜片处于中间位置，S 处于有气状态，但无流量输出。

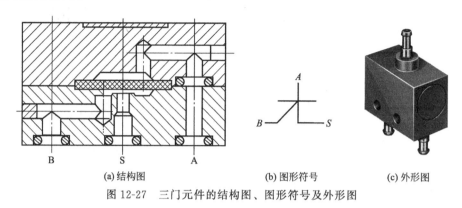

(a) 结构图　　　　　　　　　(b) 图形符号　　　　　(c) 外形图

图 12-27　三门元件的结构图、图形符号及外形图

12.5　气动比例与伺服控制阀

气动控制系统与液压控制系统相比，最大的不同点在于空气与液压的压缩性和黏性的不同。空气的压缩性大、黏性小，有利于构成柔软型驱动机构和实现高速运动。但同时，压缩性大会带来压力响应的滞后；黏性小意味着系统阻尼小或衰减不足，易引起系统响应的振动。另外，由于阻尼小，系统的增益系数不可能高，系统的稳定性易受外部干扰和系统参数变化的影响，难于实现高精度控制。过去人们一直认为气动控制系统只能用于气缸行程两端的开关控制，难于满足对位置或力连续可调的高精度控制要求。

随着新型的气动比例/伺服控制阀的开发和现代控制理论的导入，气动比例/伺服控制系统的控制性能得到了极大的提高。再加上气动系统所具有的轻量、价廉、抗电磁干扰和过载保护能力等优点，气动比例/伺服控制系统越来越受到设计者的重视，其应用领域正在不断地扩大。

比例控制阀与伺服控制阀的区别并不明显，但比例控制阀消耗的电流大、响应慢、精度低、价廉和抗污染能力强；而伺服阀则相反。再者，比例控制阀适用于开环控制，而伺服控制阀则适用于闭环控制。由于比例/伺服控制阀正处于不断地开发和完善中，新类型较多。

12.5.1　气动比例控制阀

气动比例控制阀能够通过控制输入信号（电压或电流），实现对输出信号（压力或流量）的连续成比例控制。气动比例阀按输出信号的不同，可分为比例压力阀和比例流量阀两大类。其中比例压力阀按所使用的电控驱动装置的不同，又有喷嘴挡板型和比例电磁铁型之分。气动比例控制阀的分类如图 12-28 所示。

（1）气控比例压力阀

气控比例压力阀是一种比例元件，阀的输出压力与信号压力成比例。图 12-29（a）为比例压力阀的结构图。当有输入信号压力时，控制压力膜片 6 变形，推动硬芯使主阀阀芯 2

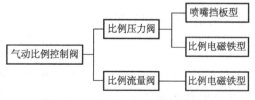

图 12-28　气动比例控制阀的类型

向下运动，打开主阀阀口，气源压力经过主阀阀芯节流后形成输出压力。输出压力膜片 5 起反馈作用，并使输出压力信号与信号压力之间保持比例。当输出压力小于信号压力时，膜片组向下运动。使主阀阀口开度增大，输出压力增大。当输出压力大于信号压力时，控制压力膜片 6 向上运动，溢流阀阀芯 3 开启，多余的气体排至大气。调节针阀的作用是使输出压力的一部分加到信号压力腔，形成正反馈，增加阀的工作稳定性。

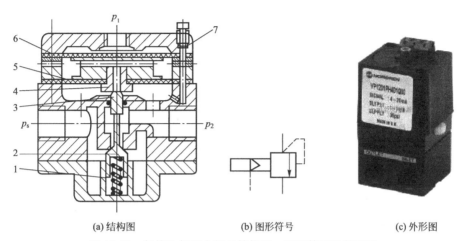

图 12-29　气控比例压力阀的结构图、图形符号及外形图

1—弹簧；2—主阀阀芯；3—溢流阀阀芯；4—阀座；5—输出压力膜片；6—控制压力膜片；7—调节针阀

图 12-30 所示为喷嘴挡板式电控比例压力阀。它由动圈式比例电磁铁、喷嘴挡板放大器、气控比例压力阀三部分组成，比例电磁铁由永久磁铁 10、线圈 9 和片簧 8 构成。当电流输入时，线圈 9 带动挡板 7 产生微量位移，改变其与喷嘴 6 之间的距离，使喷嘴 6 的背压改变。膜片组 4 为控制阀芯 2 的位置，从而控制输出压力。喷嘴 6 的压缩空气由气源节流阀 5 供给。

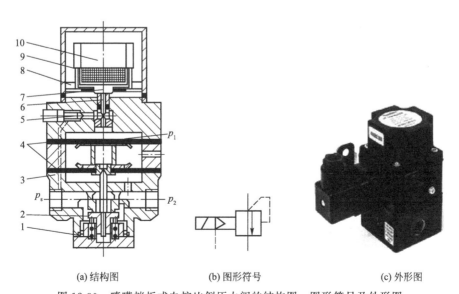

图 12-30　喷嘴挡板式电控比例压力阀的结构图、图形符号及外形图

1—弹簧；2—阀芯；3—溢流口；4—膜片组；5—节流阀；6—喷嘴；7—挡板；8—片簧；9—线圈；10—永久磁铁

（2）气动比例流量阀

气动比例流量阀通过控制比例电磁铁中的电流来改变阀芯的开度（有效断面积），实现对输出流量的连续成比例控制，其外观和结构与压力型相似。所不同的是压力型的阀芯具有调压特性，靠二次压力与比例电磁铁相平衡来调节二次压力的大小；而流量型的阀芯具有节流特性，靠弹簧力与比例电磁铁相平衡来调节流量的大小和流量的方向。按通径的不同，比例流量阀又有二通与三通之分，其动作原理如图 12-31 所示。

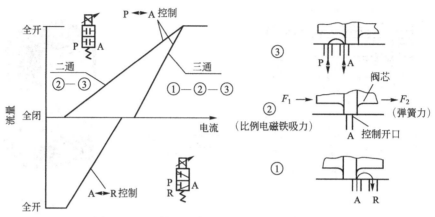

图 12-31   比例电磁铁型比例流量阀的动作原理图

在图 12-31 中，依靠与 F_2 的平衡来改变阀芯的开口面积和位置。随着输入电流的变化，三通阀的阀芯按①→②→③的顺序移动，二通阀的阀芯则按②→③的顺序移动。比例流量阀主要用于气缸或气动马达的位置或速度控制。

12.5.2   气动伺服控制阀

气动伺服阀的工作原理与气动比例阀类似，它也是通过改变输入信号来对输出信号的参数进行连续、成比例控制的。与电液比例控制阀相比，除了在结构上有差异外，主要在于伺服阀具有很高的动态响应和静态性能；但其价格较贵，使用维护较为困难。

气动伺服阀的控制信号均为电信号，故又称电-气伺服阀。气动是将电信号转换成气压信号的电气转换装置，也是电-气伺服系统中的核心部件。

图 12-32 为力反馈式电-气伺服阀结构原理图。其中第一级气压放大器为喷嘴挡板阀，由力矩马达控制，第二级气压放大器为滑阀。阀芯位移通过反馈弹簧杆 5 换成机械力矩反馈到力矩马达上。其工作原理为：当有一电流输入力矩马达控制线圈时，力矩马达产生电磁力矩，使挡板 7 偏离中位（假设其向左偏转），反馈弹簧杆 5 变形。这时两个喷嘴挡板阀的喷嘴 6 前腔产生压力差（左腔高于右腔），在此压力差的作用下，滑阀移动（向右），反馈弹簧杆 5 端点随着一起移动，反馈弹簧杆 5 进一步变形，变形产生的力矩与力矩马达的电磁力矩相平衡，使挡板 7 停留在某个与控制电流相对应的偏转角上。反馈弹簧杆 5 的进一步变形使挡板 7 部分被拉回中位，反馈弹簧杆 5 端点对阀芯的反作用力与阀芯两端的气动力相平衡，使阀芯停留在与控制电流相对应的位移上。这样，伺服阀就输出一个对应的流量，从而达到用电流控制流量的目的。

脉宽调制气动伺服控制是数字式伺服控制，采用的控制阀大多为开关式气动电磁阀，称脉宽调制伺服阀，也称气动数字阀。脉宽调制伺服阀用在气动伺服控制系统中，实现信号的

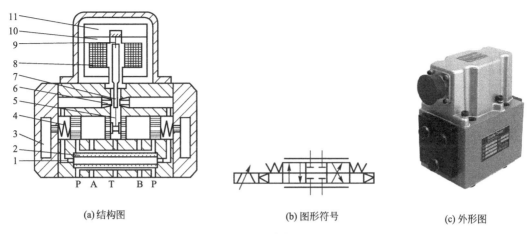

(a) 结构图　　　　　　(b) 图形符号　　　　　　(c) 外形图

图 12-32 力反馈式电-气伺服阀结构原理图

1—固定节流孔；2—滤气器；3—阻尼气室；4—补偿弹簧；5—反馈弹簧杆；
6—喷嘴；7—挡板；8—线圈；9—支撑弹簧；10—导磁体；11—永久磁铁

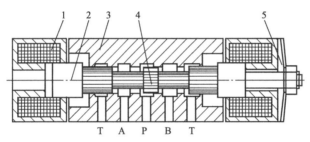

图 12-33 滑阀式气动数字阀（脉宽调制伺服阀）的结构图

1—电磁铁；2—衔铁；3—阀体；4—阀芯；5—反馈弹簧

转换和放大作用。常用的脉宽调制伺服阀的结构有四通滑阀型和三通球阀型。图 12-33 为滑阀式脉宽调制伺服阀的结构图。滑阀两端各有一个电磁铁，脉冲信号电流轮流加在两个电磁铁上，控制阀芯按脉冲信号的频率做往复运动。

初期的气动伺服阀是仿照液压伺服阀中的喷嘴挡板型加工而成的，由于种种原因一直未能得到推广应用，气动伺服阀也因此一度被认为是气动技术的死区。直到现在，气动伺服阀才重新展现在人们面前。MPAE 型气动伺服阀是 Festo 公司开发的一种直动式气动伺服阀，其结构如图 12-34（a）所示。这种伺服阀主要由力马达、阀芯位移检测传感器、控制电路、主阀等组成。阀芯由双向电磁铁直接驱动，用传感器检测出阀芯位移信号并反馈给控制电路，从而调节输入电信号与输出流量成比例关系。这种阀采用双向电磁铁调节阀芯位置，没有弹簧，电磁铁不受弹簧力负载，功耗小。此阀采用直动式滑阀结构，不需外加比例放大器，响应速度和控制精度高，能构成高精度位移伺服系统。

MPAE 型气动伺服阀为三位五通阀，O 型中位机能。电源电压为 DC 24V，输入电压为 5~10V。在图 12-35 的输入电压对应着不同的阀口面积与位置，也就是不同的流量和流动方向。电压为 5V 时，阀芯处于中位；电压为 0~5V 时，P 口与 A 口相通；电压为 5~10V 时，P 口与 B 口相通。如果突然停电，阀芯返回到中位，气缸原位停止，系统的安全性得以保障。

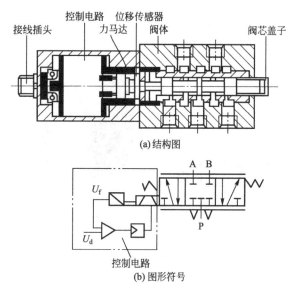

(a) 结构图

(b) 图形符号

图 12-34   MPAE 型气动伺服阀的结构图及图形符号

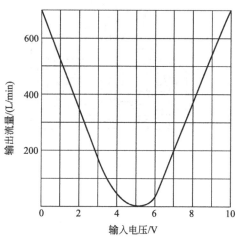

图 12-35   输入电压-输出流量的特性曲线

第13章

气动基本回路

与液压系统一样，复杂的气动系统一般都是由一些简单的基本回路组成的。所谓基本回路，就是由相关元件组成的用来完成特定功能的典型管路结构。熟悉并掌握基本回路的组成结构、工作原理及其性能特点，对分析、掌握和设计气动系统是非常必要的。

按照回路控制的不同功能，气动基本回路分为压力控制回路、方向控制回路、速度控制回路和其他控制回路。

13.1 压力与力控制回路

对气动系统的压力进行调节和控制的回路称为压力控制回路。增大气缸活塞杆输出力的回路称为力控制回路。

13.1.1 压力控制回路

对气动控制系统进行压力调节和控制的回路称为压力控制回路。压力控制和调节主要有两个目的，第一是为了提高系统的安全性，主要是指一次压力控制；第二是给元件提供稳定的工作压力，使其能充分发挥元件的功能和性能，这主要指二次压力控制。

（1）一次压力控制回路

图 13-1 所示的压力控制回路用于把空压机的输出压力控制在调定值以下，又称为一次压力控制。一般情况下，空压机的出口压力为 0.8MPa 左右，并设置储气罐，储气罐上装有压力表、安全阀等。回路中采用电接点压力表或压力继电器控制空压机的启动和停止，使储气罐内的压力保持在要求的范围内；安全阀用于限定储气罐内的最高压力。

（2）二次压力控制回路

图 13-2 所示压力控制回路是向每台气动设备提供气源的压力调节回路，又称为二次压力控制回路。二次压力控制回路主要由分水过滤器、减压阀、油雾器气动三大件组成。如图 13-2(a) 所示，通过调节减压阀，可以得到气动设备所需的工作压力。如图 13-2(b) 所示，通过换向阀向气动设备提供两种不同的工作压力。如图 13-2(c) 所示，采用两个减压阀对同一台气动设备的不同执行元件提供两种不同的工作压力。

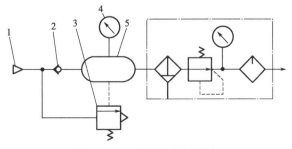

图 13-1 一次压力控制回路

1—气源；2—单向阀；3—安全阀；4—压力表；5—储气罐

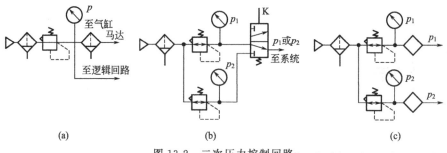

图 13-2　二次压力控制回路

13.1.2　力控制回路

气动系统工作压力一般较低,通过改变执行元件的作用面积或利用气液增压器来增加输出力的回路称为力控制回路。

(1) 串联气缸增力回路

图 13-3 是采用三段式活塞缸串联的增力回路。通过控制电磁阀的通电个数,实现对活塞杆推力的控制。活塞缸串联数越多,输出的推力越大。

(2) 气液增压器增力回路

如图 13-4 所示,利用气液增压器 1 把较低的气体压力转变为较高的液体压力,提高了气液缸 2 的输出力。

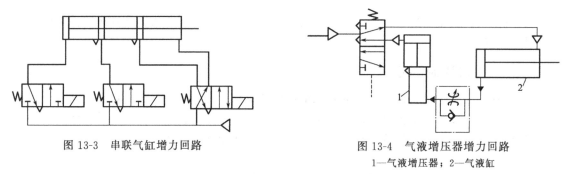

图 13-3　串联气缸增力回路

图 13-4　气液增压器增力回路
1—气液增压器；2—气液缸

13.2　方向控制回路

气动执行元件的换向主要是利用方向控制阀来实现的,通过换向阀的工作位置来使执行元件改变运动方向。

13.2.1　单作用气缸换向回路

单作用气缸活塞杆运动时,其伸出的方向靠压缩空气驱动,另一个方向则靠外力(如重力、弹力等)驱动,回路简单,一般可选用二位三通换向阀来控制换向。

图 13-5(a) 所示为用二位三通电磁阀控制的换向回路。当电磁铁通电时,活塞杆伸出;当电磁铁失电时,在弹力作用下活塞杆缩回。

图 13-5(b) 所示为用三位三通阀控制的换向回路。当换向阀右侧电磁铁通电时,气缸的无杆腔与气源相通,活塞杆伸出;当左侧电磁铁通电时,气缸的无杆腔与排气口相通,活塞杆靠弹簧力返回;左、右电磁铁同时断电时,活塞可以停止在任意位置,但定位精度不

高，且定位时间不长。

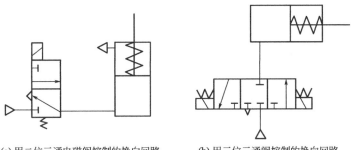

(a) 用二位三通电磁阀控制的换向回路　　(b) 用三位三通阀控制的换向回路

图 13-5　单作用气缸换向回路

13.2.2　双作用气缸换向回路

双作用气缸的活塞杆伸出或缩回都是靠压缩空气驱动的，通常选用二位五通换向阀来控制。

（1）换向回路

图 13-6 是采用电控二位五通换向阀控制双作用气缸伸缩的回路。

（2）单往复动作回路

图 13-7 是由电动机换向阀和手动换向阀组成的单往复动作回路。按下手柄阀后，二位五通换向阀换向，气缸外伸；当活塞杆挡块压下机动阀后，二位五通换向阀换至图示位置，气缸缩回并停止。按一次手动阀，气缸完成一次往复运动。

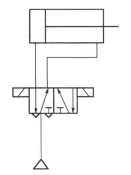

图 13-6　双作用气缸换向回路

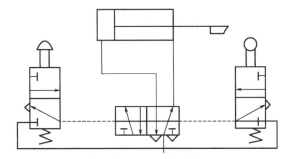

图 13-7　单往复动作回路

（3）连续往复动作回路

如图 13-8 所示，手动阀 1 换向，高压气体经过行程阀 3 使换向阀 2 换向，气缸活塞杆外伸，阀 3 复位，活塞杆行至挡块压下行程阀 4 时，阀 2 换向至图示位置，活塞杆缩回，阀 4 复位。当活塞杆缩回到行程终点压下行程阀 3 时，阀 2 再次换向，如此循环，实现连续往复运动。

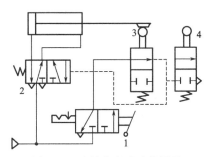

13.2.3　气动马达换向回路

图 13-9 采用三位五通电气换向阀控制气动马达的正转、反转和停止三种状态。由于气动马达排气噪声

图 13-8　连续往复式动作回路
1—手动阀；2—换向阀；3,4—行程阀

较大，该回路在排气管上通常接消声器。如果不需要节流阀调速，两条排气管可供一个消声器。

13.2.4 差动换向回路

差动控制是指气缸的无杆腔进气、活塞伸出时，有杆腔排出的气体回到气缸的无杆腔。图13-10所示回路采用二位三通手拉阀控制。当操作手拉阀使该阀处于右位时，气缸的无杆腔进气，活塞杆伸出，有杆腔的排气回到无杆腔成差动控制回路。当操作手拉阀处于左位时，气缸的有杆腔进气，无杆腔余气经手拉阀排气口排空，活塞杆缩回。

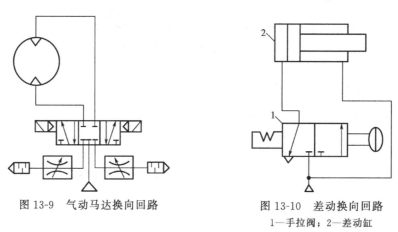

图13-9 气动马达换向回路

图13-10 差动换向回路
1—手拉阀；2—差动缸

该回路与非差动连接回路相比较，在输入同等流量的条件下，其活塞的运动速度可提高，但活塞杆上的输出力要减小。

13.3 速度控制回路

速度控制是指通过对流量阀的调节，达到对执行元件运动速度的控制。由于气动系统使用功率不大，故调速方法主要有节流调速，常使用排气节流调速。

13.3.1 单作用气缸速度控制回路

如图13-11所示回路，两个单向节流阀串联连接，分别实现进气节流和排气节流，控制气缸活塞杆伸出和缩回的运动速度。

如图13-12所示，活塞杆伸出时节流调速；活塞杆退回时，通过快速排气阀排气，快速退回。

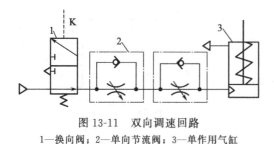

图13-11 双向调速回路
1—换向阀；2—单向节流阀；3—单作用气缸

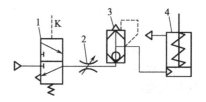

图13-12 慢进快退调速回路
1—换向阀；2—节流阀；3—快排阀；
4—单作用气缸

13.3.2　双作用气缸速度控制回路

图 13-13(a) 是采用单向节流阀的双向调速回路，图 13-13(b) 是采用排气节流阀的双向调速回路。当外负载变化不大时，采用排气节流调速，进气阻力小，比单向节流调速回路效果好。排气节流阀与消声器通常连在一体，可以直接安装在二位五通阀上。

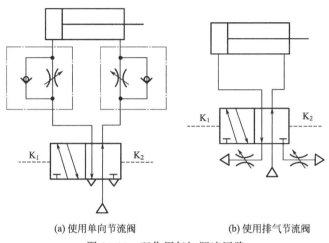

(a) 使用单向节流阀　　　　　　(b) 使用排气节流阀

图 13-13　双作用气缸调速回路

13.3.3　气液联动速度控制回路

由于气体具有可压缩性，使得气动执行机构的运动稳定性低，定位精度不高。在要求气动调速、定位精度高的场合，可采用气液联动调速。它以气压为动力，利用气液转换器或气液阻尼缸，把气压传动变为液压传动而控制执行机构的速度，将气压的响应快与液压的速度稳定性高结合起来，达到优势互补的目的。

（1）调速回路

图 13-14 为利用气液转换器 1、2 和单向节流阀 3、4 的回油节流调速回路。液压缸活塞杆伸出速度或退回速度是通过调节回油路上节流阀来控制的。

图 13-15 所示回路采用串联式气液阻尼缸，利用液压油可压缩性小的特点，通过调节两个相向串联安装的单向节流阀 1、2，实现两个方向的无级调速，并获得稳定的速度。补油杯 3 用于补充液压缸中的容积误差和泄漏。若省去单向节流阀 1，则只能实现活塞杆伸出时的调速和稳速。

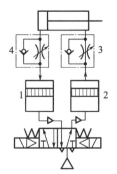

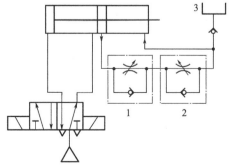

图 13-14　用气液转换器的回油节流调速回路　　　图 13-15　用气液阻尼缸的调速回路

1,2—气液转换器；3,4—单向节流阀　　　　　　1,2—单向节流阀；3—补油杯

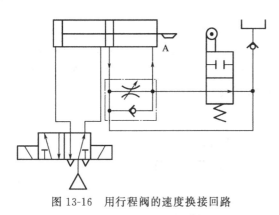

图 13-16　用行程阀的速度换接回路

（2）速度换接回路

图 13-16 所示回路采用行程阀实现快速与慢速的换接。当活塞杆右移且挡块 A 未碰到行程阀时，液压缸右腔的排油经行程阀（下位）直接进入左腔而实现快进；当活塞杆右移到挡块 A 碰到行程阀时，液压缸右腔的排油必须经节流阀后才进入左腔而实现慢速运动。改变挡块或行程阀的位置即可改变速度换接的位置。

图 13-17 所示采用气缸与液压阻尼缸并联的速度换接回路。固连于气缸 5 活塞杆端的滑块空套于液压阻尼缸 4 的活塞杆上。三位五通电气换向阀 8 处于左位工作时，控制气流通过梭阀 7 进入二位二通气控换向阀 3 上端使其处于上位工作，这时气缸向右运动。当滑块运动至碰到定位调节螺母 6 时，气缸推着阻尼缸右移由快进转为两缸同步慢进，阻尼缸右腔的油液经单向节流阀 2 的节流阀、换向阀 3（上位）进入左腔，运动速度由节流阀控制，弹簧式蓄能器 1 用于补充阻尼缸中流量的变化。气缸反向运动时的情况相同。调节阻尼缸活塞杆上的定位调节螺母可以改变速度换接的位置。无论换向阀 8 切换到左位还是右位，控制气流均可经梭阀 7 使换向阀 3 切换到上位，使液压阻尼缸能通过单向节流阀 2 实现调速。

13.4　其他常用回路

气动基本回路除了压力控制回路、方向控制回路、速度控制回路外，还有位置控制回路、安全保护回路、同步控制回路、缓冲回路、气动逻辑回路和真空吸附回路等其他控制回路。

13.4.1　位置控制回路

位置控制回路就是能控制执行机构停在行程中的某一位置的回路。

（1）纯气动的位置控制回路

图 13-18 所示回路均为利用三位换向阀的中位机能来控制气缸位置的回路。其中图 13-18（a）采用中间封闭型三位阀。这种回路定位精度较差，而且要求不能有任何泄漏。图 13-18（b）采用中间卸压型三位阀。它适用于需用外力自由推动活塞移动而要求活塞在停止位置处于浮动状态的场合，其缺点是活塞运动的惯性较大时，停止位置难以控制。图 13-18（c）、（d）采用中间加压型三位阀。这种回路原理是保持活塞两端受力的平

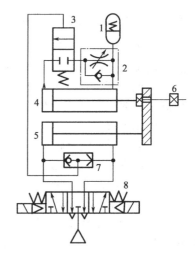

图 13-17　用气缸与液压阻尼缸并联的速度换接回路

1—弹簧式蓄能器；2—单向节流阀；3—二位二通气控换向阀；4—液压阻尼缸；5—气缸；6—定位调节螺母；7—梭阀；8—三位五通电气换向阀

衡，使活塞可停留在行程的任何位置。对于图 13-18（d）所示的单出杆气缸，由于活塞两端受压面积不等，故需要用减压阀来使活塞两端受力平衡。采用中间加压型三位阀的位置控制回路适用于缸径小而要求快速停止的场合。

由于空气的可压缩性及气体不易长时间密封，单纯靠控制缸内空气压力平衡来定位的方

法，难以保证较高的定位精度。所以，只有在定位精度要求不高时才使用上述纯气动的位置控制回路；在定位精度要求较高的场合，则要采用机械辅助定位或气液联动定位等方法来提高执行机构的定位精度。

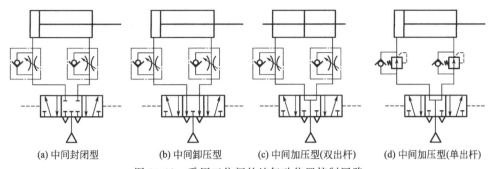

(a) 中间封闭型　　(b) 中间卸压型　　(c) 中间加压型(双出杆)　　(d) 中间加压型(单出杆)

图 13-18　采用三位阀的纯气动位置控制回路

（2）利用机械辅助定位的位置控制回路

如图 13-19 所示，当气缸推动小车 1 向右运动时，先碰到缓冲器 2 进行减速，直到碰到挡块 3 时小车才被迫停止。这种在需要定位的地点设置挡块来控制位置的方法，结构简单、定位可靠，但调整困难。挡块的频繁碰撞、磨损会使定位精度下降。挡块的设计既要考虑有一定的刚度，又要考虑具有吸收冲击的缓冲能力。

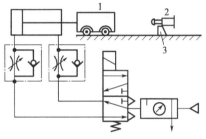

图 13-19　采用机械挡块的位置控制回路
1—小车；2—缓冲器；3—挡块

（3）利用多位气缸的位置控制回路

利用多位气缸可实现多点位置的精确控制。其原理是控制一个或数个气缸的活塞杆的伸出或缩回，通过不同的组合来实现输出杆多个位置的控制。

图 13-20 所示回路是由两个行程不等的单作用气缸首尾串联接成一体的单出杆气缸。当切换阀 1 时，A 缸活塞杆推动 B 缸活塞杆从 Ⅰ 位伸出到 Ⅱ 位；再切换阀 2，B 缸活塞杆继续伸出至 Ⅲ 位；若仅切换阀 3，两缸都处于回缩状态，所以对于伸出的活塞杆（即 B 缸活塞杆）来说则有三个位置。若在两缸端盖处安装与活塞杆平行的调节螺钉，就可以调节每段定位行程。

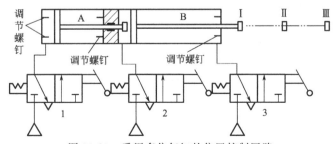

图 13-20　采用多位气缸的位置控制回路

（4）气液联动位置控制回路

当定位精度要求较高时，可采用图 13-21 所示两种气液联动位置控制回路，将气缸的位置控制转换成液压缸的位置控制，从而弥补气动位置控制精度不高的缺点，提高位置控制的精度。

图 13-21(a) 为采用气液转换器的速度及位置控制回路。当主控阀 1 和二通阀 4 同时通电换向时，液压缸 5 的活塞杆伸出。在运动到预定位置时，若使二通阀 4 断电回位，液压缸有杆腔的液压油被封闭，活塞杆在预定位置上停止。调节单向节流阀 3、6 便可控制活塞杆的运动速度。

图 13-21(b) 所示为串联式气液阻尼缸的位置控制回路。只要主控阀 1 处于中位，二通阀 4 就会复位并切断气液阻尼缸 3 的油路，活塞杆便可在任意位置上停止。主控阀 1 切换到左位时，活塞杆伸出，换到右位时则缩回。单向节流阀 6 可使活塞杆实现快进慢退。采用串联气液阻尼缸应注意密封，以免油、气相混，影响定位精度。

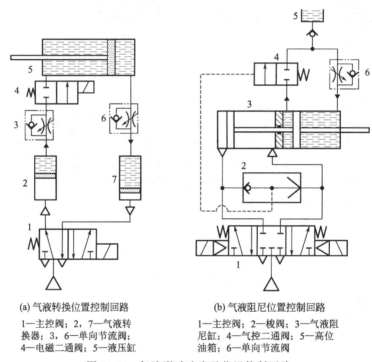

(a)气液转换位置控制回路

1—主控阀；2，7—气液转换器；3，6—单向节流阀；4—电磁二通阀；5—液压缸

(b)气液阻尼位置控制回路

1—主控阀；2—梭阀；3—气液阻尼缸；4—气控二通阀；5—高位油箱；6—单向节流阀

图 13-21　气液联动速度及位置控制回路

13.4.2　安全保护回路

由于气动机构负荷的过载、气压的突然降低以及气动执行机构的快速动作等原因都可能危及操作人员或设备安全，因此在气动回路中常常要加入安全回路。需要指出的是，在设计任何气动回路中，特别是安全回路中，都不可缺少过滤装置和油雾器。这是因为污脏空气中的杂物可能堵塞阀中的小孔与通路，使气路发生故障；缺乏润滑油，很可能使阀发生卡死或磨损，以致整个系统的安全都发生问题。下面介绍几种常用的安全保护回路。

（1）互锁回路

图 13-22 所示为互锁回路。该回路能防止各气缸的活塞同时动作，而保证只有一个活塞动作。该回路的技术要点是利用梭阀 1、2、3 及换向阀 4、5、6 进行互锁。

例如，当换向阀 7 切换至左位时，则换向阀 4 至左位，使 A 缸活塞杆上移伸出。与此同时，气缸进气管路的压缩空气使梭阀 1、2 动作，把换向阀 5、6 锁住，B 缸和 C 缸活塞杆均处于下降状态。此时换向阀 8、9 即使有信号，B、C 缸也不会动作。如果改变缸的动作，必须把前动作缸的气控阀复位。

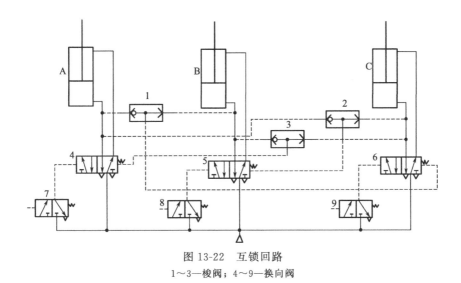

图 13-22　互锁回路
1～3—梭阀；4～9—换向阀

（2）过载保护回路

当活塞杆在伸出过程中遇到故障或其他原因使气缸过载时，活塞能自动返回的回路称为过载保护回路。

如图 13-23 所示的过载保护回路，按下手动换向阀 1，二位五通换向阀 2 处于左位，活塞右移前进。正常运行时，挡块压下行程阀 5 后，活塞自动返回；当活塞运行中遇到障碍物 6，气缸左腔压力升高超过预定值时，顺序阀 3 打开，控制气体可经梭阀 4 将主控阀切换至右位（图示位置），使活塞缩回，气缸左腔压缩空气经阀 2 排掉，可以防止系统过载。

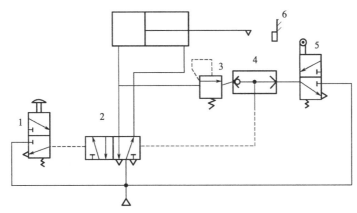

图 13-23　过载保护回路
1—手动换向阀；2—二位五通换向阀；3—顺序阀；4—梭阀；5—行程阀；6—障碍物

（3）双手操作安全回路

所谓双手操作安全回路，就是使用了两个启动用的手动阀，只有同时按动这两个阀时才动作的回路。这在锻压、冲压设备中常用来避免误动作，以保护操作者的安全及设备的正常工作。

图 13-24(a) 所示回路需要双手同时按下手动阀时，才能切换主阀，气缸活塞才能下落并锻、冲工件。实际上，给主阀的控制信号相当于阀 1、2 相"与"的信号。如阀 1（或 2）的弹簧折断不能复位，此时单独按下一个手动阀，气缸活塞也可以下落，所以回路并不十分安全。

在图 13-24(b) 所示的回路中,当双手同时按下手动阀时,储气罐 3 中预先充满的压缩空气经节流阀 4,延迟一定时间后切换阀 5,活塞才能落下。如果双手不同时按下手动阀,或因其中任何一个手动阀弹簧折断不能复位,储气罐 3 中的压缩空气都将通过手动阀 1 的排气口排空,不足以建立起控制压力,因此阀 5 不能被切换,活塞不能下落。所以,此回路比上述回路更为安全。

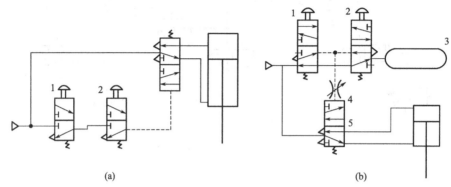

图 13-24   双手操作安全回路
1,2—手动阀;3—储气罐;4—节流阀;5—电磁阀

13.4.3 同步控制回路

同步控制回路是指控制两个和两个以上的气缸以相同速度移动或在预定位置同时停止的回路,其实质是一种速度控制回路。由于气体的可压缩性及负载变化等因素的影响,单纯利用调速阀调节气缸的速度以使多个气缸实现较高精度的同步是很困难的。所以,实现同步控制的可靠方法是气动与机械并用的方法或气液联动控制的方法。

(1) 机械连接的同步回路

图 13-25 所示为两个气缸用连杆连接而达到同步的回路。这是一种刚性的同步回路,两缸的同步是靠机械连接强迫完成的,故可实现可靠的同步,但两缸的布置受连接机构的限制,载荷不对称时容易出现卡死现象。

(2) 气液转换同步回路

图 13-26 所示为两个气液缸的同步控制回路,缸 A 的无杆腔与缸 B 的有杆腔管路相连,油液密封在回路之中。缸 A 的有杆腔与缸 B 的无杆腔分别与气路相连,只要缸 A 无杆腔的有效承压面积 S_1 与缸 B 有杆腔的有效承压面积 S_2 相等,就可实现两缸活塞杆的同步伸缩。使用时应注意避免油气混合,否则会破坏两缸同步动作的精度。打开气堵 3 可及时放掉混入液压油中的空气和补充油液。

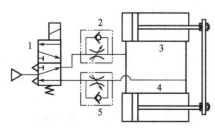

图 13-25   机械连接的同步回路
1—主控阀;2,5—单向节流阀;3,4—气缸

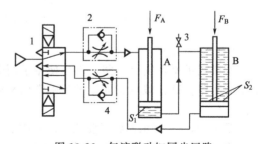

图 13-26   气液联动缸同步回路
1—主控阀;2,4—单向节流阀;3—气堵;A,B—气液缸

13.4.4　缓冲回路

考虑到气缸应用行程较长、速度较快的场合，气缸一定要有缓冲的功能。图 13-27 所示回路是单向节流阀与二位二通机控行程阀配合使用的缓冲回路。当换向阀处于左位时，气缸无杆腔进气，活塞杆快速伸出，此时有杆腔气体经过二位二通行程阀和换向阀排气口排空。当活塞杆伸出至活塞杆上的挡块压下二位二通行程阀时，二位二通行程阀的快速排气通道被切断，此时有杆腔气体只能经节流阀和换向阀的排气口排空，使活塞的运动速度由快速转为慢速，从而达到缓冲的目的。

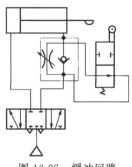

图 13-27　缓冲回路

13.4.5　气动逻辑回路

气动逻辑回路就是将气动元件按逻辑关系组成具有一定逻辑功能的控制回路。气动逻辑回路可以由各种逻辑元件组成，也可以由阀类元件组成。在实际气动控制系统中的逻辑控制回路都是由一些基本逻辑回路组合而成的。表 13-1 列出了几种常见的用阀类元件组成的基本逻辑回路，表中 A、B 为输入信号，S、S_1、S_2 为输出信号。有源元件是指一个元件有恒定的供气气源的元件。

表 13-1　基本气动逻辑回路

名称	逻辑符合及表示式	气动元件回路	真值表	说明
是回路	$A \rightarrow S$　$S=A$		A S / 0 0 / 1 1	有信号 A 则 S 有输出，无 A 则 S 无输出
非回路	$A \rightarrow S$　$S=\bar{A}$		A S / 0 1 / 1 0	有信号 A 则 S 无输出，无 A 则 S 有输出
与回路	$A \cdot B \rightarrow S$　$S=A \cdot B$	(a) 无源　(b) 有源	A B S / 0 0 0 / 1 0 0 / 0 1 0 / 1 1 1	只有当信号 A 和 B 同时存在时，S 才输出
或回路	$A+B \rightarrow S$　$S=A+B$	(a) 无源　(b) 有源	A B S / 0 0 0 / 0 1 1 / 1 0 1 / 1 1 1	有 A 或 B 任意一个信号，S 就有输出
禁回路	$A \cdot B \rightarrow S$　$S=\bar{A} \cdot B$	(a) 无源　(b) 有源	A B S / 0 0 0 / 0 1 1 / 1 0 0 / 1 1 0	有信号 A 则 S 无输出（A 禁止了 S 有）；当无信号 A、有信号 B 时，S 才有输出

续表

名称	逻辑符合及表示式	气动元件回路	真值表	说明
记忆回路	S_1 S_2 S_1 1 0 1 0 A B A B (a) (b)	S_1 S_2 S_1 A B A B (a) 双稳 (b) 单记忆	A B S 0 1 0 1 1 0 0 0 1 1 0 1	有信号 A 时,S_1 有输出;A 消失,S_1 仍有输出,直到有 B 信号时才无输出。要求 AB 不能同时加信号
脉冲回路	A—▷—S			回路可把长信号 A 变为一脉冲信号 S 输出,脉冲宽度可由气阻 R 和气容 C 调节。回路要求 A 的持续时间大于脉冲宽度
延时回路	A—▷—S			当有信号 A 时需延时 t 时间后,S 才有输出,调节气阻 R 和气容 C,可调 t。回路要求 A 持续时间大于 t

13.4.6 真空吸附回路

图 13-28 所示回路是采用三位三通阀控制真空吸附和真空破坏。当三位三通阀 4 的 A 端电磁铁通电时,真空发生器 1 与真空吸盘 7 接通,真空压力开关 6 检测真空度,并发出信号给控制器,真空吸盘将工件吸起。当三位三通阀断电时,保持真空吸附状态。当三位三通阀 4 的 B 端磁铁通电时,压缩空气进入真空吸盘,真空破坏,真空吸盘与工件分离。此回路应注意配管的泄漏和工件表面处的泄漏。

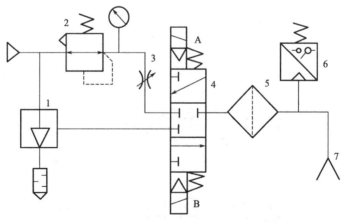

图 13-28 真空吸附回路

1—真空发生器;2—减压阀;3—节流阀;4—三位三通换向阀;5—过滤器;6—真空压力开关;7—真空吸盘

第 **14** 章

典型气动系统

14.1　数控加工中心气动换刀系统

图 14-1 所示为某数控加工中心气动换刀系统原理图，该系统在换刀过程中实现主轴定位、主轴松刀、拔刀、向主轴锥孔吹气和插刀动作。

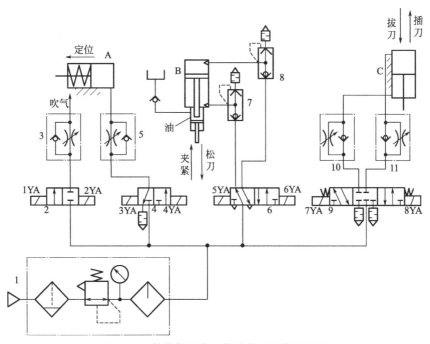

图 14-1　数控加工中心气动换刀系统原理图

1—气动三联件；2,4,6,9—换向阀；3,5,10,11—单向节流阀；7,8—快速排气阀

动作过程如下：

当数控系统发出换刀指令时，主轴停止旋转，同时 4YA 通电，压缩空气经气动三联件 1、换向阀 4、单向节流阀 5 进入主轴定位缸 A 的右腔，缸 A 的活塞左移，使主轴自动定位。

定位后压下无触点开关，使 6YA 通电，压缩空气经换向阀 6、快速排气阀 8 进入气液增压缸 B 的上腔，增压腔的高压油使活塞伸出，实现主轴松刀；同时使 8YA 通电，压缩空气经换向阀 9、单向节流阀 11 进入缸 C 的上腔，缸 C 下腔排气，活塞下移实现拔刀。

由回转刀库交换刀具，同时 1YA 通电，压缩空气经换向阀 2、单向节流阀 3 向主轴锥孔吹气。稍后 1YA 断电、2YA 通电，停止吹气；8YA 断电、7YA 通电，压缩空气经换向阀 9、单向节流阀 10 进入缸 C 的下腔，活塞上移实现插刀动作。

6YA 断电、5YA 通电，压缩空气经换向阀 6、快速排气阀 7 进入气液增压缸 B 的下腔，使活塞退回，主轴的机械机构使刀具夹紧。4YA 断电、3YA 通电，缸 A 的活塞靠弹簧力作用复位，回复到开始状态，换刀结束。

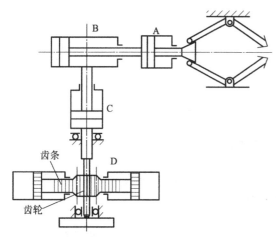

图 14-2　专用设备上气动机械手结构示意图

14.2　气动机械手系统

气动机械手具有结构简单和制造成本低等优点，并可以根据各种自动化设备的工作需要，按照设定的控制程序动作。因此，它在自动生产设备和生产线上被广泛采用。

图 14-2 所示是用于某专用设备上的气动机械手结构示意图。它由 4 个气缸组成，可在三个坐标内工作。图中 A 缸为夹紧缸，其活塞杆退回时夹紧工件，活塞杆伸出时松开工件。B 缸为长臂伸缩缸，可实现伸出和缩回动作。C 缸为立柱升降缸。D 缸为立柱回转缸，该气缸有两个活塞，分别装在带齿条的活塞杆两头，齿条的往复运动带动立柱上的齿轮旋转，从而实现立柱的回转。

图 14-3 是气动机械手的回路原理图。若要求该机械手的动作顺序为：立柱下降 C_0→伸臂 B_1→夹紧工件 A_0→缩臂 B_0→立柱/顺时针转 D_1→立柱上升 C_1→放开工件 A_1→立柱逆时针转动 D_0，则该传动系统的工作循环分析如下：

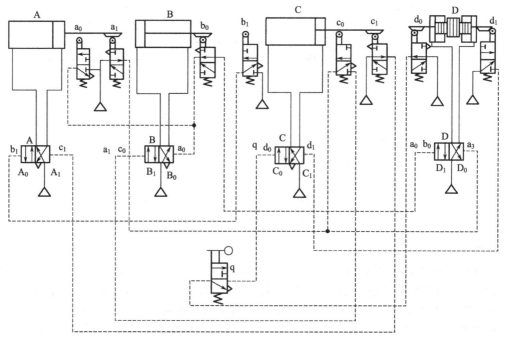

图 14-3　气动机械手的回路原理图

a. 按下启动阀 q，主控阀 C 将处于 C_0 位，活塞杆退回，即得到 C_0。

b. 当 C 缸活塞杆上的挡铁碰到 c_0 时，则控制气将使主控阀 B 处于 B_1 位，使 B 缸活塞杆伸出，即得到 D_1。

c. 当 B 缸活塞杆上的挡铁碰到 b_1 时，则控制气将使主动阀 A 处于 A_0 位，A 缸活塞杆退回，即得到 A_0。

d. 当 A 缸活塞杆上的挡铁碰到 a_0 时，则控制气将使主动阀 B 处于位 B_0 位，B 缸活塞杆退回，即得到 B_0。

e. 当 B 缸活塞杆上的挡铁碰到 b_0 时，则控制气使主动阀 D 处于 D_1 位，D 缸活塞杆往右，即得到 D_1。

f. 当 D 缸活塞杆上的挡铁碰到 d_1 时，则控制气使主控阀 C 处于 C_1 位，使 C 缸活塞杆伸出，得到 C_1。

g. 当 C 缸活塞杆上的挡铁碰到 c_1 时，则控制气使主控阀 A 处于 A_1 位，使 A 缸活塞杆伸出，得到 A_1。

h. 当 A 缸活塞杆上的挡铁碰到 a_1 时，则控制气使主控阀 D 处于 D_0 位，使 D 缸活塞杆往左，即得到 D_0。

i. 当 D 缸活塞杆上的挡铁碰到 d_0 时，则控制气经启动阀 q 又使主控阀 C 处于 C_0 位，于是又开始新的一轮工作循环。

14.3　机床夹具气动系统

在机械加工自动化生产线、组合机床中通常都采用气动系统来实现对加工工件的夹紧动作。图 14-4 所示为机床夹具气动系统的工件气动夹紧工作原理图，其工作过程为：当工件运行到指定位置后，定位锁紧缸 6 的活塞杆首先伸出（向下）将工件定位锁紧后，两侧的夹紧缸 3 和 9 的活塞杆再同时伸出，对工件进行两侧夹紧，然后进行机械加工，加工完成后各夹紧缸退回，将工件松开。

具体工作原理如下：

当踩下脚踏换向阀（为二位五通换向阀）2 时，脚踏换向阀 2 的左位处于工作状态，来自气源 1 的压缩空气经单向节流阀 5 进入定位锁紧缸

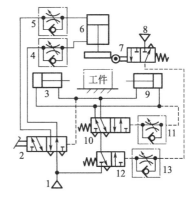

图 14-4　工件夹紧气动系统工作原理图
1,8—压缩空气源；2—脚踏换向阀；3,6,9—气缸；4,5,11,13—单向节流阀；7—二位三通机动行程阀；10—二位五通双气控换向阀；12—二位三通单气控换向阀

6 无杆腔，具有杆腔的压缩空气经单向节流阀 4、脚踏换向阀 2 左位排气，定位锁紧气缸 6 的活塞杆和夹紧头一起下降至锁紧位置后使二位三通机动行程阀 7 换向，二位三通机动行程阀 7 左位处于工作状态。

此时，来自气源 8 的压缩空气经单向节流阀 13 进入二位三通单气控换向阀 12 右腔，使其换向右位处于工作状态（调节节流阀 13 的开度可控制阀 12 的延时接通时间）。压缩空气经二位三通单气控换向阀 12 的右位、二位五通双气控换向阀 10 的左位进入两侧夹紧缸 3 和 9 的无杆腔，其有杆腔经二位五通双气控换向阀 10 左位排气，使两夹紧缸 3 和 9 的活塞杆同时伸出夹紧工件。

同时，一部分压缩空气经单向节流阀 11 作用于二位五通双气控换向阀 10 右腔，使其换向到右位（调节节流阀 11 的开度可控制二位五通双气控换向阀 10 的延时接通时间，使其延

时时间比加工时间略长），压缩空气经二位三通单气控换向阀 12 右位和二位五通双气控换向阀 10 右位进入夹紧缸 3 和 9 有杆腔，其无杆腔经二位五通双气控换向阀 10 右位排气，两夹紧缸 3 和 9 的活塞杆同时快退返回。

在两夹紧缸 3 和 9 的活塞杆返回过程中，其有杆腔的压缩空气使脚踏换向阀 2 复位。压缩空气经脚踏换向阀 2 右位和单向节流阀 4 进入定位锁紧缸 6 有杆腔，其无杆腔经单向节流阀 5 和脚踏换向阀 2 右位排气，使定位锁紧缸 6 活塞杆向上返回，带动夹紧头上升，二位三通机动行程阀 7、二位五通双气控换向阀 10 和二位三通单气控换向阀 12 也相继复位，夹紧缸 3 和 9 的无杆腔通过二位五通双气控换向阀 10 左位和二位三通单气控换向阀 12 左位排气，至此完成一个工作循环。

该回路只有再踏下脚踏换向阀 2，才能开始下一个工作循环。

14.4　铸造振压造型机气动系统

由于铸造生产劳动强度大，工作条件恶劣，所以气动技术在铸造生产中应用较早，且其自动化程度比较成熟和完善，下例是某铸造厂气动造型生产线上所用的四立柱低压微振造型机的电磁-气控系统。此系统在电控部分配合下可实现自动、半自动和手动三种控制方式。

图 14-5 为气控振压造型机示意图。空砂箱 3 由滚道送入机器左上方。推杆气缸 1 将空砂箱推入机器，同时顶出前一个已造好的砂型 4，砂型沿滚道去合箱机（若是下箱则进翻箱机，合箱机和翻箱机图中均未画出）。推杆气缸 1 复位后，接箱气缸 10 上升举起工作台，当工作台将砂箱举离滚道一定高度并压在填砂框 8 上以后停止。推杆气缸 7 将定量砂斗 5 拉到填砂框上方，压头 6 随之移出（砂斗与压头连为一体），进行加砂，同时进行预振击。

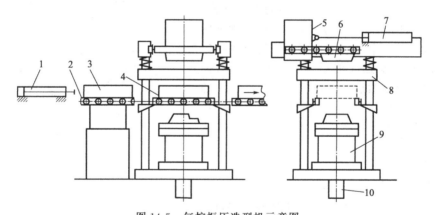

图 14-5　气控振压造型机示意图

1—砂箱推杆气缸；2—滚道；3—空砂箱；4—砂型；5—定量砂斗；6—压头；
7—砂斗推杆气缸；8—填砂框；9—振压气缸；10—接箱气缸

振击一段时间后，推杆气缸 7 将砂斗推回原位，压头 6 随之又进入工作位置。振压气缸 9（压实气缸与振击气缸为一复合气缸，即震压气缸）将工作台连同砂箱继续举起，压向压头，同时振击，使砂型紧实。在压实气缸上升时，接箱活塞返回原位。经过一定时间压实，压实活塞带动砂箱和工作台下降，当砂箱接近滚道时减速，进行起模。砂型留在滚道上，工作台继续落回到原位，准备下一循环。

气动系统的工作原理如图 14-6 所示。按下按钮阀 6，阀 7 换位使气源接通。当上一工序的信号使 4DT 接通时，阀 15 换向，接箱气缸 G 上升，举起工作台并接住滚道上的空砂箱后停在加砂位置上。同时压合行程开关 5XK，使 2DT 通电，阀 9 换向。推杆气缸 B 把砂斗 D

拉到左端并压合 3XK，使 3DT 接通，阀 16 换向，进行加砂和振击。与此同时，采用时间继电器对加砂和振击计时，到一定时间后 2DT、3DT 断电，阀 9、阀 16 复位，加砂和振击停止。砂斗回到原位，同时压头 C 进入压实位置并压合 4XK 使 5DT 通电，阀 13 换向，压实气缸 F 上升；4DT 断电，阀 15 复位，接箱气缸 G 经快速排气阀 14 排气，并快速落回原位。

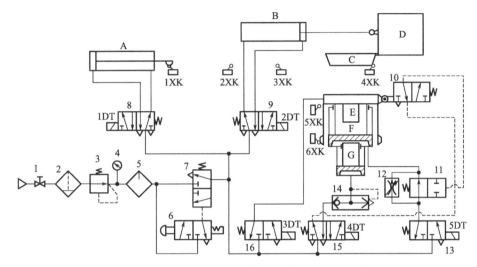

图 14-6　气控振压造型机气动回路的工作原理图

1—总阀；2—分水滤气器；3—减压阀；4—压力表；5—油雾器；6—按钮阀；7,11—气动换向阀；8,9,13,15,16—电磁换向阀；10—行程阀；12—节流阀；14—快速排气阀；1XK～6XK—行程开关；A—砂箱推杆气缸；B—砂斗推杆气缸；C—压头；D—定量砂斗；E—振击气缸；F—压实气缸；G—接箱气缸

压实时间由时间继电器计时，压实到一定时间后 5DT 断电，阀 13 复位，压实活塞下降。为满足起模和行程终点缓冲的要求，应用行程阀 10、气动换向阀 11、节流阀 12 和电磁换向阀 13 实现气缸行程中的变速。

当砂箱下落接近滚道时，撞块压合行程阀 10，阀 11 关闭，压实气缸经节流阀 12 排气，压实活塞低速下降。待模型起出后撞块脱离阀 10，压实气缸经由阀 11 和 13 排气，活塞快速下降。快到终点时，再次压合阀 10，使其控制阀 11 切断快速排气通路，活塞慢速回到原位并压合 6XK 使 1DT 通电，阀 8 换向，推杆气缸 A 前进把空砂箱推进机器，同时推出造好的砂型。

在行程终点压合 2XK，使 1DT 断电，阀 7 复位，A 缸返回。至此，完成一个工作循环。

14.5　气动张力控制系统

在印刷、纺织、造纸等许多工业领域中，张力控制是不可缺少的工艺手段。由力的控制回路构成的气动张力控制系统已有大量应用，它以价格低廉、张力稳定可靠而大有取代电磁张力控制机构之趋势。

为了保证卷筒纸印刷机进行正常的印刷，在输送纸张时，需要给纸带施加合理而且恒定的张力。由于印刷时，卷筒纸的直径逐渐变小，张力对纸筒轴的力矩以及纸带的加速度都在不断变化，从而引起张力变化。另外，卷筒纸本身的几何形状引起的径向跳动以及启动、刹车等因素的影响，也会引起张力的波动。所以要求张力控制系统不但要提供一定的张力，而且能根据变化自动调整将张力稳定在一定的范围之内。

图 14-7(a)、(b) 分别为卷筒纸印刷机气动张力控制系统的示意图和控制回路原理图。

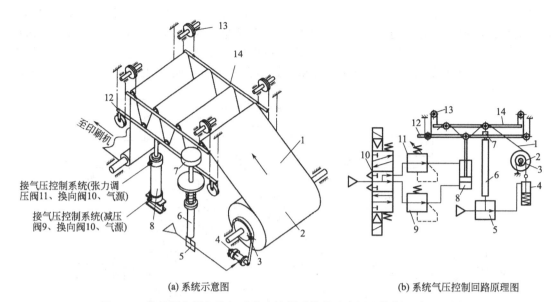

(a) 系统示意图   (b) 系统气压控制回路原理图

图 14-7   卷筒纸印刷机的气动张力控制系统的示意图和控制回路原理图

1—纸带；2—卷纸筒；3—给纸系统；4—制动气缸；5—压力控制阀；6—油柱；7—重锤；8—张力气缸；
9—减压阀；10—换向阀；11—张力调压阀；12—连接杆；13—链轮；14—存纸托架

纸带的张力主要由制动气缸 4 通过制动器对给纸系统 3 施加反向制动力矩来实现。由具有 Y 型中位的换向阀 10、张力调压阀 11、减压阀 9、张力气缸 8 构成的可调压力差动控制回路再对纸带施加一个给定的微小张力。某一时刻纸带中张力的变化由张力调压阀 11 调整。重锤 7、油柱 6 和压力控制阀 5 组成"位置-压力比例控制器"，它可将张力的变化量与给定小张力之差产生的位移转换为气压的变化，此气压的变化可控制制动气缸 4 改变对给纸系统的制动力矩，以实行恒张力控制。存纸托架 14 为浮动托架，受张力差的作用可上下浮动，使张力差转变为位置变动量，同时能平抑张力的波动，还能储存一定数量的纸，供不停机自动换纸卷筒用。当纸带张力变化时，通过该气动系统便可保持恒定张力。其动作过程如下：

a. 如果纸张中张力增大，使存纸托架 14 下移。因为存纸托架是通过链轮 13 与连接杆 12 连接在一起的，于是带动连接杆上升，连接杆又使油柱 6 上升。油柱上升使压力控制阀 5 的输出压力按比例下降，从而使制动气缸对纸卷筒的制动力矩减小，最后使纸带内张力下降。如果纸张内张力减小，则张力气缸 8 在给定力作用下使连接杆及油柱下降（也使存纸托架上升），油柱下降使压力控制阀输出压力按比例上升，这样制动气缸对纸卷筒的制动力矩增大，纸张的张力上升。当纸张内张力与张力气缸给定张力平衡时，存纸托架稳定在某一位置，此时位移变动量为零，压力控制阀输出稳定压力。

b. 系统中两个调压阀 11、5 均为普通的精密调压阀。油柱是一根细长而充满油的液压缸，底部装一钢球盖住下面压力控制阀的先导控制口，由存纸托架的位置在油柱中产生的阻尼力来控制喷口大小，从而控制输出压力的大小。用压力差动控制回路，可输出较小的给定力，从而提高控制的精度。

14.6   全自动灌装机气动控制系统

压力灌装主要适用于黏稠物料的灌装，可以提高灌装速度。如食品中的番茄沙司、肉糜、炼乳、糖水、果汁等，日用品中的冷霜、牙膏、香脂、发乳、鞋油等，医药中的软膏以及工业上用的润滑脂、油漆、油料胶液等。另外，某些液体（如医药用的葡萄糖液、生理盐水、袋血浆等）因采用软性无毒无菌塑料袋或复合材料袋包装，其注液管道软细，阻力大，也要采用压力灌装。因此，压力灌装应用场合十分广泛。

由于采用的压力和计量方法的不同，压力灌装有多种形式。其中应用最广的是容积式压力灌装。容积式压力灌装又称机械压力灌装，由各种定量泵（如活塞泵、刮板泵、齿轮泵等）施加灌装压力，并进行灌装计量。而其中采用活塞泵的容积式灌装方法应用最广泛，其工作原理如图 14-8 所示。旋转阀 3 上开有夹角为 90°的两个孔，其中一个为进料口，另一个为出料口。旋转阀 3 做往复转动使其进料口与料斗 1 的料口相通时，出料口与下料管 6 隔断，活塞 2 向左移动，将物料吸入计量室 5。当旋转阀 3 转动使其出料口与下料管 6 相通时，进料口与料斗 1 隔断，活塞 2 向右移动，物料在活塞 2 的推动下经下料管 6 流入包装容器 7。灌装容积为计量容积，通过调节活塞行程的大小即可调节灌装容积。

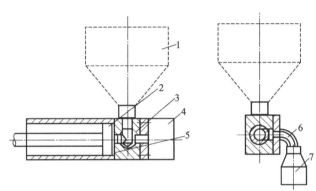

图 14-8　容积式压力灌装的工作原理图

1—料斗；2—活塞；3—旋转阀；4—旋转气缸；6—计量室；6—下料管；7—包装容器

活塞泵的两个主要动作通常需要通过机械传动来实现，为了控制运动速度及保证整个灌装动作协调完成，机构比较复杂。另外，还需设计电气控制系统，以实现灌装的自动化，因此制造成本较高。如采用气动技术则可以很方便地完成前述活塞容积式灌装的两个动作。

气动控制回路原理如图 14-9 所示。首先，按下复位按钮，气阀 19 口得气，同时气阀 38 口得气，使整个气动回路复位至如图示位置，旋转气缸转动 90°角，带动旋转阀 3 转动，使旋转阀的进料口与料斗 1 的料口相通时，出料口与下料管 6 隔断，同时气阀 32 得气，使气缸活塞 2 向左移动，将物料吸入计量室 5。然后，按下启动按钮，气阀 11 口得气，使气阀换向，旋转气缸又回转 90°角，带动旋转阀 3 转动，使旋转阀出料口与下料管 6 相通时，进料口与料斗 1 隔断，同时气阀 34 口得气，气缸活塞 2 向右移动，物料在气缸活塞 2 的推动下经下料管 6 流入包装容器 7。气缸活塞移动至容积调节磁控开关时，磁控开关动作，使气阀 18 口得气，然后气阀 19 口得气，整个气动回路复位。第二次按启动按钮，则重复上述动作。该气动回路设有自动开关和急停开关，当自动开关闭合时整个气动回路自动运行；若此时遇到紧急情况，可立即按下急停按钮，让系统停止工作。

本气动控制回路全部采用气控信号控制，双气控滑阀、分水减压阀选用日本 SMC 产品，启动按钮、自动/手动按钮、复位按钮、急停按钮、节流调速阀、或阀、磁控开关、直线气缸、旋转气缸等选用英国 Norgren Martonair 公司产品；气动传感接头选用 Sanwo Series 产品，这种传感接头当气缸到达行程末端时，依靠探测到的排气压降而工作，发出一个气信号，控制气路使活塞停止前进，可取代磁性开关。

该气动控制回路实现了容积式灌装方法中对活塞泵的两个主要动作的协调完成，完成了

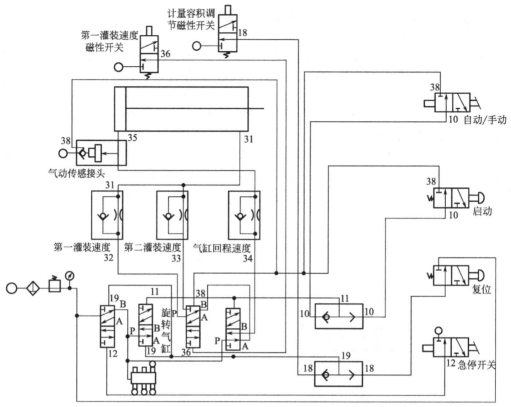

图 14-9 气动控制回路原理图

压力灌装的自动化，并通过控制气缸压力及行程对灌装压力及灌装容积实行无级调节。该气动控制回路实现变速灌装，同时灌装速度和吸料速度也是无级调节的。因此，气动技术实现包装机械的自动化是具有显著优势的。

附　　录

流体传动系统及常用元件图形符号

（摘自 GB/T 786.1—2009/ISO 1219-1：2006）

附表 1　图形符号的基本要素

一、线			
图形	描述	图形	描述
$0.1M$	供油管路、回油管路、元件外壳和外壳符号	$0.1M$	组合元件框线
$0.1M$	内部和外部先导（控制）管路、泄油管路、冲洗管路、放气管路		

二、连接和管接头			
图形	描述	图形	描述
$0.75M$	两个流体管路的连接	$0.5M$	两个流体管路的连接（在一个符号内表示）
$0.2M$	接口	$2M$	控制管路或泄油管路接口
$2M$ $1M$ $3M$ $45°$	位于溢流阀内的控制管路	$45°$ $4M$ $1M$ $2M$	位于减压阀内的控制管路

图形	描述	图形	描述
	位于三通减阀内的控制管路		软管管路
	封闭管路或接口		液压管路内堵头
	旋转管接头		三向旋塞阀

三、流路和方向指示

图形	描述	图形	描述
	流体流过阀的路径和方向		流体流过阀的路径和方向
	流体流过阀的路径和方向		流体流过阀的路径和方向
	阀内部的流动路径		阀内部的流动路径
	阀内部的流动路径		阀内部的流动路径
	阀内部的流动路径		流体流动方向

续表

图形	描述	图形	描述
1M 1M 1M	液压力作用方向	2M 2M 2M	液压力作用方向
1M 1M 1M	气压力作用方向	2M 2M 2M	气压力作用方向
3M	线性运动的方向指示	3M	线性运动的双方向指示
60° 9M	顺时针方向旋转指示箭头	60° 9M	逆时针方向旋转指示箭头
60° 9M	双方向旋转指示箭头	45° 2.5M	元件指示箭头,指示压力
2.5M	扭矩指示	2.5M	速度指示

四、机械基本要素

图形	描述	图形	描述
0.75M	单向阀运动部分(大规格)	1M	单向阀运动部分(大规格)
4M	测量仪表框线	6M	能量转换元件框线(泵、压缩机、马达)
3M 6M	摆动泵或马达框线(旋转驱动)	□2M	控制方法框线(简略表示),蓄能器重锤
□3M	开关、变换器和其他器件框线	□4M	最多四个主油口阀的功能单元

图形	描述	图形	描述
□6M	马达驱动部分框线（内燃机）	□4M	流体处理装置框线（过滤器、分离器、油雾器和热交换器等）
3M / 2M	控制方法框线（标准图）	4M / 2M	控制方法框线（拉长图）
5M / 3M	显示装置框线	6M / 4M	五个主油口阀的功能单元
8M / 4M	双压阀的功能单元（"与"逻辑）	4M / 1M	无杆缸支架
nM / mM	功能单元	7M / 4M	夹具框线
9M / 3M	柱塞缸活塞杆	9M / 4M	缸
9M / 5M	伸缩缸框线	9M / 1M	活塞杆
9M / 1.5M	大直径活塞杆	9M / 3M	伸缩缸活塞杆
9M / 3M / 1M	双作用伸缩缸活塞杆	9M / 5M / 3M	双作用伸缩缸活塞杆

图形	描述	图形	描述
	要求独立控制元件解锁的锁定装置		永久磁铁
	膜片活塞		增压器壳体
	增压器活塞		外部夹具元件
	内部夹具元件		无连接排气管
	缸内缓冲		缸的活塞
	盖板式插装阀圆柱阀芯		盖板式插装阀的嵌入式安装,滑阀结构
	盖板式插装阀的圆柱阀芯,滑阀结构		盖板式插装阀安装区域
	盖板式插装阀的圆柱阀芯,座阀结构		盖板式插装阀的圆柱阀芯,座阀结构

图形	描述	图形	描述
	盖板式插装阀的嵌入式安装,内置主动座阀结构		盖板式插装阀的嵌入式安装,内置主动座阀结构
	盖板式插装阀的活塞,内置主动座阀结构		无口控制盖,盖的最小高度尺寸为4M。为实现功能扩展,盖子高度应该调整为2M的倍数
	机械连接、轴、杆、机械反馈		机械连接(轴、杆)
	机械连接(轴、杆),机械反馈		轴连接
	M表示电动机,与泵、压缩机或马达连接		真空泵元件
	单向阀阀座(小规格)		单向阀阀座(大规格)
	机械行程限制		节流器(小规格)
	流量控制阀(节流通道节流,取决于黏度)		节流孔(小规格)

续表

图形	描述	图形	描述
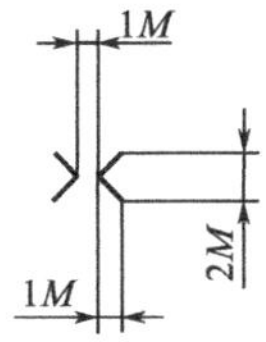	节流孔（锐边节流孔节流，很大程度取决于黏度）	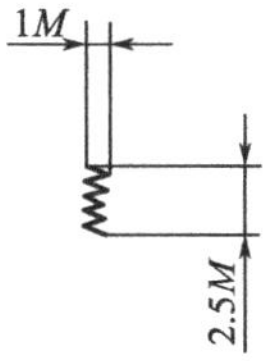	嵌入弹簧
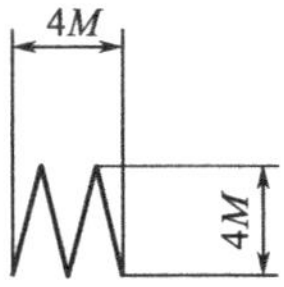	夹具弹簧	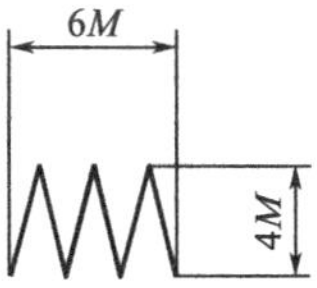	油缸弹簧

五、控制机构要素

图形	描述	图形	描述
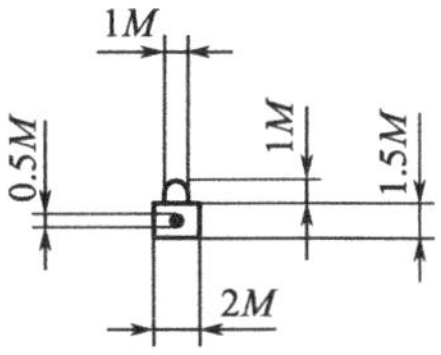	锁定元件（锁）	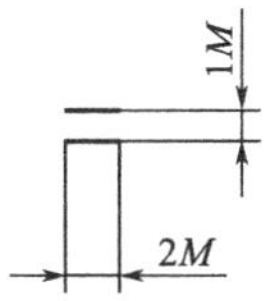	机械连接（轴、杆）
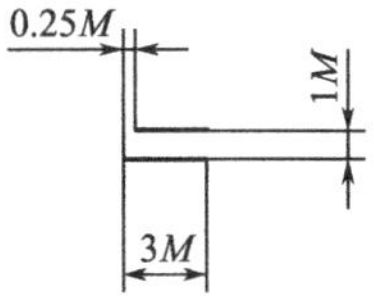	机械连接（轴、杆）	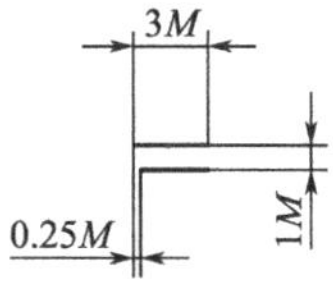	机械连接（轴、杆）
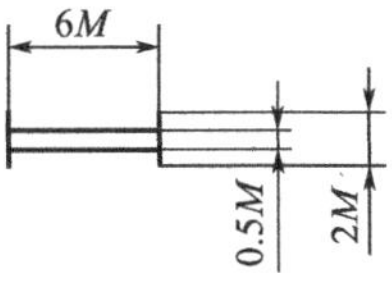	双阀座的机械连接	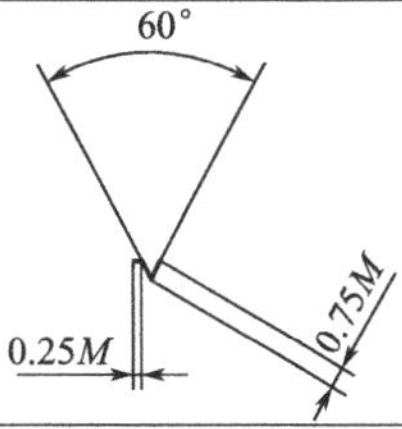	定位机构
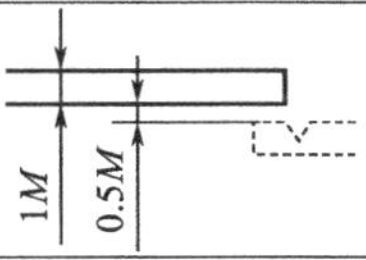	定位锁	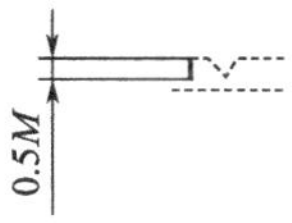	非定位位置指示
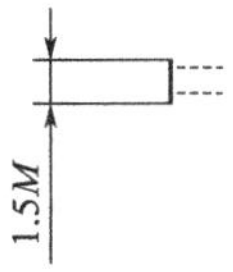	手动控制元件	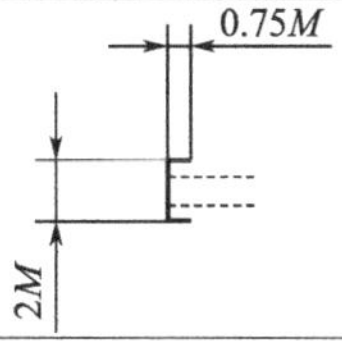	推力控制机构元件
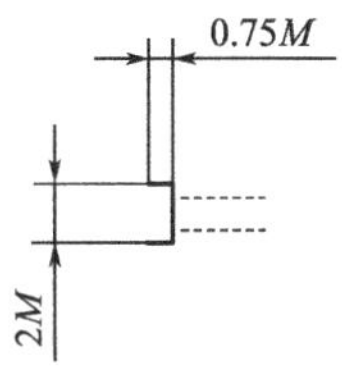	拉力控制机构元件	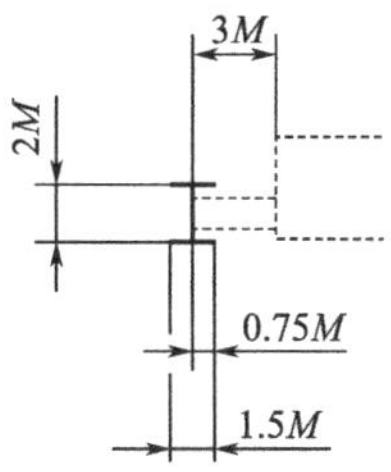	推拉控制机构元件

图形	描述	图形	描述
	回转控制机构元件		控制元件:可动把手
	控制元件:钥匙		控制元件:手柄
	控制元件:踏板		控制元件:双向踏板
	控制机构限制装置		控制元件:活塞
	旋转节点连接		控制元件:滚轮
	控制元件:弹簧		控制元件:带控制机构弹簧
	不同尺寸的反向控制面积的直动机构		步进可调符号

续表

图形	描述	图形	描述
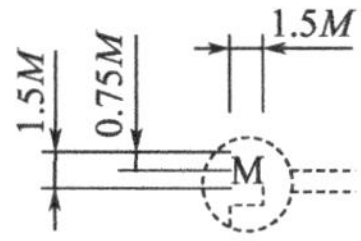	M 表示电机	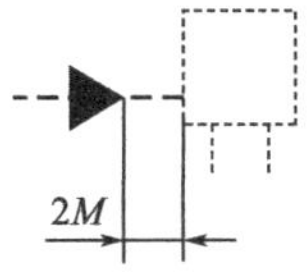	液压增压直动机构（用于方向控制阀）
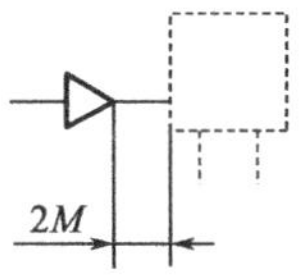	气压增压直动机构（用于方向控制阀）	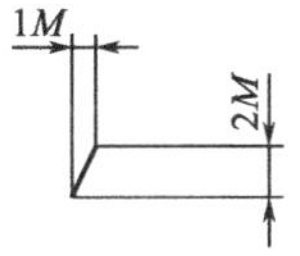	控制元件：绕阻，作用方向指向阀芯（电磁铁、力矩马达、力马达）
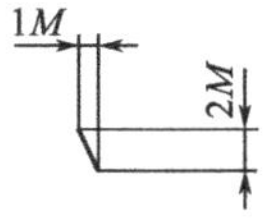	控制元件：绕阻，作用方向背离阀芯（电磁铁、力矩马达、力马达）	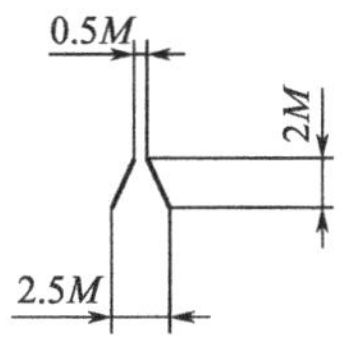	控制元件：双绕阻，反方向作用

六、调节要素

图形	描述	图形	描述
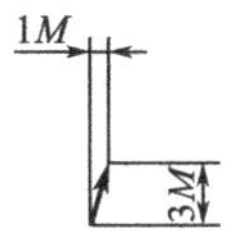	可调整，如行程限制	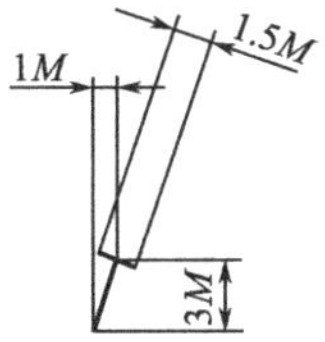	预设置，如行程限制
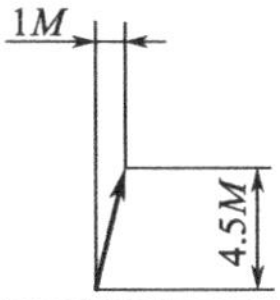	弹簧或比例电磁铁的可调整	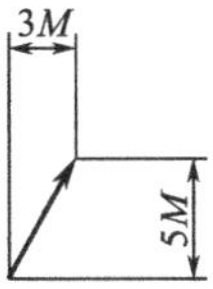	节流孔的可调整
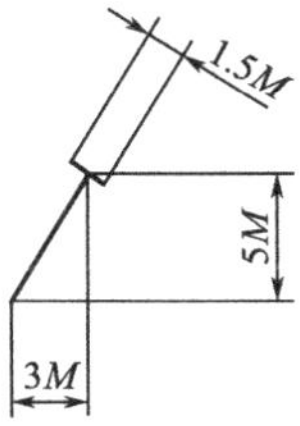	预设置，节流孔	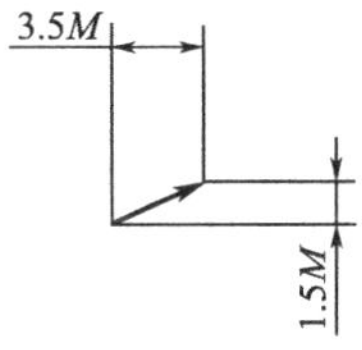	节流器的可调整
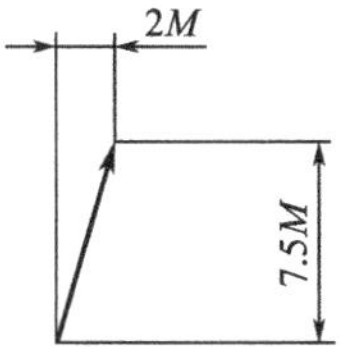	末端缓冲的可调整	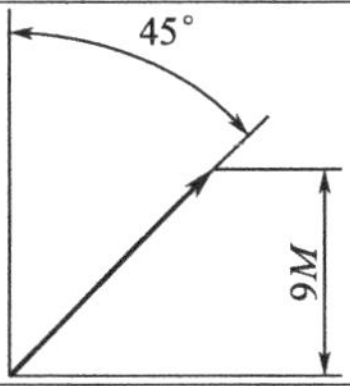	泵或马达的可调整

七、附件

图形	描述	图形	描述
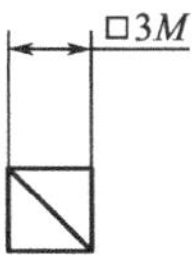	信号转换、常规、测量传感器	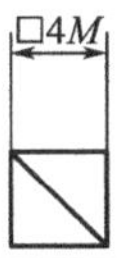	信号转换、常规、测量传感器

续表

图形	描述	图形	描述
	*—输入信号 **—输出信号	G—位置或长度测量 L—液位 P—压力或真空 S—速度或频率 T—温度 W—质量或力	输入信号
	压电控制机构元件		导线符号
	输出信号(电控开关)		输出信号(电气模拟信号)
	输出信号(电气数字信号)		电气接触(常开触点)
	电气接触(常闭触点)		电气接触(开关触点)
	集成电子器件		液位指示
	加法器符号		流量指示

图形	描述	图形	描述
	温度指示		光学指示器元件
	声音指示器元件		浮子开关元件
	时控单元元件		计数器元件
	截止阀		过滤器元件
	过滤器聚结功能		过滤器真空功能
	流体分离器元件,手动排水		分离器元件
	自动流体分离器元件		离心式过滤器元件
	热交换元件		有盖油箱

续表

图形	描述	图形	描述
	回到油箱		元件： 压力容器 压缩空气储气罐、蓄能器 储气瓶、波纹管执行器、软管气缸
	气压源		液压源
	消声器		风扇
	吸盘		

附表 2   图形符号的应用规则

一、常规符号

图形	描述	图形	描述
	功能单元大小可能会随需要而改变		当功能需要时,无连接排气口应当标明
	元件应中心位置放置且与相应符号有 1M 间隔		

二、阀

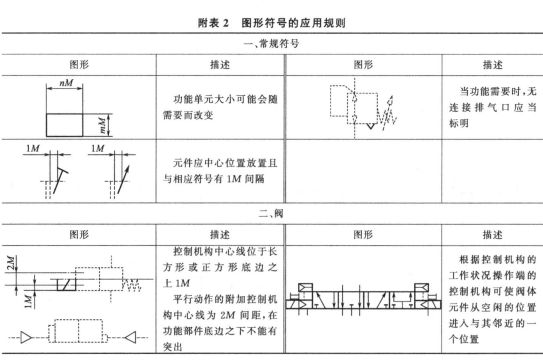

图形	描述	图形	描述
	控制机构中心线位于长方形或正方形底边之上 1M 平行动作的附加控制机构中心线为 2M 间距,在功能部件底边之下不能有突出		根据控制机构的工作状况操作端的控制机构可使阀体元件从空闲的位置进入与其邻近的一个位置

续表

图形	描述	图形	描述
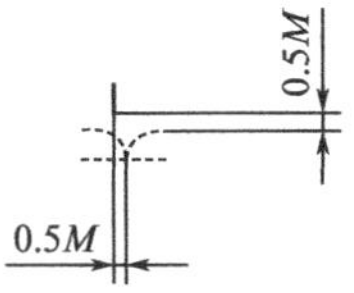	定位锁机构应放置在中间,或者在距凹口右或左0.5M的位置,且在轴上方0.5M处	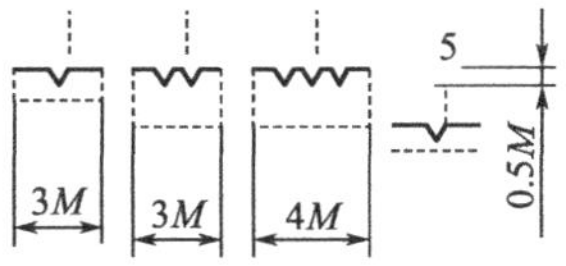	定位槽应对称置于轴上。对于三个以上的定位,数量应标注在定位槽上方0.5M处
	如有必要,无定位的切换位置应当标明	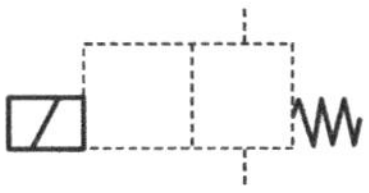	控制机构应在图中相应的矩形/长方形中直接标明
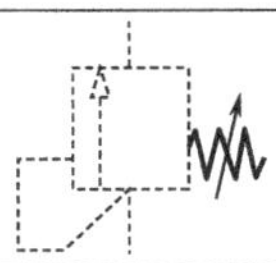	控制机构应画在矩形或长方形的右侧,除非两侧均有	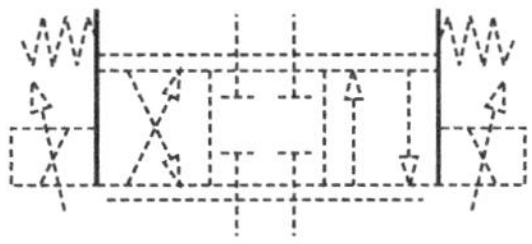	如果符号的尺寸不适合控制机构,需要画出延长线,在功能元件的两侧均可
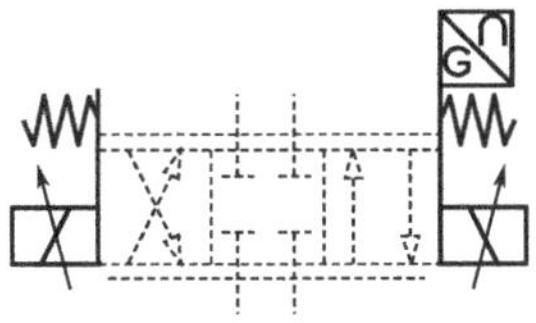	控制机构和信号转换器并行运行时从底部到顶部应遵循以下顺序:液动或气动→电磁铁→弹簧→手动控制元件→转换器	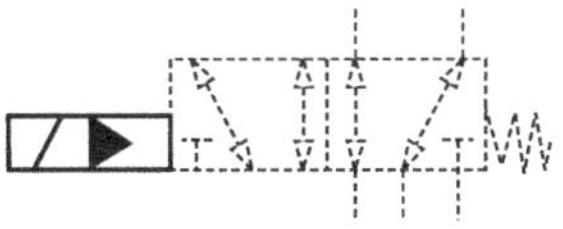	控制机构串联工作时应依照同样的控制次序按顺序表示
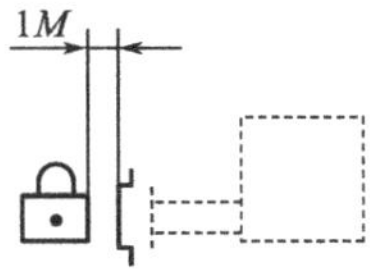	锁定符号应在距离可锁装置1M距离外标出,该锁定符号表示可锁定的调整	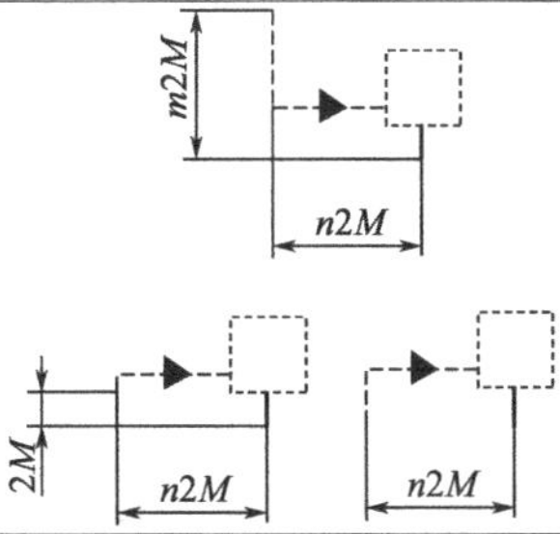	符号设计时应使接口末端在2M的倍数的网格上
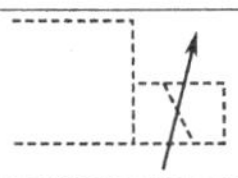	单绕组比例电磁铁	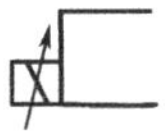	如比例电磁铁、力马达等
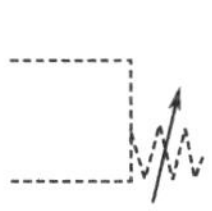	弹簧的可调整	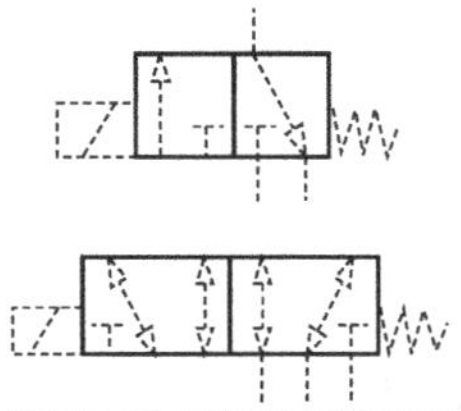	阀符号由各种功能单元组成,每一种功能单元代表一种阀芯位置和不同作用方式
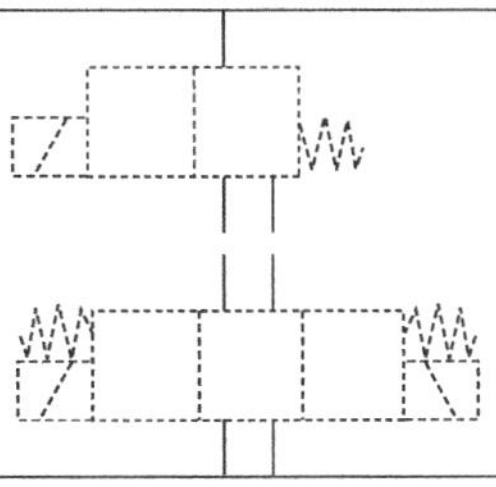	应标识出功能单元上的工作油口,并表示功能单元未受激励的状态(非工作状态)	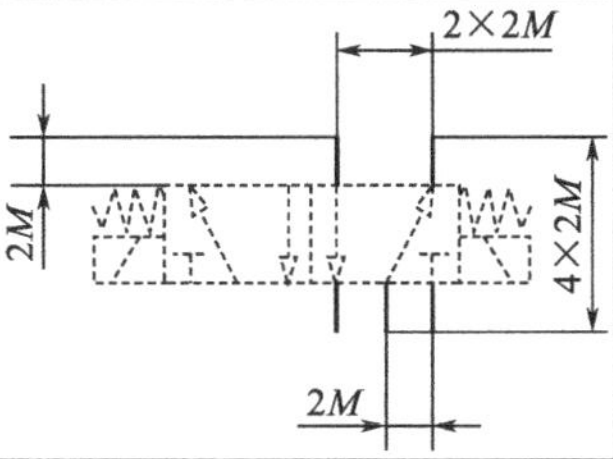	符号连接用2M的倍数表示。相邻连接线的距离应为2M,以保证接口标识码的标注空间
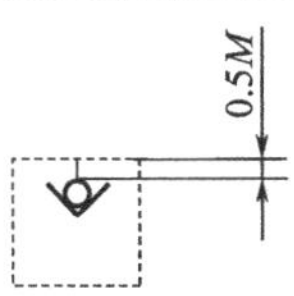	功能:防漏隔离,液压电磁换向座阀	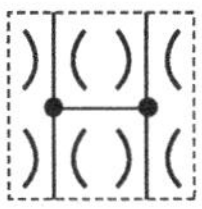	功能:内部流路限流(零遮盖至负遮盖)

图形	描述	图形	描述
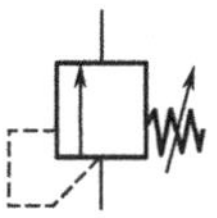	压力控制阀符号的基本位置由流动方向决定。供油口通常画在底部	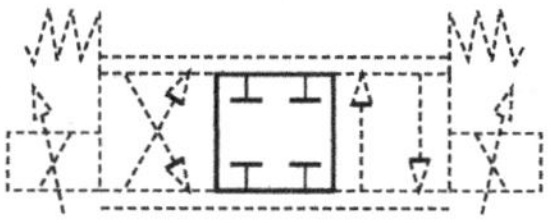	代表比例、快速响应伺服阀的中位机能,零遮盖或正遮盖
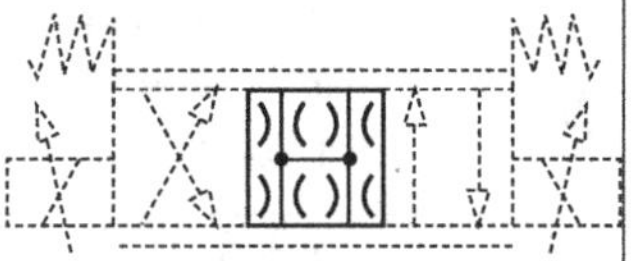	代表比例、快速响应伺服阀的中位机能,零遮盖或负遮盖(至3%)	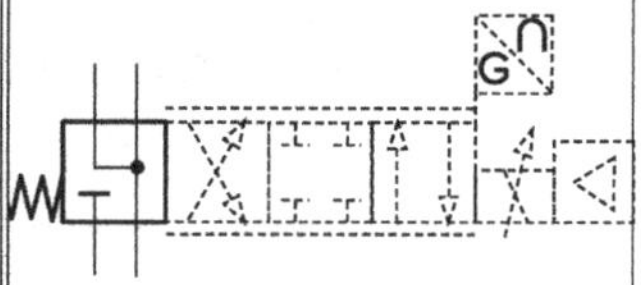	控制系统外部应显示设置自动防故障装置
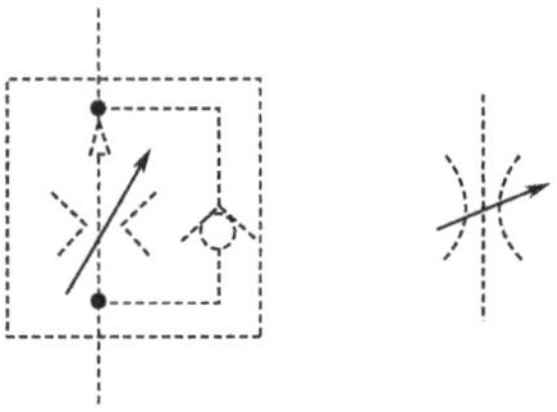	可调整要素符号应位于节流器或节流孔的中心位置	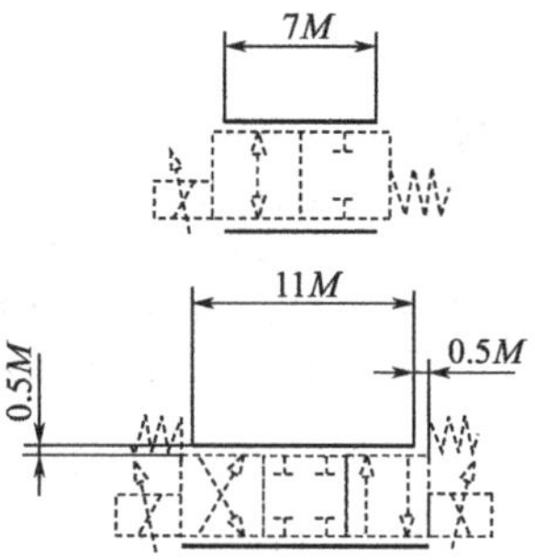	对于有两个或更多工作位置,或有多个中间位置且彼此节流特性各不相同的阀,应沿符号画两条平行线

三、二通盖板式插装阀

图形	描述	图形	描述
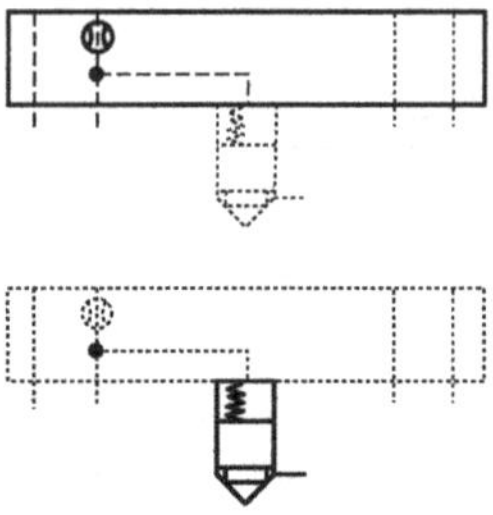	二通插装阀符号包括两个部分:控制盖板和插装阀芯。插装阀芯与控制盖板涵盖了更基础的元件或符号	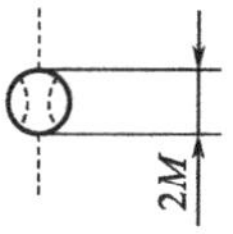	如果节流孔是可代替的,其符号应圈上一个圆圈
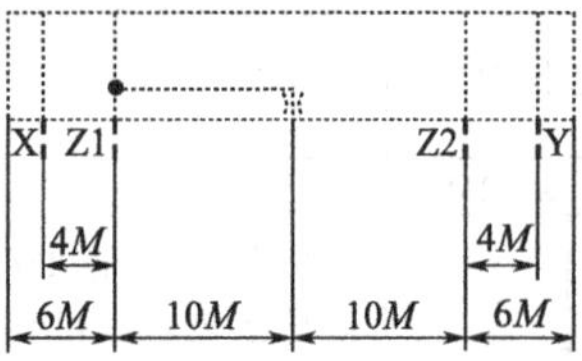	控制盖板的连接应位于框图中网格节点上,其位置固定	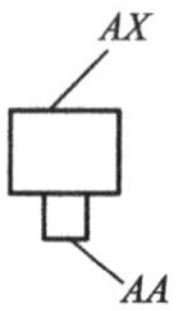	盖板式插装阀,座阀结构,阀芯面积比 $\dfrac{AA}{AX} \leqslant 0.7$
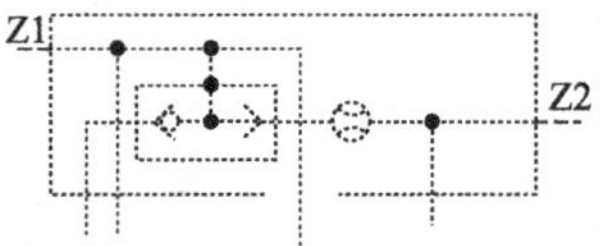	应画出外部连接		盖板式插装阀,座阀结构,圆柱阀芯面积比 $1 > \dfrac{AA}{AX} > 0.7$

续表

图形	描述	图形	描述
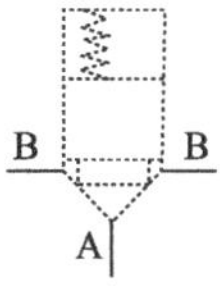 B ——— B A	工作油口位于底部和符号侧边。A口位于底部,B口在右边或在左边或两边都有	 ▢　▢	对于有节流功能的二通插装阀,阀芯部位应涂满
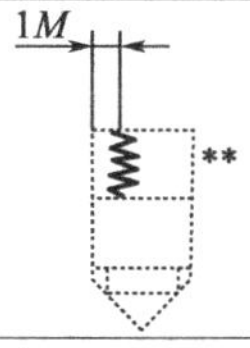 1M ****	阀的开启压力应在符号旁边标明(＊＊)		

四、泵和马达

图形	描述	图形	描述
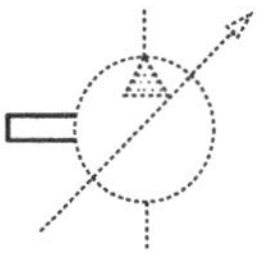	泵的驱动轴位于左边(首选位置)或右边,且可延伸2M的倍数	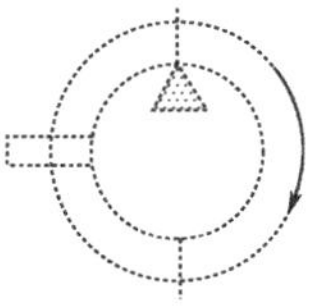	顺时针方向箭头表示泵的轴顺时针方向旋转,并画在泵轴的对侧。旋转方向由在部件面对轴末端的视角给出
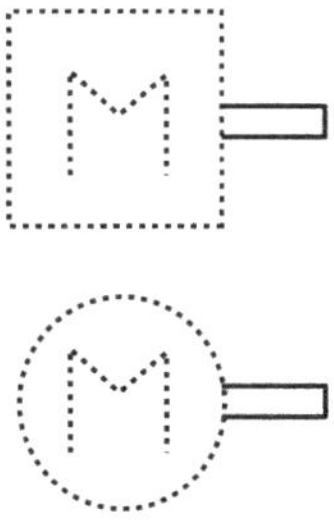 M M	马达的轴位于右边(首选位置),也可置于左边	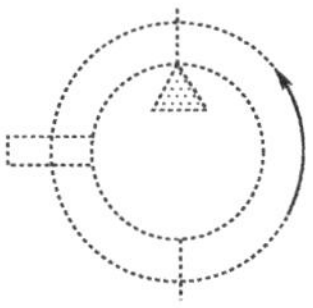	逆时针方向箭头表示泵的轴逆时针方向旋转,并画在泵轴的对侧。旋转方向由在部件面对轴末端的视角给出
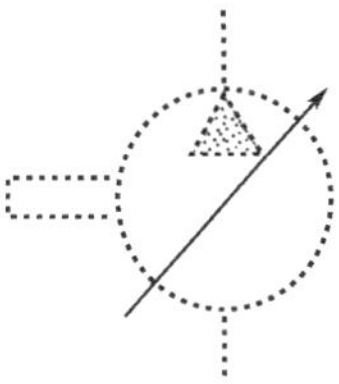	表示可调整的箭头应置于能量转换装置符号的中心。如果需要,可画得更长些	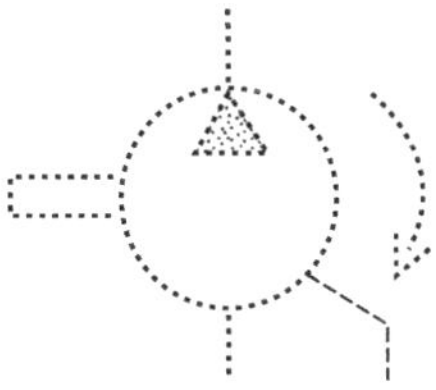	泵或马达的泄油管路表示在其右下底部,斜度小于45°,位于位移轴和驱动轴之间

五、缸

图形	描述	图形	描述
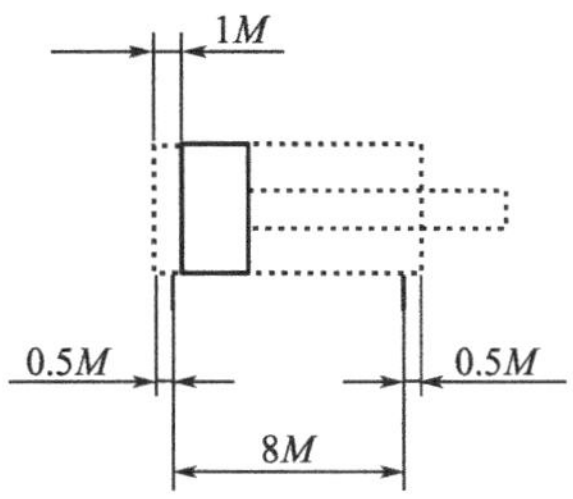 1M 0.5M　0.5M 8M	活塞应距离缸端盖1M以上。连接油口的管路距离缸的符号末端应当在0.5M以上	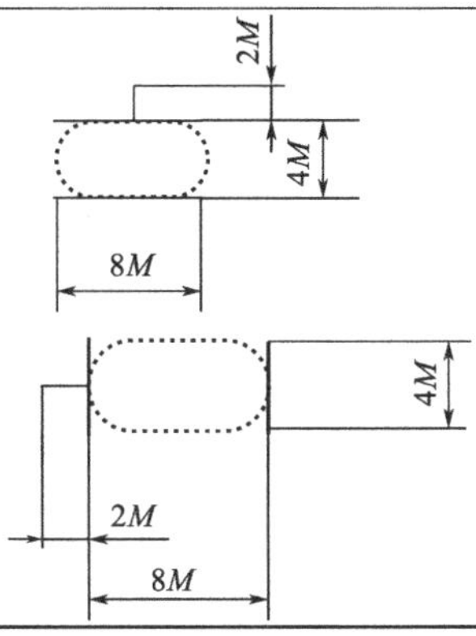 2M 4M 8M 4M 2M 8M	机械行程应以对称方式标出

续表

图形	描述	图形	描述
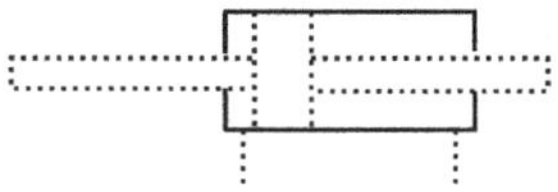	缸的框图应与活塞杆符号元件相匹配	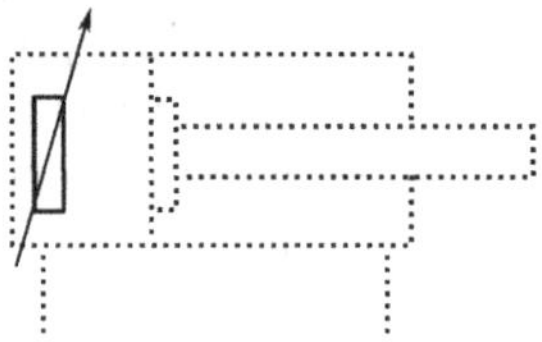	可调整机能应由标识在调节元件中的箭头指示。两个元件的可调整机能应表示在元件之间的中间位置
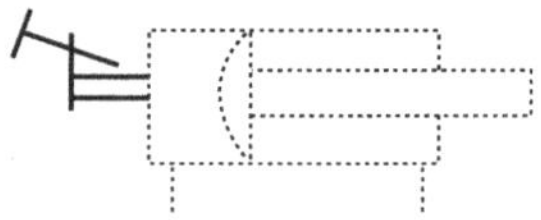	行程限制应在端盖末端标出		

六、管接头

图形	描述	图形	描述
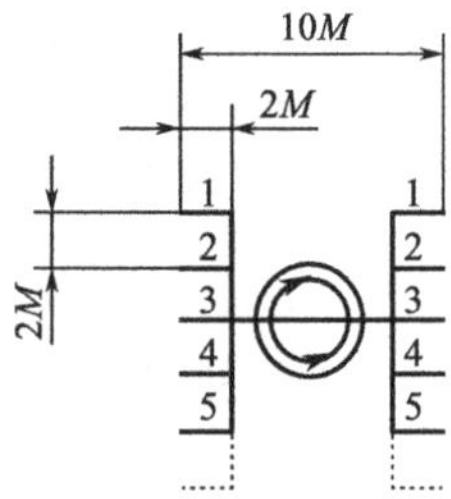	多路旋转管接头图中两边接口都有 2M 间隔。图中数字可自定义并扩展。接口牌号表示在接口符号上方	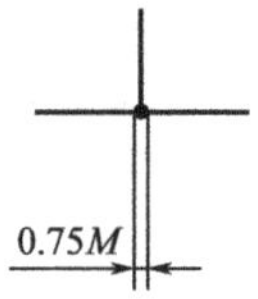	两条管路的连接标出连接点
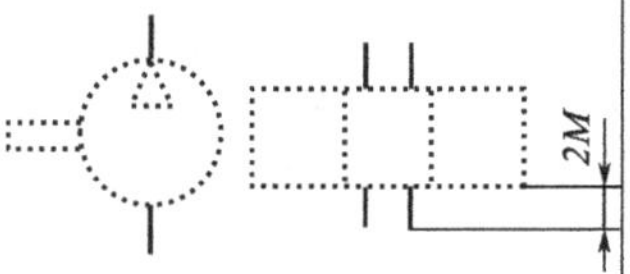	应标出所有接口的符号		两条管路交叉没有节点，表明它们之间没有连接
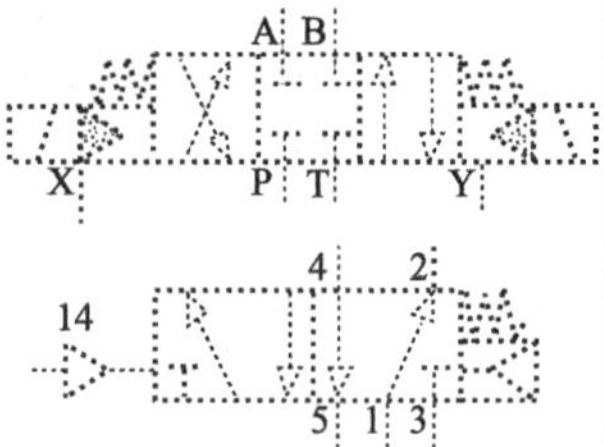	各种口的符号示例：A—油口；B—油口；P—泵；T—油箱；X—先导控制；Y—先导式泄油；1—供油或供气口；2,4—工作口；3,5—回油口或排气口；14—控制口		

七、电气装置

图形	描述	图形	描述
	位置开关（机电式），如阀芯位置	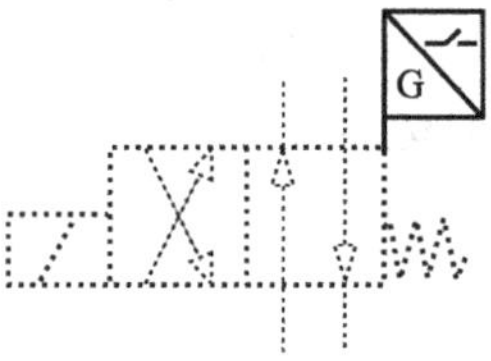	带切换输出信号的电控接近开关，如监视方向控制阀中的阀芯位置

续表

图形	描述	图形	描述
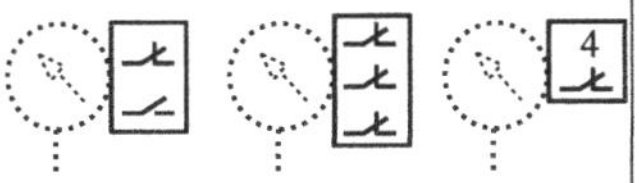	同一个图中至少可以有一个触点。每一个触点可以有不同功能（常闭触点、常开触点、开关触点）		带模拟信号输出的位置信号转换器

八、能量源、测量设备和指示器

图形	描述	图形	描述
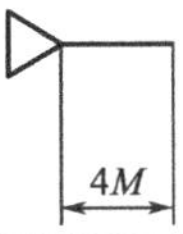	气压源		液压源
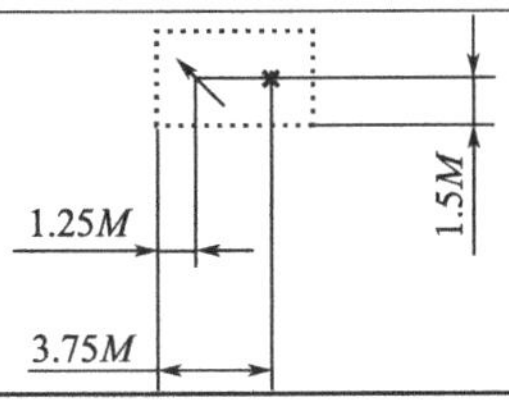	所示单元中箭头和星号的位置，并详细描述的位置		

附表 3 图形符号

一、控制机构

图形	描述	图形	描述
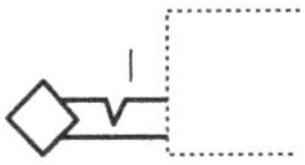	带有分离把手和定位销的控制机构	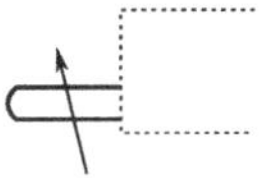	具有可调行程限制装置的顶杆
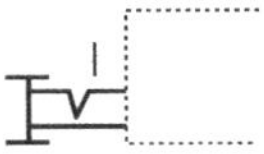	带有定位装置的推或拉控制机构	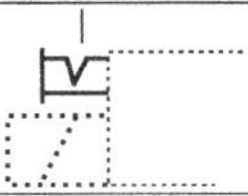	手动锁定控制机构
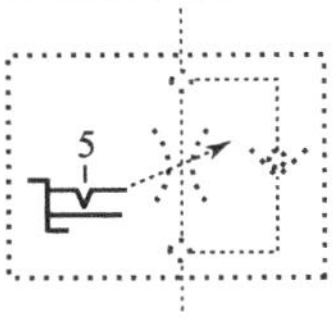	具有 5 个锁定位置的调节控制机构	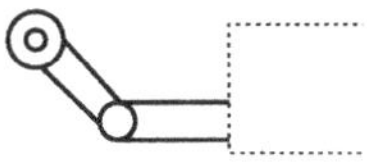	用作单方向行程操纵的滚轮杠杆
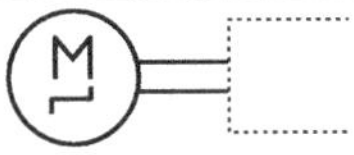	使用步进电动机的控制机构		单作用电磁铁，动作指向阀芯
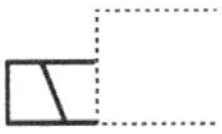	单作用电磁铁，动作背离阀芯	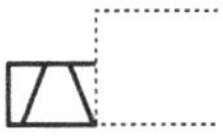	双作用电气控制机构，动作指向或背离阀芯
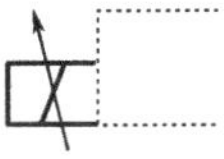	单作用电磁铁，动作指内阀芯，连续控制	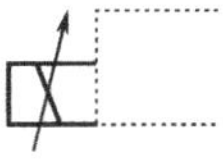	单位作用电磁铁，动作背离阀芯，连续控制
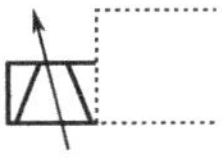	双作用电气控制机构，动作指向或背离阀芯，连续控制	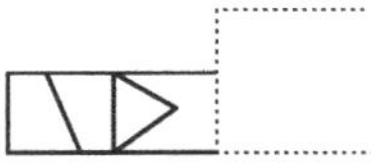	电气操纵的气动先导控制机构
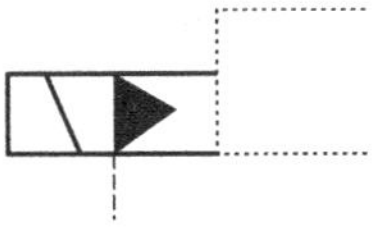	电气操纵的带有外部供油的液压先导控制机构	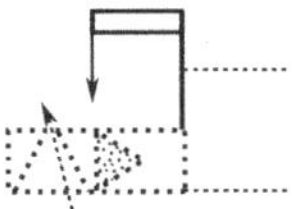	机械反馈

图形	描述	图形	描述
	具有外部先导供油、双比例电磁铁、双向操作、集成在同一组件、连续工作的双先导装置的液压控制机构		

二、方向控制阀

图形	描述	图形	描述
	二位二通方向控制阀（二通，二位，推压控制机构，弹簧复位，常闭）		二位二通方向控制阀（二位，电磁铁操纵，弹簧复位，常开）
	二位四通方向控制阀（电磁铁操纵弹簧复位）		气动软启动阀（电磁铁操纵内部先导控制）
	延时控制气动阀，其入口接入一个系统，使得气体低速流入直达预设压力才使阀口全开		二位三通锁定阀
	二位三通方向控制阀（滚轮杠杆控制，弹簧复位）		二位三通方向控制阀（电磁铁操纵，弹簧复位，常闭）
	二位三通方向控制阀（单电磁铁操纵，弹簧复位，定位销式手动定位）		二位三通方向控制阀（差动先导控制）
	三位四通方向控制阀（液压控制，弹簧对中）		二位四通方向控制阀［双电磁铁操纵，弹簧复位，定位销式（脉冲阀）］
	二位三通方向控制阀（气动先导式控制和扭力杆、弹簧复位）		二位四通方向控制阀（电磁铁操纵液压先导控制，弹簧复位）
	三位四通方向控制阀（电磁铁操纵先导级和液压操作主阀，主阀及先导级弹簧对中，外部先导供油和先导回油）		二位四通方向控制阀（单电磁铁操纵，弹簧复位，定位销式手动定位）

续表

图形	描述	图形	描述
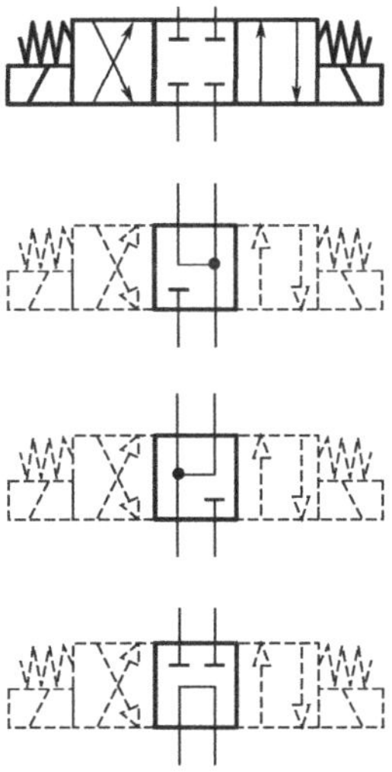	三位四通方向控制阀（弹簧对中，双电磁铁直接操纵，不同中位机能的类别）	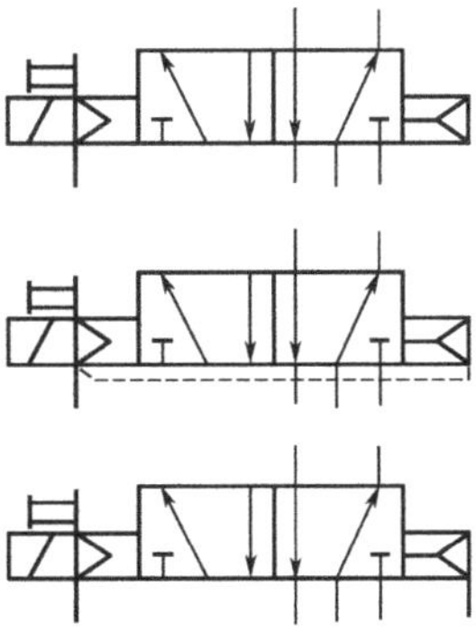	二位三通气动方向控制阀（电磁铁先导控制，外部先导供气，气压复位，手动辅助控制） 气压复位供压具有如下可能： 从阀进气口提供内部压力 从先导口提供内部压力 外部压力源
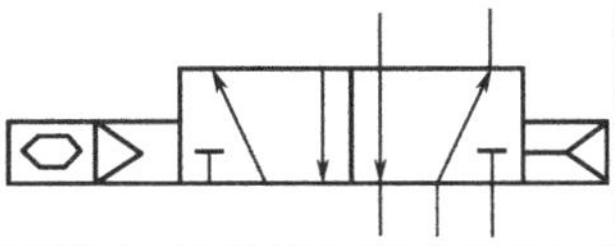	二位五通气动方向控制阀（先导式压电控制，气压复位）	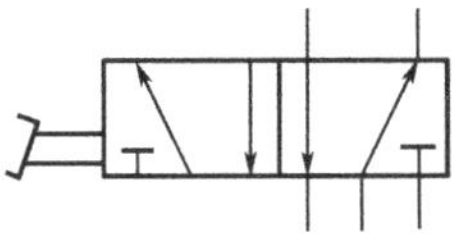	二位五通方向控制阀（踏板控制）
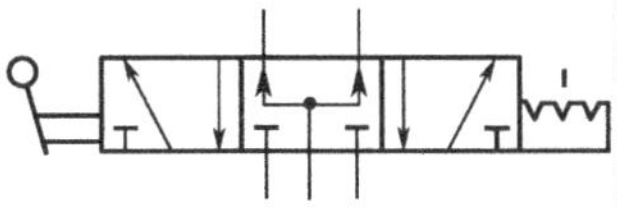	三位五通方向控制阀（定位销式各位置杠杆控制）	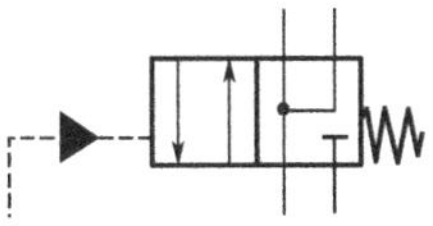	二位四通方向控制阀（液压控制，弹簧复位）
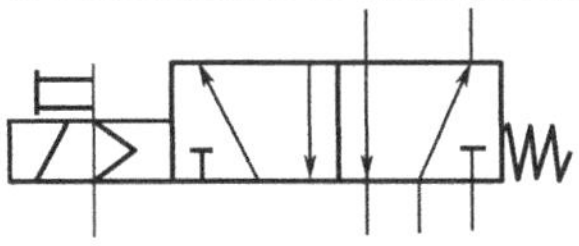	二位五通气动方向控制阀（单作用电磁铁，外部先导供气，手动操纵，弹簧复位）	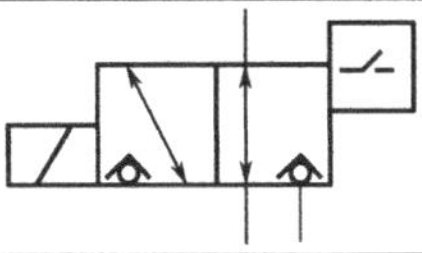	二位三通液压电磁换向座阀，带行程开关
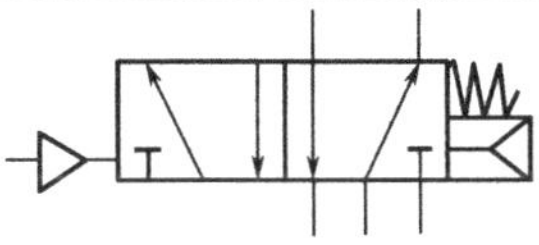	二位五通直动式气动控制阀（机械弹簧与气动复位）	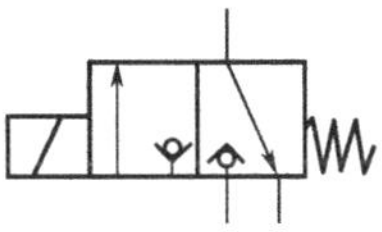	二位三通液压电磁换向座阀
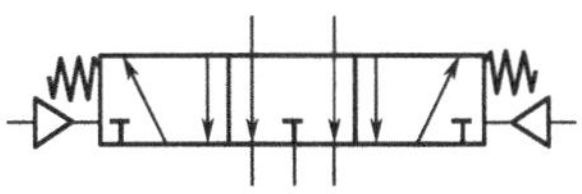	三位五通直动式气动方向控制阀（弹簧对中，中位时两出口都排气）		

三、压力控制阀

图形	描述	图形	描述
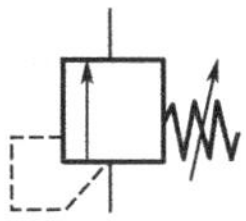	溢流阀（直动式，开启压力由弹簧调节）	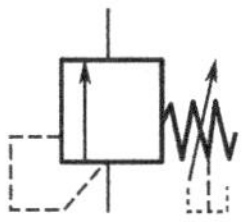	顺序阀（手动调节设定值）
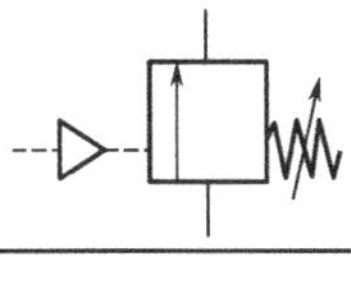	外部控制的顺序阀	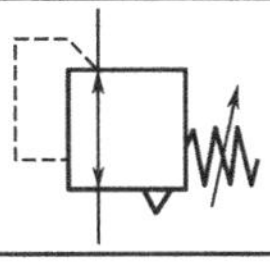	内部流向可逆调压阀

续表

图形	描述	图形	描述
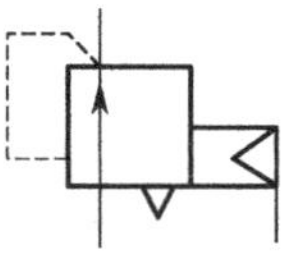	调压阀（远程先导可调，溢流，只到向前流动）	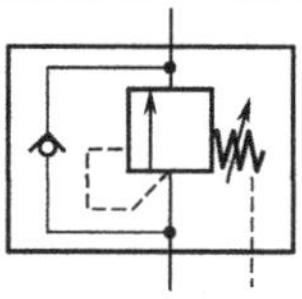	顺序阀（带有旁通阀）
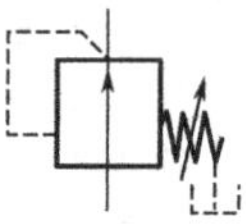	二通减压阀（直动式，外泄型）	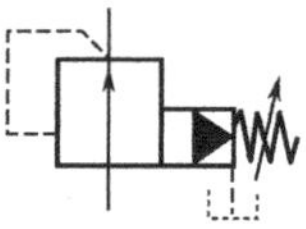	二通减压阀（先导式，外泄型）
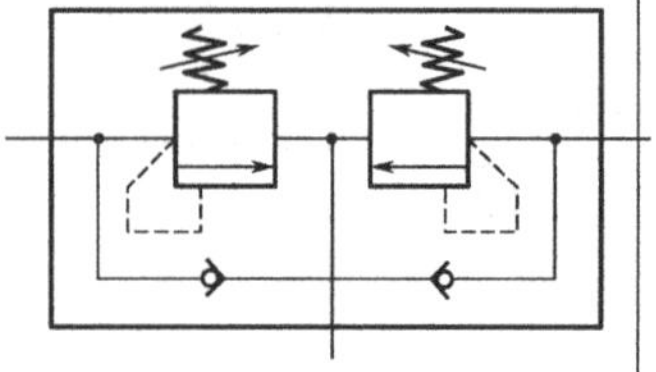	防气蚀溢流阀（用来保护两条供给管道）	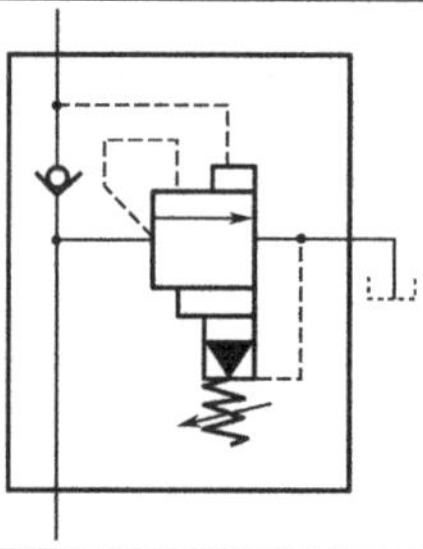	蓄能器充液阀（带有固定开关压差）
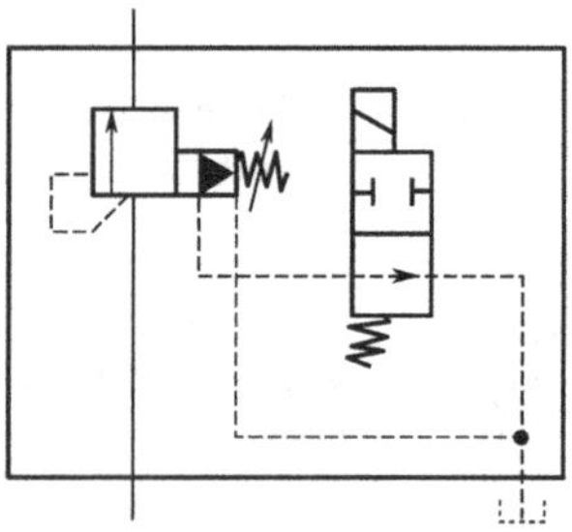	电磁溢流阀（先导式，电气操纵预设定压力）	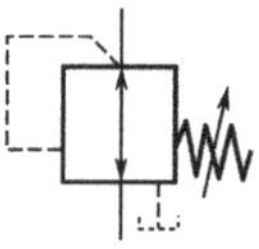	三通减压阀（液压）

四、流量控制阀

图形	描述	图形	描述
	可调节流量控制阀		三通流量控制阀（可调节，将输入流量分成固定流量和剩余流量）
	可调节流量控制阀（单向自由流动）	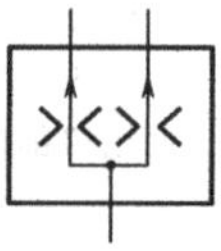	分流器（将输入流量分成两路输出）
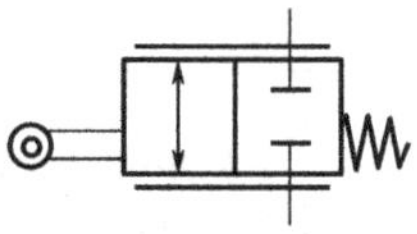	流量控制阀（滚轮杠杆操纵，弹簧复位）	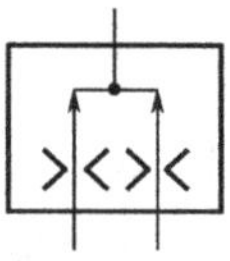	集流阀（保持两路输入流量相互恒定）
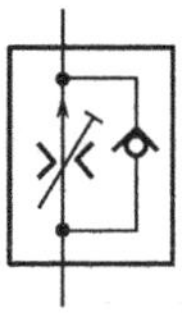	二通流量控制阀（可调节，带旁通阀，固定设置，单向流动，基本与黏度和压力差无关）		

续表

五、单向阀和梭阀			
图形	描述	图形	描述
	单向阀(只能在一个方向自由流动)		单向阀(带有复位弹簧,只能在一个方向流动,常闭)
	先导式液控单向阀(带有复位弹簧,先导压力允许在两个方向自由流动)		双单向阀(先导式)
	梭阀("或"逻辑),压力高的入口自动与出口接通		快速排气阀

六、比例方向控制阀			
图形	描述	图形	描述
	直动式比例方向控制阀		比例方向控制阀(直接控制)
	先导式比例方向控制阀(带主级和先导级的闭环位置控制,集成电子器件)		电液线性执行器(带由步进电动机驱动的伺服阀和液压缸位置机械反馈)
	先导式伺服阀(带主级和先导级的闭环位置控制,集成电子器件,外部先导供油和回油)		伺服阀(内置电反馈和集成电子器件,带预设动力故障位置)
	先导式伺服阀(先导级带双线圈电气控制机构,双向连接控制,阀芯位置机械反馈到无导装置,集成电子器件)		

七、比例压力控制阀

图形	描述	图形	描述
	比例溢流阀（直控式，通过电磁铁控制弹簧工作长度来控制液压电磁换向座阀）		比例溢流阀（先导控制，带电磁铁位置反馈）
	比例溢流阀（直控式，电磁力直接作用在阀芯上，集成电子器件）		三通比例减压阀（带电磁铁闭环位置控制和集成式电子放大器）
	比例溢流阀（直控式，带电磁铁位置闭环控制，集成电子器件）		比例溢流阀（先导式，带电子放大器和附加先导级，以实现手动压力调节或最高压力溢流功能）

八、比例流量控制阀

图形	描述	图形	描述
	比例流量控制阀，直控式		比例流量控制阀（直控式，带电磁铁闭环位置控制和集成式电子放大器）
	比例流量控制阀（先导式，带主级和先导级的位置控制和电子放大器）		流量控制阀（用双线圈比例电磁铁控制，节流孔可变，特性不受黏度变化的影响）

九、二通盖板式插装阀

图形	描述	图形	描述
	压力控制和方向控制插装阀插件（座阀结构，面积1∶1）		主动控制的方向控制插装阀插件（座阀结构，由先导压力打开）
	压力控制和方向控制插装阀插件（座阀结构，常开，面积比1∶1）		主动控制插件（B端无面积差）
	方向控制插装阀插件（带节流端的座阀结构，面积比例≤0.7）		方向控制阀插件[单向流动，座阀结构，内部先导供油，带可替换的节流孔（节流器）]

续表

图形	描述	图形	描述
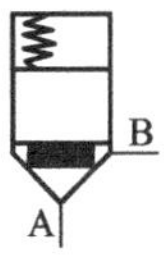	方向控制插装阀插件（带节流端的座阀结构，面积比例＞0.7）	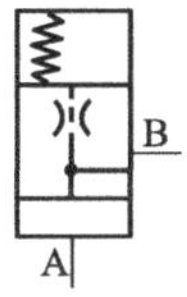	带溢流和限制保护功能的阀芯插件（滑阀结构，常闭）
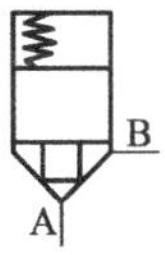	方向控制插装阀插件（座阀结构，面积比例≤0.7）	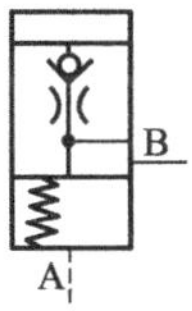	减压插装阀插件（滑阀结构，常闭，带集成的单向阀）
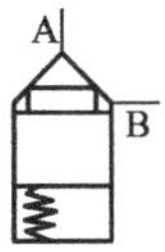	方向控制插装阀插件（座阀结构，面积比例＞0.7）	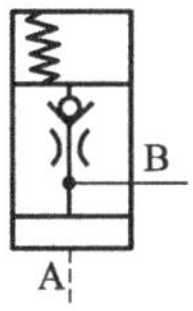	减压插装阀插件（滑阀结构，常开，带集成的单向阀）

十、泵、马达和空气压缩机

图形	描述	图形	描述
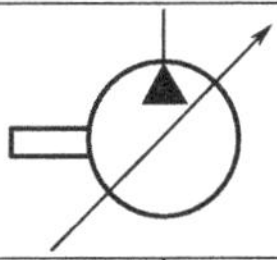	变量泵	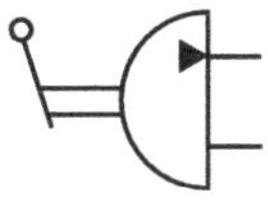	操纵杆控制，限制转盘角度的泵
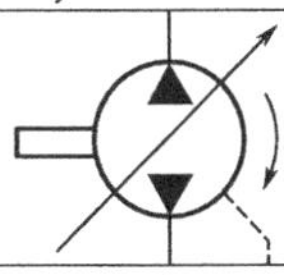	双向流动，带外泄油路单向旋转的变量泵	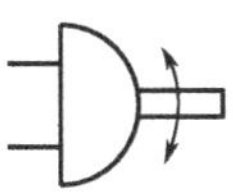	限制摆动角度，双向流动的摆动执行器或旋转驱动
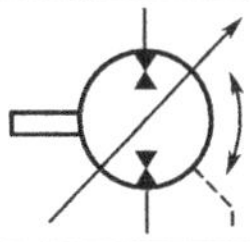	双向变量泵或马达单元，双向流动，带外泄油路，双向旋转	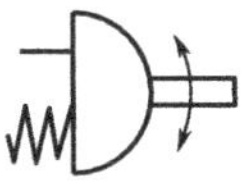	单作用的半摆动执行器或旋转驱动
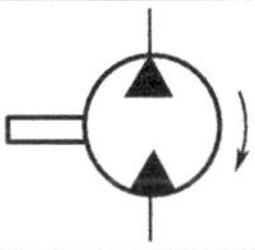	单向旋转的定量泵或液压马达	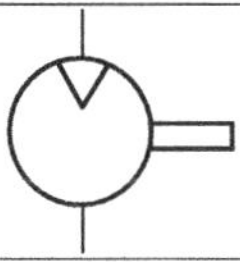	气动马达
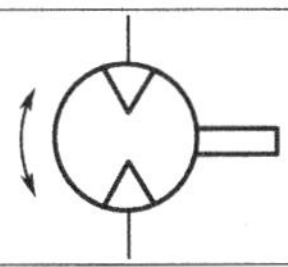	变方向定流量双向摆动气动马达	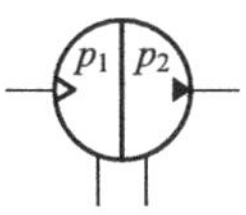	连续增压器，将气体压力 p_1 转换为较高的液体压力 p_2
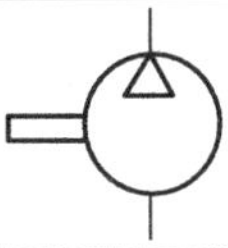	空气压缩机	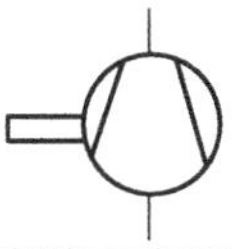	真空泵

十一、缸

图形	描述	图形	描述
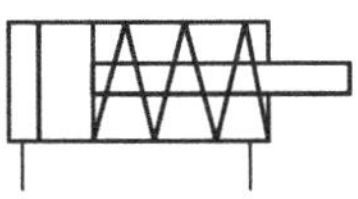	单作用单杆缸，靠弹簧力返回行程，弹簧腔带连接油口	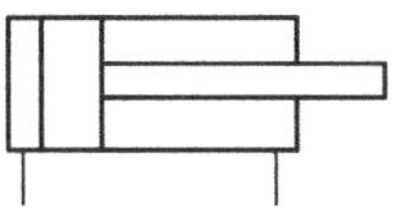	双作用单杆缸

图形	描述	图形	描述
	双作用双杆缸（活塞杆直径不同，双侧缓冲，右侧带调节）		带行程限制器的双作用膜片缸
	活塞杆终端带缓冲的单作用膜片缸（排气口不连接）		单作用缸（柱塞缸）
	单作用伸缩缸		双作用伸缩缸
	双作用带状无杆缸，活塞两端带终点位置缓冲		双作用缆绳式无杆缸（活塞两端带可调节终点位置缓冲）
	双作用磁性无杆缸，仅右边终端位置切换		行程两端定位的双作用缸
	双杆双作用缸（左终点带内部限位开关，内部机械控制，右终点有外部限位开关，由活塞杆触发）		单作用压力介质转换器（将气体压力转换为等值的液体压力，反之亦然）
	单作用增压器，将气体压力 p_1 转换为更高的液体压力 p_2		永磁活塞双作用夹具
	永磁活塞双作用夹具		永磁活塞单作用夹具
	永磁活塞单作用夹具		

十二、附件

1. 连接和管接头

图形	描述	图形	描述
	软管总成		三通旋转接头
	不带单向阀的快换接头（断开状态）		带单向阀的快换接头（断开状态）

图形	描述	图形	描述
	带两个单向阀的快换接头（断开状态）		不带单向阀的快换接头（连接状态）
	带一个单向阀的快插管接头（连接状态）		带两个单向阀的快插管接头（连接状态）

2. 电气装置

图形	描述	图形	描述
	可调节的机械电子压力继电器	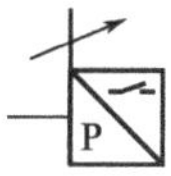	输出开关信号、可电子调节的压力转换器
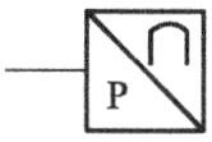	模拟信号输出压力传感器		

3. 测量仪和指示仪

图形	描述	图形	描述
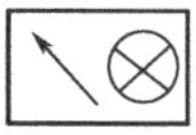	光学指示器	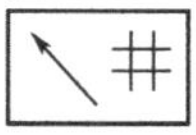	数字式指示器
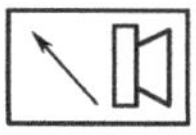	声音指示器	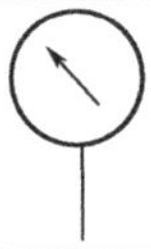	压力测量单元（压力表）
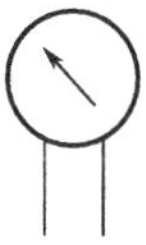	压差计	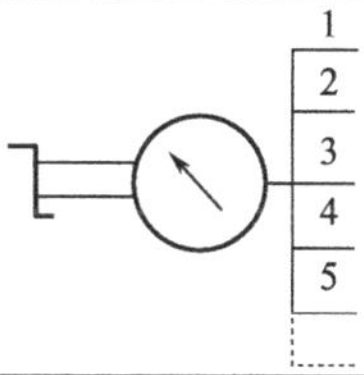	带选择功能的压力表
	温度计	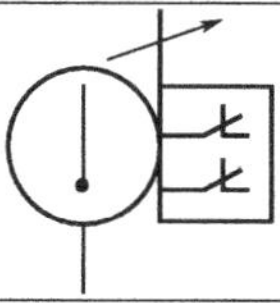	可调电气常闭触点温度计（接点温度计）
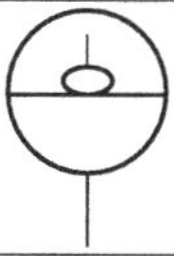	液位指示器（液位计）	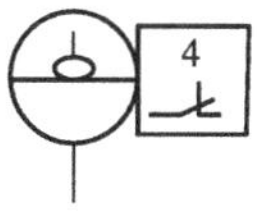	四常闭触点液位开关
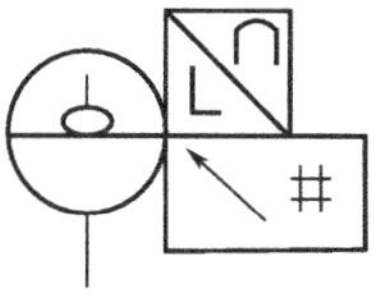	模拟量输出数字式电气液位监控器		流量指示器

续表

图形	描述	图形	描述
	流量计		数字式流量计
	转速仪		转矩仪
	开关式定时器		计数器
	直通式颗粒计数器		

4. 过滤器和分离器

图形	描述	图形	描述
	过滤器		油箱通气过滤器
	带附属磁性滤芯的过滤器		带光学阻塞指示器的过滤器
	带压力表的过滤器		带旁路节流的过滤器
	带旁路单向阀的过滤器		带旁路单向阀和数字显示器的过滤器
	带旁路单向阀、光学阻塞指示器与电气触点的过滤器		带光学压差指示器的过滤器

续表

图形	描述	图形	描述
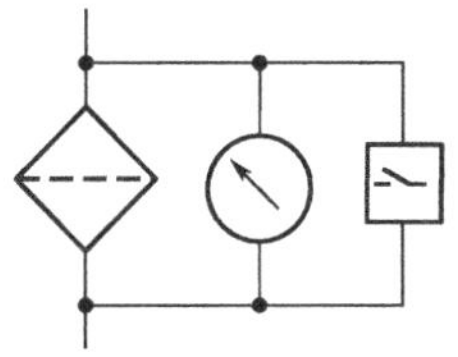	带压差指示器与电气触点的过滤器		离心式分离器
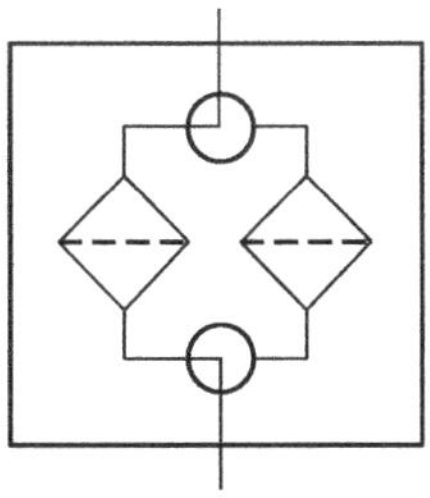	带手动切换功能的双过滤器	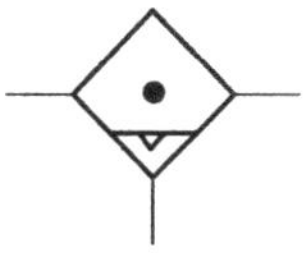	自动排水聚结式过滤器
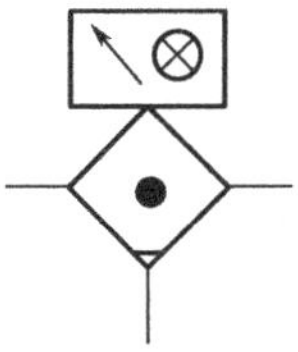	带手动排水和阻塞指示器的聚结式过滤器	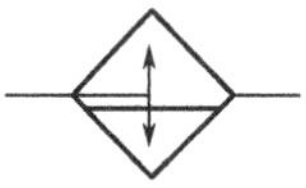	双相分离器
	真空分离器		静电分离器
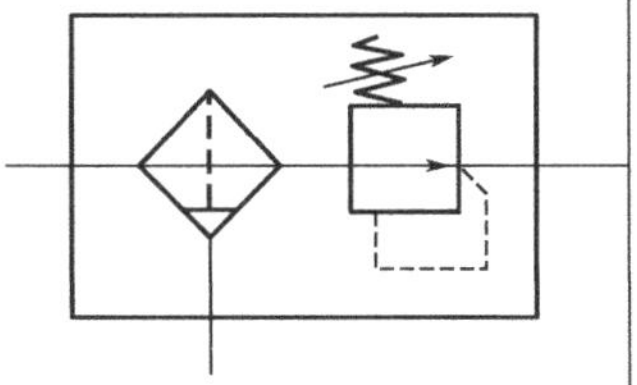	不带压力表的手动排水过滤器(手动调节,无溢流)	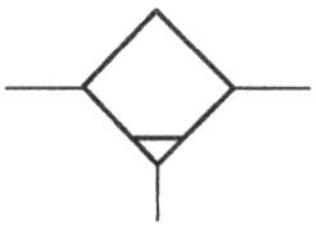	手动排水流体分离器
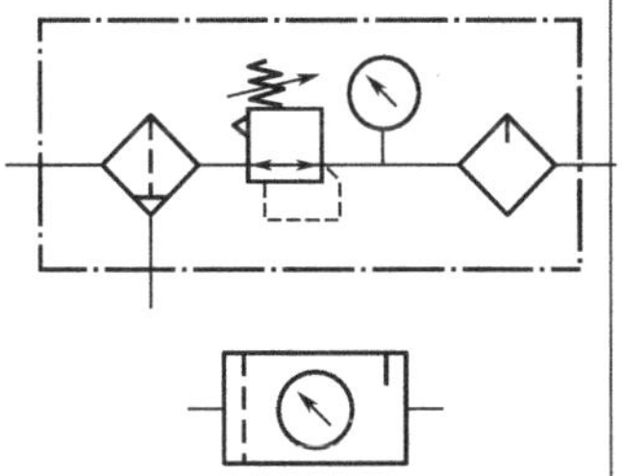	气源处理装置,包括手动排水过滤器,手动调节式溢流调压阀、压力表和油雾器 上图为详细示意图,下图为简化图	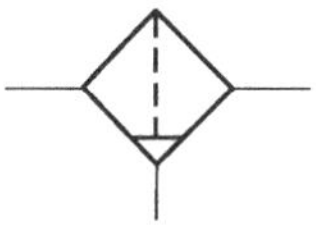	带手动排水分离器的过滤器
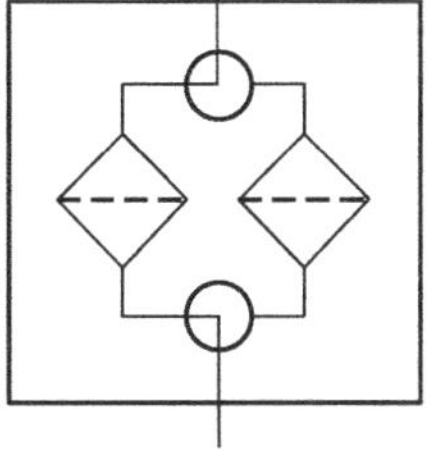	带手动切换功能的双过滤器	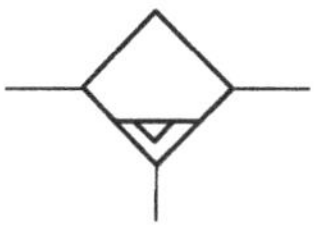	自动排水流体分离器

续表

图形	描述	图形	描述
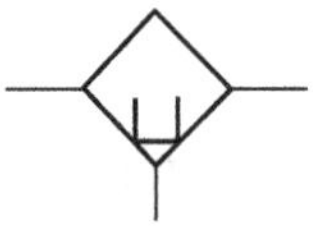	吸附式过滤器	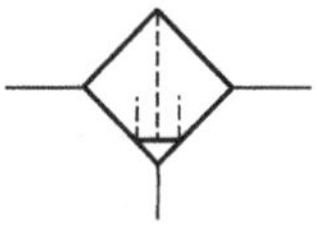	油雾分离器
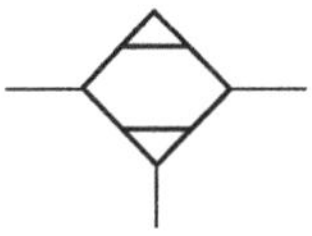	空气干燥器	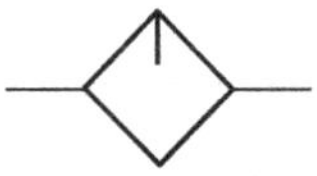	油雾器
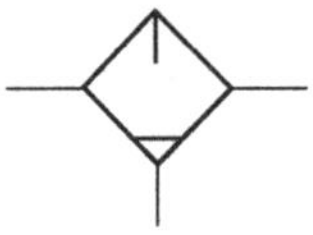	手动排水式油雾器	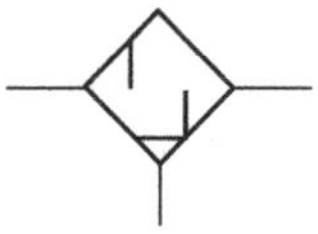	手动排水式重新分离器

5. 热交换器

图形	描述	图形	描述
	不带冷却液流道指示的冷却器		加热器
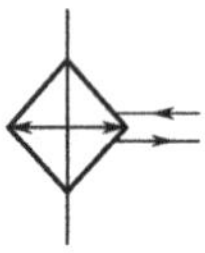	液体冷却的冷却器	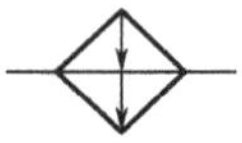	温度调节器
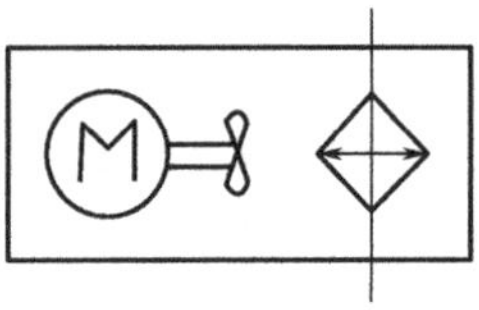	电动风扇冷却的冷却器		

6. 蓄能器(压力容器、气瓶)

图形	描述	图形	描述
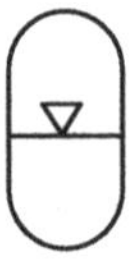	隔膜式充气蓄能器(隔膜式蓄能器)		囊隔式充气蓄能器(囊隔式蓄能器)
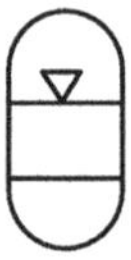	活塞式充气蓄能器(活塞式蓄能器)	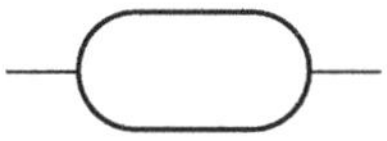	气罐
	气瓶	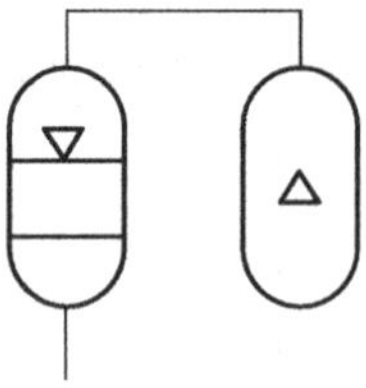	带下游气瓶的活塞式充气蓄能器

续表

7. 真空发生器

图形	描述	图形	描述
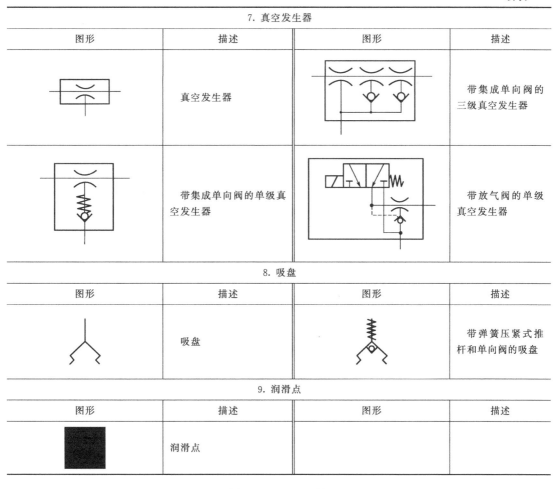	真空发生器		带集成单向阀的三级真空发生器
	带集成单向阀的单级真空发生器		带放气阀的单级真空发生器

8. 吸盘

图形	描述	图形	描述
	吸盘		带弹簧压紧式推杆和单向阀的吸盘

9. 润滑点

图形	描述	图形	描述
	润滑点		

附表 4   CAD 制图符号

一、CAD 对象命名

序号	图形	描述
1	1部分　2部分　3部分 ISO ＿ LIN ＿ UNI 1部分　2部分　3部分 ISO ＿ TEX ＿ DES	层名:通常由几个通过下划线连接的三字符组成 1部分——确定原对象 2部分——包含三个字符,这三个字符来源于原对象英文单词的首字母 LIN＝LINE TEX＝TEXT 3部分——描述原对象的进一步特征,由单独元素组成
2	IP	接入点(IP):通常置于流体供油管路上

续表

二、符号中元素的 CAD 描述

序号	图形	描述
1	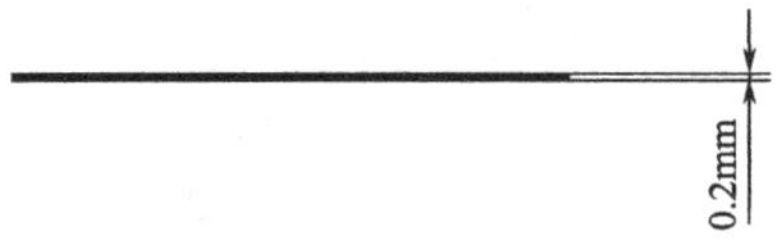 0.2mm	层名:ISO-LIN-UNI 颜色:黄 色号:50 线型:实线 描述:符号代表的通用管路
2	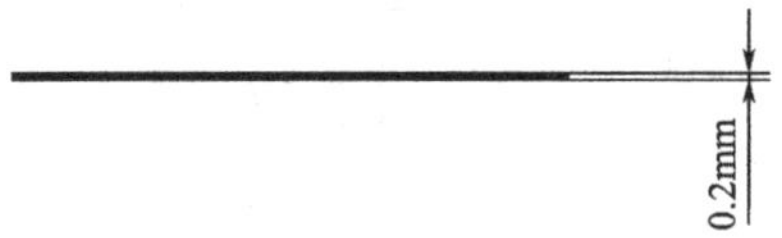 0.2mm	层名:ISO-LIN-FLU 颜色:绿 色号:70 线型:实线 描述:表示流体流动的管路
3	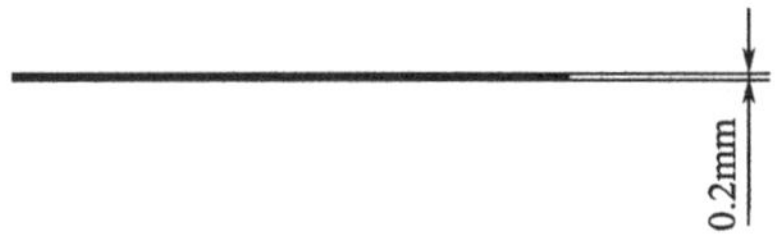 0.2mm	层名:ISO-LIN-HAT 颜色:灰 色号:9 线型:实线 描述:交叉影线
4	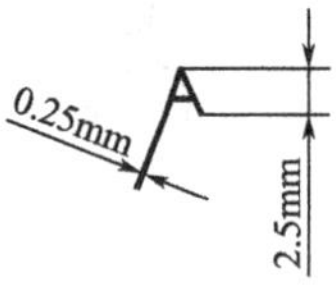 0.25mm 2.5mm	层名:ISO-TEX-IDE 颜色:绿 色号:70 线型:实线 描述:接口标示符
5	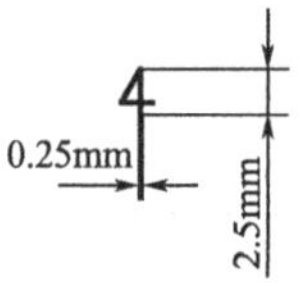 0.25mm 2.5mm	层名:ISO-TEX-POS 颜色:深蓝 色号:4 线型:实线 描述:位置编号
6	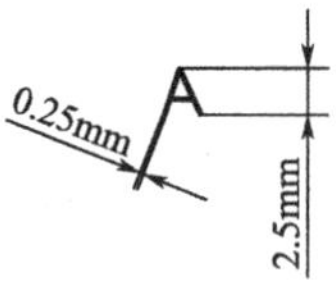 0.25mm 2.5mm	层名:ISO-TEX-DES 颜色:黄 色号:50 线型:实线 描述:描述符

三、非智能符号中元素的 CAD 描述

序号	图形	描述
1	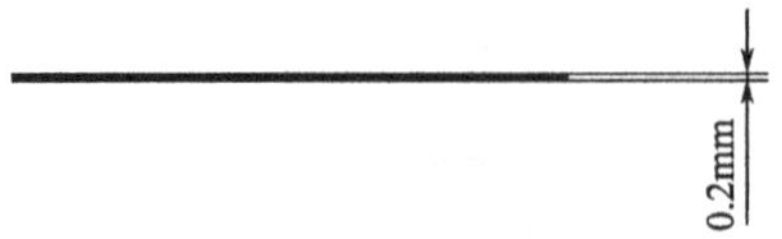 0.2mm	层名:ISO-LIN-PRE 颜色:橙(赤黄)色 色号:30 线型:实线 描述:压力管路
2	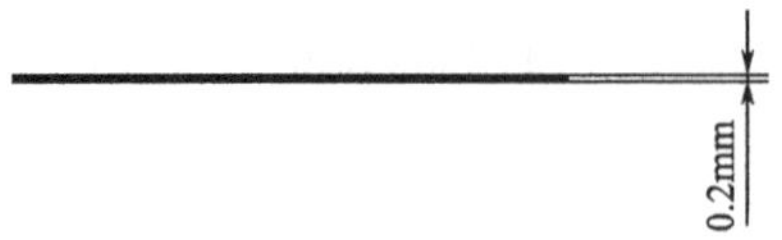 0.2mm	层名:ISO-LIN-PRS 颜色:蓝色 色号:140 线型:实线 描述:回油管路

序号	图形	描述
3		层名：ISO-LIN-CON 颜色：橙（赤黄）色 色号：30 线型：虚线（均匀长间隔线） 描述：控制管路
4		层名：ISO-LIN-DRA 颜色：蓝色 色号：140 线型：虚线（均匀短间隔线） 描述：泄油管路
5		层名：ISO-LIN-WOR 颜色：绿 色号：70 线型：实线 描述：工作管路
6		层名：ISO-LIN-LIM 颜色：青绿色 色号：120 线型：点画线 描述：限制线
7		层名：ISO-TEX-DES-025 颜色：绿 色号：70 线型：实线 描述：描述文本 2.5mm
8		层名：ISO-TEX-DES-035 颜色：橙色 色号：30 线型：实线 描述：描述文本 3.5mm
9		层名：ISO-TEX-DES-050 颜色：黄 色号：50 线型：实线 描述：描述文本 5mm

四、功能符号中元素的 CAD 描述示例

序号	图形	描述
1		层名：ISO-LIN-UNI

续表

序号	图形	描述
2		层名:ISO-LIN-FLU
3		层名:ISO-LIN-HAT
4		层名:ISO-TEX-POS
5		层名:ISO-TEX-IDE
6		层名:ISO-TEX-DES

五、CAD 图形符号的特征

序号	图形	描述
1		接入点(IP)在液压缸端盖的连接处
2		接入点(IP)在泵的吸油口
3		接入点(IP)在单向阀的入口

序号	图形	描述
4		接入点(IP)在流量控制阀的入口
5		接入点(IP)在方向控制阀的入口
6		接入点(IP)在压力控制阀的入口
7		插装阀控制盖板的接入点(IP)在控制盖板底边的中心

参 考 文 献

[1] 张丽春,吴晓强.液压与气压传动.北京:中国林业出版社,2012.
[2] 马恩,李素敏,高佩川.液压与气压传动.北京:清华大学出版社,2013.
[3] 朱育权.液压与气压传动.西安:西北工业大学出版社,2011.
[4] 闫利文,等.液压与气压传动.北京:国防工业出版社,2011.
[5] 王慧.液压与气压传动.沈阳:东北大学出版社,2011.
[6] 周德繁,张德生.液压与气压传动.哈尔滨:哈尔滨工业大学出版社,2013.
[7] 马胜钢.液压与气压传动.北京:机械工业出版社,2011.
[8] 徐瑞银,苏国秀.液压气压传动与控制.北京:机械工业出版社,2014.
[9] 张利平.液压气压传动与控制.西安:西北工业大学出版社,2012.
[10] 李新德.气动元件与系统:原理·使用·维护.北京:中国电力出版社,2015.
[11] 董林福,赵艳春,刘希敏等.气动元件与系统识图.北京:化学工业出版社,2009.
[12] 宁辰校.液压气动图形符号及识别技巧.北京:化学工业出版社,2012.
[13] 中华人民共和图国家质量监督检验检疫总局,中国国家标准化管理委员会.流体传动系统及元件图形符号和回路图第1部分:用于常规用途和数据处理的图形符号.北京:中国标准出版社,2009.
[14] 朱新才,周秋沙.液压与气压技术.重庆:重庆大学出版社,2003.
[15] 明仁雄,万会雄.液压与气压传动.北京:国防工业出版社,2003.
[16] 张世亮.液压与气压传动.北京:机械工业出版社,2006.
[17] 李状云,葛宜远.液压元件与系统.北京:机械工业出版社,2004.
[18] 沈兴全,吴秀玲.液压传动与控制.北京:国防工业出版社,2005.
[19] 隗金文,王慧.液压传动.沈阳:东北大学出版社,2001.
[20] 张平格.液压传动与控制.北京:冶金工业出版社,2004.
[21] 彭熙伟.流体传动与控制基础.北京:机械工业出版社,2005.
[22] 张利平.液压控制系统及设计.北京:化学工业出版社,2006.
[23] 张利平.液压阀原理、使用与维护.北京:化学工业出版社,2005.
[24] 许益民.电液比例控制系统分析与设计.北京:机械工业出版社,2005.
[25] 袁国义.机床液压传动系统图识图技巧.北京.机械工业出版社.2005.
[26] 李笑.液压与气压传动.北京:国防工业出版社,2006.
[27] 王庆国等.二通插装阀控制技术.北京:机械工业出版社,2001.
[28] 机械设计手册编委会.机械设计手册:第4卷.北京:机械工业出版社,2004.